数字飞行控制系统

Digital Flight Control System

张永孝◎著

国防工业出版社

·北京·

内 容 简 介

本书是数字飞控系统原理性、基础性正向设计的科学理论专著，创新构建了余度管理，奇异故障的变化量记忆与余度重构判据，排序监控、范数监控、矩阵监控、中位数表决，阈值内变限幅均衡，基于加速灵敏度 n_y/α 的变结构过载/迎角边界限制器、控制律双线性插值调参、软件工程化、可重构时间触发分区操作系统和数字飞控安全性设计理论体系。

本书对从事飞控系统研制的工程技术人员具有重要参考价值，可作为航空航天院校飞行控制及相关专业的参考教材。

图书在版编目(CIP)数据

数字飞行控制系统/张永孝著. —北京:国防工业出版社,2024.6

ISBN 978-7-118-13230-4

Ⅰ.①数… Ⅱ.①张… Ⅲ.①飞行控制系统 Ⅳ.①V249.1

中国国家版本馆 CIP 数据核字(2024)第 066242 号

※

国防工業出版社出版发行

(北京市海淀区紫竹院南路 23 号 邮政编码 100044)

雅迪云印(天津)科技有限公司印刷

新华书店经售

*

开本 710×1000 1/16 **印张** 26¾ **字数** 465 千字

2024 年 6 月第 1 版第 1 次印刷 **印数** 1—2000 册 **定价** 298.00 元

国防书店:(010)88540777 发行邮购:(010)88540776

发行传真:(010)88540717 发行业务:(010)88540762

序

作者长期从事飞机电传飞控系统研制工作,主管设计了主动控制 J8 纵向四余度数字电传、J8 Ⅱ 三轴四余度数字电传、某型直升机电传等飞控系统软件开发,主持主管了舰载机、战斗机、直升机、无人作战飞机等多型装备数字电传飞控系统的研制工作,获得了多项国防、集团和省部级科技成果奖。发表论文、研究报告数十篇,申请受理国家专利十多项,参加了飞机飞行控制技术丛书多个分册的编写工作。在航空武器装备科技创新与技术验证工作中做出了突出贡献,被航空工业集团公司授予航空报国金奖,同时在多个重点型号项目研制中立功受奖。

数字飞行控制系统是现代飞机设计的重要内涵,其设计方法在不断发展。本书在从事固定翼、旋翼等多个型号工程实践的基础上,把飞控系统的功能算法和软件工程化技术,从数学理论上加以总结提高,基于数学理论规范化、体系化的数字飞行控制系统设计方法,解决了工程应用中以具体实现算法代替系统需求定义,顶层需求设计概念无定义的非正向设计问题。科研生产中的沿用方案,虽然实际工程上可行,但无法从系统定义出发正向设计,更无从创新提高。在顶层设计阶段系统需求按照其功能、性能的客观要求,定性并定量规范化、体系化的概念定义,据此设计实现可优化创新,这种方法为飞控系统的正向设计打下了坚实的基础。书中介绍了作者创新构建的理论和方法,包括飞控系统的基本四余度配置、奇异故障的变化量记忆与余度重构判据、稳健统计推断的中位数计算与表决、余度管理的“排序监控、范数监控和矩阵监控”理论、离散度超门限不均衡理论、门限内均衡的变限幅设计、基于加速灵敏度 n_y/α 的变结构过载/迎角边界限制、控制律确定系数的双线性插值调参、软件工程化设计和可重构时间触发分区操作系统等理论体系。提出论证并实现了:跨机箱桥接 659 总线数据交叉传输、四信号降阶表决、基函数双线性、分轴单线性与确定系数法的双线性控制律调参、线性淡化器设计以及数字飞控系统安全性设计的规范化方法。应用这些理论和技术所研制的数字飞控系统,能满足型号对其功能、性能和众多飞行品质的要求,提升型号的任务效能。

作者是我国第一个主动控制演示验证项目软件工程化设计的主要开发者,提出并建立了余度管理的基础理论,是数字电传飞控系统余度管理的创造实现者,是多项重点型号数字飞控系统技术方案落地的执行者;工作经历和工程实践经验丰富;善于结合任务需求,将控制问题转化为数学问题,用数学的方法解决工程实际问题,从需求到实现系统地提出了飞控系统设计的数学解决方案。本书是数字飞行控制技术的专著,体系完备、内容丰富、逻辑清晰、结构规范,对科研生产一线技术人员及该专业领域研究者有较高的参考价值。

中国工程院院士

2023 年 7 月 1 日

关于本书

作者本科毕业于西安交通大学计算数学专业，研究生毕业于西北工业大学航空电子工程专业，在航空工业西安飞行自动控制研究所从事“机器码、汇编和C 语言”机载飞控软件开发设计 15 年。在飞控系统研发、系统总体室副主任/主任、飞控部副部长、飞控专业副总工程师等岗位工作了 20 余年；1998 年 3 月至 8 月在美国罗克韦尔柯林斯(Rockwell Collins)公司，主要参与 Boeing737-777 系列飞机飞控系统功能测试与验证工作。在 30 多年的工作经历中，总想把所学的理论知识与飞控系统的实际应用结合起来，希望所学有所用、所用有所成。

学习的目的在于应用，理论的意义在于指导实践。定理公式不仅是认识规律、解释存在，更重要的是根据需要，遵循规律设计改变主要变量，协调多变量之间关系，满足系统需求。例如，由迎角引起的升力增量 $Y=\frac{1}{2}C_y^\alpha\alpha\rho v^2S$ 和俯仰力矩对迎角导数 $m_z^\alpha=C_y^\alpha(\bar{x}_G-\bar{x}_F)$ 公式可知，采用鸭式布局或载荷变化使飞机气动焦点前移或重心后移，改变了飞机重心和气动焦点的位置关系，放宽了飞机静稳定性要求；飞控系统引入迎角反馈控制迎角，产生飞机飞行需要的升力和力矩，达到飞行员操纵响应预期，改善飞机的静稳定性。在整个飞行包线范围内，飞控系统通过控制飞机的迎角、过载和角速率响应，实现气动力按需分配，增强飞机稳定性、操纵性，同时提高飞机机动性，这种随控布局的主动控制使飞控系统成为飞机总体设计不可或缺的重要因素。

本书把实际工程算法、设计技术总结提炼，建立数学模型，让顶层设计定性或者具体算法的系统需求变成科学规律的定量定义，形成体系化、规范化的系统工程基础。从反映客观规律的需求定义出发，开展正向设计，如果工程应用上出现问题，那么一定是具体实现不符合需求定义，需要解决具体实现方案存在的问题。本书以系统需求定义和物理对象的自然规律为根本，提出的算法、推论和定理与传统的设计相比:算法——根据余度管理、控制律的需求定义,创新设计数据结构,可靠性、安全性和效率大幅提升;推论——基于数理逻辑设计系统参数,构造信号变换函数,极大地提高了运算效率;定理——认识、揭示多余度飞控系统客观规律,提取本质特征,建立数学模型,从数学上证明设计算法的正确性,为工程设计提供了科学的理论依据。已有的设计即使某些项目多年使用到现在没有发现问题,也不能说这些方案在效率、可靠性和安全性等方面就是好的方案,因为一般是在无故障情况下使用的,这就是实际飞行中,当系统发生故障时,由于余度管理、控制律算法策略问题,飞控系统没有二次故障工作/三次故障安全及 10^{-7} 安全可靠性能力水平,引起事故征候及飞行事故的原因。无论如何这些都是有限样本,存在没有触发设计缺陷条件的可能,事实上也没有遍历各种故障情况的仿真测试和试验、试飞验证,需要上升到一般规律的科学理论上分析论证。

在飞控系统研制中,四余度系统的余度管理采用信号排序后相邻信号比较监控来定义故障,其次大、次小的均值为表决值,为控制律提供输入信号,并以此作为系统设计需求。显然,这种故障定义是众多监控的算法之一,而并非余度系统的故障定义。四余度信号发生 2∶2 不确定故障,一定是“最大、次大”一对,“最小、次小”一对,这是 2∶2 不确定故障的客观事实;如果访问相应信号的自监控(ilm),出现了与两两比较监控成对性不一致的情况,比如“最大、次小”好、“最小、次大”好,甚至“最大、最小”好等成对性与客观事实相悖的情况,这时可以断定该信号自监控有问题,不能指望访问自监控定位故障。目前 ilm 自监控,只有陀螺磨损、卡滞;杆位移短路、断路;迎角/侧滑角、大气数据传感器的加温等故障监控,自监控覆盖率有待提高。四余度“次大、次小”的均值,是“次小、次大”区间中无穷多个中位数中的一个。事实上“2∶2 不确定故障,最大、次大故障或者次小、最小故障”3 种故障模式中,次大、次小至少有一个是故障信号,其均值并非好的表决。四余度信号次小、次大构成的区间中有无穷多个中位数,哪个中位数是好的表决?这些都影响四余度系统二次故障工作/三次故障安全能力,以及 1.0×10^{-7}/飞行小时安全可靠性指标的实现。直观或者经验认知“次大、次小”的均值就是好的表决值,但事实并非如此。理论原理上不知道为什么?如此等等,这些没有基础原理支撑,照搬“先验做法”作为系统需求定义;或者主观上觉得这样做是对的,没有理论依据的设计都不是正向设计。正向设计是从系统需求的根本出发,对系统功能、性能要求的普遍性、规律性、完整性和规范性的概念精准描述,符合客观规律的系统定义是正向设计的基础,根据定义可以设计推演多种实现算法方案。就像古希腊数学家毕达哥拉斯于公元前 550 年发现证明了勾股定理及其逆定理一样,直角三角形都满足“斜边平方等于两直角边平方和”的规律，这是勾股定理定义直角三角形的根本。在客观世界中有无穷多个直角三角形，而“勾 3 股 4 弦 5”只是其中一个特例，它满足勾股定理但不是一般规律，因此不能作为定理定义。

飞机六自由度运动非线性微分方程组的小扰动及略去二次及以上高阶项的线性化，研究飞机飞行控制规律和运动响应特性；控制律设计通过拉普拉斯变换把小扰动线性方程变成频域方程，据此得到迎角/侧滑角、过载、角速率等飞机响应对舵面偏度的传递函数，确定控制律结构和参数；根据飞机响应对杆位移的传递函数进行飞行品质评定，优化迭代控制律设计。利用输出对输入的传递函数，设计增稳与控制增稳控制律。根据角速率或者过载对干扰的传递函数，当反馈增益趋于无穷大时，干扰对输出不起作用，即控制律不响应干扰就是增稳。同样，研究驾驶杆操纵对角速率、过载或迎角等飞机响应的传递函数，当前馈增益趋于无穷大时，飞机的响应跟随飞行员的操纵输入就是控制增稳等，都是建立数学模型设计飞控系统的典型范例。

在实际工作中经常应用微积分的思想研究事物的变化规律，利用微分的思想把研究对象的区间分成许多足够小的微小区间，在微小区间内可以把客观存在的高阶非线性函数线性化近似替代；利用积分的思想，再把这许多个微小区间线性化处理的结果累加起来，研究确定区间内对象的整体变化过程特性。通常，飞行员通过气动反馈，靠感觉杆力的变化，判断飞机速度或飞行状态的变化；若飞机受到不平衡力矩扰动，或飞行速度发生变化，飞行员则必须动杆配平，并且习惯于正向速度稳定性（Positive Speed Stability，PSS）操纵。为了减轻飞行员的负担，希望控制律设计成积分式中性速度稳定性（Neural Speed Stabitity，NSS），这时，控制律具有补偿随飞行速度变化带来的飞机舵面配平变化的能力，即积分式控制律具有自动配平的能力。在起落架放下的起飞/着陆阶段，当气动阻力变大飞机低头时，需要飞行员拉杆使飞机抬头，控制飞机的姿态；而积分式控制律的指令与反馈的无静差控制，速度变化与杆力无关；起飞段飞行员拉杆容易引起漂移，姿态不好控制；着陆段为了改变飞机速度减小、迎角增大的状况，需要飞行员推杆操纵，不符合飞行员抱杆着陆的操纵习惯，所以有人驾驶飞机起飞着陆段不使用积分式控制律。PID“比例+积分+微分”是控制增稳控制律的主流结构，从信息的加工处理的幅频特性分析，PID 就是利用信息的现在、过去和将来综合处理，得到满意的控制结果。飞控系统中飞机在某个飞行状态点某个时刻，控制律的俯仰、滚转和偏航三轴输出指令的舵面偏度 δ_x、δ_y、δ_z 方程，与飞机六自由度小扰动线性方程组联立求解，就可以进行飞机的运动响应及操稳特性分析，但实际上控制律设计并不列出 δ_x、δ_y、δ_z 舵偏方程，而是直接把频域设计的控制律，带入系统进行仿真或者在实际物理环境中扫频分析等，这些都是工程上可行的方法，但在实时性、简洁性和效率收益等方面，理论上可以探索尝试更好的方法分析研究。

飞控系统体系架构设计，摆脱多余度采样信号概率分布的纠结，可以有根有据应用中位数表决原理分析研究。例如，飞控系统的基本四余度配置，就是从余度管理的中位数表决器设计理论出发，论证证明四余度次大、次小加权均值表决，以 80%概率具有五余度中位数同等质量品质的稳定性、鲁棒性的表决信号，其安全可靠性水平相当；增加的第 5 个余度对系统表决起作用的概率只有 20%，性价比偏低。基于稳健统计推断的中位数表决器设计，利用“模型已定，参数未知”的多余度采样数据的客观存在，找到一个关于总体的参数估计，让发生这样一组多余度采样样本现象的概率最大的极大似然法思想，构造最小化距离误差绝对值和函数，即多余度随机样本值与表决估计参数 μ 距离误差绝对值之和（1-范数），推导证明了：存在而且只有样本的中位数使其距离误差绝对值之和最小。由于中位数位于样本数据的中间区域，远离“最大、最小”可能的故障信号，中位数表决信号的鲁棒性好，为表决器设计提供了理论依据。

飞控系统中有很多可以用数学表示的内容，如四余度系统的余度管理，监控器是通道间信号的两两比较监控，i 通道与 j 通道的信号差值与门限比较，实际上就是 $a_{ij}=a_i-a_j=-(a_j-a_i)$ 与门限比较，自然联想到矩阵元素 a_{ij}，显然，这是对角线元素为 0 的反对称矩阵。而故障监控实际上就是 a_{ij} 与门限比较，所以，设计监控矩阵的元素“如果比较结果超过门限，令 $a_{ij}=a_{ji}=1$，否则，令 $a_{ij}=a_{ji}=0$”，显然，这是一个代表监控结果特征的实对称矩阵，研究结论表明：四余度信号一次故障、二次故障和 2∶2 不确定故障，其每类故障的多个比较监控矩阵对应的特征值存在而且唯一，即四余度信号的一次、二次和 2∶2 3 种类型故障模式的每种故障，对应且唯一对应一个确定的矩阵特征值，据此可以判断余度系统的故障状态。多数表决的原则判定故障，就是监控矩阵的行或者列元素都满足 $a_{ij}=1$，即绝对的多数通道都一致地认为该行（或者列）号对应的通道信号与其他通道信号比较超出门限，这时判定该行或者列号所在的通道信号故障；进而可以应用矩阵的范数、故障特征值等，表示描述余度管理监控器概念定义，深入研究范数监控和矩阵监控。

四余度信号通道间两两比较监控，按通道号有（$1^\#$、$2^\#$）、（$1^\#$、$3^\#$）、（$1^\#$、$4^\#$）、（$2^\#$、$3^\#$）、（$2^\#$、$4^\#$）和（$3^\#$、$4^\#$）共计 6 次比较监控，设置故障特征值监控状态字节（Monitoring Status Byte，MSB），如果超过门限设置“1”，未超门限设置“0”，依次倒序对应设置 MSB 字节的 D5 D4 D3 D2 D1 D0 相应位，令其 D7 D6 位恒为 0。这样故障特征值 MSB 的状态位 0/1 取值排列组合共有 $2^6=64$ 种情况，按照系统故障的定义仅有 27 个值与其 15 种故障模式相对应，其他都属于无故障情况。

其中,15 种故障模式包含了 1#、2#、3#、4#通道各一次故障,而 1#、2#、3#、4#通道的一次故障各对应 4 个不同的故障特征值;所以,15 种故障模式有 15+3×4=27(个)故障特征值。具体实现操作,只需要查表对照故障特征值,即可精准地确定余度信号故障情况,极大地简化故障监控逻辑及其运算。

提出了奇异故障的变化量记忆与余度重构判据,在偶数余度系统中,基于中位数区间端点信号变化量的样本中位数计算,根据信号与参与表决信号变化量跟随一致性的故障判据,为四余度信号"2∶2 不确定故障、1∶1∶1∶1 多故障"和二余度信号 1∶1 故障,提供了有效表决监控方案;在三余度信号 1∶1∶1 多故障时,根据信号与中值远近的跟随性,判定离中值近的非中值信号正常,离中值远的非中值信号故障,为三余度 1∶1∶1 多故障处理,提供了理论依据。信号的均衡与不均衡监控和表决的等价性推导证明,提出均衡以既不掩盖信号故障,又尽可能接近表决值的变限幅均衡理论,克服了定常限幅的"小幅值过均衡掩盖故障,大幅值欠均衡无效均衡"的固有缺陷。引入均衡输入监控逻辑,使系统按需均衡,即如果余度信号之间离散度大,则说明输入信号有故障不用均衡。这种按需均衡的选择性均衡,消除了无效均衡的系统消耗,大幅提高了均衡的运算效率。基于加速灵敏度 n_y/α 的变结构限制器设计,是一种"大速压限制过载、小速压限制迎角"的确定性限制器设计方法,克服了在整个飞行包线范围内"取大值或者取小差值"的限制器设计,在接近失速的速度区域附近,迎角/过载限制器频繁切换,引起系统的转换瞬态。

深入研究矩形域基函数、截距插值及待定系数插值法的控制律动态调参原理,提出确定系数法双线性插值 $U=ax+by+cxy+d$,事先离线计算确定每个矩形域对应的一组 a、b、c、d 系数,使控制律调参比现行截距插值方案运行时间减少 45.24%。多个项目控制律运算的统计数据表明:一个数字飞控系统大概有 10 多个需要调参的增益参数,3 个参数的调参计算量相当于一个飞控系统控制律解算的计算量。就控制律调参而言,15 个左右参数的调参工作量,可以完成 5 个飞控系统的控制律解算,而且没有减法、除法和"除 0 中断"的溢出保护及溢出中断处理,其运算种类的安全可靠性提高 60%。所以,调参策略上的微小调整,带来了控制律计算革命性的进步,优化调参算法是减少控制律运行时间和提高控制律运算安全可靠性的根本。

在多个飞行器协同完成一项或多项任务时,其"时间/空间协同、威胁/障碍规避"的实时在线动态重规划人工势场法、A* 算法、稀疏 A* 算法,以及路径规划的遗传算法等都是数学问题。在飞控系统设计中系统需求定义及软件设计中用数学模型传递表达,其数据完整、完备且概念定量量化,具有很好的确定性、唯一性和时间、空间效率的高效性。

本书提出了数字飞控的安全性设计理念，其中对于可能在任何时刻和任何位置发生的非法数、非法指令和错误堆栈等危害度大的严重异常，计算机触发异常中断，根据系统需求在中断服务程序中处理异常，提高软件设计的安全性。飞控软件多数采用C语言编程，C语言程序经过编译器转换成机器代码，控制硬件执行相应机器代码。深入研究计算机芯片的中断机理及编译器原理算法，厘清触发异常中断的条件和中断的内部算法，这些决定了C程序变成机器码后，在机器码执行过程中，中断时执行到哪一条指令？中断后改没改变飞控软件定义的系统数据变量？据此设计高可靠、高安全的中断处理策略。

本书提出构建了飞控基本四余度配置理论、余度管理的“排序监控、范数监控和矩阵监控”理论、基于信号变化率的中位数表决计算、四信号降阶表决、按需变限幅均衡、基于加速灵敏度 n_y/α 的变结构过载/迎角限制器设计、离线确定系数法控制律双线性调参、跨机箱659总线数据交叉传输、数字飞控系统安全性设计、可重用飞控系统库函数、可重构时间触发的分区操作系统等数字飞控系统的理论体系和设计方法，是工程实践的规律性科学理论提升。形成了“信号直接监控/表决与均衡监控/表决的等价性、中位数计算表决和四余度降阶表决”等推论和定理。这些理论解释了工程上为什么可以这样做，证明了这样做为什么可行有效，提出了改进优化与创新算法的科学性。本书提出的许多算法与正在使用的设计方案源于同一需求定义，但运行效率、可靠性和安全性极大提高。如此等等，这些在本书相应章节都有详细的论证。

数字飞控系统设计方法，建立了体系化的系统理论，在严谨、规范的数学定义体系框架下，构建余度管理和控制律标准库函数，是飞控系统通用化、系列化和组合化开发设计的基础，实现了软件开发模型从V到Y的根本性转变，极大提高了数字飞控系统开发效率。飞控系统设计可以针对具体需求定义，有科学理论依据地开展正向设计，不断创新优化；改善并提高飞机的功能性能、可靠性安全性、操稳特性和飞行品质，使飞机成为一架全新的、更具智慧的飞机，这正是著写这本《数字飞行控制系统》的价值所在。

2023年5月

前　言

科学是揭示客观规律是什么，认识客观存在为什么；技术是工程做什么，具体实现怎么做。科学技术的发展是科学与技术相互促进的结果，客户需求需要技术实现，遇到问题需要用规律、原理的方法去解决，只有在解决技术问题基础上凝练提高，发现找到原理和规律性的本质，才能系统地从根本上解决问题。本书是作者在30余年从事固定翼战斗机、旋翼直升机和无人机等数字电传飞控系统研制积累的基础上，把具体工程实现的算法技术，上升到系统概念定义的一般规律，建立数学模型理论体系，是数字飞控系统正向设计的科学理论与技术实现相结合的系统论述。

数字飞行控制系统是在电传飞控基础上，可以数学建模、量化定义，以数字代码软件的方式实现飞控系统功能、性能要求的飞行控制系统；数字飞控是以数字技术、余度管理、BIT检测、数字传感与伺服作动、控制律算法与逻辑、软件设计等为核心，开发研制的飞控系统。为提高飞机的操纵性、稳定性和飞行品质，现代飞机设计广泛采用数字飞行控制系统，数字飞行控制使气动结构没有任何改变的飞机变成了功能强大、性能优异的全新飞机。电传飞控是把飞行员操纵力或者位移转换成电信号，飞控计算机控制律解算的控制指令，控制舵机驱动飞机操纵面偏转，产生飞机需要的升力和力矩，实现飞行员期望的飞机响应。电传飞控系统经历了模拟式和数字式两次发展变革，模拟式受到电路、器件的限制约束，很难实现复杂精细的逻辑与数学运算，因而发展成当多余度数字计算机全部失效后，模拟计算机备份重构，以角速率为主要反馈的模拟备份控制律，保证飞机最低安全返航的飞行品质要求。新一代飞机设计普遍采用数字式多节点分布式飞控系统架构，彻底取消了模拟备份系统，取而代之的是传感器或作动器控制器的数字重构备份，所以数字飞控系统是现代飞机设计的必然选择。

数字飞控系统控制律是杆-响应控制律，根据大气数据的动态调参、杆力特性、非线性传动比等，设置杆力梯度模型，调整飞机响应与杆力函数关系。在飞行包线的所有飞行状态，一定的杆操纵量对应确定的飞机响应，消除了机械操纵系统的摩擦、间隙和迟滞等非线性因素影响，并改善精确微小信号的操纵品质；克服了机械操纵系统的杆-舵对应控制律，不同状态不同操纵灵敏度，飞行员操纵负担重的诸多不足；飞行包线的边界限制，具有迎角和过载的数字限制功能，飞行员可以无忧虑操纵飞机，极大地解放了飞行员的精力，实现了飞行员到战斗员的根本转变。

主动控制技术是在飞机设计之初就考虑数字飞控对飞机总体设计的作用，飞控结合气动、结构、推进一起构成飞机设计的四大要素，充分发挥飞控系统的主动性和潜力，进而协调、折中并解决它们之间的矛盾，飞机设计时飞行控制由原来适应飞机提供的操纵面进行必要的控制，飞控系统处于被动地位，转变成随控布局，在全包线飞行状态下，通过飞行控制使作用在飞机上的气动力按需分配，从而使飞机的操纵性、稳定性、机动性和飞行品质等全面提升。主动控制的主要功能有放宽静稳定性（RSS）、直接力控制（DFC）、机动载荷控制（MLC）、阵风减缓（GLA）、乘坐品质控制（RQC）和主动颤振抑制（FMC）。数字飞控为主动控制功能的实现创造了条件，使现代飞机的电传飞控与主动控制技术应用成为现实。数字电传飞行控制系统是三代机的标志性特征技术，我国从“J8ACT 单轴及 J8 Ⅱ ACT 三轴”主动控制演示验证项目的成功研制，到现在已有 40 多年的发展历史，积累形成的数字电传飞控技术已被新一代飞机设计广泛采用，是目前飞控系统设计的主流技术，并成为现代飞机飞控系统设计的标准配置。

本书分为飞控概论、余度管理、控制律设计、协同控制、数字伺服控制、软件设计、分系统简介、飞行品质和典型飞机飞控特征 9 章，介绍数字电传飞行控制系统的设计理论和实现技术。对数字飞控系统的设计算法进行了推导论证，从数学和物理基础理论上知道：设计原理是什么、解决问题为什么、算法创新变什么；建立了定性与定量规范完整的理论体系，是工程项目正向设计的基础。这些都是近 30 年来多个型号数字飞控系统设计的总结和提高，希望能为武器装备研发的正向设计提供有益的参考。

由于编写的时间和能力水平所限，内容差错难免，敬请读者批评指正。

丁书永（签名）

2023 年 3 月

目　录

第1章 飞控概论

21世纪以来,中国航空工业以超机动隐身战斗机、久航远航大飞机和全域电传直升机3个20家族为代表的新一代飞机设计,进入主动控制的全电传数字时代。一方面,一架飞机只要改变飞控系统设计,就可以极大改善并提高飞机的稳定性、操纵性和飞行品质,使飞机变成一架全新的飞机;另一方面,在飞机设计之初充分考虑飞控系统的作用,可以创新设计飞机总体的气动布局,实现气动力按需分配,极大提高飞机的运动特性,满足飞机作战任务使命需求。电传飞控是飞机跨代的标志性特征技术,数字飞行控制是电传飞控的核心关键,飞机因飞控系统而更好操纵、更易稳定;飞行因数字飞控而更安全、更自主、更智慧。

传统的机械操纵飞机,随着飞机飞行速度的增大,气流作用在操纵面上的气动力会进一步增大,飞行员操纵力也会增大;在超声速机动飞行时,同样过载的转弯或机动,需要飞行员操纵力急剧增大,通常是亚声速的3倍甚至更大;在大迎角机动时,飞机还容易失速,危及飞行安全。对于放宽静稳定性飞机,机动性增强,但稳定性变差,其操纵更加复杂,通过机械杆系直接控制飞机操纵面,不仅效率低,而且难度大,容易引起飞行员诱发振荡。数字电传飞控系统使飞机智能化水平极大提高,它能正确理解飞行员的操纵期望,控制律解算舵面偏转指令,控制飞机按飞行员期望的飞机响应飞行;数字电传飞控系统具有飞行包线的边界限制功能,飞行员可以无忧虑操纵,飞机不会超过过载和迎角等飞行边界。这样,数字电传飞控系统,极大地提高了飞机的安全性和作战能力。数字电传飞控直升机,在执行索降任务时,可以在复杂气流条件下设置悬停参数,保持悬停位置;不受气流突变和地效的影响,快速投送、快速撤离;悬停时根据气流情况调整旋翼角度,保持直升机稳定,缩短机降、吊装等作业时间,减少直升机战场滞留时间,提高直升机战场生存力。

数字计算机迅速发展,数字电传飞控系统成熟度水平不断提高,新一代飞机飞控系统取消了模拟备份控制器,模拟备份完全被与主飞控非相似的数字备份所替代,飞控系统发展为主-备全数字控制器的数字飞行控制系统。特别是总线分布式飞控系统,包括飞行器管理计算机(VMC)、驾驶员接口控制装置(PIU)、远程伺服作动控制器(ART)等,这种多节点分布式飞控系统架构,克服了集中式控制系统单点故障的缺陷,实现了数字飞控系统的多级非相似数字备份重构,极大提高了飞控系统的安全可靠性。

数字飞行控制系统是以数学理论为基础,以软件的方式实现飞控系统功能、性能的系统,飞控系统硬件及其部、组件产品的功能软件化。数字飞控的本质是以数字技术、数据结构、余度技术、余度管理、BIT 检测、控制规律、控制算法、数字传感与数字伺服作动系统、多余度计算机操作系统与应用软件设计等为主要内容,实现数字飞行控制与管理的系统综合控制技术。数字飞控可以对传感器、计算机、控制律、伺服作动等飞控系统、分系统及其部件进行飞行前、飞行中和飞行后机内自检测(PBIT、IFBIT、MBIT);根据余度管理中位数表决理论,数字飞控系统的基本余度等级,尽可能采用低等级偶数余度体系架构,例如,四余度配置架构,既满足系统安全可靠性规范要求,又以 80%概率达到高等级奇数五余度配置相当的任务安全可靠性水平;基于稳健统计推断的数学理论,证明了中位数计算方法和中位数表决器设计的稳健性,为表决器设计提供了理论依据。按照系统需求,实施排序跨通道或余度管理的矩阵监控、余度信号中位数表决及具有监控逻辑的信号均衡;确定系数法双线性动态调参;根据飞机控制构型,采用变结构指令构型控制律实现控制增稳,以及基于加速灵敏度 n_y/α 飞行包线的变结构边界限制功能;根据杆力特性、非线性传动比和控制律参数,自动解算调整飞机响应与杆力的函数关系,实现杆-响应对应的控制律。这些复杂的逻辑运算及数学运算,模拟式电传飞控系统很难实现,机械操纵系统更是望尘莫及。因此,数字飞控使控制增稳为基础的电传飞控及随控布局气动力按需分配的主动控制成为现实。

现代飞机飞控系统的软件设计技术是实现数字飞控功能、性能的根本手段,工程实际中由于进度、成本和资源条件的限制,多数数字电传飞控系统采用相似余度体系架构,即使民机和长航时运输机安全性要求较高的飞控系统(10^{-9}/飞行小时),也只是在飞行安全关键环节采用“指令通道与监控通道非相似,加强故障监控”的局部非相似余度。数字飞控系统带来的问题,一是数据读写越界,代码执行超时,数据运算溢出,输入数据非法,操作指令非法,定时器故障,程序死循环,以及数据段(DS)、堆栈段(SS)、代码段(CS)和附加段(ES)等存储器“位翻转”的跳码与乱码引发的非法数、未定义或错误的“程序指针、操作指令和段偏移”等;二是相似余度由于余度通道的设计团队、开发环境、硬件结构、软件算法、控制逻辑和程序代码等完全一样,因此某一个通道的问题,其他所有余度通道同样存在,存在相似余度软件本身的固有缺陷即共模故障;三是基于“PIU+VMC+ART”总线分布式体系架构的多节点飞机管理系统,从输入数据采集到控制律指令输出,各节点的计算延迟累加和远超控制律离散化选取的系统工作周期的时间步长,不满足采样香农定理的要求。

要解决数字飞控系统存在的问题，主要是管理上靠体系、流程、规范、标准约束，遵循数字飞控系统研制规律，使用先进、完备、可靠和安全的开发工具，采用结构化程序设计和软件工程化开发方法，提高产品设计的质量；技术上靠容错架构与算法逻辑，系统的余度设计在体系架构层一定程度上解决了容错问题，但相似余度的共模故障必须从“数据结构、控制算法、控制策略”的根本层面解决问题，把共模故障概率降到最低。高可靠、高安全的算法设计技术有3种，一是主动预防出错的保护措施，如可重构分时分区操作系统的越界，超时监控与故障重构，比例尺标定、限幅器、淡化器、增益分配和除0保护等的越界溢出保护；二是安全处理策略，如溢出中断、非法数与非法指令中断、除0中断、CPU异常中断、WD看门狗中断等，按系统需求进行中断的安全处理；三是算法优化，在余度管理、BIT检测、控制律、数字传感与伺服等数字飞控的软件算法设计上，从系统需求定义出发，数据结构、算法逻辑和控制策略等多方案对比分析，选取时间、空间效率高，运算种类少，逻辑清晰，情况覆盖全，确定性强，高可靠、高安全的系统控制方案。对于多节点分布式体系架构的飞管系统，根据PIU、VMC和ART各节点的任务分配，采用可变任务模块的工作周期或速率组策略。在各分布式节点加快“传感器数据采集、中位数表决、控制律计算和操纵面控制指令输出”等基本核心模块的工作频率，尽可能尽早输出控制律指令，减小系统时延，解决系统各节点计算时延累加和不满足采样香农定理要求的问题，从设计的根本上提高数字飞控的可靠性和安全性。

众所周知，三代机以前飞机在总体布局设计时，主要考虑气动、结构和发动机三大因素，并在它们之间折中权衡以满足飞机的技术指标要求。采用这种方法设计飞机，为了获得某一方面的技术优势，必须以其他方面的改进或者让步为代价，鱼和熊掌不能兼得。通常这种飞机必须设计成稳定可飞的，飞控系统只能被动地适应飞机提供的操纵面进行控制，辅助飞行员对飞机进行姿态和航迹控制，对飞机的构型设计没有影响，飞控系统对飞机功能性能的改善是局部有限的，没有根本性的提高。

要使飞机功能性能有根本性的改善提高，必须创新设计飞机的布局构型，而新构型布局飞机往往是静不稳定的，稳定性、机动性和操纵性常常是相互矛盾的，不考虑飞控系统的气动、结构和推进三因素的飞机设计，无法解决这些矛盾。主动控制改变了传统的三因素飞机设计方法，充分发挥飞行控制的主动性和潜力，协调解决气动、结构和推进三因素之间的矛盾，在整个飞行包线范围内，气动力按需变化，主动控制使新构型布局飞机的设计成为可能，随控布局使飞机的气动、结构设计受到飞控技术的控制或影响发生了重大变化，飞机的运动特性、功能性能、操稳特性和飞行品质有了质的飞跃并得到了根本性的提高，这是飞行器设计的重大创新。

主动控制技术的出现,彻底改变了飞行器设计的方法,是飞机跨代的标志性技术,飞机设计从传统的三要素变成四要素,即气动、结构、推进和飞控。可以将四要素比作人类身体的关键部分,它们的作用如下。

1. 气动布局有升力

机翼是主承力面,它是产生升力的主要部件。前翼、平尾、垂尾等是辅助承力面,装在尾翼上的升降舵和方向舵及机翼上的副翼和升降副翼操纵面,主要用于保证飞机的稳定性和操纵性。通常有以下几种气动布局形式。

(1) 常规布局:水平尾翼在机翼之后。

(2) 鸭式布局:水平尾翼在机翼之前。

(3) 无尾或者“飞翼”:飞机只有一对机翼。

(4) 三翼面布局:机翼前面有水平前翼,机翼后面有水平尾翼。

其共同特点是对不同升力值都能进行配平,对给定的升力值都能保持稳定的运动。飞机的气动外形如图 1-1 所示。

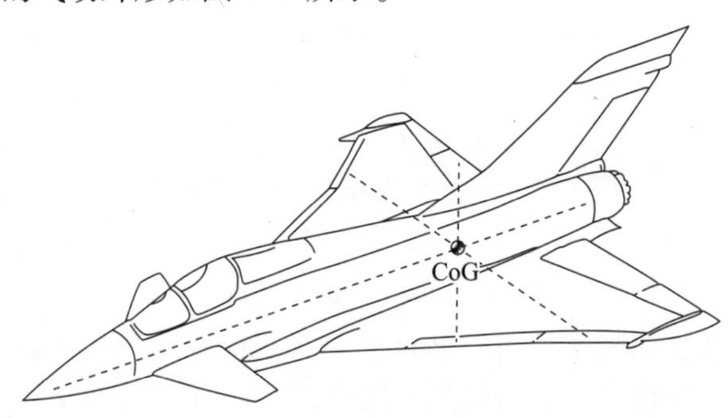

图 1-1　飞机的气动外形

2. 机体结构有强度

飞机的结构主要包括机身、机翼、尾翼、操纵面、起落架、发动机和机电、航电与各种控制系统。机身结构使飞机在不同空气动力条件下发挥最大的综合效能,机翼实现飞机特定的空气动力学性能,尾翼及操纵面提供了飞机稳定性和操纵性控制的手段,发动机提供了飞机飞行所需的动力;而飞机控制与管理系统是将机翼、尾翼、操纵面和发动机等系统协调起来,控制与管理飞机安全飞行,并顺利完成任务。因此,飞机结构设计必须有足够的强度,抵抗空气动力和重力造成的弯曲、扭转和压力,选择合适的材料或结构提高抗疲劳能力,保证飞机在空中飞行遇到各种极端气候条件或者执行高动态、大过载空战任务时,这些结构部件都在强度载荷允许范围内,使飞机机体结构有强度。飞机机体结构如图 1-2 所示。

图1-2　飞机机体结构

3. 推进系统有动力

飞机推进系统依靠向后推动空气或燃气产生推力，建立或改变飞机的飞行速度，从而提供飞机飞行需要的升力及力矩。推进系统包括发动机及其附件、进气系统和排气系统。飞机的迎角及侧滑角、发动机的转速、加力燃烧室的接通与断开等，都会引起发动机进气道工作特性的变化，使发动机进口处的气流速度场的均匀性受到破坏，进发匹配相容性关系发生变化，引起动力装置工作不稳定和进气道嗡鸣、喘振的脉动现象。飞机发动机号称飞机的心脏，为飞机提供推力，建立飞机的速度，进而改变飞机的升力。所以，飞机的发动机是飞机的动力系统。飞机发动机如图1-3所示。

图1-3　飞机发动机

4. 飞控系统有智慧

飞控系统由传感器、计算机和伺服作动3个分系统组成，是飞机运动控制的神经、大脑与执行系统。传感器感知飞机的姿态和飞行状态，计算机通过余度管理和控制律解算，计算并输出控制律指令，通过伺服执行机构驱动飞机操纵面偏转，提供飞机飞行需要的升力和力矩，控制飞机按控制律指令运动。飞控系统引入迎角、过载、角速率反馈，同时引入飞行员杆力/杆位移、脚蹬力/位移操纵输入，进入闭环控制回路控制律解算，改善飞机的稳定性和操纵性，在整个飞行包线内，飞机“动则灵、静则稳”，极大地提高了飞机的飞行品质。所以，飞控系统是飞机的大脑,飞机大脑有智慧。飞控系统操纵及操纵面如图 1-4 所示。

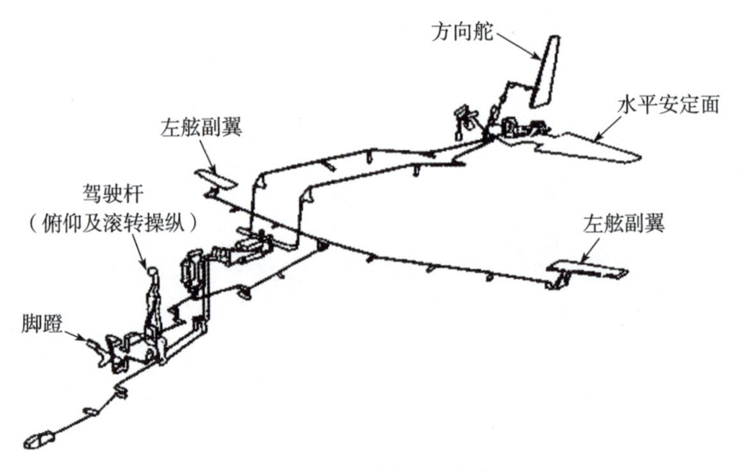

图 1-4　飞控系统操纵及操纵面

1.1　基本概念

1.1.1　随控布局 CCV

随控布局飞机的设计思想是根据控制的需要,在飞机上设计一些操纵面,或者改进原有操纵面设计,利用这些新布局操纵面的偏转,改变飞机气动力布局和结构上的载荷分布,以减小飞机的阻力和减轻飞机结构重量,这样,对运输机和轰炸机来说,可以增加航程,改善巡航的经济性;对于歼击战斗机来说,可以提高机动性。在这种情况下,飞机操纵与控制系统的设计不像常规飞机那样,放在飞机总体设计之后,而是作为飞机总体设计的一项重要内容,与发动机、气动、结构、重量重心等工作同时进行。再者,常规飞机一般设计成自然安定的,这样,飞机在高速段焦点进一步后移,而且战斗机随着耗油、投弹等,飞机重心进一步前移,飞机安定性更大,甚至出现过安定情况,飞机很难操纵。一种提高机动性的鸭式随控布局飞机如图 1-5 所示。

超声速及其机动性是战斗机作战任务的重要指标,其气动布局一般都是鸭式气动布局或者三翼面气动布局,前机身加装鸭翼或者增加前置翼,飞机的焦点前移,低速段处于不稳定区,控制律采用迎角反馈改善低速段飞机的不安定性,这就是放宽静稳定性。这种鸭式气动布局或者三翼面气动布局与常规气动布局相比,改变气动布局飞机稳定性变差,机动性变强,通过飞控系统改善飞机的自然不安定性,提高大迎角机动性,随控布局是现代飞机设计的必然选择。

图1-5 鸭式随控布局飞机

鸭式气动布局是把常规气动布局位于机翼后方的水平尾翼移到了机翼的前方,也就是说鸭式气动布局的飞机没有水平尾翼。与常规气动布局飞机相比,可以用较小的翼面达到同样的操纵效能,在大迎角飞行状态,鸭翼只需要减少产生升力即可产生低头力矩,从而有效保证大迎角状态下抑制过度抬头飞机的可控性。所以,鸭式布局可以提高大迎角状态下飞机的升阻比,节省发动机推力,是一种适合超声速空战的气动布局。

三翼面气动布局是在常规气动布局飞机的机翼和水平尾翼的基础上增加前置翼,减轻机翼上的载荷,使气动载荷分配更加合理。此外,增加1个前翼操纵自由度,与机翼的前、后缘襟翼及水平尾翼结合在一起,可进行直接升力控制。该气动布局融合了鸭式气动布局和常规气动布局的优点,前置翼可保证大迎角有足够的低头恢复力矩,改善大迎角特性,提高最大升力。在同样升力情况下,三翼面飞机迎角较小,气动阻力就小,升阻比提高。三翼面气动布局同样可以提高飞机大迎角状态下的机动性能,提高飞机的起降能力,起飞阶段前置翼可以提高升力,降落阶段前置翼可以充当减速板。在飞机遇到强气流扰动时,3个翼面也可以产生抗转阻尼,使气动扰流衰减,飞机机体可靠性得以提升。

1.1.2 飞机运动学方程

飞机相对地面轴系的位置变化规律和姿态变化规律,可用飞机质心3个线运动的运动学方程和绕质心转动3个角运动的运动学方程来描述,通常飞行控制律设计,采用经典控制理论,基于控制对象的低阶系统初步设计,在控制构型和参数确定后,进行六自由度非线性方程校核;目前比较完备的飞行品质评价准则,也是基于经典控制理论基础,因此,飞机六自由度非线性方程线性化,是飞行控制律设计和飞行品质评价必须做的工作。

飞机运动方程通常采用小扰动方法线性化,小扰动方法是假设同一时刻飞机受扰动后的运动，相对于飞机在平衡点条件下基准运动的受扰动运动是一个小量，即扰动量与未扰动量的差值为微小量，一般情况是扰动量在稳定量附近仅是一种微小的偏离，略去飞机运动方程微小增量的二阶及二阶以上的高阶增量，这样扰动量就是基本运动参量。即以平衡点处的切线代替曲线，得到变量对平衡点的增量方程，这就是飞机非线性运动方程的小扰动线性化方程。

研究飞机本体稳定性时，所有操纵机构的位置保持不变，即 δ_x，δ_y 等均保持常值，未知数个数与方程个数相等，此时仅研究瞬时扰动下飞机能否保持原有平衡状态的运动特性。

研究飞机本体操纵性时，所有操纵机构在给定控制规律下动作，即控制参数 $\delta_x(t)$，$\delta_y(t)$ 等为已知情况，未知数的个数与方程的个数也相等，此时，研究在这些操纵规律作用下飞机从一个平衡状态转换到另一个平衡状态的运动过程。包括确定实现各种平衡状态所需的舵面或杆力操纵量。

一般情况下，研究飞机稳定性和操纵性时选取若干典型平衡飞行状态，在平衡点利用泰勒级数（Taylor series）将飞机非线性状态方程组分别展开并保留一次项，得到小扰动非线性运动方程线性化，再略去一些次要因素，可得到纵、横向运动分开的小扰动线性化方程组。

1.1.2.1 符号定义

（1）飞机重量：G；

（2）机翼展长：L；

（3）机翼平均气动弦：b_A；

（4）飞机绕 X 轴惯距：I_x；

（5）飞机绕 Y 轴惯距：I_y；

（6）飞机绕 Z 轴惯距：I_z；

（7）飞机绕 XY 平面惯距：I_{xy}；

（8）操纵面极限偏角：$\delta_{x\max}$、$\delta_{y\max}$ 及 $\delta_{z\max}$；

（9）飞机的气动焦点：X_f；

（10）飞机的重心：X_g；

（11）配平迎角：α_0；

（12）配平升降舵偏度：δ_{Z0}。

1.1.2.2 非线性模型

飞机在三维空间的空中运动有 6 个自由度，其中 3 个是描述飞机质心在 x、y、z3 轴位置变化的线运动，另外 3 个是描述飞机绕质心绕 x、y、z 3 轴转动姿态变化的角运动，飞机六自由度运动如图 1-6 所示。

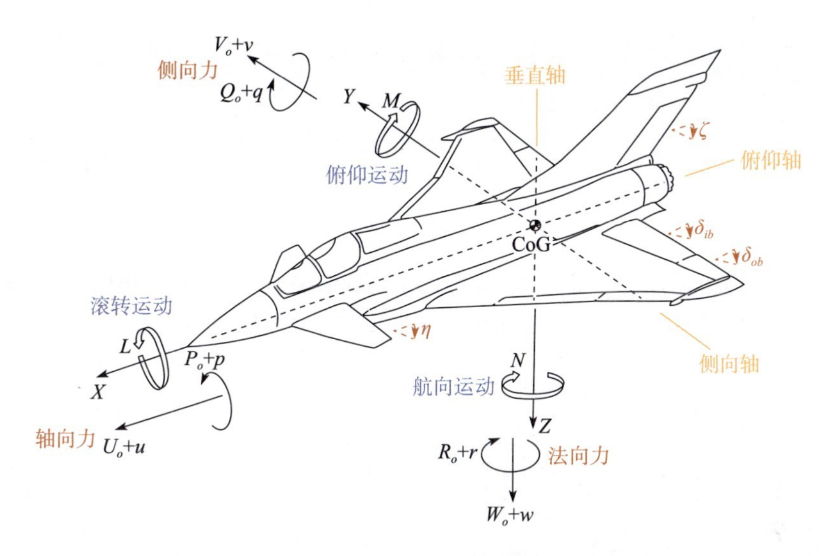

图 1-6　飞机六自由度运动

根据牛顿力学定理,可导出飞机动力学方程,进而按飞机相对地面参考轴系的位置和姿态变化,建立飞机的运动学方程,六自由度非线性方程建立如下。

应用动量定理,飞机的质心动力学方程为

$$m\frac{\mathrm{d}v}{\mathrm{d}t}=F \tag{1-1}$$

式中:m 为飞机质量;$\frac{\mathrm{d}v}{\mathrm{d}t}$为飞机质心加速度;$F$ 为飞机所受合力。

将上述方程投影到 xyz 动坐标系上,得标量表示的质心动力学方程为

$$\begin{cases} m\left(\frac{\mathrm{d}v_x}{\mathrm{d}t}+v_z\omega_y-v_y\omega_z\right)=F_x \\ m\left(\frac{\mathrm{d}v_y}{\mathrm{d}t}+v_x\omega_z-v_z\omega_x\right)=F_y \\ m\left(\frac{\mathrm{d}v_z}{\mathrm{d}t}+v_y\omega_x-v_x\omega_y\right)=F_z \end{cases} \tag{1-2}$$

应用动量矩定理,飞机绕质心转动动力学方程为

$$\frac{\mathrm{d}\boldsymbol{h}}{\mathrm{d}t}=\boldsymbol{M} \tag{1-3}$$

式中:$\boldsymbol{h}$ 为飞机对质心的动量矩;$\boldsymbol{M}$ 为作用于飞机的合力矩。将方程投影到动坐标系上,则标量表示的绕质心绕 xyz 轴转动的动力学方程为

$$\begin{cases}\dfrac{\mathrm{d}h_x}{\mathrm{d}t}+(h_z\omega_y-h_y\omega_z)=M_x\\ \dfrac{\mathrm{d}h_x}{\mathrm{d}t}+(h_x\omega_z-h_z\omega_x)=M_y\\ \dfrac{\mathrm{d}h_x}{\mathrm{d}t}+(h_y\omega_x-h_x\omega_y)=M_z\end{cases}\tag{1-4}$$

上述方程组适用于任何一种动坐标系，如果关于力的方程选用航迹-机体坐标系，关于力矩的方程选取机体坐标系，则方程的具体形式如下：

$$\dot{V}=\frac{P}{m}-\frac{Q}{m}\cos\alpha\cos\beta+\frac{Y}{m}\sin\alpha-g\sin\theta$$

$$\dot{\alpha}=\omega_z-\beta\omega_x-\frac{Y}{mV}\cos\alpha-\frac{Q}{mV}\sin\alpha+\frac{g}{V}\cos\vartheta\cos\gamma$$

$$\dot{\beta}=\omega_y+\alpha\omega_x+Z+\frac{g}{V}\cos\vartheta\sin\gamma$$

$$\dot{\omega}_x=B_y\omega_y\omega_z-B_{xy}\omega_x\omega_z+M_x$$

$$\dot{\omega}_y=B_{xy}\omega_y\omega_z-B_x\omega_x\omega_z+M_y$$

$$\dot{\omega}_z=\frac{J_x-J_y}{J_z}\omega_x\omega_y+\frac{J_{xy}}{J_z}(\omega_x^2-\omega_y^2)+M_z+M_z^{\dot{\alpha}}\dot{\alpha}+M_z^{\omega_z}\omega_z$$

$$\dot{\gamma}=\omega_x-\tan\vartheta(\omega_y\cos\gamma-\omega_z\sin\gamma)$$

$$\dot{\vartheta}=\omega_y\sin\gamma+\omega_z\cos\gamma$$

$$\dot{\psi}=\frac{(\omega_y\cos\gamma-\omega_z\sin\gamma)}{\cos\vartheta}$$

$$\dot{H}=V\sin\theta$$

$$\theta=\arcsin(\sin\vartheta\cos\alpha\cos\beta-\cos\vartheta\cos\gamma\sin\alpha\cos\beta-\cos\vartheta\sin\gamma\sin\beta)$$

$$a_{xt}=\dot{V}$$

$$a_{yt}=V(\omega_z-\beta\omega_x-\dot{\alpha})$$

$$a_{zt}=V(\dot{\beta}-\alpha\omega_x-\omega_y)$$

$$n_{xtg}=\frac{a_{xt}}{g}+\sin\vartheta$$

$$n_{ytg}=\frac{a_{yt}}{g}+\cos\vartheta\cos\gamma$$

$$n_{ztg}=\frac{a_{zt}}{g}-\cos\vartheta\sin\gamma$$

$$n_{xtp}=n_{xtg}-(\omega_y^2+\omega_z^2)r_x/g$$
$$n_{ytp}=n_{ytg}+(\dot{\omega}_z+\omega_x\omega_y)r_x/g$$
$$n_{ztp}=n_{ztg}-(\dot{\omega}_y-\omega_x\omega_z)r_x/g$$

求解这些力方程组、运动方程组、力矩方程组和导航方程组，便可知飞机在任何时刻的运动状态。

1.1.2.3 线性模型

1）飞机纵向小扰动方程

$$\Delta\dot{V}=X^V\Delta V+X^\alpha\Delta\alpha-g\cos\theta_0\Delta\theta \tag{1-5}$$

$$\Delta\dot{\alpha}=-Y^V\Delta V-Y^\alpha\Delta\alpha+\Delta\omega_Z-g/V_0\sin\theta_0\Delta\theta-Y^{\delta_z}\delta_z \tag{1-6}$$

$$\Delta\dot{\omega}_z=M_z^\alpha\Delta\alpha+M_z^{\dot{\alpha}}\Delta\dot{\alpha}+M_z^{\omega_z}\omega_z+M_z^{\delta_z}\Delta\delta_z \tag{1-7}$$

$$\Delta\dot{\vartheta}=\Delta\omega_z$$

$$\Delta\dot{H}=\Delta V\sin\theta_0+V_0\cos\theta_0\Delta\theta$$

$$\Delta\theta=\Delta\vartheta-\Delta\alpha$$

$$\Delta n_{ytg}=[V_0(Y^V\Delta V+Y^\alpha\Delta\alpha+Y^{\delta_z}\delta_z)\cos\alpha_0-(X^V\Delta V+X^\alpha\Delta\alpha)\sin\alpha_0-(X^*\cos\alpha_0+Y^*\sin\alpha_0)\Delta\alpha]/g$$

$$\Delta n_{ytp}=\Delta n_{ytg}+\Delta\omega_z r_x/g$$

状态方程：　$\dot{\boldsymbol{X}}=\boldsymbol{AX}+\boldsymbol{BU}$

输出方程：　$\boldsymbol{Y}=\boldsymbol{CX}+\boldsymbol{DU}$

状态变量：　$\boldsymbol{X}=[V,\alpha,\omega_Z,\vartheta,H]^{\mathrm{T}}$

输出变量：　$\boldsymbol{Y}=[V,\alpha,\omega_Z,n_{ytp},\vartheta,\theta,H]^{\mathrm{T}}$

输入变量：　$\boldsymbol{U}=[\delta_Z]$

状态矩阵：
$$\boldsymbol{A}=\begin{bmatrix} X^V & X^\alpha+9.81 & 0.0 & -9.81 & 0.0 \\ -Y^V & -Y^\alpha & 1.0 & 0.0 & 0.0 \\ -M_Z^\alpha\cdot Y^V & M_Z^\alpha-M_Z^{\dot{\alpha}}\cdot Y^\alpha & M_Z^{\dot{\alpha}}+M_Z^{\omega_Z} & 0.0 & 0.0 \\ 0.0 & 0.0 & 1.0 & 0.0 & 0.0 \\ 0.0 & -V_0 & 0.0 & V_0 & 0.0 \end{bmatrix}$$

控制矩阵：
$$\boldsymbol{B}=\begin{bmatrix} 0.0 \\ -Y^{\delta_Z} \\ M_Z^{\delta_Z}-M_Z^{\dot{\alpha}}\cdot Y^{\delta_Z} \\ 0.0 \\ 0.0 \end{bmatrix}$$

输出矩阵：
$$C=\begin{bmatrix}1.0 & 0.0 & 0.0 & 0.0 & 0.0\\ 0.0 & 1.0 & 0.0 & 0.0 & 0.0\\ 0.0 & 0.0 & 1.0 & 0.0 & 0.0\\ C_{41} & C_{42} & C_{43} & 0.0 & 0.0\\ 0.0 & 0.0 & 0.0 & 1.0 & 0.0\\ 0.0 & -1.0 & 0.0 & 1.0 & 0.0\\ 0.0 & 0.0 & 0.0 & 0.0 & 1.0\end{bmatrix}$$

传递矩阵：
$$D=\begin{bmatrix}0.0\\ 0.0\\ 0.0\\ D_{41}\\ 0.0\\ 0.0\\ 0.0\end{bmatrix}$$

式中：

$$C_{41}=(V_0\cdot Y^V\cos\alpha_0-X^V\sin\alpha_0-M_Z^\alpha\cdot Y^V\cdot r_X)/9.81$$

$$C_{42}=(V_0\cdot Y^\alpha\cos\alpha_0-X^\alpha\sin\alpha_0-X\cdot\cos\alpha_0+Q_W)/9.81$$

$$C_{43}=(r_X(M_Z^{\dot{\alpha}}+M_Z^{\omega_Z}))/9.81$$

$$Q_W=r_X(M_Z^\alpha-M_Z^{\dot{\alpha}}\cdot Y^\alpha)-Y^*\sin\alpha_0$$

$$D_{41}=(V_0\cdot Y^{\delta_Z}\cos\alpha_0+r_X\cdot(M_Z^{\delta_Z}-M_Z^{\dot{\alpha}}\cdot Y^{\delta_Z}))/9.81$$

讨论飞机纵向运动稳定性时，令 $\Delta\delta_z=0$，讨论飞机纵向操纵性时，给定 δ_z 变化规律。

2）飞机横航向小扰动方程

考虑基准运动的横航向参数全为0，所以横航向扰动偏量等于全量，即 $\Delta\beta=\beta$、$\Delta\omega_x=\omega_x$ 等。通过一些变换，可导得在稳定轴系上飞机横航向小扰动方程组为

$$\dot{\beta}=\alpha_0\cdot\omega_x+\omega_y+Z^\beta\beta+g/V_0\cdot\cos\upsilon_0\cdot\gamma+Z^{\delta_y}\delta_y \tag{1-8}$$

$$\dot{\omega}_X=M_X^\beta\cdot\beta+M_X^{\omega_X}\cdot\omega_X+M_X^{\omega_Y}\cdot\omega_Y+M_X^{\delta_X}\cdot\delta_X+M_X^{\delta_Y}\cdot\delta_Y \tag{1-9}$$

$$\dot{\omega}_Y=M_Y^\beta\cdot\beta+M_Y^{\omega_X}\cdot\omega_Y+M_Y^{\omega_Y}\cdot\omega_Y+M_Y^{\delta_X}\cdot\delta_X+M_Y^{\delta_Y}\cdot\delta_Y \tag{1-10}$$

$$\dot{\gamma}=\omega_X-\tan\vartheta_0\cdot\omega_Y$$

研究飞机横航向稳定性时，令 $\delta_x=\delta_y=0$；研究飞机横航向操纵性时，给定 δ_x 和 δ_y 变化规律。

状态方程：
$$\dot{X}=AX+BU$$

输出方程：$\boldsymbol{Y}=\boldsymbol{CX}+\boldsymbol{DU}$

状态变量：$\boldsymbol{X}=[\beta,\omega_X,\omega_Y,\gamma]^{\mathrm{T}}$

输出变量：$\boldsymbol{Y}=[\beta,\omega_X,\omega_Y,\gamma,n_Z]^{\mathrm{T}}$

输入变量：$\boldsymbol{U}=[\delta_X,\delta_Y,\delta_{zv}]^{\mathrm{T}}$

状态矩阵：
$$\boldsymbol{A}=\begin{bmatrix} Z^{\beta} & \alpha_0/57.3 & 1.0 & g/V_0\cdot\cos\vartheta_0 \\ M_X^{\beta} & M_X^{\omega_X} & M_X^{\omega_Y} & 0.0 \\ M_Y^{\beta} & M_Y^{\omega_X} & M_Y^{\omega_Y} & 0.0 \\ 0.0 & 1.0 & -\tan\vartheta_0 & 0.0 \end{bmatrix}$$

控制矩阵：
$$\boldsymbol{B}=\begin{bmatrix} 0.0 & Z^{\delta_Y} & 0.0 \\ M_X^{\delta_X} & M_X^{\delta_Y} & M_X^{\delta_{zv}} \\ M_Y^{\delta_X} & M_Y^{\delta_Y} & M_Y^{\delta_{zv}} \\ 0.0 & 0.0 & 0.0 \end{bmatrix}$$

输出矩阵：
$$\boldsymbol{C}=\begin{bmatrix} 1.0 & 0.0 & 0.0 & 0.0 \\ 0.0 & 1.0 & 0.0 & 0.0 \\ 0.0 & 0.0 & 1.0 & 0.0 \\ 0.0 & 0.0 & 0.0 & 1.0 \\ V/G\cdot Z^{\beta}/57.3 & 0.0 & 0.0 & 0.0 \end{bmatrix}$$

传递矩阵：
$$\boldsymbol{D}=\begin{bmatrix} 0.0 & 0.0 & 0.0 \\ 0.0 & 0.0 & 0.0 \\ 0.0 & 0.0 & 0.0 \\ 0.0 & 0.0 & 0.0 \\ 0.0 & V/G\cdot Z^{\delta_Y}/57.3 & 0.0 \end{bmatrix}$$

1.1.3 主动控制

现代飞机飞行速度和高度范围不断扩大，要使飞机在整个飞行包线范围内都有良好的稳定性和操纵性很难做到，如飞机的质心位置，若保证亚声速飞行时有好的稳定性，则超声速飞行时静稳定性过大，飞机的机动性、操纵性变差；又如采用先进气动布局，可使 $C_{y.\max}$ 大大增加，但大迎角时纵向静稳定性和航向静稳定性变差，甚至会出现静不稳定、升力的潜能得不到充分利用等。这些都表明单独改变飞机的构型已无法满足飞机动力学特性要求，在20世纪70年代后期出现了随控布局飞机，采用主动控制技术，在飞机设计的顶层阶段，将飞控系统与飞机气动布局、构型设计和动力装置综合考虑，以满足飞机的功能、性能要求。

传统飞机设计，自然飞机本体是稳定可飞的，飞控系统只能在现有的气动操纵面设计基础上进行必要的控制，飞行员的操纵对飞机控制功能和性能的改善是有限的，无根本性提高。随控布局(CCV)飞机可以设计成静不稳定的，借助数字电传飞控系统使其稳定，可使飞机气动布局在各种飞行状态下设计成最佳气动构型，使飞机性能得到显著提高。在设计飞机之初，考虑电传飞行控制系统的作用和潜力，主动应用飞行控制技术，解决飞机设计的静不稳定问题，所采用的技术称为主动控制技术(ACT)。以全时全权的控制增稳为核心的数字电传飞控系统，是随控布局飞机实现主动控制功能的基础。

特别是现代战斗机作战任务要求显著提高飞机的机动性，飞机气动布局设计按气动力需求分配，这样，飞机本身常常设计成静不稳定的，需要飞控系统协调和解决飞机机动性和稳定性的矛盾，在整个飞行包线内满足飞行品质规范要求。飞机设计不仅要考虑气动、结构、推进，还要考虑飞控，主动控制飞机除采用常规 3 个主操纵面控制外，还采用了一些辅助操纵面，如鸭翼、襟翼、扰流片及推力矢量。飞控系统从被动的适应转变成主动的控制，飞控成为飞机总体设计不可或缺的重要因素。

其主要包括以下几项控制技术。

(1) 放宽静稳定性(RSS)；

(2) 直接力控制(DFC)；

(3) 机动载荷控制(MLC)；

(4) 阵风减缓(GLA)；

(5) 主动颤振抑制(FMC)；

(6) 乘坐品质控制(RQC)。

1.1.4 飞控系统

从组成结构上讲：由传感器、计算机、舵机、操纵机构等一整套设备构成，飞控系统按照控制指令，驱动飞机操纵面偏转，实现姿态/轨迹控制。

从控制功能上讲：根据飞机当前的运动状态和飞行员的操纵指令，通过控制律解算(数字电传飞控是杆响应控制律)，生成飞机舵面偏转指令，实现飞行员期望的姿态、速率或过载响应。

从控制内涵上讲：采用操纵输入的前馈、飞机响应的反馈及补偿滤波，设计控制规律，根据飞行状态实时动态调整前馈、反馈和补偿滤波等环节参数，以满足飞行任务和飞行品质的要求。

飞控系统的工作原理如图 1-7 所示。

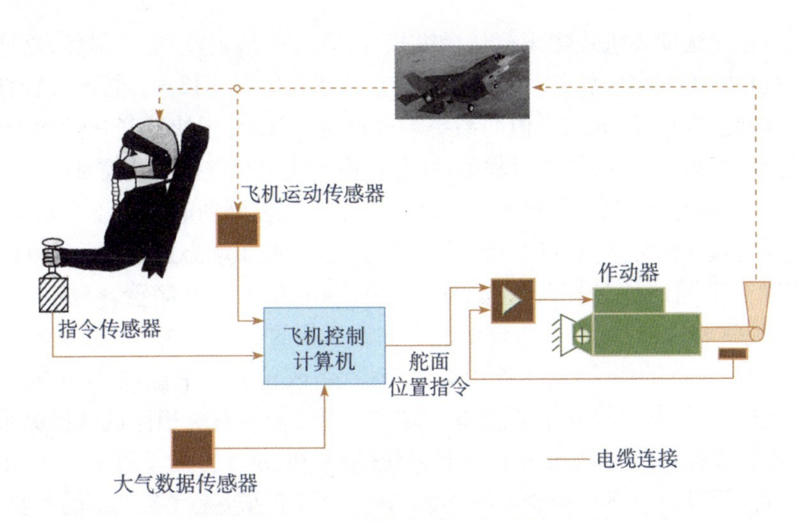

图1-7 飞控系统的工作原理

从作用效果上讲:抑制干扰,响应操纵;解决飞机稳定性和操纵性以及稳定性与机动性矛盾,动则灵、静则稳,满足系统设计飞行品质要求。飞控系统操稳特性如图1-8所示。

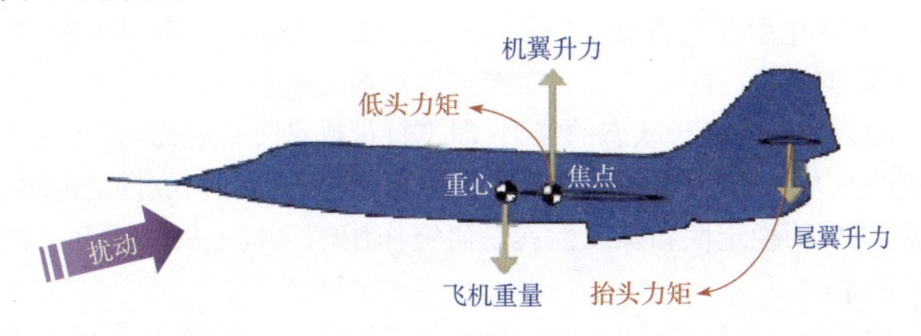

图1-8 飞控系统操稳特性

操纵性主要是指令跟随特性和飞行包线保护。

稳定性主要是指抑制扰动/振荡和放宽静稳定性等。

自动飞控主要包含以下技术。

(1) 自动驾驶;

(2) 自动油门;

(3) 自动着陆;

(4) 飞行指引。

工程上常从稳、快、准3个方面来评价飞控系统的总体性能精度,稳是指动态过程的振荡倾向和系统重新恢复平衡工作状态的能力,如果系统受扰动偏离了原工作状态,而飞控系统不能使其恢复到原状态,并且越偏越远;或者当指令变化后,飞控系统也无法使飞机跟随飞行员操纵指令,并且也是越差越大,显然,这样的不稳定系统根本不能完成任务。快是指动态过程进行的时间长短,过程持续时间长,系统长时间出现偏差,同时也说明系统响应迟钝,难以复现快速变化的指令信号。可见,稳和快反映了系统控制过程的性能,既稳又快说明过程中被控量偏离给定值小,偏离的时间短,系统动态精度高。准是指系统过渡到新的平衡工作状态后,或者系统受扰重新恢复平衡之后,最终保持的精度,反映了动态过程的后期性能。

控制律不同的任务控制模态,对稳、快、准的要求有所侧重,空战机动要求快,巡航侦察要求稳,精确打击要求准。飞控系统的稳、快、准是相互影响和相互制约的,提高过程的快速性,可能引起系统振荡;改善系统平稳性,又可能导致控制过程反应迟缓,甚至控制精度变差。数字式飞行控制系统相比机械操纵系统和模拟式电传飞控系统,在协调解决飞控系统的稳、快、准 3 方面矛盾中,显示出极大的优越性。设计数字飞行控制系统方案,解决这些矛盾就是飞控系统的主要内容。

1.1.5 稳定性和操纵性

飞机的稳定性是指飞机受到外界瞬时扰动作用后,自动恢复其原来平衡状态(受干扰时刻)的能力,即飞机对于干扰的响应(反应)能力。通常的干扰是指风速、风向的变化引起飞机气动力的变化,副油箱耗油、导弹的投放等外挂的变化,导致飞机重量重心的变化等。而操纵性是指飞机在飞行员操纵下,从一种飞行状态过渡到另一种飞行状态的能力,即飞行员操纵飞机舵面后,飞机达到驾驶预期响应的能力。显然,飞机的平衡状态是研究稳定性和操纵性的前提,从力学角度来看,飞机的稳定性和操纵性就是研究作用于飞机上的外力和力矩与其运动之间的关系。

稳定性可分为静稳定性和动稳定性。为了更好地说明稳定性的概念和分析具备稳定性的条件,下面以圆球为例研究其稳定性问题。

静稳定性是指物体(飞机或者其他被控对象)受到扰动后,具有自动恢复到原来平衡状态的趋势。静稳定性如图 1-9 所示,根据扰动撤销后,能否回到原来平衡状态的情况,静稳定性又分为静稳定、静不稳定和中立稳定。

(a) 静稳定

(b) 静不稳定

(c) 中立稳定

图 1-9 静稳定性示意

动稳定性是指物体(飞机或者其他被控对象)受到扰动后,恢复到原来平衡状态的过程。

由图 1-9 可知,欲使处于平衡状态的物体具有稳定性,其必要条件是物体受扰动后能够产生稳定力矩,使物体具有自动恢复到原来平衡状态的趋势;其次是在恢复过程中同时产生阻尼力矩,保证物体最终恢复到原来平衡状态。

1. 静稳定性

静稳定性是指飞机受扰动偏离原来平衡状态,当扰动撤销后,飞机不用操纵干预就具有自动恢复到原来平衡状态的趋势。飞机低速大迎角飞行时的静稳定性低,操纵性差,静不稳定的飞机是不可控的。通俗地说,如果一架飞机的重心在前、焦点在后,这架飞机就是自然静稳定的。静稳定性的解释是:假设飞机正在稳定平飞,这时遇到一个抬头或者低头的干扰(风、气流或无意识动杆),引起飞机振荡不稳定飞行,对于具有静稳定性的飞机来说,飞行员或者地面操控人员不用操纵干预,当干扰撤销后,飞机自动回到平衡的稳定飞行状态。其原因是:如果是抬头力矩干扰,那么迎角增大、升力增大,由于焦点在重心后面,因此升力增大使飞机绕重心运动的结果,就是让飞机低头;反之,如果是低头力矩的干扰,此时迎角减小、升力减小,焦点在重心之后,相当于减小的升力让飞机抬头。总之,干扰引起迎角的变化,进而引起升力的变化,当干扰撤销后,这种升力的增大或减小,由于飞机重心和焦点的位置关系,自然地抑制、抵消了干扰引起飞机的抬头或低头,使飞机回到平衡位置稳定飞行,这就是飞机的自然静稳定性。

从控制律设计的角度,为了改善飞机静稳定性,引入迎角、过载反馈,产生静稳定性需要的力矩补偿静稳定性称为增稳。

2. 动稳定性

动稳定性是指飞机受扰动偏离原来平衡状态,当扰动撤销后,飞机回到平衡状态的过程,在恢复原来平衡状态的过程中,飞机会产生阻尼力矩,保证飞机最终恢复到原来平衡状态。如果飞机设计固有的气动阻尼偏低,随着飞行包线的扩大,使飞机在中高空、超声速飞行受到扰动(或驾驶员无意识触动了驾驶杆或脚蹬)时,容易引起飞机振荡。稳定过程的快慢主要取决于飞机气动结构和气动布局,飞机的总体设计决定了在每个飞行状态下飞机的气动阻尼,影响其稳定过程的快慢。另外,控制律设计引入反馈信号,一般角速率信号相对于角位移变化得快,例如俯仰角速率信号引入控制律反馈,瞬态干扰让飞机抬头或者低头,闭环控制律指令就会反方向抑制飞机抬头或者低头,舵面偏转指令会抑制飞机振荡。这时俯仰角速率陀螺起到阻尼作用,改善了飞机的阻尼特性,飞控系统引入角速度反馈改善飞机的动稳定性。

飞机的静稳定性和动稳定性之间有着非常密切的关系,一般来说,只要恰当地选择静稳定性的大小,就能保证获得良好的动稳定性。对于动不稳定的飞机来说,民机乘坐品质差,战斗机则难以完成空战、攻击任务;其机械结构易疲劳损伤,影响飞机寿命。

3. 操纵性

飞机不仅具有自动保持其原有平衡状态的稳定性,而且,由于执行任务和飞行阶段的不同,飞机不可能在一种平衡状态飞行,需要根据任务及阶段的不同改变飞行状态,这就要求飞机还要具有良好的操纵性。例如,从平飞到上升或者下滑、加速或者减速、直线飞行到曲线飞行以及空战时的各种机动飞行等。

飞机的操纵性是指飞机在飞行员操纵或者接通自动飞控系统的情况下,飞机改变其飞行状态的特性。操纵性的好坏与稳定性的大小有着密切关系,稳定性越大,飞机保持原有飞行状态的能力越强,要改变其原有飞行状态越不容易,操纵起来越费力。稳定性过小,则操纵力也小,飞行员或者自动飞控系统结构与参数设计都很难拿捏操纵量,通常很难达到理想的精确操纵。所以,飞控系统设计上要协调处理好稳定性与操纵性的关系,保证飞机具有良好的飞行品质。

当飞行员操纵驾驶杆偏转升降舵之后,飞机绕横轴转动改变其迎角、速度等飞行状态的特性,称为飞机的纵向操纵性。当飞行员操纵驾驶杆偏转副翼之后,飞机绕纵轴滚转或改变其滚转角速度和倾斜角等飞行状态的特性,称为飞机的横向操纵性。当飞行员用脚蹬操纵方向舵之后,飞机绕立轴转动而改变其侧滑角等飞行状态的特性,称为航向操纵性。

1) 静操纵性

静操纵性是研究操纵运动的稳态特性,即飞机在各种平衡状态最终所需操纵机构偏转角、杆位移和杆力的大小。

2) 动操纵性

动操纵性是指在舵面或杆力输入下飞机的反应过程。不难想象,如果飞机反应过快,运动参数变化过大,则容易导致飞行事故;如果飞机反应过慢,运动参数变化过小,则可能达不到操纵的预期。因此,在飞行品质规范中规定了有关动操纵性的要求。

1.2 操纵系统演进

1.2.1 机械操纵系统

机械操纵系统是由机械杆系、摇臂或钢索、滑轮等组成的机械传动机构,飞行员操纵的驾驶杆和脚蹬力或位移,直接或通过助力器控制飞机操纵面的偏转,从而实现飞行员对飞机运动的控制,称为机械操纵系统。

由图1-10可知,机械操纵系统没有飞机运动信息反馈,是一种开环控制系统,从中可以看出机械操纵系统是一种信息同能量综合的系统。

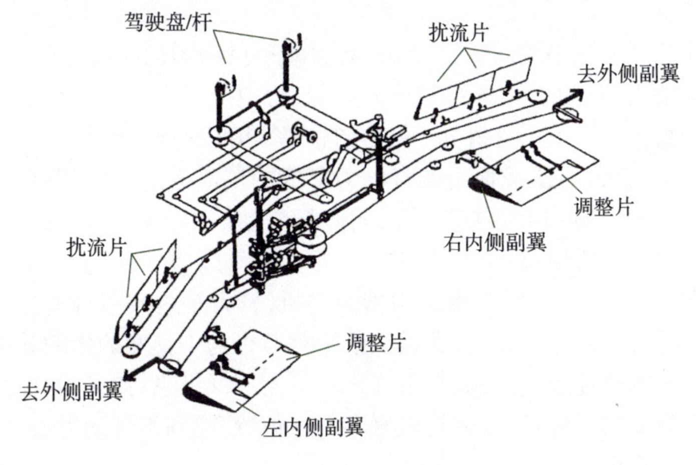

图1-10 机械操纵系统

1.2.2 助力操纵系统

现代高速飞机为了提高纵向操纵效率,大多采用全动平尾,增大操纵面面积,因此驾驶杆力显著增大;另外,飞行速度提升和飞行高度范围不断扩大,杆力、杆位移特性随飞行状态变化很大,甚至在跨声速区出现反操纵现象,这一切给飞行操纵带来困难。为改善飞机的操纵性,操纵系统中增加了助力器装置,这样,飞行员不直接操纵舵面,而是直接操纵助力器,通过助力器操纵舵面。

助力操纵系统由力臂调节器、载荷机构、调整片效应机构和液压助力器等部件组成。从飞机本体的气动操稳特性可知,机械操纵系统飞机在低动压和高动压飞行时,相同的机动其舵面偏度是不同的,大动压小偏度,小动压大偏度,这就使驾驶杆操纵位移差别大,特别是低动压大过载飞行时要求的操纵力很大,为此采用随动压自动调节传动比的力臂调节器。力臂调节器用来调节力臂长度改变传动比,高空低速机动飞行时所需的杆位移比低空高速时要大得多,通过力臂调节器的调节自动改变传动比,前者采用大力臂增加传动比,后者采用小力臂减小传动比,使飞机在不同高度和速度下作同样过载机动时,飞行所需的杆位移基本一致,以保证不同飞行状态具有相同的操纵灵敏度,因而操纵性得到改善。

载荷机构是模拟人工载荷装置的弹簧载荷机构,当驾驶杆前后移动时,弹簧受到压缩，弹簧反力使飞行员能够感受到一个与杆位移成正比的杆力，这样，飞行员就可以杆力的大小来感觉飞行状态的变化，并以此来掌握操纵量，改善和提高操纵性品质。

调整片是用来减小舵面铰链力矩，从而减小操纵力的一种装置。飞机在作长时间等速平飞时，为了缓解驾驶员的疲劳，希望操纵力为零，因此，在升降舵、方向舵和副翼上均装有一个小舵，称为调整片，当舵面向上偏转时，飞行员可操纵调整片向下偏转，与主舵面上的气动力形成的铰链力矩方向相反、大小相等，总的铰链力矩等于零，杆力也等于零，驾驶杆自动回中，这样驾驶员可以松杆飞行。而调整片效应机构，对于不带助力器的飞机，可以利用调整片来减小杆力，甚至减小到零松杆飞行；对于带助力器的飞机，杆力是由载荷机构提供的，因此远距离飞行时要想卸除杆力，必须设法解除载荷机构中弹簧的压缩状态，人们把这种装置称为调整片效应机构，它使飞机在不需要操纵飞行时卸除杆力，即解除载荷机构中弹簧的压缩状态，弹簧恢复到中立位置，起到不带助力器飞机的气动调整片相同的作用。

助力操纵系统如图 1-11 所示，不难看出，助力操纵系统信息同能量开始分离。

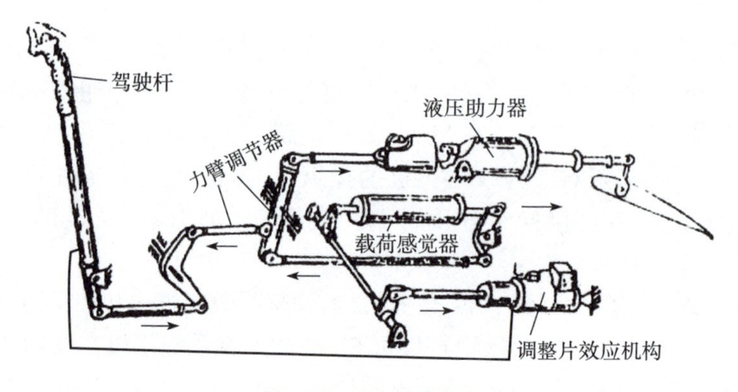

图 1-11　助力操纵系统

1.2.3　调效机构

由于制造、安装和不对称外挂等问题，飞机纵、横航向总是不能完全对称，需要略微偏转平尾、副翼、方向舵使力矩平衡。若由飞行员进行操纵，则在整个飞行过程中飞行员都得增加这项额外的负担。因此，为了减轻驾驶员操纵负担，在控制律中设置专门控制器，即调效机构，其控制器结构如图 1-12 所示。

飞行员通过按压调效按钮，以脉冲形式在控制律前向指令通道形成操纵指

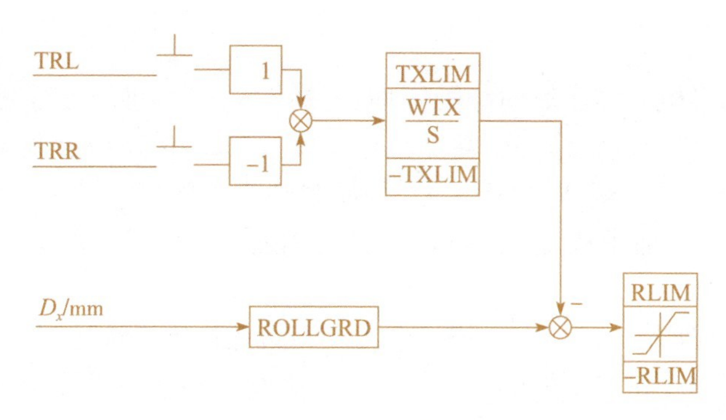

图 1-12 调效机构控制

令,使飞机平衡,不需要飞行员额外进行操纵。相当于当不平衡的力矩导致飞机过载和速度变化时,传感器敏感到过载和速度变化,通过增稳反馈回路使舵机动作产生舵面偏转,形成足够的平衡力矩,直到过载和速度的变化消失为止,调效机构使比例式控制律变为等效的比例加积分控制律,实现了自动配平功能。

图 1-13 所示为调校机构的原理,不难看出,调校是通过调校开关和步进电机联合完成的一种配平。飞机在包线内飞行全程中,飞行状态时时改变,“比例式”控制律不具有中性速度稳定性,不能自动配平,需要驾驶员不停地进行操纵,达到俯仰力矩的平衡,飞行员负担重,而且杆力越重负担也越重。调效机构工作原理是,飞行员按压调效按钮会使步进电机带动驾驶杆运动,不用飞行员推拉杆操纵,减轻飞行员的工作负担。

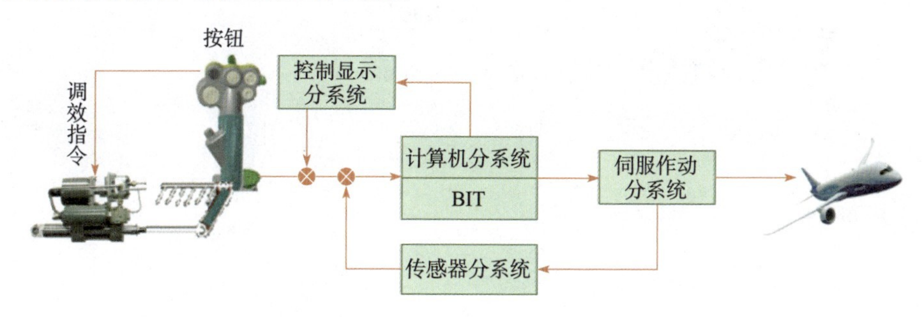

图 1-13 调校机构的原理

1.2.4 增稳系统

现代飞机为了提高机动性,常采用放宽静稳定性措施,飞机本体的纵向静稳定性不足甚至是静不稳定的,为了达到满意的飞行品质,一般在阻尼器基础上,引入迎角 α 和过载 N_y 反馈信号,控制律解算出舵面运动指令,将该指令传送给伺服作动系统,驱动飞机气动舵面,产生气动力矩为飞机提供运动阻尼和稳定性。

现代高速飞机本体横航向静稳定性往往较小，在大迎角飞行时甚至出现静不稳定，导致飞机荷兰滚模态变坏，或出现滚转和螺旋模态耦合振荡，因此，可引入侧滑角 β 或侧向过载 N_z 反馈信号，控制律解算出舵面运动指令，既增加了偏航阻尼力矩，又增加了横航向静稳定力矩，势必使荷兰滚模态特性满足品质要求。

如图 1-14 所示，可以看出，增稳系统是在机械操纵系统的基础上，应用反馈原理设计的提高飞机稳定性的一种飞行控制系统。在增稳系统中电反馈信号参与飞机的控制。

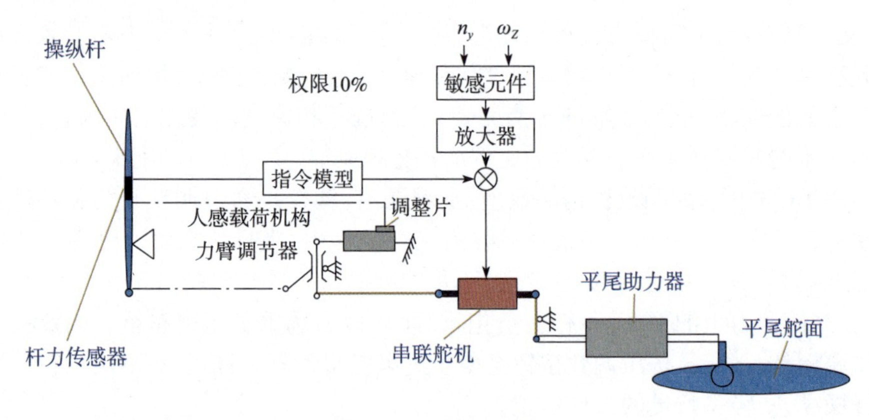

图 1-14　增稳系统结构

典型的增稳控制律设计框图如图 1-15 所示。

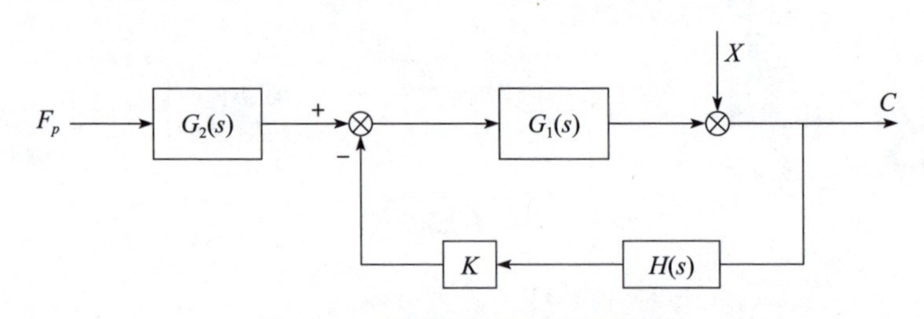

图 1-15　典型的增稳控制律设计框图

图中：$G_1(s)$为机体和作动器传递函数；$G_2(s)$为驾驶杆和操纵系统传递函数；$H(s)$为速率陀螺传递函数；K 为速率反馈增益；F_p 为驾驶员操纵输入；X 为干扰输入；C 为速率输出。

$G_1(s)H(s)$是幅值有界函数，速率对干扰的传递函数可以写为

$$\frac{C}{X}=\frac{1}{1+KG_1(s)H(s)}=\frac{1}{1+K} \tag{1-11}$$

由式(1-11)可以看出：K 增加，稳态 C/X 减小，即飞机对干扰的响应随 K 的增加而减小。K 趋于∞，稳态 C/X 的比值趋于零，即飞机不响应干扰输入（稳态"C/X"值为稳定性度量，表示飞机响应干扰输入的程度）。

因此，增稳系统抑制飞机对于干扰的响应。

1.2.5　有限权限控制增稳

事物的发展总是循序渐进的，具有控制增稳的电传飞控系统开始应用之初，电传飞控系统的研发还处于试验与试飞验证阶段，为了确保有效安全的验证，分别赋予机械操纵和电操纵以不同的权限，如分配电操纵的控制权限为30%，其控制结构如图1-16所示，这就是有限权限的控制增稳，机械操纵信号与电操纵信号共同操纵飞机。随着技术和产品成熟度水平的提高，数字电传飞控系统发展到今天，彻底取消了机械杆系及其机械传动机构，新一代飞机的设计都是100%全权限数字电传飞控系统。

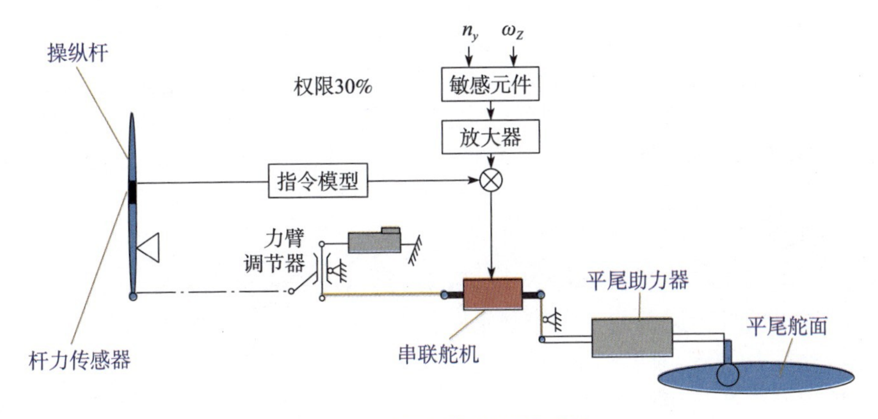

图1-16　有限权限控制增稳系统

1.2.6　控制增稳系统

无论是阻尼器还是增稳系统，在改善飞机短周期运动稳定性的同时，静操纵性有所下降；为了不使静操纵性变得太差，只有限制反馈增益系数，这样飞机稳定性就受到限制。对高性能飞机而言，特别是需要空中格斗、空中加受油、编队飞行的战斗机，既要大机动飞行甚至极限飞行，又要姿态稳定精确跟踪目标。机动性与稳定性的矛盾，以及操纵性与稳定性的矛盾，只有在增稳系统的基础上引入前馈飞行员操纵信号，即将飞行员操纵杆和脚蹬力或位移引入控制律解算回路，操纵信号参与控制律计算，生成控制指令驱动舵机运动，控制操纵面偏转，实现杆–响应对应的控制增稳飞机的飞行控制功能。显然，控制增稳系统（CAS）使飞机的稳定性与操纵性同时获得改善，控制增稳系统控制律原理如图 1–17 所示。

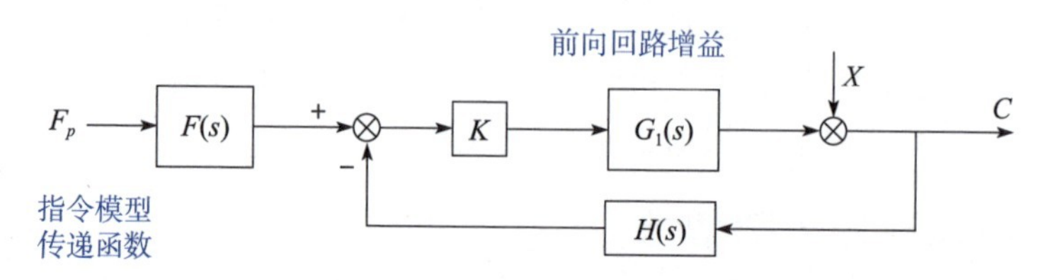

图 1–17　控制增稳系统控制律原理

同 1.2.4 节一样，$G_1(s)$、$G_1(s)H(s)$ 都是幅值有界函数，速率输出对驾驶杆操纵输入的传递函数可以用下面表达式描述：

$$\frac{C}{F_s}=\frac{KG_1(s)F(s)}{1+KG_1(s)H(s)}=\frac{K}{1+K}F(s) \tag{1-12}$$

由式（1–12）可以看出，随 K 增加，飞机的响应将跟随飞行员操纵。

阻尼器和增稳能提高飞机的阻尼比，但牺牲了操纵性，更无法解决非线性操纵指令问题，大机动飞行要求较高的操纵灵敏度，小机动飞行则要求较低的操纵灵敏度。控制增稳是在阻尼器和增稳的基础上，在前向通道引入指令成形和梯度函数，解决了飞机稳定性与操纵性之间的矛盾。同时，通过加入惯性或超前滞后环节，改善驾驶员操纵输入的柔和性和初始响应的快速性。

1.2.7　数字电传飞控系统

数字电传飞控系统（Fly by Wire，FBW）是由电缆替代机械杆系而建立的一种全新操纵信号传递链的飞行控制系统，这种电气信号传递方式，取消了笨重的机械传动杆系，设计成控制增稳的飞控系统。

机械操纵系统存在间隙、摩擦、迟滞等非线性及弹性变形因素的影响，微小信号难以精确传递，飞机响应与杆力的函数关系随飞行状态的不同而变化，杆舵对应难以在全包线内操控飞机满足飞行品质规范要求，机械飞控原理架构如图 1–18 所示。

数字电传飞控系统根据驾驶员操纵指令及飞机运动反馈信息，通过控制律解算，产生控制指令，驱动相应的操纵面，控制飞机运动。数字电传飞控系统在杆力特性、非线性传动比、随大气数据调参、自动配平等多种控制功能方面比机械操纵系统更容易实现，随控布局的多操纵面协调控制，气动力按需分配，在整个飞行包线内提供满意的稳定性和操纵性品质要求，电传飞控系统原理架构如图 1–19 所示。

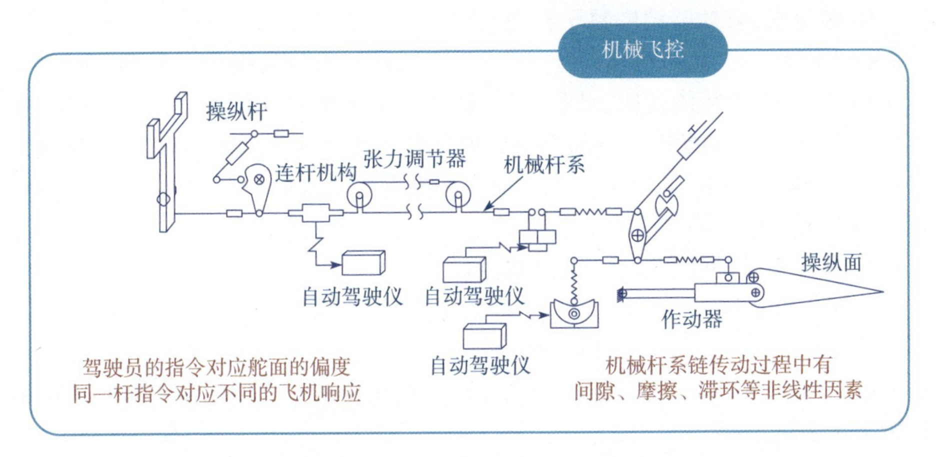

图 1-18 机械飞控原理架构

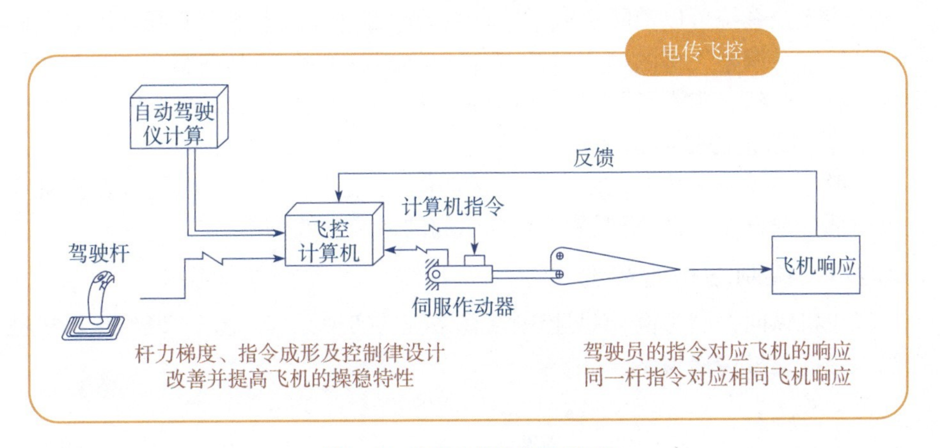

图 1-19 电传飞控系统原理架构

数字电传飞控系统消除了机械操纵系统非线性及弹性变形因素的影响，容易调整飞机响应与杆力的函数关系，改善对精确微小信号的操纵性。总线分布式余度技术的应用，提高了系统的战场生存力和安全可靠性。

电传飞控是第三代战机的标志性技术，是飞行控制发展历程中的重要里程碑。1974 年 2 月第一个电传飞控系统 F-16 战斗机首飞，1986 年 A320 最先采用数字电传飞控系统的客机投入运营。1988 年 12 月 8 日 J8ACT 单轴验证机首飞成功，1996 年 12 月 29 日去掉机械备份的 J8Ⅱ ACT 三轴验证机首飞成功。

电传飞控系统是在控制增稳基础上发展起来的，完全取消了机械操纵链，同机械操纵系统相比，具有如下优点。

1. 多变量、多功能控制易于实现

指令回路和增稳回路都是电子的,FBW 系统中可选可变的参数多,在杆力/杆位移特性、非线性传动比、动态补偿、随大气数据的自动调参、飞行边界限制、放宽静稳定性、自动配平等方面都是机械操纵系统无法实现的。FBW 提供全权限、全时间操纵,为实现 CCV 多操纵面协调控制提供较好的灵活性,在整个飞行包线内提供满意的稳定性和操纵性。

2. 飞控系统的体积减小、重量减轻

电传飞控系统的应用不仅节省了大重量的机械部件与传动装置,还节省了机械传动所占用的活动空间和孔道,例如,F-16 飞机可减轻 181kg,B-52 飞机焦点前移,平尾面积 $84m^2$ 减小到 $46m^2$,全机结构重量减少 6.4%,阻力减小 2%,航程增加 4.3%。

3. 改善飞机的操纵品质

电传飞控系统可以消除机械系统存在的摩擦、间隙、迟滞等非线性因素的影响,所以,容易调整飞机的响应与杆力/杆位移函数关系,使其在整个飞行包线范围的所有飞行状态皆满足要求,也可改善对精确微小信号的操纵性。

4. 提高系统的生存能力

一般电传飞控系统都是多余度系统部件,余度部件、总线、电缆可在机身和机翼内部分散分布,可以降低战斗损伤引起的系统失效概率。

1.2.7.1 控制增稳的实现

以飞机纵向控制为例,说明控制增稳系统的实现原理。图 1-20 给出了机械操纵系统的信号传递关系。

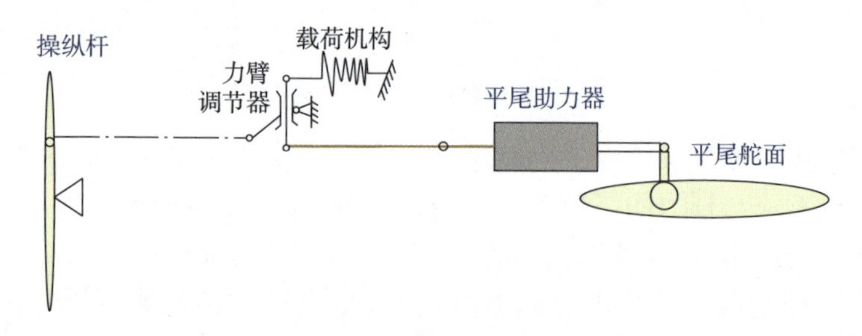

图 1-20 机械操纵系统

随着飞机飞行范围扩大,在高空高速区域,会出现纵向短周期阻尼不足的问题;在低空低速区域,会出现纵向静稳定性不足的问题,靠机械操纵系统无法解决。

引入俯仰角速率信号,补偿了高空高速区域飞机的纵向短周期阻尼,可以有效增强飞机动稳定性。阻尼器原理结构如图1-21所示,阻尼器只能增加飞机纵向短周期动稳定性。

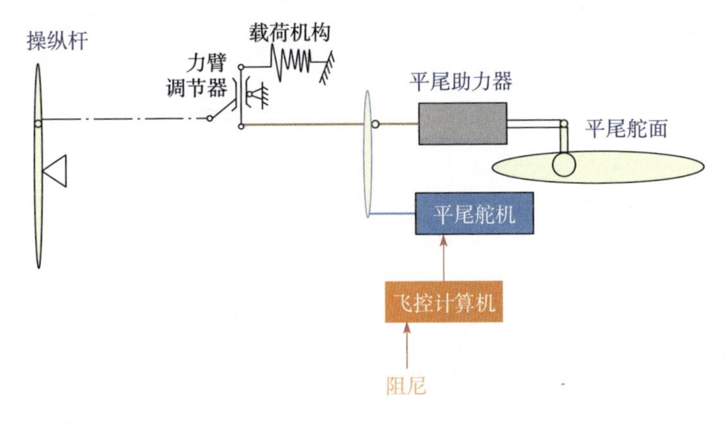

图1-21　阻尼器原理结构

引入迎角、法向过载等信号,补偿低空低速区域飞机的纵向短周期频率,增强飞机的静稳定性,增稳系统原理结构如图1-22所示。所以,增稳控制系统是同时增加飞机纵向短周期动稳定性和静稳定性的系统。

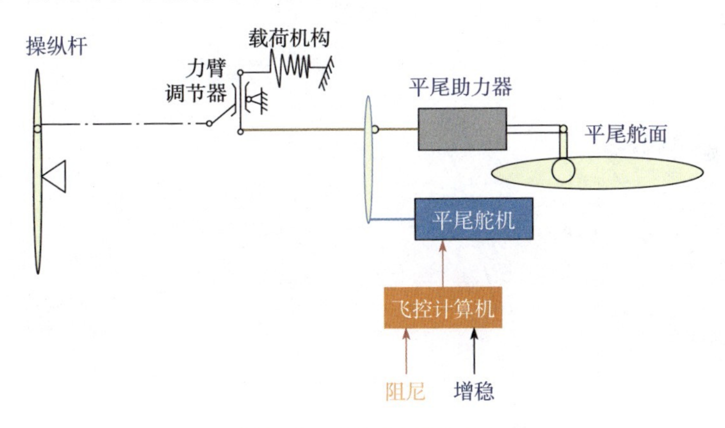

图1-22　增稳系统原理结构

不难看出,增稳控制系统提高了飞机的稳定性,但降低了飞机的操纵性。控制增稳系统同时改善飞机的操纵性与稳定性,控制增稳系统原理结构如图1-23所示。

当飞机阻尼欠缺时,阻尼器控制通过引入角速率信号,增加系统阻尼,但飞机响应变慢,达不到控制指令值的要求。增稳控制通过引入迎角、过载等信号,改善飞机静稳定性特性,飞机响应变快,但系统阻尼变小,飞机响应仍然达不到

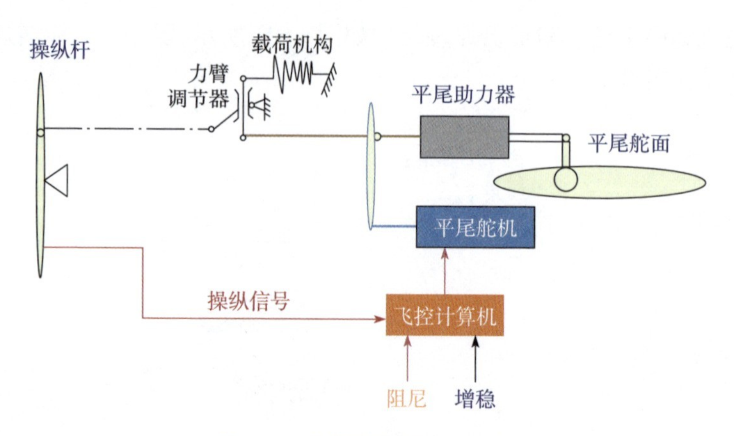

图 1-23 控制增稳系统原理结构

控制指令的要求。

在控制增稳系统中,设置指令梯度及成形模型,使小杆输入精确操纵,大杆操纵快速响应,极大地改善飞机的操纵性。控制增稳控制律通过引入飞行员杆力/杆位移、脚蹬力/位移信号,有效地协调操纵性与稳定性关系,使飞机的响应快而稳,并且可以达到控制指令的要求,控制增稳控制律操稳特性如图 1-24 所示。

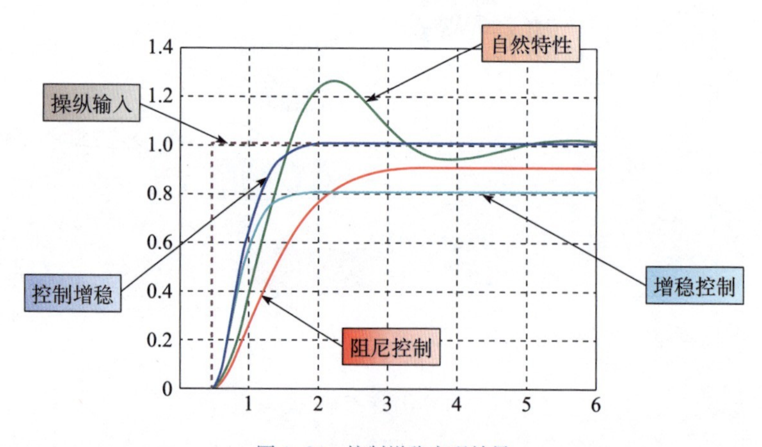

图 1-24 控制增稳实现效果

1.2.7.2 边界限制

飞机飞行包线的左边界大迎角失速尾旋和右边界大过载超飞机强度特性,会使飞机处于不安全的飞行状态,甚至导致飞机损毁。现代飞机追求高性能/高性价比,为了长航时增加油箱油量,或者为了提高作战任务能力,携带更多的武器装备，这就需要严格控制飞机本体及机载产品的重量，限制飞机及机上成品强度的设计裕度，具体到飞控系统，飞控产品的舵面偏度和舵面偏转速率受限，这些都给飞行员操纵提出了更高的要求，即操纵不能超出限制，同时也限制了飞行员能力的发挥。因而，从飞机平台大系统的要求上需要实现边界限制功能，限制飞机飞行参数，降低飞行员负担，确保飞行安全。

飞机的边界限制是飞机飞行条件的函数，因此，边界限制的参数应随高度、速度和外部载荷而变化。重型战斗机外挂构型多、重量范围大，挂载导弹、炸弹等大载荷武器时，迎角、过载限制值小；挂载其他较小载荷武器时，迎角、过载限制值大。

飞机高速飞行时，当 N_y 被限制时，迎角 α 可能还较小，不会超过最大允许迎角；但在低速飞行时，当 N_y 被限制时，迎角 α 可能会超过最大允许迎角。因此，过载限制不能代替迎角限制，反之亦然。采用一种迎角非线性反馈控制器，设计迎角/过载限制器，该限制器不仅限制迎角，同时也限制一定杆力所能达到的过载，这是飞行包线边界限制的必然选择。

现代飞机高速飞行时，迎角虽然不大，但可能引起较大的过载。飞行员的操纵一旦有疏忽，就会使飞机产生较大的过载，危及飞行安全。在低速飞行时，飞行员操纵疏忽所引起的过载不大，但引起的迎角可能很大，甚至达到失速迎角，对于静不稳定飞机，当最大平尾偏度引起的低头力矩不足以抵消大迎角带来的上仰力矩时，飞控系统便失去了静稳定性补偿的作用；侧滑角也应限制在允许包线范围内，否则会引起较大的侧向过载，使飞机处于危险飞行状态，故过载和迎角都必须加以限制。常见的过载和迎角限制系统原理如图1-25所示。

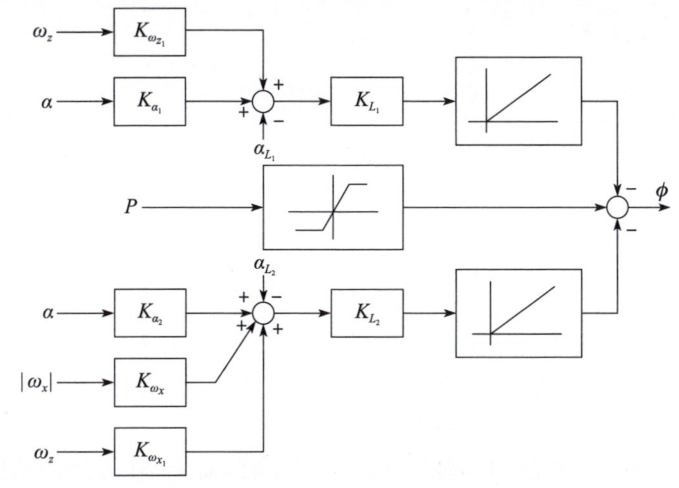

图1-25 过载/迎角限制系统原理

软限制,大气数据计算机根据不同重心构型、不同飞行状态实时解算允许迎角、允许过载,通过总线发送给飞控计算机,飞控计算机根据迎角、过载限制边界设计迎角、过载限制器,当迎角、过载到达这个限制边界,语音告警,状态灯点亮。

硬限制,当飞机的迎角、过载到达允许的迎角、过载限制边界,极限限制系统会抖杆、顶杆,这是一种明显、直接的触觉告警方式,有利于飞行员及时采取处置措施。在紧急情况下,飞行员操控驾驶杆克服顶杆力,突破极限限制的迎角和过载,实现一定程度的超控,发挥飞机最大机动能力。

1.2.7.3 中性速度稳定性

中性速度稳定性控制律,是指飞行速度变化时,系统自动配平,不需要飞行员操纵补偿,中性速度稳定性配平杆力与马赫数关系如图 1-26 所示。配平是飞机的一种平衡状态,飞机处于配平状态意味着飞机的俯仰、滚转和偏航力矩为 0(三轴角速率为 0)、法向过载 1g,在没有配平装置或者没有自动配平功能的飞控系统中,为了保持在任何稳定状态下的飞行,各控制面要预置一定的偏度,驾驶杆、脚蹬要施加一定的操纵力。为减少飞行员体力消耗,消除或者减小稳态飞行时的操纵力,实现松杆或者握杆飞行,使飞机达到配平状态,这就是自动配平。中性速度稳定性控制律是积分器结构控制,积分器的作用是使被控制的参数稳态后没有静差,飞机可自动配平,飞机状态改变后飞机配平不需要人工干预。

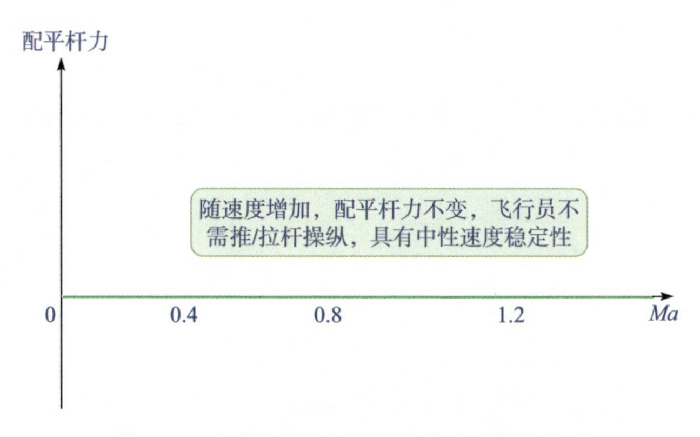

图 1-26　中性速度稳定性配平杆力与马赫数关系

随着飞机飞行速度的增加,飞机的升力增大、迎角增大,飞机抬头,为了使飞机平飞,需要飞行员推杆配平,这种操纵配平关系称为正向速度稳定性,正向速度稳定性配平杆力与马赫数关系如图 1-27 所示。

飞机在不同飞行状态,其高度、速度不同,飞机需要不同的配平舵面使飞机保持平飞,中性速度稳定性控制律配平舵面设计思路如图 1-28 所示。

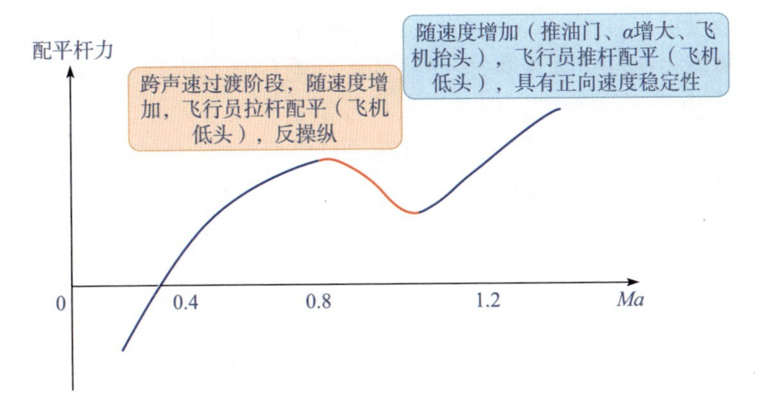

图 1-27 正向速度稳定性配平杆力与马赫数关系

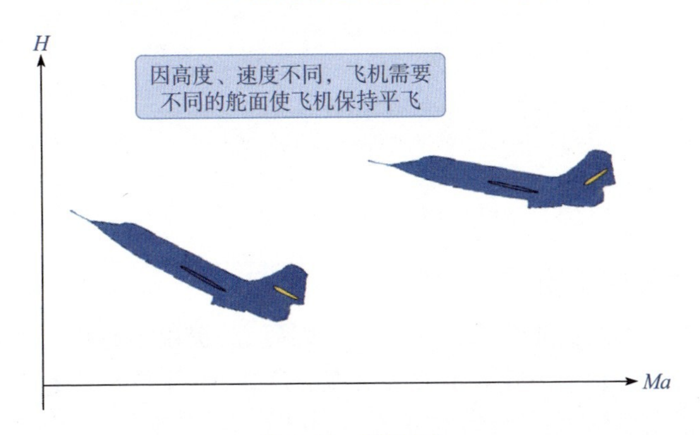

图 1-28 配平舵面

因此，飞行状态改变时，飞行员操纵飞机，获得需要的配平舵面，配平舵面与马赫数关系如图 1-29 所示。

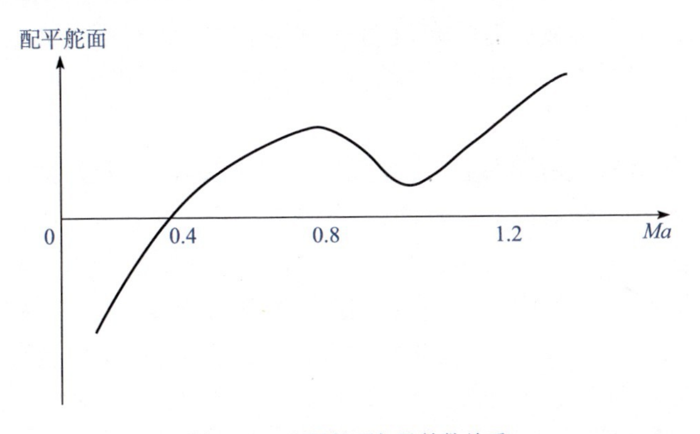

图 1-29 配平舵面与马赫数关系

中性速度稳定性积分式控制律，是无静差控制。引入了积分控制，即飞行员指令直接控制飞机的运动参数，使飞机的运动响应稳态值与飞行员控制指令对应，也就是飞机运动参数稳态值与飞行员控制指令没有静差。体现在控制效果的作用上就是飞行员无须握杆配平，甚至可以松杆飞行，大大减轻飞行员的操纵负担，结果示意如图 1-30 所示。

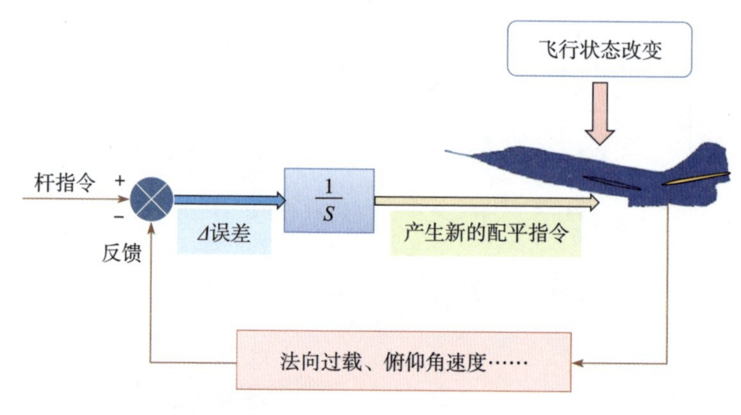

图 1-30　中性速度稳定性设计

1.2.7.4　过失速机动

国际上围绕第四代战斗机开展了一系列研究，提出了超机动性即“过失速机动”的概念，这种机动方式并不要求很高的过载，而是要求能使飞机机头快速改变方向或指向目标，它是靠拉大迎角(70°以上)并绕速度矢量滚转，以获得快速机头转向或快速机身瞄准的能力，有利于快速发射和回避格斗导弹，实现有效攻击敌机和自我防守。

俄罗斯苏-27 的眼镜蛇机动曾名噪一时，但由于仅局限于俯仰方向机动，不能同时滚转，达不到实战所需的超机动目的。苏-37 装有推力矢量和大迎角飞行控制系统，美国 F-22 具有飞/推综合控制系统，可以实现大迎角 60°以上的超机动实战能力。

由图 1-31 可知，在达到最大升力系数迎角即失速迎角后，随着迎角的增大升力系数反而减小，舵效进一步降低，飞行员如果不干预操纵或者飞控系统没有相应策略处理，飞机将进入失速状态。过失速机动的实现关键是飞行控制问题，这种机动需要突破失速禁区，涉及大范围非线性、非定常气动力及强耦合问题，飞机运动方程已完全是多自由度非线性方程，传统的小扰动线性化处理技术已无法沿用。因而，这种超机动控制技术，无论是在控制策略、设计方法方面，还是在飞行品质诸多方面均与常规飞行控制系统有很大不同。

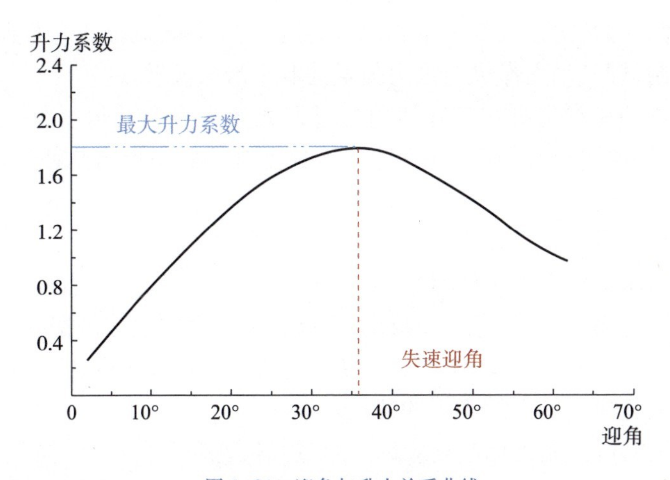

图 1-31　迎角与升力关系曲线

如果以飞机空间运动基本特性参数迎角 α 和旋转角速度 ω 来分，可画出基本飞行范围和临界飞行范围，如图 1-32 所示。飞机进入临界飞行状态时，飞机操纵面效率很低甚至失效。采用先进控制技术如飞/推综合控制等，可极大改善其稳定性和操纵性，从而可使现代飞机的使用包线范围扩大，覆盖了一部分原来稳定性和操纵性较差的区域，如失速、偏离区域。但过大的迎角 α 和过大的旋转角速度 ω 仍可能导致飞机进入极限飞行状态。不同大小的迎角 α 和旋转角速度 ω 配合，满足一定关系条件时，飞机进入偏离、过失速旋转、尾旋或深度失速状态。

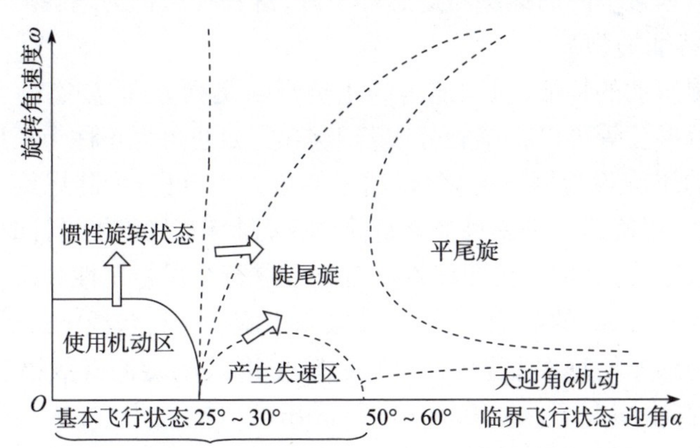

图 1-32　α、ω 参数平面内飞行状态分类

大迎角/低动压时飞机升力面积及升力急剧减小，常规气动面舵效很低，很难操控；推力矢量发动机提供了失速时飞机的基本动力，使过失速机动成为可能。小迎角/大动压高速飞行时，气动操纵面有效，可以由气动舵面提供操纵控

制。所以,理想的情况是根据迎角和飞行速度,决策是气动面飞行控制还是推力矢量飞行控制,即气动面操纵与推力矢量控制平滑过渡转换。

过失速机动是指飞机在实际迎角超过最大升力系数迎角(过失速)的条件下,仍然能够按照飞行员的指令作可控(控制飞机的机头指向与速度向量)的机动飞行。

过失速机动具有以下几个特点。

(1) 能迅速将机头指向目标。

(2) 转弯速率增大,转弯半径减小,有助于在空战中迅速占据有利态势。

(3) 飞机速度低,减速较快,因此,使用时机不当易成为受攻击目标。

具有过失速机动能力的飞机的特点。

(1) 飞机的可控制飞行迎角应远远超过其失速迎角。

(2) 在过失速状态下,飞机具有绕其三个轴转动的控制能力。

1.2.7.5 尾旋及解尾旋

飞机本体的构型特点,在大迎角飞行时,可能出现偏航静不稳定 $m_y^\beta>0$,容易导致偏离现象,如果操纵不及时,飞机将进入尾旋。尾旋是大于临界迎角飞行时出现的一种惯性交感效应影响显著的现象,当飞机失速而不施加干预操纵,或者大迎角下受到剧烈的侧风或垂直突风扰动时,飞机就可能发生急剧滚转和偏航运动。伴随着滚转和偏航,飞机机头向下并围绕空中某一垂直轴以很小的半径沿很陡的近似垂直下降的螺旋轨迹急剧下降,这种现象称为尾旋。

1) 尾旋特征类型

根据尾旋运动的特征,识别迎角的正负判断飞行方向、姿态角大小、旋转角速度以及是否振荡等可以将尾旋分成若干类型,如迎角为正称为正尾旋,倒飞进入迎角为负的尾旋称为倒飞尾旋;根据俯仰角大小,可分为陡尾旋、斜尾旋和平尾旋等。显然,尾旋运动是一种非常危险的飞行状态,故飞机设计时就应该考虑如何防止进入尾旋,利用飞机非线性微分方程进行全局稳定性分析,通过预测飞机进入尾旋的 α 和 ω_y 的范围,进而采取限制措施。飞行包线的边界限制和飞行员根据传感器感知信息提前操纵干预,是防止进入尾旋的有效措施,大多数失速/尾旋在低高度情况下(如 500m 以下)改出的可能性很小,从空气动力上讲,预测干预即失速/尾旋规避是最好的处理策略。如果飞机一旦进入尾旋,设计上采取控制方案改出尾旋。

自转是飞机进入尾旋的根本原因,无侧滑的情况下,飞机的自转通常是由机翼引起的。理论上任何物体出现非对称流动都会产生自转力矩,从而进入尾旋。对于低速飞机而言,当迎角超过临界迎角 α_{cr} 时,飞机横侧扰动如扰流不对称或不慎操纵（比如进入右尾旋的操纵是：拉杆到底，蹬右全舵 $\delta_y>0$ 和右压杆到底 $\delta_x>0$），引起正的 ω_x，右翼迎角大于左翼，右翼阻力增加，但其升力反而小于左翼，这时左、右翼升力差产生滚转力矩使飞机右滚，同时左、右翼阻力差产生偏航力矩使飞机向右偏航旋转，由于惯性耦合的作用，飞机还将自动上仰使飞机迎角增加，直至进入尾旋。这种横航向力矩将加速飞机滚转，即滚转阻尼导数 $m_x^{\omega_x}$ 变为正值，这种现象称为机翼自转。

飞机进入定常尾旋阶段，其飞行速度 v、旋转角速度 ω、迎角 α 和侧滑角 β 均为常值，作用在飞机上的力和力矩均处于平衡状态，此时作用于飞机上的惯性力矩始终等于气动力矩，尾旋的特性就可视飞机为一般的质点处理，定常尾旋中的飞机运动轨迹如图 1-33 所示。

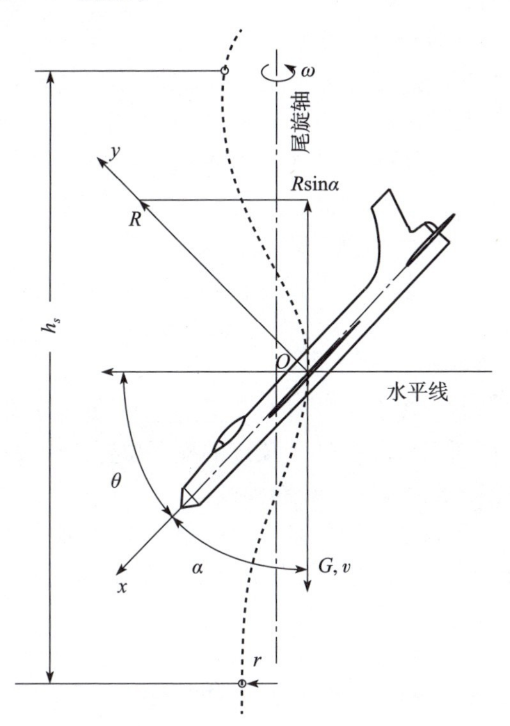

图 1-33　定常尾旋中的飞机运动轨迹

2）人工/自动解尾旋

改出尾旋的关键是停止自转并将迎角减至 α_{cr} 以下，尾旋时水平尾翼上的气流已经分离，操纵升降舵不足以产生使飞机迎角减至 α_{cr} 以下的俯仰力矩。收油门、三中立、蹬反舵和顺压杆是改出尾旋常用的方法，收油门减速减小迎角，防止发动机单发故障加剧自转。平尾、副翼和方向舵三中立，防止出现不对称力矩。假设飞机处于右尾旋状态（$\omega_x>0,\omega_y<0$），向尾旋运动相反方向蹬舵即蹬左舵（$\delta_y<0$），则偏航操纵力矩为 $M_y^{\delta_y}\delta_y>0$，使偏航角速度减小，起到制偏作用，同时还产生对改出尾旋有利的侧滑角，使自转减缓。当飞机转速减至相当程度，大大降低了上仰惯性交感力矩（I_y-I_x）$\omega_x\omega_y$ 后，再猛然推杆，让飞机低头俯冲，再拉杆改出尾旋，转入正常飞行状态。

顺压杆操纵就是顺着尾旋方向压杆，所以右尾旋右压杆（$\delta_x<0$），飞机在横向操纵力矩 $M_x^{\delta_x}\delta_x>0$ 的作用下加速滚转，引起偏航惯性交感力矩（I_z-I_x）$\omega_x\omega_z$ 增加，以制止飞机偏转，减小了偏航角速度；同时形成侧滑，使自转减慢。同蹬反舵一样，当飞机转速降低到某种程度，上仰惯性交感力矩作用大大减小，驾驶员再猛推杆，飞机也可以改出尾旋。显然，蹬反舵和顺压杆同时操纵，比单一的蹬反舵或者顺压杆可以更迅速地改出尾旋。

尾旋是一种极度危险的飞行状态，改出尾旋时，由于高度紧张的心理因素和注意力不集中的精神状态，飞行员往往反应滞后，甚至有可能错误操纵，加剧尾旋或者形成反尾旋。为了飞行安全，希望飞控系统实现自动尾旋防止及解尾旋功能。

在设计飞控系统控制律模态时，专门设计与控制增稳 CAS 不相容的自动解尾旋模态。自动防解尾旋的控制逻辑是识别尾旋的类别，根据初始尾旋的方向和姿态、迎角 α 和偏航角速度 ω_y 与尾旋门限比较，超过门限时顺着尾旋方向进行最大副翼操纵、反尾旋方向最大方向舵操纵和上仰操纵，这些操纵动作一直保持到飞机的偏航角速度变号。

解尾旋过程持续直至驾驶员恢复对飞机的控制，其操纵动作是杆舵回中，使方向舵、副翼回零，同时升降舵偏转到预定的配平位置以使飞机抬头。后面断开解尾旋开关，进入控制增稳的正常控制模式。

自动防解尾旋时飞行员完全就是一个旁观者，心有余而力不足，不能发挥人的决策作用和干预能力，如果尾旋状态下感知传感器有问题，或者自动解尾旋的控制策略逻辑算法设计有缺陷，那么飞行员就没有权限介入控制，其后果可想而知。所以工程上通常由飞行员选择接通解尾旋模态，进入数字直接链人工解尾旋模式，即此时控制律断开控制增稳控制模态，接通人工数字直接链 DLC 模态，解尾旋权限完全移交给飞行员，飞行员实施蹬反舵和顺压杆的解尾旋操纵，直到飞行员恢复对飞机的控制后，杆舵回中，使方向舵、副翼回零，操纵升降舵偏转到预置舵面位置使飞机抬头，随后断开解尾旋控制模式，退出人工数字直接链 DLC 模态，转入正常的控制增稳控制律。

无论是数字直接链人工解尾旋还是飞控系统自动解尾旋，由于处于尾旋状态时左、右迎角差异较大，容易超出故障监控门限，导致迎角失效，需要重构迎角信号。因此，在尾旋状态时应停止正常状态时的迎角余度管理，重构新的余度管理策略，以适应尾旋状态的迎角特性，选择正确的监控表决方式，为解尾旋提供有效、可用的输入条件。

事实上，当处于失速或尾旋的大迎角飞行状态时，迎角已不能正确地表征迎角和气动升力的关系，处于大迎角状态时的迎角已经和飞机的升力没有正相关关系了。所以，此时控制逻辑策略与控制律应断开使用迎角信号的所有通路，重构控制结构策略。这种情况下法向过载、水平过载、侧向过载或者三轴角加速度，以及惯导系统的东、北、天 3 个速度等信息可以联合与融合使用，正确地识别飞机的尾旋类型，这些信号资源的引入可以有效地帮助飞行员改出失速状态或者实现解尾旋功能。所以，这时控制逻辑和控制律可以使用系统的过载或者惯导系统的角加速度及东、北、天速度信号，实现顺压杆、蹬反舵和后面的杆舵回中功能，改出失速或解尾旋恢复正常飞行状态。

1.2.7.6　放宽静稳定性

对于常规气动布局飞机，为了保证飞机具有良好的稳定性和操纵性，飞机必须具有一定的静稳定裕度，即飞机焦点和机动点都位于质心后面；飞机焦点与重心距离越远，静稳定裕度越大、操纵性越差；飞机在跨声速区焦点急剧后移，造成跨声速区的速度不稳定。放宽静稳定性是指对飞机静稳定裕度的限制放宽，焦点可以很靠近质心，可以与质心重合，甚至移至质心前面。理论分析结果表明：迎角 α 引起的俯仰力矩称为纵向静稳定力矩，飞机是否具有纵向静稳定性与力矩系数曲线在平衡点处的斜率有关，故可以用力矩系数导数 m_z^α 作为飞机纵向静稳定性判据，俯仰力矩系数导数 $m_z^\alpha = C_y^\alpha(\bar{x}_G - \bar{x}_F)$，由 1.1.5 节可知：$m_z^\alpha < 0$，静稳定；$m_z^\alpha > 0$，静不稳定；$m_z^\alpha = 0$，中立稳定。所以，放宽静稳定性的飞机，飞机的静稳定裕度变得很小或静不稳定。

在工程实际中怎样放宽静稳定性，以及放宽静稳定性要解决哪些问题，图 1-34 中有明确的描述。

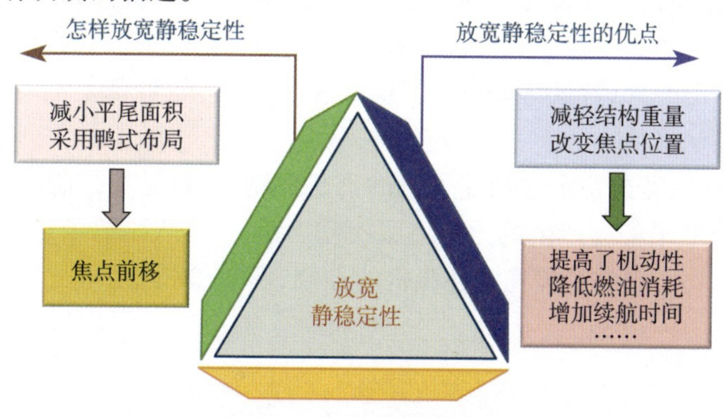

图 1-34　放宽静稳定性

特意改变飞机气动布局，调整焦点与重心位置，把飞机设计成在某些飞行区域静不稳定，放宽对飞机静稳定性的要求，降低稳定性，提高不稳定区域的操纵性，大大提高飞机的机动性，具有这种特性的飞机称为放宽静稳定性飞机，飞机焦点与马赫数关系如图1-35所示。

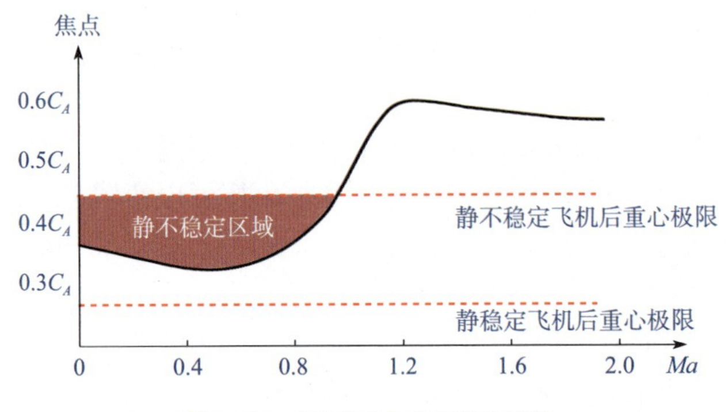

图1-35 飞机焦点与马赫数关系图

例如，J8ACT放宽静稳定性构型，最初设计是按照机翼下挂两个副油箱，加满油但不输油，从而使飞机重心后移，一旦遇到发生严重故障的情况，可以抛掉副油箱，使重心前移。具体实施时，机组认为装水比装油安全，但考虑到空中温度低，水可能结冰，于是改用防冻液。在这种后重心情况下，飞机前轮载荷变小，主轮载荷增大，飞机机头抬起一定的角度，需要控制律设计时充分考虑这种情况。

而J8 Ⅱ ACT放宽静稳定性，从J8 Ⅱ气动力布局和结构的实际出发，分析论证不宜安装可控偏转的前翼。通过风洞试验选型，加装一个可拆装的固定前翼，通过气动力与调整重心方法的综合运用，实现稳定构型、中立构型和不稳定构型三种构型控制律设计方案，扩大放宽静稳定性作用范围。此外，去除原飞机后退式襟翼，在机翼两边各装一块面积为1.872m^2的后缘机动襟翼，它可与副翼同时偏转，加上平尾配合进行解耦偏转，实现直接力控制。这些都是主动控制技术的具体应用。

对于具有放宽静稳定性功能飞机的飞行控制，通常是在控制律设计中引入迎角反馈，使平尾偏度产生的力矩克服扰动力矩，产生人工静稳定性，弥补飞机静稳定性不足，实现放宽静稳定性飞机的控制，图1-36说明了放宽静稳定性的控制过程。

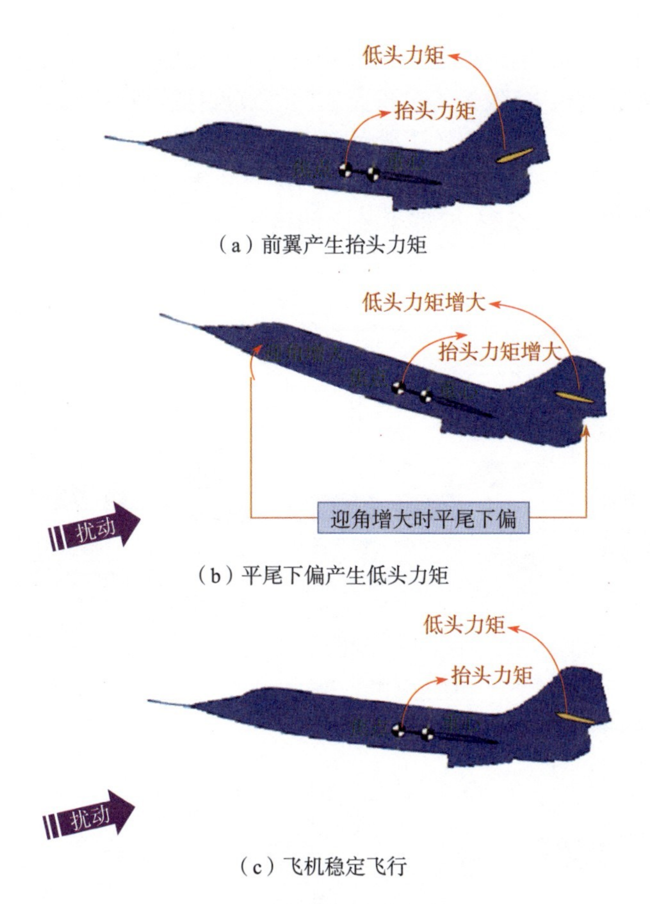

图1-36 放宽静稳定性的控制过程

1.3 分布式飞行器管理系统

跨域“空、天、地、海/人、机、站、舰”分布式、网络化的防空作战体系，将平台、传感器、武器整合到一个网络化指挥控制体系，基于模块化设计、中间件管理环境和作战体系变更、连接新老设备、App组件替换、升级或更新，快速形成新的作战能力。这种去中心化的分布式架构控制设计思想，建立“协同传感+协同指控+协同火力”三网合一的信息体系架构，实现多域跨域的互联、互通、互操作，每个单一节点开放的数据资源使“无中心”的数据融合成为可能。

1.3.1 多节点飞管系统架构

国外F35、X47B等先进战机的飞控系统采用基于军用1394b总线网络的分布式架构，通过 1394b 网络建立了飞管系统的核心功能，而 1394b 高带宽数据传输能力，也使飞控、机电、发控等设备完成网络节点挂接成为可能。F-35 飞管系统为三余度分布式系统，VMC（飞管计算机）实现综合飞行控制及公用设备管理，并实现了先进的健康管理功能。超过 70 个设备使用军用 1394b 总线，实现飞行器管理系统、显示系统、武器系统之间传输信息，飞机飞管系统架构示意如图 1-37 所示。

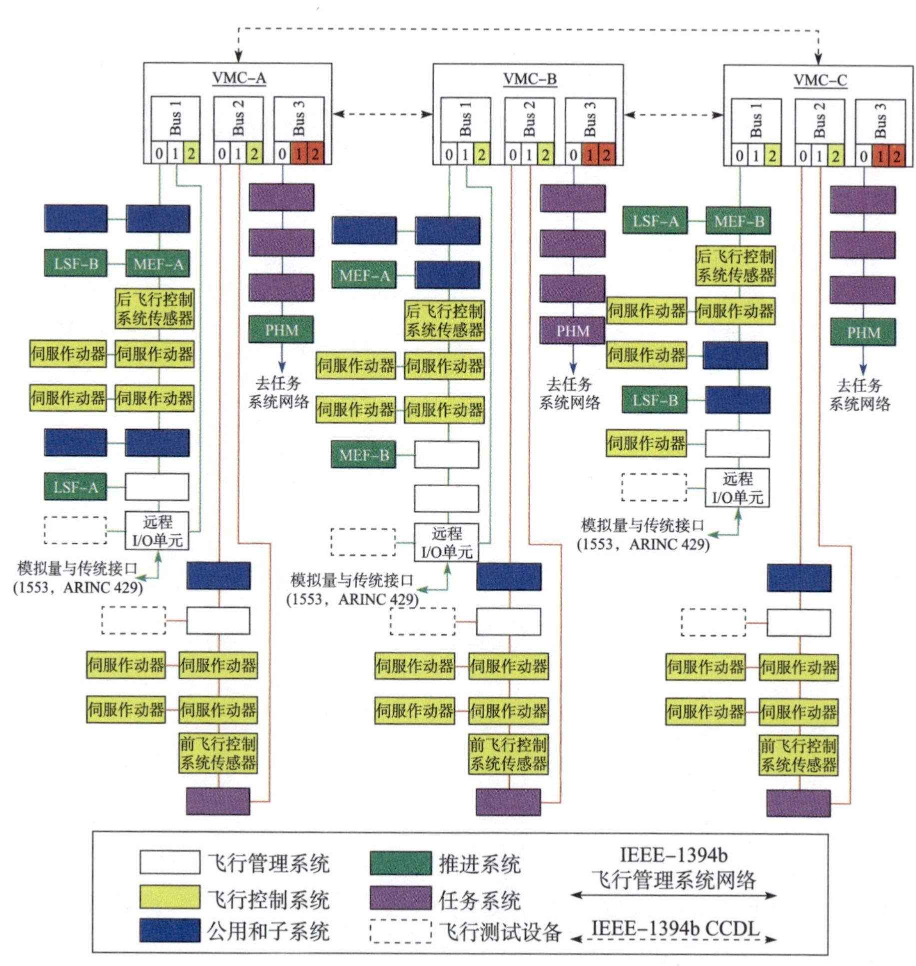

图 1-37　飞机飞管架构示意

随着智能控制技术的深入发展，现代飞机数字电传飞控系统采用多节点、分布式系统架构。这些分布式节点分别是：飞行员接口单元（PIU）、飞管计算机（VMC）和作动器远程控制终端（ART），考虑到机上布局安装及系统故障模式功能危害度影响分析,ART一般按前、中、后和左、中、右不同位置分布布局设计。节点之间分工协作,通常PIU承担系统数据采集、应急备份控制律解算;VMC承担余度管理、主模态控制律解算;ART承担伺服作动系统控制逻辑、伺服回路控制律计算。显然,这些节点都是具有自主管理与控制能力的智能节点,具有机内自检测、余度管理和对应控制律计算等功能,它们之间1394b总线连接通信,各节点数字计算机的功能、性能都很强大,因此,彻底取消了模拟备份计算机,应急备份控制律的物理载体完全由PIU或ART数字计算机所替代。PIU、VMC和ART节点定义如下。

1. PIU

PIU主要采集各种传感器信息、开关信息及相关信息的余度管理,将采集的信息转换成数字量,并通过飞管总线网络传输给VMC;同时飞行员接口单元实现应急备份控制律解算,并将应急备份控制指令通过飞控备份总线网络传输给ART。

2. VMC

作为飞管系统中的中央控制器,以及整个飞管系统/电传飞行控制子系统的核心安全关键部件,VMC是综合控制系统的主模态控制律解算装置,接收多种传感器信息,实现多模态综合和控制,完成系统控制律的计算和控制律相关信号的余度管理,向伺服子系统输出控制指令。

3. ART

实现伺服控制逻辑、伺服系统故障监控和伺服回路控制律计算等功能。根据系统需求和系统定义,分别接收来自VMC和PIU的指令,实现机身左、右两侧的全部操纵面的作动器控制。

例如,多节点分布式飞控系统与航电、机电、任务和发动机等系统通过1394b总线交联,飞控系统内VMC与PIU、ART之间通信由1394b总线网络架构实现,分布式飞管系统架构如图1-38所示,其中VMC构成特点如下。

(1) 双机箱四余度结构;

(2) 基于659总线和BST桥接技术;

(3) 四路1394b飞管总线;

(4) 使用圆形连接器,各通道相互隔离。

不难看出,在多节点、分布式系统架构中,每个节点计算机的功能、性能都足够强大,通过总线实现数据交互与共享,可以独立实现系统某些功能任务,具有健康管理与系统节点资源重构能力,都是智能节点;一旦某个节点失效,其他节点可以替补互为备份重构。毫无疑问,数字技术的发展极大提高了计算机的运算与处理能力;多节点、分布式体系架构克服了集中式CPU的单点故障的缺陷,

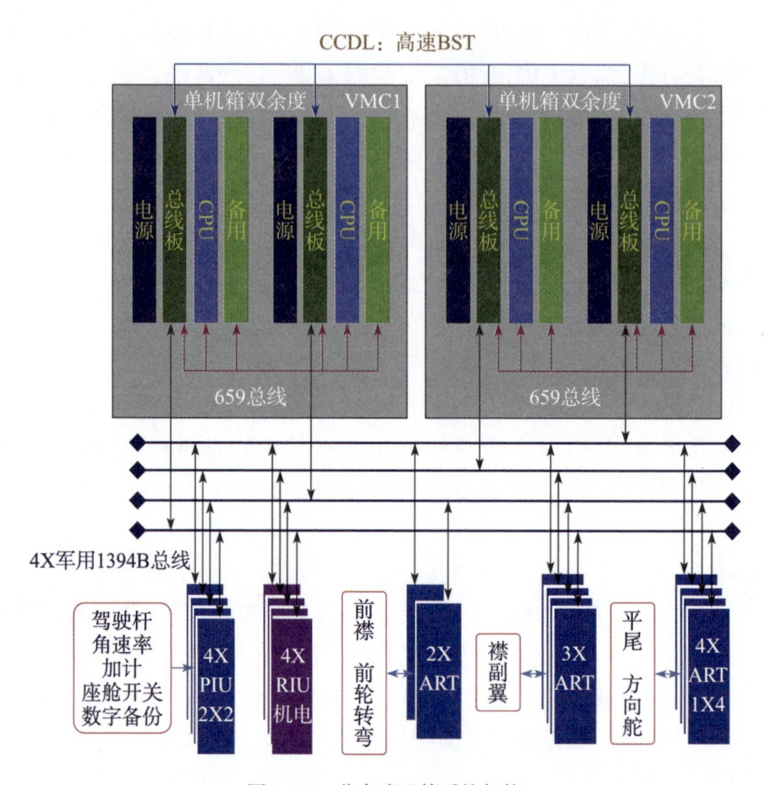

图 1-38　分布式飞管系统架构

极大提高了系统的安全可靠性。

1.3.2　多节点最小时延控制

由上节描述可以看出，这种“PIU+VMC+ART”分布式多节点飞机管理系统架构，每个智能节点都有自己独立的工作频率，它们之间通过 1394b 总线通信建立联系。假设 PIU、VMC、ART 的工作周期分别为 5ms、12.5ms 和 3ms，则整体“PIU+VMC+ART”飞管系统的工作周期为 20.5ms，VMC 使用数据信号两次数据采集最短间隔时间 5ms，也可能更多的是 10ms，具体要看 VMC 取数的时机；而后再经过 VMC、ART 的 12.5+3=15.5(ms)，控制律指令输出到飞机响应，即很大概率是飞管系统工作周期为 10+15.5=25.5(ms)，与根据香农定律设计选择的控制律离散化步长 12.5ms 不符。这样，增大系统时延会影响飞控系统的稳定储备、飞行品质、前/后置滤波器和结构陷波器的结果，极有可能诱发 PIO 振荡。

数字飞行控制系统采用定时中断变周期或基于基本速率组（最小工作频率）2^n 倍的变速率组设计，解决飞控系统控制律设计满足采样香农定理要求问题。例如,PIU 基本速率组 2. 5ms,采用 2. 5ms、5ms 两速率组方案;VMC 基本速率组 6. 25ms,采用 6. 25ms、12. 5ms、25ms、50ms 四速率组方案;ART 基本速率组 1. 5ms,采用 1. 5ms、3ms 两速率组方案。操作系统以最大限度减少系统时延为原则,按紧急程度的优先级顺序调度控制软件模块的运行,从控制律指令输出所必需的条件出发,以数据采集、表决、控制律计算、控制律指令输出为高优先级控制时序调度执行程序代码。之后,再执行余度管理的监控、故障综合、参数记录和飞参数据发送等功能任务。这样,数字飞控系统设计满足飞行员操纵到控制律指令输出,时延小于 12. 5ms 的系统需求与飞行品质要求,以达到满意的飞行控制效果。

第2章　余度管理

2.1　余度管理的来由

电传飞控系统在完全取消了机械操纵链之后,由于电子器件所组成的单一电气信号传输系统的可靠性,无法同机械操纵链相比,无法满足飞行安全关键系统的飞控系统可靠性要求。只有当电传飞控系统的安全可靠性与机械操纵系统相近甚至更高时,电传飞控系统才能真正被广泛使用。目前,单套电气产品飞控系统的安全可靠性,仅能达到的水平是$(1\sim2)\times10^{-3}$/飞行小时,与机械操纵系统相比差上万倍。世界各国对电传操纵系统安全可靠性的最低要求:军机 1.0×10^{-7}/飞行小时,民机 1.0×10^{-9}/飞行小时。为了保证电传操纵系统的可靠性至少不低于机械操纵系统,电传飞控系统都是以多重余度的形式设计和实现的,需要特别指出的是,目前的电传操纵系统多数为数字飞控系统,因此,系统的可靠性除了部组件产品硬件可靠性,飞控软件的可靠性占据很大比例,其中实时多任务操作系统、余度管理、控制律和 BIT 机内自检测等基本核心软件的数据结构和算法设计,成为影响飞控软件安全可靠性的主要因素,务必高度关注并精心设计。余度结构的出现,引发了系统信号的选择、故障监控和余度重构,余度管理便不可或缺。显然,余度管理是多余度通道信号的一致性故障监控和系统工作信号的选择与表决。

美国军用标准操纵系统设计规范 MIL-F-9490D 对飞机操纵系统的可靠性做了具体规定。多重可靠性较低的、相同的或相似的元部件组成可靠性较高的系统,使飞控系统达到甚至超过机械操纵系统可靠性水平。根据可靠性理论计算,系统余度数目 m 与安全可靠性水平(与由飞控系统故障引起飞机的最大损失率 Q_s 强相关)之间的关系如图 2-1 所示,由图可知,若 FBW 具有四余度配置,则故障率可满足飞控系统 10^{-7}/飞行小时安全可

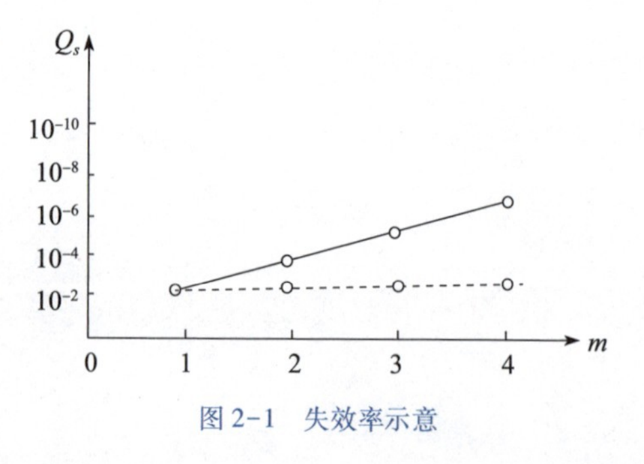

图 2-1　失效率示意

靠性要求,即不低于不可逆助力操纵系统可靠性。

余度等级(通道数目)的多少主要依据飞控系统按美军标 MIL-F-9490D 规定对故障容忍能力要求,从可靠性、质量、空间、成本、维修性、研制周期及余度管理设计技术水平等权衡考虑。余度系统中传感器、计算机和作动器,关乎系统安全重要的部件余度等级高一些,不重要部件的余度等级可以低一些。分析结果表明:余度数目超过一定数量时,可靠性提高的速度大大减慢;此外,相同的余度数目,采用不同的余度管理算法,其可靠性大不相同。例如,四余度系统次大、次小的均值表决与4个信号的均值表决,其表决值对系统的安全可靠性影响不同;跨通道比较监控与跨表决器监控,其故障监控的覆盖率和误警率也不同;按照飞控系统余度结构配置,经过科学规范的数学论证,采用稳健鲁棒的表决/监控算法,可以较少的余度等级达到较高的可靠性指标。

一般来说,四余度数字飞控系统设计需求明确要求,系统具有二次故障工作/三次故障安全(FO/FO/FS)的任务安全可靠性能力。因此,目前国内外多采用基本四余度或自监控覆盖率高的三余度电传飞控系统。当然,自监控覆盖率高不是简单的指飞控计算机"指令通道+监控通道"的自监控对,还必须包含该通道的前端节点传感器,以及后端节点伺服作动器,要做到通道内多节点自监控覆盖率高,必须有相应原理性地提高安全可靠性的自监控技术手段和方法。

2.2 余度结构形式

余度结构有相似余度、非相似余度、解析余度等多种形式,余度管理的方法有多数表决、交叉比较监控和恢复块等方法,余度管理涉及的内容包括传感器余度管理、计算机余度管理、伺服作动器余度管理等。

2.2.1 相似余度

部件物理特性、功能、算法完全一致的余度系统,称为相似余度。例如,三余度飞控计算机 CPU 都采用 8086,称为相似三余度 8086 计算机。相似余度的缺点在于:由于物理部件特性、逻辑算法完全一致,如果原理、算法上存在错误则每个余度通道都是错的,共模故障是相似余度的固有缺陷。

2.2.2 非相似余度

部件物理特性、逻辑、算法不一致,但功能、性能完全一致的余度系统,称为非相似余度(Dissimilar Redundancy)。例如,A 通道飞控计算机 CPU/8086,B 通道飞控计算机 CPU/Z8000,C 通道飞控计算机 CPU/TMS320C31,构成非相似三余度飞控计算机。对于非相似软件而言,则要求以不同的程序语言,使用不同的开发工具,并由不同的设计团队设计的软件,也是一种多版本(N 版本)软件系统。

非相似余度的优点是消除共性故障、增强系统的安全可靠性;缺点是成本太高,系统过于复杂。在飞控系统中,如果使用不同型号的计算机,则必将给研制、使用、维护及升级换版,以及产品的全生命周期的研发、保障服务带来困难;非相似余度各通道插件板不具有互换性,因此必须配备几套开发设备,更多的研发设计人员,研制成本大大提高。如果能设计符合机载使用要求的标准指令系统,则上述不足得以改进,美国于 1980 年制定了 MIL-STD-1750A 军用标准,定义了一套标准指令系统及其相关特性。该标准不规定实现这种指令系统结构的硬件及具体细节,也不规定计算机的尺寸、容量及运算速度等的物理结构特性,但包含一些选项特性,不同厂家可以研制不同型号的 1750 计算机。硬件和软件都严格按照这种标准要求,各自独立设计开发。这样,所有 1750 计算机可以使用相同的开发设备;软件和硬件遵循 MIL-STD-1750A 军用标准,可以同时展开研发设计,不必等有了硬件再开发软件;由于 1750A 标准指令系统经过严格的资质测试和使用验证,极大减小了可能未证实的指令系统引起的安全风险,这种标准指令系统理念为非相似余度的工程应用奠定了设计基础。基于统一标准的规范,美国很多厂家生产了各自的 1750 计算机,包括威斯汀豪斯的 AN/AYK-15A、德勒柯公司的 M372、麦克唐纳·道格拉斯公司的 MDC281 等,在 J8 Ⅱ ACT 主动控制演示验证项目中,我们曾使用满足 1750A 标准的仙童公司的 F9450 计算机。

由于硬件、软件和设计非相似的特点,余度通道间的算法、代码都不一样,各通道容易异步工作。工程应用中要认真考虑余度通道间同步点的设置,尽可能保证主要环节各通道输入、输出的一致性。在可靠性要求极高的民用飞机飞控系统设计中,针对安全关键的部分核心功能模块可以采用非相似余度技术。

2.2.3 解析余度

解析余度是利用动力学系统的模型产生一个以故障检测与重构为目的的数学信号,即完全依靠数学算法实现具有和物理硬件相同功能的数学模型、估计器等数学余度,称为解析余度。例如,杆力与过载、杆力与角速率在一定飞行状态下有确定的线性关系,如果杆力传感器出现不确定故障,则可利用它和过载或角速率的关系,在过载或者角速率无故障的情况下,求出正确的杆力信号,以此为杆力传感器的另一个余度(解析余度),与实际杆力传感器输出相比,以判断故障通道。

以纵向为例，在空中低速状态，控制律设计成指令角速率与过载的混合构型，杆力与过载或角速率的关系为：$F_e=K_1\omega_z+K_2N_y$。在低空低速精确跟踪状态，控制律设计是指令角速率，即 $F_e=K\omega_z$，在空中高速机动飞行状态，控制律设计是指令过载，即 $F_e=KN_y$。

利用 $S\Delta\alpha=\Delta\dot{\alpha}$，$S\Delta\omega_Z=\Delta\dot{\omega}_Z$，$S\Delta v=\Delta\dot{v}$ 变换，根据飞机纵向小扰动方程式(1-5)~式(1-7)，操纵面与飞机响应的传递函数，不做任何简化的完全表达式：

$$\frac{\alpha(s)}{\delta(s)}=\frac{-y^{\delta_z}S+(M_Z^{\delta_z}+M_Z^{\omega_Z}y^{\delta_z})}{S^2-(M_Z^{\omega_Z}+M_Z^{\dot{\alpha}}-Y^{\alpha})S-(M_Z^{\alpha}+M_Z^{\omega_Z}Y^{\alpha})} \tag{2-1}$$

$$\frac{\omega_z(s)}{\delta(s)}=\frac{(M_Z^{\delta_z}-M_Z^{\dot{\alpha}}y^{\delta_z})S+(M_Z^{\delta_z}Y^{\alpha}-M_Z^{\alpha}y^{\delta_z})}{S^2-(M_Z^{\omega_Z}+M_Z^{\dot{\alpha}}-Y^{\alpha})S-(M_Z^{\alpha}+M_Z^{\omega_Z}Y^{\alpha})} \tag{2-2}$$

通常，$M_Z^{\omega_Z}y^{\delta_z}$、$M_Z^{\dot{\alpha}}y^{\delta_z}$ 是相对的极小量，可以忽略不计，于是操纵面与飞机响应的传递函数简化为

$$\frac{\alpha(s)}{\delta(s)}\approx\frac{M_Z^{\delta_z}}{S^2+2\zeta_{sp}\omega_{n_{sp}}S+\omega_{n_{sp}}^2} \tag{2-3}$$

$$\frac{\omega_z(s)}{\delta(s)}\approx\frac{M_Z^{\delta_z}(S+Y^{\alpha})}{S^2+2\zeta_{sp}\omega_{n_{sp}}S+\omega_{n_{sp}}^2} \tag{2-4}$$

$$\frac{n_y(s)}{\delta(s)}\approx\frac{V_0}{g}\frac{Y^{\delta_Z}S^2+(M_Z^{\delta_z}Y^{\alpha}-M_Z^{\alpha}y^{\delta_z})}{S^2+2\zeta_{sp}\omega_{n_{sp}}S+\omega_{n_{sp}}^2} \tag{2-5}$$

对于静稳定飞机，除 y^{α}、y^{δ_z}大于 0 外，其余均小于 0。据此，可以推导

$$\frac{\alpha}{\omega_z}=\frac{k}{S+Y^{\alpha}} \tag{2-6}$$

所以，可以用迎角 α 构造俯仰角速率，或者用俯仰角速率构造迎角，当构造信号用于故障监控时，称为解析余度；当构造信号用于控制律变量控制时，称为控制律重构。显然，迎角滞后于俯仰角速率，重构迎角时，滞后滤波器的增益和时间常数需要按重心位置和飞行状态自动调节。

解析余度可以代替价值昂贵的物理功能单元，降低系统成本。其使用局限性在于建立准确的数学模型。任何一种数学估计器，很难满足在整个飞行包线范围都适应的要求。

2.3 余度配置

飞控系统硬件的基本余度等级，是指和飞机飞行安全至关重要并决定系统

可靠性的要害部件的余度配置数目。通常，飞控计算机、伺服作动器和主要的传感器（驾驶员指令传感器、飞机运动传感器）被看成决定系统可靠性的重要部件。它们的余度等级，认定为系统的基本余度等级。

基本余度等级确定后，组成系统的其他部件，可以低于基本余度等级的余度数。在实施飞控系统部件的安装、使用及同其他相关分系统协调时，会发现有很多具体的约束和限制。通常飞控系统不大可能或无必要对每个信号链的所有功能单元采用相同等级的余度数目。例如，控显部件或个别传感器，或因其自身可靠性很高，其重要性和对系统可靠性影响偏低，或因飞机的几何空间或安装方式的限制等多种因素折中考虑，往往采用单个部件。

飞控系统硬件基本余度等级，以四余度和具有自监控能力的三余度方案为常见。这两种方案综合考虑了系统可靠性的提高，技术成熟度及对系统的重量、体积、维护性和成本等多方面的影响。

2.3.1 首选基本四余度配置

理论上讲：余度数目越多，故障可重构的资源越多，任务可靠性提高；但余度数目越多，硬件部组件越多，故障源越多，基本可靠性降低。如果系统选择五余度及五余度以上的余度体系结构，那么，一方面，硬件成本太高、经济性不值；另一方面，机上安装布局协调困难、管理的复杂度高。更重要的是从五余度、四余度、三余度和二余度配置的表决策略出发，研究分析余度配置对表决信号的鲁棒性、稳定性品质的影响，以满足飞行品质规范和飞控系统安全可靠性要求为原则，以“够用、好用、适用”为目标，确定系统的余度等级结构。

从数学上分析 n 余度信号的表决，在 n 余度数据 $\{S_1, S_2, \cdots, S_n\}$ 中，通过一种方法选择或者计算出一个表决值，最能代表这一组数据的集中趋势特征。直观上看，这个表决值可以是下面几种情况之一：这组数据的中位数（Median，M）；这一组数据的算术平均值（Arithmetic Mean，AM）；这组数据的几何平均值（Geometric Mean，GM）；调和平均数、平方平均数和各种分位数等。下面仅以常见的中位数、算术平均值和几何平均值为例，定义 n 余度数据与表决值距离误差如下：

1. 中位数误差

$$\Delta_M = |S_1 - M| + |S_2 - M| + \cdots + |S_n - M|$$

2. 算术平均值误差

$$\Delta_{AM} = |S_1 - AM| + |S_2 - AM| + \cdots + |S_n - AM|$$

3. 几何平均值误差

$$\Delta_{GM} = |S_1 - GM| + |S_2 - GM| + \cdots + |S_n - GM|$$

参见 2.10.2 节,该章节已经证明:在 n 余度数据$\{S_1,S_2,\cdots,S_n\}$所有可能的表决值中,中位数与 n 余度每个数据差的绝对值之和(误差的 1-范数)最小,即 $\Delta_M=\sum_{j=1}^{n}|S_j-M|=\min_{i}\sum_{j=1}^{n}|S_j-\mu_i|$,其中 μ_i 为表决值,它可以是"中位数、算术均值、几何均值、调和平均数、平方平均数、各种分位数"等之一。即中位数表决的距离误差绝对值之和是最小的,事实上中位数受极端值的影响最小是鲁棒的。

在 2.10 节里,详细论述了余度管理的中位数表决原理,中位数表决是工程上普遍采用不二的表决器设计算法。由 2.10.2 节定理 1 可知:五余度表决是 5 个信号的中值,四余度表决是 4 个信号中次大、次小的均值或者次大、次小的加权平均,三余度表决是 3 个信号的中值,二余度表决是这两个信号的均值或加权平均。从中容易看出,偶数余度的中位数,是一组数列中数值的大小位于中间位置的两个数的均值或加权平均,均值或加权平均有效降低这两个单个产品设备的噪声。奇数余度的中位数是该组数列中数值大小位于中间位置的数,输出该数值产品设备的噪声无法消除。

从信号的表决质量品质上分析,五余度系统与四余度系统比较,四余度表决值是次大、次小的加权均值,这个均值一方面,相当于对次大、次小对应传感器滤波平滑,降低了这两个传感器自身各方面原因引起的信号噪声,信号的稳定性、鲁棒性好;另一方面,对于五余度系统而言,其中位数要么是原四余度数据中的次大或者次小,要么这第 5 个余度的数值本身就是其中位数,三者必具其一,原四余度数据的最小、最大信号,绝对不可能是五余度数据的中值;而且,五余度中位数取其每个余度数据的概率为$\frac{1}{5}\times100\%=20\%$。这样使四余度与五余度系统以概率为 80%的任务安全可靠性水平相当,换句话说,就是在原四余度基础上增加一个第五余度,这个第五余度派上用场的概率最大只有 20%;而且,通过安全可靠性预测和分析计算,四余度系统满足系统安全可靠性设计规范指标要求。再者,由于实际产品配置上四余度比五余度少了 1 个余度,故障源少,四余度系统的基本可靠性就高于五余度系统。总之,无论是从成本、复杂性、安全可靠性,还是信号的表决品质、质量等综合性价比上,偶数四余度配置比奇数五余度配置更有优势。

样本中位数是表决器输出的最佳选择,多余度样本信号的任何一个余度信号,奇数余度只有一次被选中成为中位数的机会;而偶数余度有两次被选中成为参与中位数表决的信号,有两次对表决有作用、有贡献的机会,一次是中位数区间的小端(四余度的次小),另一次是中位数区间的大端(四余度的次大)。从表决原理上任何一个余度信号,偶数余度比奇数余度多一次被选中的机会参与中位数表决,所以,偶数余度系统中每个余度被选中参与表决的概率高于奇数余度配置。具体到三余度与四余度系统比较,四余度是在三余度基础上增加了1个余度,新增加这个余度被选上次大的概率是$\frac{1}{4}\times100\%=25\%$,被选上次小的概率也是$\frac{1}{4}\times100\%=25\%$,新增加的余度信号被选中次大和次小对四余度信号均值表决有贡献的概率为$\frac{1}{4}\times100\%+\frac{1}{4}\times100\%=50\%$。还可以这样理解,四余度信号排序结果为:最小、次小、次大、最大,每个信号被选上"最小、次小、次大、最大"其中之一的概率都是$\frac{1}{4}\times100\%=25\%$,但四余度表决是次大、次小的均值或次大、次小的加权平均,即四余度表决是每个信号有两次机会被选择参与表决运算,一次是被选为次大的机会,另一次是被选为次小的机会,每次被选择上的概率都是$\frac{1}{4}\times100\%=25\%$,所以三余度基础上新增加1个余度,这个新增加余度有次大和次小两次被选中参与表决的机会。前面已经说过次大、次小的均值或加权平均,相当于平滑滤波,其信号的质量比单独没有处理的三余度的中值好。综上比较可以得出结论:从表决值信号质量上比较,新增第4个余度被选中为次大或者次小的概率总和是50%,有50%的概率其安全可靠性水平高于三余度,有50%的概率其安全可靠性水平与三余度相当。从提高安全可靠性水平的角度来看,应选择4余度偶数配置的余度体系架构。

综上所述,在工程实际应用中以四余度为首选,不是说物理硬件余度等级配置越高越好。低等级余度配置的系统架构,相比高等级余度配置结构,基本可靠性高;同时,余度管理采用中位数表决算法,由于偶数余度系统的中位数是余度数据中大小位置在中间的两个数的均值或加权平均,而比它高一个等级奇数余度系统的中位数,要么是原偶数余度数据大小位于中间位置的两个之一,要么是新增加的余度数据;不难看出,这3个高等级的奇数余度数值的中位数,无论是哪一个,都是相应的单一设备本身的输出信号,其信号的噪声没有经过任何处理。假设奇数高等级余度等级为N,则N余度系统中位数取其每个余度数据的概率为$\frac{1}{N}=\frac{1}{N}\times100\%$,所以,这样使偶数$(N-1)$余度系统,以$\left(1-\frac{1}{N}\right)\times100\%$的概率,与奇数$N$余度系统的任务安全可靠性水平相当,即比偶数余度多出来1个余度的奇数余度,多出来的这个余度能发挥作用的概率是$\frac{1}{N}\times100\%$。同理,比低等级奇数余度多1个的高等级偶数余度N,新加这个余度被选中是中位数区间低端的概率$\frac{1}{N}\times100\%$,新加这个余度被选中是中位数区间高端的概率$\frac{1}{N}\times100\%$,总的来说,新加这个余度参与中位数计算对表决值有贡献作用的概率$\frac{2}{N}\times100\%$。因此,在满足系统研制总要求及系统设计需求的情况下,通常尽可能采用低等级偶数余度配置体系架构。

根据系统需求定义,就故障容忍能力而言,四余度(比较监控)系统同具有自监控能力的三余度系统,均具有可实现二次故障工作/三次故障安全的能力(FO/FO/FS)。但无论如何,三余度系统的安全可靠性不如四余度系统高,个别局部节点自监控能力的提高,不代表其系统安全可靠性水平提高,除非余度通道内传感器、计算机和伺服作动器等主要节点都有提高安全可靠性的有力措施。事实上,目前自监控的故障覆盖率不够理想,健康管理和自监控能力有待提高。例如,以电路模型或数字模型为基础的模型监控、计算机处理器的自监控对,以及以设备自身工作原理为基础的各种自监控手段等,这些自监控方案的实现,增加了部分硬件的模拟电路或者数字电路,其可实现性和故障检测方法还在进一步优化完善,所以,目前为止,四余度配置的系统方案仍为首选。

2.3.2 A320飞机余度配置

A320是第一架采用侧杆控制器电传控制的民航客机,在电子飞行控制系统设计中采用了多种余度和安全性概念,从而能保证失去全部电子控制的概率为10^{-10}/飞行小时。方向舵和平尾配平的机械操纵提供了在万一全部电气系统发生故障时能安全操纵飞机着陆的能力。整个系统采用非相似余度设计概念,利用了控制面的气动冗余,可以分成两个独立的系统,分别以升降舵和副翼计算机(ELAC)、扰流板/升降舵计算机(SEC)为核心,它们均可在自己的权限内,通过分离操纵面去控制飞机运动。

A320采用两种电传计算机:升降舵和副翼控制计算机,扰流板和升降舵计算机。非相似的硬件和软件,用于指令及监控,ELAC采用Motorola M68010系列,SEC采用Intel80186系统,每个计算机有两个通道,指令和监控通道使用独立的硬件、不同的软件(如指令通道用汇编,监控通道用高级语言)。操纵面分成内、外两侧,分别由不同的计算机控制,实现了非相似系统的气动冗余。A320电传飞控系统配置结构、飞机操纵面配置及计算机余度配置,分别如图2-2~图2-4所示。

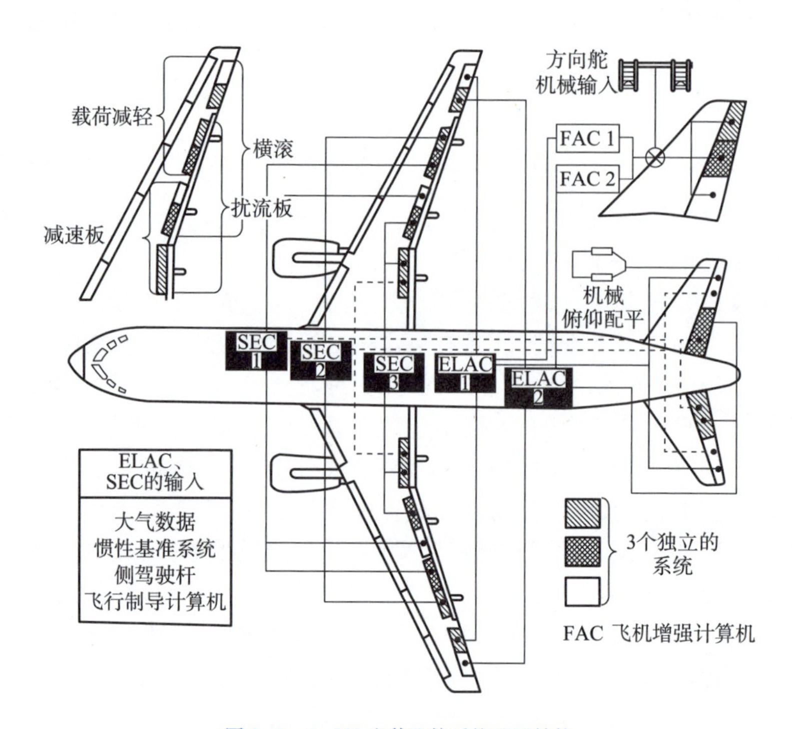

图 2-2　A-320 电传飞控系统配置结构

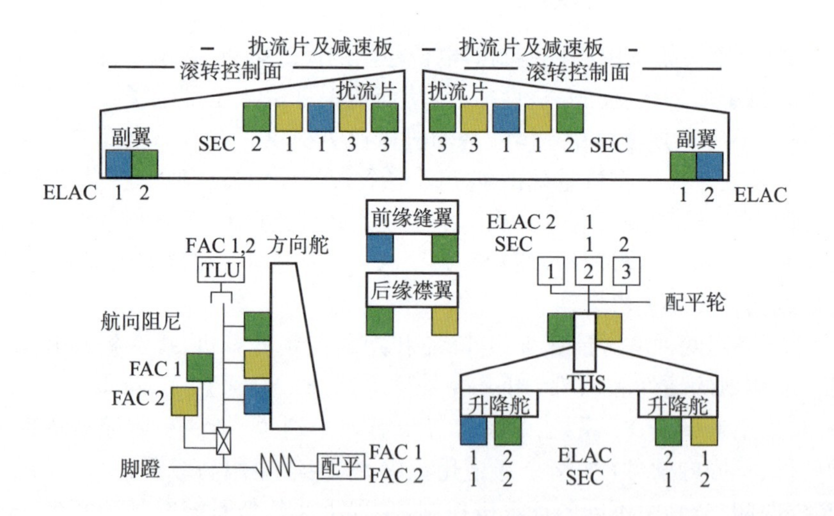

图 2-3　A320 飞机操纵面配置

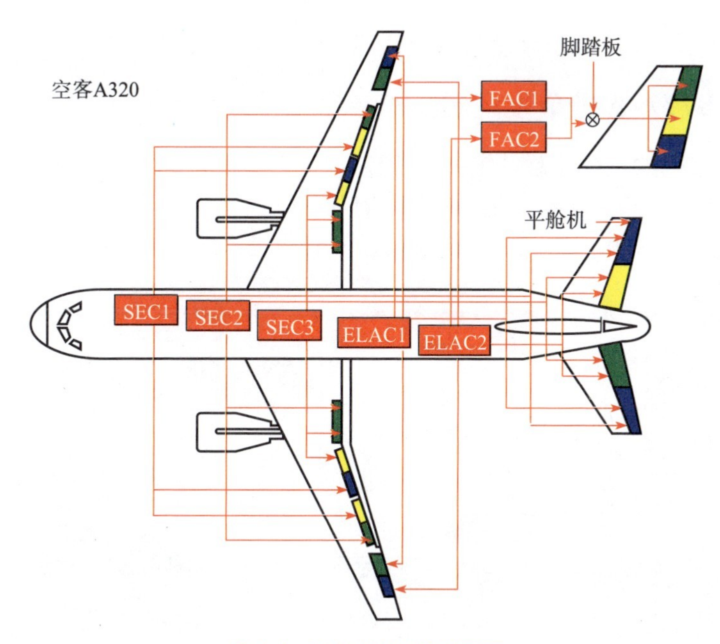

图 2-4 A320 计算机余度配置

2.3.3 A380 飞机余度配置

A380 飞行控制系统部件分离,飞机主飞行操纵面由不同类型作动器驱动,机械连接被电气连接代替。电信号直接控制 EBHA 作动器,其伺服作动系统配置结构如图 2-5 所示;同时,动力系统结构与以前相比也有了很大的变化,但 A380 仍

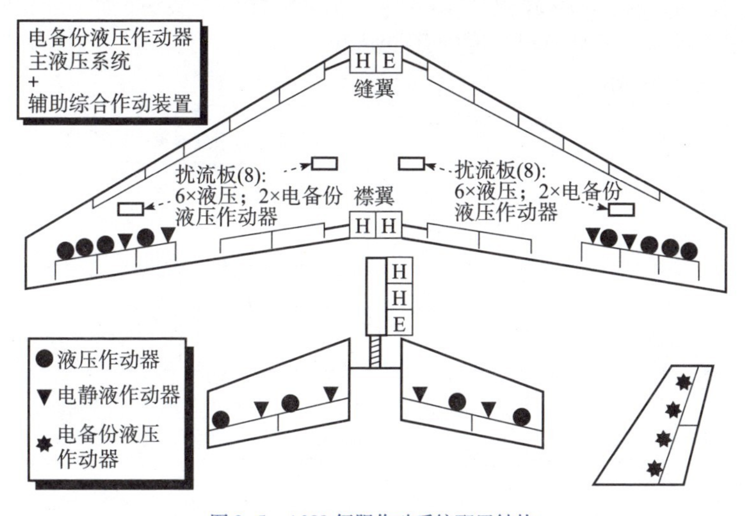

图 2-5 A380 伺服作动系统配置结构

提供了相当程度的非相似余度,确保满足飞行品质规范要求的安全可靠性指标。

2.3.4 B777 飞机余度配置

B777 客机的飞行控制系统为电传控制,控制升降舵、方向舵、副翼、襟翼、缝翼和水平尾翼。3 个数字式飞行控制计算机(PFC)发送指令到模拟式作动器控制电子盒(ACE),并控制飞控系统作动器。其飞控系统架构如图 2-6 所示。

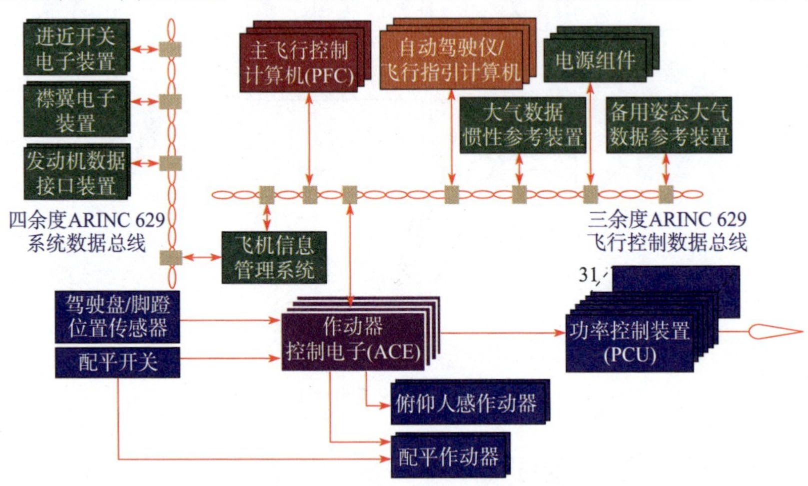

图 2-6　B777 飞控系统架构

B777 飞控系统,采用 3/3 余度计算机,即 3 个机箱,每个机箱内有 3 个 LANE(非相似余度通道)3 个不同的 CPU,即 Intel 8086、Motorola 68040、AMD 29050,每个通道中有指令、备份、监控 3 个控制通路,3 个不同的 Ada 编译器实现 3 余度非相似软件编译,机箱间总线 629,其计算机余度配置如图 2-7 所示。

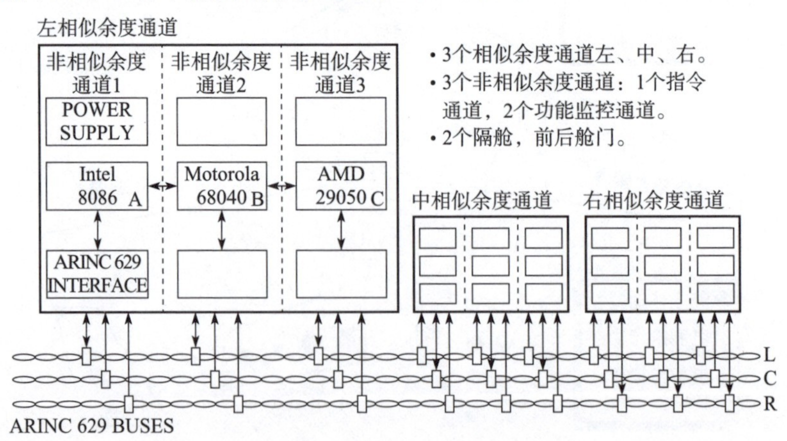

图 2-7　B777 计算机余度配置

2.4 基本概念

余度管理是指“同设备冗余通道、同一时刻”多余度通道信号的监控表决，监控器监控出余度信号的可用性，并申报信号的可用性状态，为飞行员提供系统余度信号的健康报告；表决器在可用的余度信号中表决出系统可用的最优工作信号，为控制律解算舵面控制指令提供输入信号。余度管理策略设计的原则是“多数表决”，即在多个余度通道的信号中相信多数，在规定时间内某通道信号与多数通道的信号比较都超出给定的门限，判定该通道故障；以数理统计规律为基础，基于参数估计统计学的稳健推断原理，在正常通道的样本信号中，选择样本的中位数为表决值（证明见 2.10.1 节和 2.10.2 节），作为系统的工作信号。在偶数配置的余度系统中，经常出现偶数分离的情况，比如四余度的 2∶2 和 2 余度的 1∶1 等故障模式，监控结果没有“多数”是一种两派对立的不确定故障，这种情况需要以中位数所在的区间[次小，次大]两端点信号变化量为判据，或者访问该设备/装置的在线自监控 ilm（in line monitor），识别并判定故障。

当然，客观世界里也有“真理往往掌握在少数人手里”的事实，任何事情都是一分为二、对立统一的，科学技术往往是以统计规律为依据，以大概率事件高置信度显著性水平最优为原则，对于小概率事件的出现，通过加强自身健康管理来预防处理。所以，余度管理策略是“多数表决”，偶数分离时（如 4 余度的 2∶2 不确定故障）根据中位数所属区间端点信号变化率计算表决值，具体算法参见 2.10.1 节；权宜之计可以访问该设备的在线监控，设计表决值计算方法。

在余度系统中，把能够监控出故障的算法单元称为监控器，能够选择出系统可用的工作信号的算法单元称为表决器，以四余度两两比较监控为例说明余度管理监控和表决的基本概念。在客观世界里四余度系统中可能的故障有一次故障、二次故障、三次故障（四次故障）和 2∶2 不确定故障 4 种模式，一次故障可能的情况是 A、B、C、D 4 个通道其中之一发生故障，有 4 种情况；二次故障可能的情况是（A，B）、（A，C）、（A，D）、（B，C）、（B，D）、（C，D）6 种情况之一的两个通道发生故障；四余度系统两两比较监控的三次故障就是四次故障，即三次、四次故障是等同的，所以仅考虑一种就是 4 个通道全故障的情况；2∶2 不确定故障的可能情况是{（A，B）∶（C，D）}、{（A，C）∶（B，D）}、{（A，D）∶（B，C）}这 3 种情况，因此四余度系统两两比较监控器监控结果共有 14 种故障情况，加上 1 种无故障情况，共 15 种工作模式。所以，只要故障监控算法能唯一准确覆盖四余度系统这 15 种工作模式，就是满足需求定义的监控器。同理，在四余度信号中能够选择出系统控制律需要的最优输入信号，满足飞行品质规范要求的算法逻辑单元就是表决器。

不难看出,余度管理是对多个冗余通道信号一致性的监控和表决,如果余度通道在算法逻辑设计上出现一致的错误(相似余度的共模故障),各通道的输出是一致没有差异的,余度管理是监控不出来的,需要参考各通道自身的实时在线自监控,以识别判断该余度通道是否故障。

余度管理涉及的内容包括:

1. 传感器

俯仰、滚转、偏航角速率,纵向、横向、脚蹬杆位移,法向、侧向、水平过载,大气数据(动静压),迎角、侧滑角。

2. 计算机

同步与同步监控,平尾、副翼、方向舵等输出指令监控,CCDL 监控,A/D-D/A 回绕检测,软件代码和检测。

3. 作动器

阀芯位移监控、舵机模型监控、SOV 监控、电流监控。

显然,如果余度管理监控器算法策略不能准确定位识别故障,就会导致表决器包含故障信号输出;或者余度管理表决器表决算法没有鲁棒性,表决值包含故障信号,这两种情况都会使余度管理的功能、性能大打折扣,大大降低余度系统的安全可靠性;这时无论余度配置的等级高到什么程度,余度管理都不能利用好余度资源,不能发挥好余度系统的作用,不能提高余度系统的安全可靠性。同时,余度管理根据信号传递依赖关系,要考虑信号前置节点的故障情况,进行余度管理的重构;一般来说,后置节点要舍弃前置节点故障通道的信号,采用其他正常通道的信号进行表决器的表决。例如,在指令角速率或者指令过载构型控制律计算时,角速率陀螺或者加速度计的某通道信号故障情况下,控制律积分器均衡时必须剔除相应的故障信号,自动重构到其他正常通道的积分器输入表决,防止余度系统的故障蔓延,从而引起较大的故障转换瞬态,危及飞行安全。

2.4.1 故障

余度管理的根本是对多余度信号故障的监控与表决。在多余度信号中知道哪个通道信号是正常的,哪个通道信号有故障,就可以为系统报告当前系统的健康状态,提示飞行员根据系统故障情况进行相应的控制与操纵;在正常通道信号的样本数据中,选择和计算正常通道样本信号的中位数作为表决值,为系统工作提供输入信号。

故障定义:在四余度信号两两比较监控时,如果 1 个通道信号与其他 3 个通道信号比较,都超过规定的幅值门限,且这种情况持续超过系统规定的时间门限,定义为该通道对应信号发生故障。或者说,某通道的某信号正常,是指远程其他 3 个通道至少有 1 个通道与其比较监控时,未超过给定的幅值与时间门限;计算机硬件通道故障逻辑遵循同样的原则。可见,从信号故障定义上余度信号的两两比较监控,是从信号的结果特性上对 4 个通道的信号输出进行一致性比较监控,没有依赖信号自身设备的内部监控信息,不会因为该设备内部监控设计的缺陷和差错,影响余度管理的正确性。

2∶2 不确定故障:4 余度信号两两比较监控,出现两两成组成对,事实上只能是“最大、次大”一对,“最小、次小”一对,没有其他任何可能的情况,即四信号 2∶2 不确定故障的成对性具有客观唯一性。组对内信号比较监控未超门限,但两组对之间信号比较监控超出门限,这是一种“两派对立”的情况;客观上“一对是好的,另一对是不好的”,但两两比较监控无法确定“哪一对是好的,哪一对是不好的”,这种情况被定义为四余度信号发生 2∶2 不确定故障。

四信号 1∶1∶1∶1 故障:四余度信号两两比较监控,任意通道信号与其他 3 个通道信号比较监控,结果都超出给定门限,出现了四余度各通道信号之间“互不认可”的情况,这种情况被定义为四信号 1∶1∶1∶1 故障。

当四信号发生 2∶2 不确定故障或 1∶1∶1∶1 故障时,两两比较监控无法确定哪些信号正常、哪些信号故障,需要借助表决值跟随性或参与表决的信号变化量一致性判据,确定余度信号的故障情况(参考 2.4.3 节)。也可以访问该设备/装置的 ilm 在线自监控,判定信号的故障情况;但目前像角速率陀螺马达转速监控主要针对磨损、卡滞,杆位移和值监控主要针对短路、断路等较明显的故障;信号的自监控 ilm 结果,只有“最大、次大”或者“最小、次小”成对的好或者成对的不好时,才能帮助系统选择“一对好的”信号参与表决,同时剔除“另一对不好的”信号定位故障;但 ilm 结果与两两比较监控 2∶2 的成对性不一致,如 ilm 自监控结果是:“最大、次小”好、“最小、次大”好,甚至是“最大、最小”好或者“次大、次小”好等;显然,这几种情况两两比较监控已判定超出故障监控门限,与客观存在的事实相悖,此时可以断定 ilm 在线自监控有问题,这时不能相信 ilm 自监控,可以参考计算机通道故障逻辑辅助判断信号的故障情况。

类似地,可以定义三余度信号和二余度信号故障及其三信号 1∶1∶1 故障、二信号 1∶1 故障,值得注意的是,二余度信号比较监控,两个信号差值与门限比较,要么是未超门限的无故障;要么是超出门限“互不认可”的 1∶1 故障。

2.4.2　表决

表决的定义:表决就是在多余度信号中,选择一个系统工作信号,为飞控系统控制模态选择提供有效的逻辑输入条件,为控制律指令解算提供鲁棒性最优的输入信号。通俗地说,表决是在一组余度样本数据中,按照误差最小的度量原则,舍去极端故障信号,选取大小位于中间的稳健信号,估计一个这组余度样本数据的参数,集中代表这组余度样本数据,作为系统工作信号,这就是余度管理的表决。通常表决策略有如下几种。

1. 离散信号

多数一致表决原则,即多数为“0”就选“0”,多数为“1”就选“1”;当四余度离散信号 2∶2 故障时,取系统规定的故障安全值。离散信号的“0/1”两态性决定了其表决监控同时进行。汇编语言可以采用变址操作的“散转分支”代码实现;C 语言可以事先把 4 个通道的离散量对应设置到变量字节位,采用 Switch、Case 语句实现散转分支,每个分支唯一对应离散量“0/1”的个数,在其中选多数作为表决值,与表决值不一致的判为故障。

2. 连续信号

基于稳健统计推断理论,对采样样本数据的表决值进行最小化 1-范数回归参数求解,得到的回归参数就是表决值最优估计。根据最小化 1-范数定义,余度样本数据与表决值估计参数误差绝对值之和,就是余度样本采样与表决值的距离误差的 1-范数,使距离误差绝对值的和最小的参数,就是表决值的最佳估计,在 2.10.1 节和 2.10.2 节从数学理论推导证明,样本的中位数就是 1-范数最小的参数估计。样本的中位数是多余度信号的集中多数的代表,所以常常以多余度样本信号的中位数为表决值。以余度样本信号的中位数为标准,通道间信号的离散度总和最小,中位数远离最大、最小或野点、跳变信号,中位数反映了余度数据的多数集中特征属性(详见 2.10.1 节、2.10.2 节论述)。

根据中位数的定义,可以按照 2.10.1 节的方法进行中位数计算,偶数余度信号的中位数通常是其信号数列排序后中间两个序列数的均值,或者基于信号趋势预测的中位数区间左、右端点的加权平均值;奇数余度信号的中位数是其信号数列排序后中间位置的那个数列数值。具体地说,四余度信号次大、次小均值,或者次大、次小按信号变化率变化趋势的加权平均值;三余度信号选中值;二余度信号取均值,或者两个信号中的小信号、大信号,按信号变化率趋势加权平均。

需要特别指出的是,四余度信号出现“2∶2,最大、次大,次小、最小”3 种瞬态故障时,次大或者次小至少有一个是故障信号,次大、次小的均值作为表决值就是把故障引入系统,这时次大、次小的均值不能作为表决值,当瞬态故障到永久故障的时间延迟较大时,严重影响飞机飞行品质及安全性。显然,“最大、次大”故障,次小作为表决值是好的选择;同样,“次小、最小”故障,次大作为表决值是好的选择;对于 2∶2 不确定故障,参考 2.4.3 节,确定信号表决监控结果。

对于访问自监控 ilm 的系统，如果 ilm 自监控结果与 2∶2 不确定故障的“最大、次大”和“最小、次小”成对性一致，这时选择 ilm 自监控认为“好的”两个信号的均值作为表决值；更进一步地，可以在这“好的”两个信号中，根据其小信号和大信号的变化量，参考式(2-10)计算表决值；如果 ilm 自监控结果与 2∶2 不确定故障的“最大、次大”和“最小、次小”成对性不一致，可以采用计算机通道故障逻辑辅助确定表决策略。

两余度信号如果比较监控超过门限发生瞬态故障时，可以访问相应信号自监控 ilm，选择好用的自监控 ilm；也可以按两个信号中的小信号、大信号变化量趋势，参考式(2-10)，对于两个信号变化量同向的情况，加权平均使其表决值更靠近趋势接近度高的信号；对于两个信号变化量方向相反以及其余情况，参考 2.4.3 节或取其均值作为表决值。

以上四信号多数表决判定故障与中位数表决的原则概念，同样适应三余度信号故障监控和表决选择的定义。

根据余度系统故障监控的定义，讨论研究四信号故障监控的矩阵算法、排序算法和直接按定义进行的范数算法，推导过程说明了其结果的等价性。根据余度信号表决的定义原理，表决器设计章节论证说明了：中位数表决、四信号基于“次大、次小或自监控 ilm 两个好信号”变化量的加权平均、四信号降阶表决等算法的科学性。具体算法的选择取决于设计者对概念定义的理解、对算法的掌握程度和系统的需求定义。

2.4.3　奇异故障的变化量记忆与余度重构判据

在四余度系统余度管理设计中，四余度信号出现“2∶2 不确定故障、1∶1∶1∶1 多故障”；三余度信号出现“1∶1∶1”多故障；二余度信号“1∶1”故障等情况时，余度信号间两两比较监控结果“没有多数”，出现了偶数余度“两派对立”的四余度 2∶2 不确定故障、二余度 1∶1 等情况；或者无论偶数余度还是奇数余度所有通道信号之间“互不认可”的四余度 1∶1∶1∶1、三余度 1∶1∶1 和二余度 1∶1 等情况；我们把这种两两相互比较超出监控门限，互相认定其他远程通道信号有问题，但又无法确定哪些信号故障的情况，称为奇异故障。由以上分析可以看出二余度 1∶1 故障，既属于二余度的“两派对立”，又属于二余度的“互不认可”，所以最低余度配置等级二余度，奇异故障只有 1∶1 一种模式。奇异故障的出现给余度管理的故障监控和信号表决带来了困难，影响了系统余度资源利用。

从奇异故障的概念定义出发，分析研究奇异故障的本质规律，提取特征设计故障判据的数理逻辑。奇异故障是两两比较监控结果“没有多数、互不认可”的多故障情况。但无论什么情况，故障都一定是偏离系统工作信号，而 2.10.2 节定理1结论:余度信号中位数是表决值的最佳参数估计。所以,偏离系统工作信号就是偏离信号表决值,即信号与表决值的跟随性差;“两派对立、互不认可”的信号都有信号变化的共性,由2.10.1中位数定义与计算式(2-10)可知,参与信号表决的信号或者说对表决值有贡献的信号,是“两派对立、互不认可”各类信号的代表,如果这些信号代表又有变化量“同时变大或者同时变小”的一致性,则利用信号代表变化量的一致性推测大信号好还是小信号好;如果某个信号变化趋势偏离信号代表变化趋势的一致性,即该信号变化趋势与信号代表变化趋势不一致,就可以判定该信号故障。因此,尽管奇异故障“两派对立、互不认可”,但是,参与表决的信号各方代表又有变化量“同时变大或者同时变小”的一致性,仍可据此设计变化量判据,识别判定奇异故障。

由2.10.1节的式(2-10)可知,当次大、次小离散度在一定范围内,表决值计算也采用了次大、次小变化量一致性原则策略,所以,参与表决的信号变化量也是表决的依据,表决值跟随性与变化量跟随性一致同源。奇数余度信号与表决值的跟随性除按中位数变化量大小衡量外,还可以直接用信号与表决值的差值大小来衡量,二者结果相同。但偶数余度表决值的跟随性不能直接用信号与表决值的差值大小来衡量,因为多数情况下,偶数余度信号表决值为排序位于中间位置两信号的均值,均值离这两信号的距离相等,即这两信号与表决值的跟随性一样,哪个好哪个不好难以取舍。由此可以看出,以信号与表决值的跟随性及信号与信号“代表”变化量一致性为判据定位奇异故障,把“没有多数、互不认可”的不确定变成“伯仲分明、可以定位”的确定。

当余度信号出现以上定义的奇异故障时,基于信号的表决值跟随性原理,依据参与表决信号的变化量趋势,判断信号的故障情况。具体的依据就是:四信号“次大、次小”变化量,三信号“中值与非中值”差值,两信号“小信号、大信号”变化量等,即根据偶数余度信号与参与表决值运算信号变化量趋势或奇数余度信号与中位数跟随性的迎合关系,判断信号的故障情况。

总的来说,对于偶数余度,如果参与表决信号的变化量与信号本身大、小呈正对应关系,则判定该类信号正常;否则,参与表决信号的变化量与信号本身大、小呈反对应关系,判定该类信号故障。对于奇数余度,如果信号离中值距离近,则判该信号正常;否则,信号离中值距离远,判该信号故障。具体算法逻辑如下。

(1) 四信号“最大、次大”和“最小、次小”成对的2∶2不确定故障,如果“次大、次小”变化量都大,判定“最大、次大”一对正常,另一对“最小、次小”故障;反之,如果“次大、次小”变化量都小,判定“最小、次小”一对正常,另一对“最大、次大”故障。

(2) 四信号1∶1∶1∶1多故障时,基于信号与表决信号跟随性原则,以及

“最大、最小信号故障概率远高于次大、次小信号故障概率，四信号同时发生两次故障的概率高于4个信号全故障的概率”的事实，四信号1∶1∶1∶1多故障处理判定最大、最小信号故障。

（3）三信号1∶1∶1多故障，基于信号与表决信号跟随性原则，根据三信号一次故障概率高于3个信号全故障概率的事实，在三信号中判定“中值信号和离中值近的非中值信号正常，离中值远的非中值信号故障”，即三信号1∶1∶1多故障模式，判定离中值远的非中值信号故障。

（4）两信号1∶1故障，在这两信号中比较大小，利用这两个信号的大信号变化量和小信号变化量的变化趋势，判定信号的故障情况。如果两信号变化量都大，则判定大信号正常、小信号故障；反之，如果两信号变化量都小，则判定小信号正常、大信号故障。

对于四信号及两信号中“大、小”信号变化量出现“一个大、另一个小”的变化趋势不一致情况，需要寻求其他方法解决问题，比如引入解析余度信号或其他参考信号，重构余度结构进行余度管理。四信号按“次大、次小、参考信号”三余度信号监控表决，其故障判据为，如果次大故障，判“最大、次大”故障；如果次小故障，判“次小、最小”故障。两信号按“两信号+参考信号”三余度信号监控表决，以“远离中值故障，靠近中值正常”为判据，判断两信号是否故障，表决值取其重构新型三余度信号的中值。

记忆是指在“不用存储上上拍以及更前拍信号，只记录本拍和上拍信号值”的情况下，设计特殊的数据结构，计算机字节位DX的“1/0”表示信号变化量“大/小”，每增加1个新的系统工作周期，变化量字节位左移1位，D0位始终保持当前拍信号变化量大/小，这样随着系统工作周期递增前推，一直循环下去就可以知道连续n拍的信号变化量大/小。即如果信号值本拍大于上拍时，D0位置1，否则，D0位置0；系统运行进入下一个工作周期时，D0位左移1位变成D1位，当前拍信号值再与上拍值比较，同样的方法设置D0位的“1/0”状态，依次循环直到满足系统规定的变化量变化过程需要的连续拍数，这样表示信号变化量的计算机字节VDB就具有记忆功能。也就是设置信号变化量字节“本拍D0、上拍D1、上上拍D2，……”，只记录存储本拍和上拍信号值，就能确定信号连续n拍的变化过程趋势，为余度管理奇异故障的表决和监控提供科学有效的依据。

如上所述，只是笼统定性地说信号变化量，没有具体地说是一拍、两拍、三拍还是四拍等几拍变化量。然而，在工程实际中，计算本周期与上周期“一拍”的变化量，往往不能反映信号本身的变化趋势；需要往前递推，计算上周期与上上周期“上一拍”的变化量，这样一来，似乎需要存储“上上拍、上拍、本拍”的信号值；如此向前递推，如果要观察信号连续n拍的变化过程，该信号就得n+1倍的存储,存储空间需求剧增,连续 n 拍变化量的计算量剧增,软件的时间、空间开销剧增。这种严重影响系统运行效率的情况,使工程师望而却步,工程师的第一反应是"太复杂、计算量大",权宜之计选择了信号自监控 ilm,作为信号监控和表决的依据,但当自监控 ilm 出现"最大、最小正常,次大、次小故障""最大、次小正常,最小、次大故障""最大、次小故障,最小、次大正常"等与 2∶2 故障"最大、次大,最小、次小"成对的客观事实相悖情况时,自监控 ilm 失去参考价值。

数学是为解决实际工程问题而存在和发展的,工程项目应用中只需要知道信号变化量大小的趋势,不需要具体变化量的数值,而变化量大小具有计算机二进制数字"1/0"的两态性。所以,假设信号变化量大为"1",变化量小为"0",变化量缺省默认为"0",设计"一拍、二拍、三拍……"信号变化量"1/0"的数字信息对应到计算机字节位,即可以假设 1~8 拍变化量字节 VDB = D7 D6 D5 D4 D3 D2 D1 D0,工程实际应用时,一般取 3~5 拍来观察信号变化过程趋势,本章选择 3 拍变化量研究与其真实信号趋势合拍关系,这时 VDB = 0 0 0 0 0 D2 D1 D0,其可能的取值情况如表 2-1 所示。

表 2-1 信号变化量字节取值情况

序号	变化量字节	D7~D3	D2	D1	D0	十六进制值	物理含义
1	VDB	默认为 0	0	0	0	0	3 拍变化量都小
2			0	0	1	1	上 2 拍变化量小 本拍变化量大
3			0	1	0	2	上拍变化量大 本拍和上上拍变化量小
4			0	1	1	3	本拍和上拍变化量大 上上拍变化量小
5			1	0	0	4	上上拍变化量大 本拍和上拍变化量小
6			1	0	1	5	本拍和上上拍变化量大 上拍变化量小
7			1	1	0	6	上拍和上上拍变化量大 本拍变化量小
8			1	1	1	7	3 拍变化量都大

显然，当 VDB＝0 时，连续 3 拍变化量都小；当 VDB＝7 时，连续 3 拍变化量都大；当 VDB≠0 与 VDB≠7 的其他情况，3 拍内变化量的变化有大有小不连续，对于变化量表决监控来说，属于不可用数据。C 语言编程，采用 Switch、Case 开关语句，很容易实现变化量连续变化过程的识别。

由以上变化量“大/小”的二进制“1/0”位映射函数数学模型，可以看出，连续观察 n 拍信号变化量，无须存储 $n+1$ 拍信号数据，无须计算 n 次 n 拍信号变化量；在每个系统工作周期内，只需要进行本拍与上拍信号大小的比较，将其“本拍大于上拍的 1 或者本拍不大于上拍的 0”写到对应字节位即可。每增加 1 次小帧计数器，变化量结果“1/0”依次向前递推，变化量字节 VDB 向左移 1 位。当需要 n 拍信号变化量结果时，变化量字节 VDB 向左移 n 位，即 VDB 的有效位永远都是 n 位，其余位全为 0，小帧计数器逢 n 刷新清 0。

在飞控系统工程应用的实际中，需要几拍的变化量过程，与信号特性及飞行状态有关，原则上本拍与上拍变化量不大时，看一拍变化量即可；但当本拍与上拍变化量较大时，需要看前几拍的变化量趋势，也就是说根据本拍与上拍变化量大、小，变化过程可变长短。计算机一个字节 8 位可以表示连续 8 拍变化量过程，事实上在飞控系统设计中，对于任何信号的连续变化过程选取 3～5 拍足够了，因为四信号 2∶2 和 1∶1∶1∶1 故障时延通常为 8～12 拍，这样选 4 拍信号连续变化过程的话，2 个 4 拍的连续变化量相当于连续 8 个系统工作周期，达到了四信号 2∶2 和 1∶1∶1∶1 故障时延，具体选择几拍信号的连续变化过程，需要结合信号特性、飞行状态和该信号故障时延综合考虑。

2.5　监控表决面设置

在不过分增加系统复杂性的前提下，通过表决/监控面的设置提高系统的可靠性。理论上讲，表决/监控面越多，在相同余度配置的条件下，系统的可靠性越高。当然，在每个功能算法单元后都设置表决/监控面，一是多个通道交叉数据传输节点太多，二是表决/监控本身费时。这样，系统的复杂性提高、故障率增加。因此，表决/监控面位置与数目的选择，是一个系统性的综合折中。

从飞控系统信号控制流的全局设计表决/监控面，常见的方案是：传感器输入、计算机输出和伺服作动器输出 3 个表决/监控面。所以，一般飞控系统的余度管理分为传感器余度管理、计算机余度管理和伺服器余度管理。余度管理监控表决面设置如图 2-8 所示。

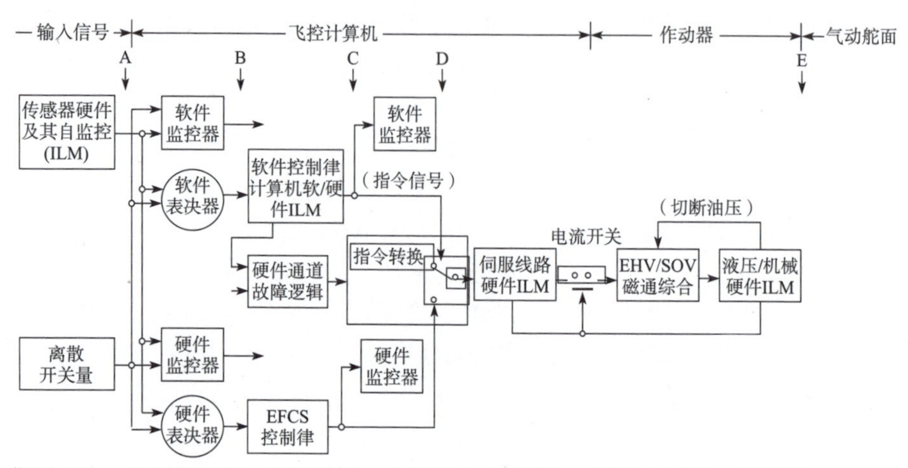

(a) 监控表决面逻辑图

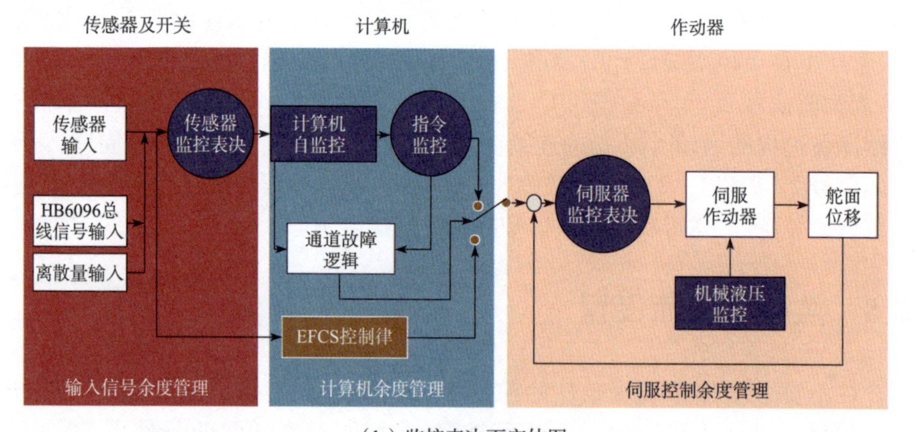

(b) 监控表决面实体图

图 2-8 余度管理监控表决面设置

为了提高表决器的正确性,早期的余度管理是先监控后表决,并且按监控、表决顺序进行。在工程应用的实践中,我们发现对于飞控系统的综合影响来说,系统的时延比表决值的瞬时准确性更为关键,所以,后期乃至目前飞控系统的余度管理对于控制律模块而言,表决器前置,监控器后置,控制律计算完成后立即输出舵机指令,而后进行传感器信号监控,毫无疑问,表决器与监控器分离,先表决后监控的余度管理方案,大大减小了系统对输入信号的时延,提高并改善了飞控系统的飞行品质。

如图 2-9 所示,以四余度电传飞控系统为例,说明余度管理的表决监控 V/M 运行控制。

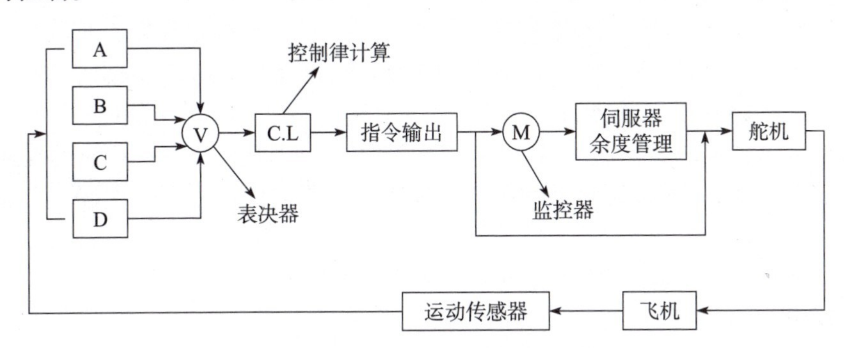

图 2-9 余度管理运行控制

2.6 同步与同步监控

同步,顾名思义就是余度计算机通道同时工作,输入同时采集数据,中间每个功能节点同时运算,输出同时发出指令。同步是飞控系统余度管理故障监控和信号表决的基础,多个通道执行功能相同的任务,只有在时间上是同步的,其表决、监控和输出才正确有效。即同时采集数据、同时表决、同时监控、同时控制律计算、同时控制律指令输出;各余度通道的各环节、各节点程序代码执行才有意义。也就是说,各通道的输入数据、处理算法、输出指令等都应该在同一时刻,即使有偏差也应该控制在异步度精度要求的范围之内,这样余度通道的比较监控、信号表决、控制律解算、指令输出等,才具有可比性和可运算性,才能比较出通道间不一致性差异。余度通道传感器、控制律及伺服作动机构等,只有使用同一时刻的数据,通道间的比较监控、信号选择、节点输出等,才是余度系统的可用信息。否则,不同时刻的数据,比较、表决和输出,容易造成系统故障,影响轻微者使系统余度降级,很快使系统余度降级为失效状态;影响严重者直接导致系统崩溃,大大降低了系统的安全可靠性,严重影响系统任务的完成,不满足余度系统设计规范要求。所以,要求数字计算机的多余度系统必须同步工作,实时监控出失步的故障通道,并及时准确地剔除隔离,禁止故障通道参与系统工作,防止故障蔓延。

2.6.1 同步的基本原理

多余度计算机通道的同步,其基本思想是“向后看齐:快的等慢的,向前看齐:慢的追快的”的任务启动时间对准。具体做法是,通过给硬件同步指示器,输出一个逻辑高(高电平),观察其他远程通道,是否也响应了逻辑高,如果响应了,则表示此逻辑高第一次握手同步成功。否则,第一次握手有失步通道。第一次握手最大等待时间消耗完后(通常为 100μs),排除失步通道,取出同步通道,进入第二次握手,第二次握手的方法是,本地通道输出一个逻辑低(低电平),等待其他通道也响应逻辑低。当在规定时间内(最大 100μs),如果其他远程通道响应了逻辑低,表明此逻辑低的第二次握手同步成功;否则,第二次握手有失步通道。

由此可见,多余度容错计算机通道间的同步算法为:

1. 第一次握手

在同步指示器上每个通道建立一个逻辑高,等待其他远程通道响应逻辑高。

2. 第二次握手

在同步指示器上每个通道建立一个逻辑低,等待其他远程通道响应逻辑低。

3. 综合两次握手结果

如果逻辑高和逻辑低的响应都是正确的,且每次握手的等待时间都在规定的时间内,则判定本次同步是成功的;否则,有失步通道,失步通道的隔离是靠同步监控功能完成的。

2.6.2 同步准则

1. 向前看齐

向前看齐的思想是“先到先走”。其含义就是在多个具有不同精度的时钟石英晶体振荡器,多个计算机通道间,本通道计算机读同步指示器,发现远程通道同步个数变少了,即远程通道有的已经“先走”,或者本通道计算机已经完成同步等待时间,这时本通道计算机启动定时器,使实时时钟使能,进入周期性的实时任务,这就是向前看齐:慢的追快的。

2. 向后看齐

向后看齐的思想是“后到先走”。其含义就是在多个具有不同精度的时钟石英晶体振荡器的计算机通道间,时钟慢的通道在两次握手时,肯定看到其他远程通道都已到齐,比如在进行第一次握手时,时钟慢的计算机在读同步指示器时,发现其他远程通道都已输出逻辑高,这时,时钟慢的计算机通道就先走(其他远程通道看到时钟慢的走了后才走)。这种时钟慢的先走,先启动定时器,先进入周期性的实时任务,这就是向后看齐:快的等慢的。

无论是向前看齐还是向后看齐,都是以设置的逻辑电平变化为依据,四通道逻辑电平变化示意如图 2-10 所示。

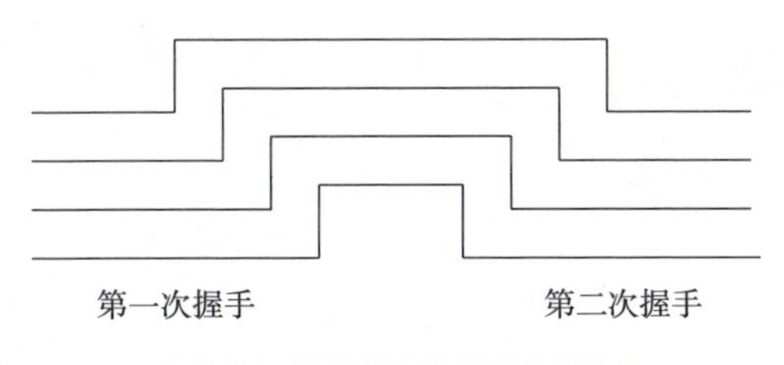

图 2-10　四通道逻辑电平变化示意

2.6.3　同步的目的

（1）如果各计算机通道 CPU 时钟精度完全一致，则同步的目的在于使各通道的计算机同时启动定时器，使实时时钟使能。

（2）如果各通道计算机 CPU 时钟有快有慢，则同步的目的在于最大可能地减小通道间的异步度，使时钟慢的早启动定时器，时钟快的晚启动定时器。“快的等慢的，慢的追快的”是多余度通道间纠正、减小差异的同步过程，是同步算法的纠错机制，使各通道启动定时的时间差尽可能地缩小，尽可能地同时进入实时任务。

（3）不同计算机通道间，早启动定时器与晚启动定时器的时间差异，完全取决于第二次握手后，最早走的与最晚走的两个计算机通道的时间差，此即出同步程序时的异步度。

2.6.4　时钟的误差分析

（1）用于时钟的石英晶体振荡器，目前精度可达 $10^{-4}\mu s$，这样如果一小帧定义为 12.5ms，那么每帧的时钟误差仅为 1.25μs。

（2）主频生成的信号经各插件板上门延迟，不同机器有不同的误差。

（3）定时器的时钟计数是用振荡器分频得到的，假如定时器步长为 10μs。

如图 2-11 所示，A、B 通道分别在 A、B 两点启动时钟，则在 K 点 A 通道计数到 3，B 通道计数到 1，其差 20μs。也就是说如果异步度大于 10μs 或在 10μs 附近，则有可能时钟差 20μs；相反，如果异步度远小于 10μs，则由于启动时钟的时刻不同，有可能时钟差 10μs。

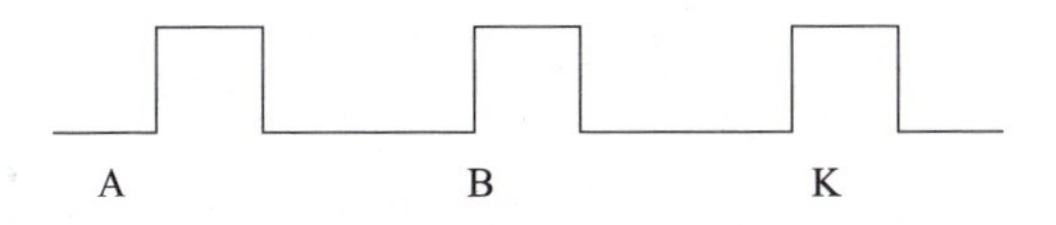

图 2-11　定时器的时钟计数示意

2.6.5 同步算法

1. 同步指示器硬件结构

如图 2-12 所示，以四余度容错计算机为例，说明同步指示器的硬件结构。在四余度计算机系统中，每个通道均设 4 位离散量，自左至右分别定义为：S 通道、X 通道、Y 通道、Z 通道。1 个写口地址，只能写本通道同步离散量；1 个读口地址，可以同时读出 4 个通道的状态。

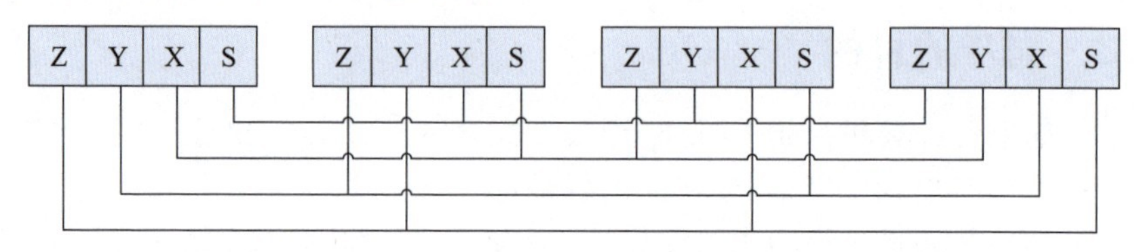

图 2-12　同步指示器硬件结构

A、B、C、D 4 个通道与 S、X、Y、Z 的对应关系如图 2-13 所示。

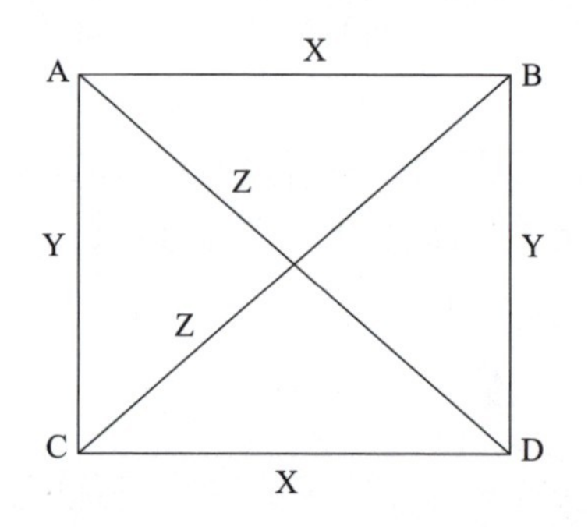

图 2-13　4 个通道的关系示意

2. 同步算法框图

同步算法的基本思想是双握手，即第一次握手的逻辑高和第二次握手的逻辑低，每次握手最长等待时间是 100μs。在每次握手等待期间，如果远程通道存在没有设置相应高或者低逻辑电平的情况下，则判定该远程通道握手失步；如果在每次握手等待期间，同步指示器表示同步的通道个数由多变少，说明远程通道有的认为本次同步结束（等待时间到或者到齐了），转入下次握手环节，反转同步指示器电平设置，同步算法框图如图 2-14 所示。

3. 同步算法的优点

（1）在设置同步指示器逻辑高/逻辑低时，考虑到计算机通道间的异步度，先判“到时?”，以此为延时，等待其他通道也响应逻辑高/逻辑低，随后再读同步指示器。

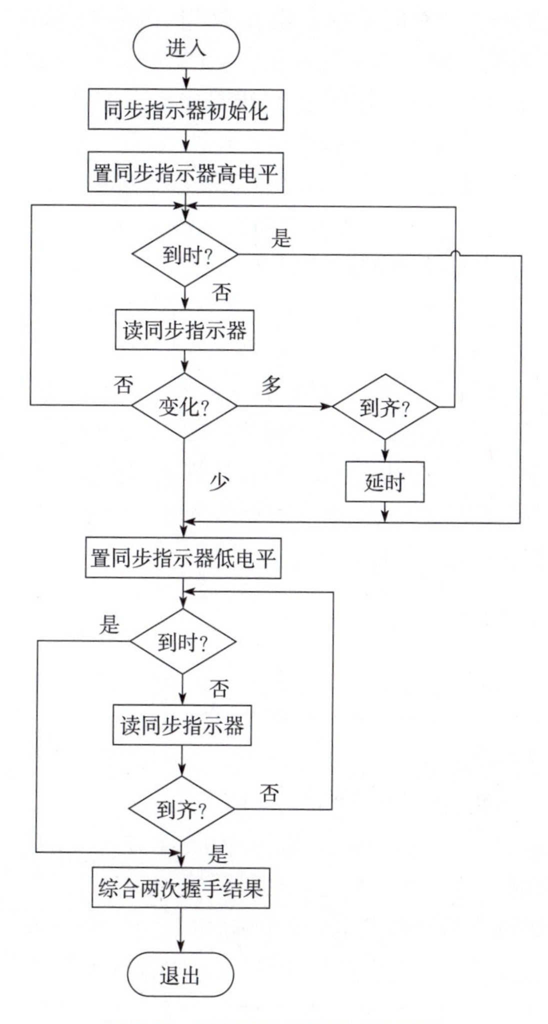

图 2-14 多余度计算机的上同步逻辑

(2) 把判"到时?"放在最先,从时间上说,如果两次握手每次的握手等待时间到,就能做到马上走;否则,如果把判"到时?"放在读同步指示器、看"同步指示器变化?"和"4 个通道到齐没?"等之后,即使每次握手的等待时间到,也还得做完这些事情才能往下走,这样,每次握手的等待时间就不严格精确。

(3) 第一次握手,到齐后再延时,是为了防止如果到齐后不延时,该通道计算机就会马上进入第二次握手,此时,同步指示器被设置成低电平,这样,当其他通道都在进行第一次握手时,会把该通道判为失步(误认为该通道第一次握手失败)。

(4) 同步纠错策略,“看同步指示器变化”目的是“快的等慢的、慢的追快的”任务启动时间对准。同步指示器变化了,如果是同步个数增加了,就继续等待远程通道到齐,这种“快的等慢的”的同步是向后看齐;同步指示器变化了,如果是同步个数减少了,就表明有远程通道已经转入下一个握手环节,说明该远程通道认为要么到时了,要么到齐了,可以往下执行后续任务,这种“慢的追快的”的同步是向前看齐。无论是快的等慢的向后看齐,还是慢的追快的向前看齐,都是通过看同步指示器变化实现的跟随同步。

(5) 两次握手 100μs 的到齐等待时间,最好用每次握手期间的同步程序指令执行时间计算,因为程序执行时间与整个飞控系统软件使用同一个 CPU、同一个晶振,也就是说时间标准一致。这种方法要求计算握手等待期间每条程序代码的执行时间,不足 100μs 的时间用空操作弥补。如果用另一个不同于应用软件运行的定时器定时中断控制 100μs 时间,计算机同步多了一个定时器故障源,一方面两个定时器的精度不一样;另一方面如果该定时器如果有故障,则会导致同步失败,从而引起整个计算机系统故障。

2.6.6 异步度的检测

(1) 选用 500M 高速示波器,观察两通道的 D/A 输出点相差的时间,此即这两通道间的异步度,异步度检测流程如图 2-15 所示。

N 余度容错计算机系统,其异步度的大小就是这 *N* 个计算机通道中两两之间异步度的最大值。

(2) 软件测量异步度,每个通道的计算机,在第一次握手、第二次握手的结束时刻,读定时器计数值,可以知道哪个先到哪个后到以及通道间的时间差,据此确定 *N* 个通道彼此间的时间差异即异步度,在这些异步度中取最大的一个,此即 *N* 余度计算机系统的异步度。

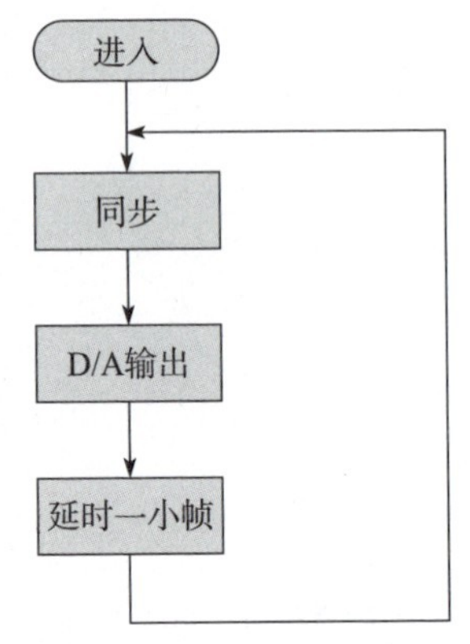

图 2-15 异步度检测流程

2.6.7 同步的几种故障模式

1. 通道间握手结果不一致的模式

如图 2-16 所示,当最早到的 A 通道最后一次读同步指示器时,D 通道正在写同步指示器,且 A 通道未读到,A 通道在 D 通道(它已发现到齐了)延时的时间期间已经判“到时?”,去进行第二次握手。这样 A 通道第一次握手的结果为 0111(按 Z、Y、X、S 次序),而 B、C、D 通道的结果为 1111。当然还有偶数分离的情况,这是一种(N/2):(N/2)的故障模式。

图 2-16 四通道同步指示器逻辑电平时序

2. 相邻两次握手结果不一致的模式

如图 2-17 所示，当 Y 通道第一次读同步指示器状态时，按 Z、Y、X、S 次序其同步指示内容为 0110，第二次读同步指示器时，X 通道脱离变成低电平，Z 通道加入设置高电平，其同步指示器状态为 1100。第二次与第一次同步通道数相比，同步通道个数相等，但两次同步的通道不一致。这种情况是判作第二次同步的通道数比第一次同步的通道数增加还是减少？尽管用比较大小的方法判是增加，但用某位从 1 变成 0(或 0 变 1)的方法判同步通道个数仍是相等。这是一种特殊的故障模式，应根据实际系统具体情况，确定采取哪种判据更为合适。

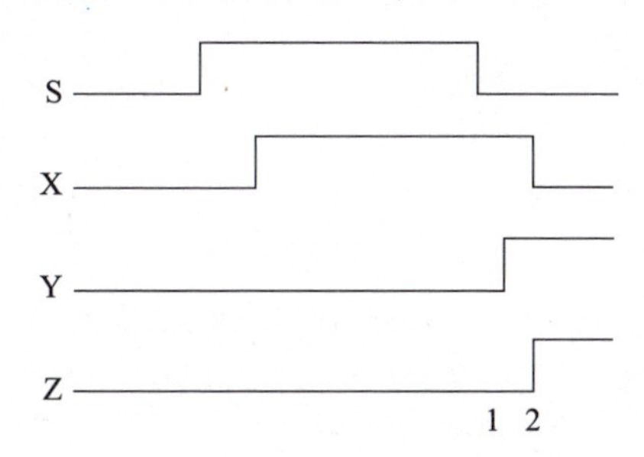

图 2-17 S、X、Y、Z 在 1,2 两点的时序

2.6.8 同步监控

1. 概述

同步监控功能是对本小帧(12.5ms)同步结果进行检测，如果本帧两次握手的同步结束，发现有失步通道，则将其对应通道的瞬态故障计数器加 1；如果连续失步的次数达到系统规定的时间门限，则将瞬态失步故障升级为永久故障，并填写计算机同步永久故障字，以此向系统综合显示设备申报计算机发生同步永久故障，同时将连续失步的计算机通道切除，使其以后不再参与系统工作。

2. 同步监控算法框图

如图 2-18 所示,以四余度容错计算机系统为例,说明同步监控。其中,S、X、Y、Z 分别表示本通道及其他 3 个远程通道,0 表示两次握手结果同步正常,1 表示两次握手结果发生失步。

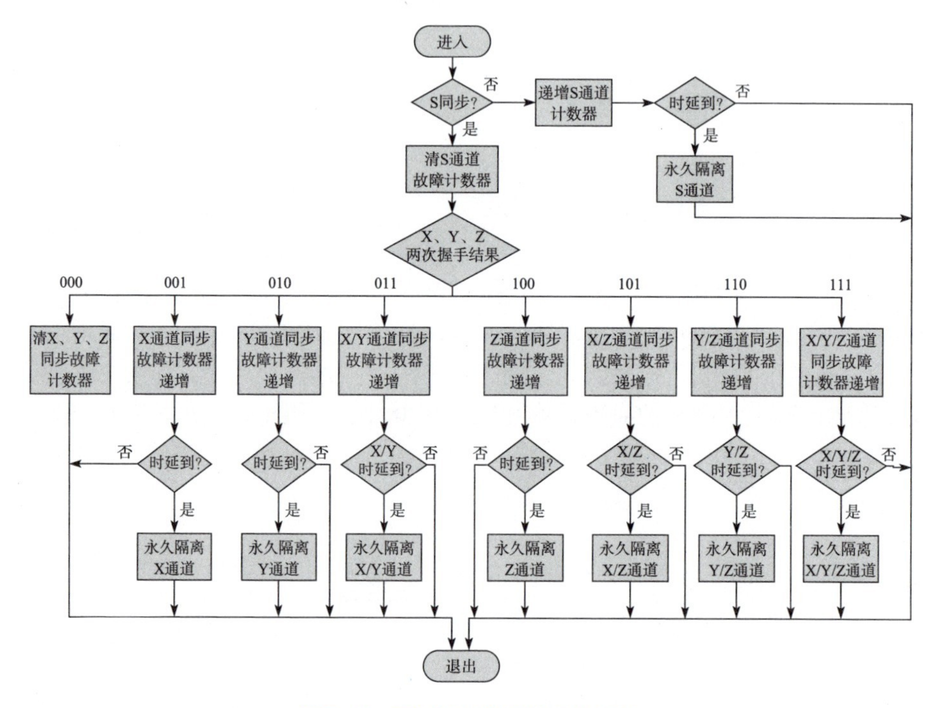

图 2-18 四余度计算机同步监控逻辑

2.7 排序跨通道监控

2.7.1 信号的排序跨通道监控

假设四余度信号把其采样信号值按从大到小的顺序排序,令其中最大 = max、次大 = max_-、次小 = min_+、最小 = min,监控可按如下判定树进行(ε 表示故障监控门限):

$$
max_- - min_+ > \varepsilon \begin{cases} max - max_- < \varepsilon \begin{cases} min_+ - min < \varepsilon & 2:2\text{ 不确定故障} \\ min_+ - min > \varepsilon & min_+\text{、}min\text{ 故障} \end{cases} \\ max - max_- > \varepsilon \begin{cases} min_+ - min < \varepsilon & max\text{、}max_-\text{故障} \\ min_+ - min > \varepsilon & 1:1:1:1\text{ 故障} \end{cases} \end{cases}
$$

$$
\max_- - \min_+ < \varepsilon \quad
\begin{cases}
\max - \max_- < \varepsilon \begin{cases} \min_+ - \min < \varepsilon & \text{无故障} \\ \min_+ - \min > \varepsilon & \min \text{ 故障} \end{cases} \\
\max - \max_- > \varepsilon \begin{cases} \min_+ - \min < \varepsilon & \max \text{ 故障} \\ \min_+ - \min > \varepsilon & \max、\min \text{ 故障} \end{cases}
\end{cases}
$$

要识别故障的通道号只需要在排序时用通道号跟踪采样信号的排序，这样 $\max$、$\max_-$、$\min_+$、$\min$ 都有确定的通道号与之一一对应。

在坐标系中利用采样信号的排序结果讨论各种故障情况，对应上面的 8 种情况如图 2-19~图 2-26 所示。

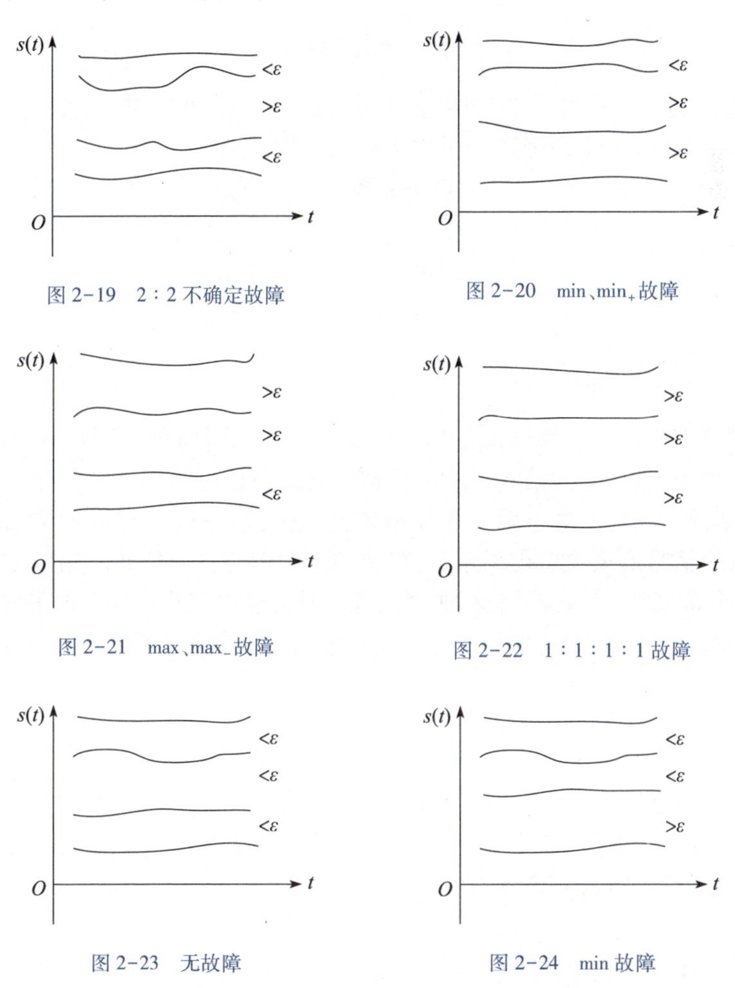

图 2-19　2∶2 不确定故障

图 2-20　$\min$、$\min_+$ 故障

图 2-21　$\max$、$\max_-$ 故障

图 2-22　1∶1∶1∶1 故障

图 2-23　无故障

图 2-24　$\min$ 故障

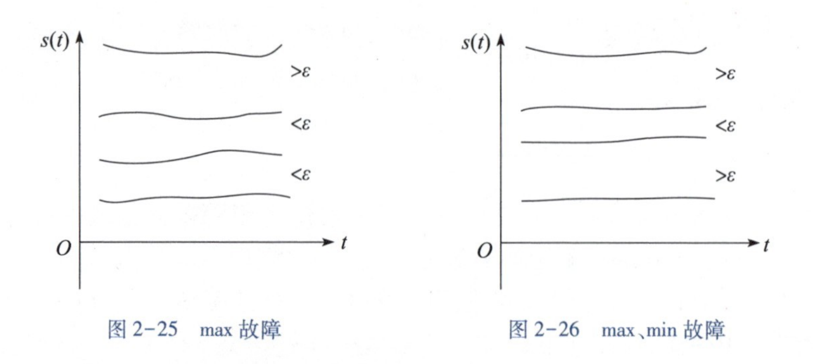

图 2-25 max 故障　　图 2-26 max、min 故障

2.7.2 三余度信号的排序跨通道监控

假定三余度信号用通道号跟踪对采样信号的排序结果为,最大=max,中值=mid,最小=min,则故障监控可用下面判定树识别:

$$\text{max}-\text{mid}>\varepsilon\begin{cases}\text{mid}-\text{min}<\varepsilon & \text{max 故障}\\ \text{mid}-\text{min}>\varepsilon & 1:1:1\text{ 故障}\end{cases}$$

$$\text{max}-\text{mid}<\varepsilon\begin{cases}\text{mid}-\text{min}<\varepsilon & \text{无故障}\\ \text{mid}-\text{min}>\varepsilon & \text{min 故障}\end{cases}$$

2.7.3 二信号监控

两余度信号监控是直接把两信号 S_1、S_2 的差值与监控门限比较,如果其差值未超出门限,则认为两信号无故障;否则,其差值超出门限,则判定两信号都故障(1:1 故障)。为了防止系统降级到该信号失效状态,这时可参考 2.4.3 节,确定两余度信号的表决监控结果;也可以访问两信号自监控 ilm,如果自监控 ilm 结果"两个都好",与两信号比较监控矛盾,则可以进一步参考计算机通道故障逻辑,决策信号故障状态;如果自监控 ilm 结果"两信号都不好",则可以判定两信号故障。

假设 $S_2>S_1$,具体算法是:

(1) $S_2-S_1<\varepsilon$,无故障。

(2) $S_2-S_1\geqslant\varepsilon$,两信号 1:1 故障,参考 2.4.3 节或访问自监控 ilm,判断信号的故障情况。如果自监控 ilm 结果与两信号比较监控矛盾,则参考计算机通道故障逻辑,决策信号故障状态。

2.8 采样信号的均衡分析

信号均衡是对多余度信号进行"集中平均",使其尽可能靠近其表决值,减小余度信号间的分散度,改善余度信号的不一致性。信号均衡的方法是在余度通道信号中先确定一个标准参考值,通常这个标准参考值就是余度通道信号的表决值,然后其他所有通道的采样信号通过均衡算法尽可能地靠近表决值。

一般来说,四信号的表决值是次大次小的均值,三信号的表决值是中值,二信号表决值是两个信号的均值;如果次大与次小差值大于门限,则说明四个信号全故障或者 2∶2 不确定故障,这种情况至少是 2∶2 或者比 2∶2 等级更高的 1∶1∶1∶1 四信号全故障一种故障状态;次大、次小的均值此时不能作为表决值,所以此时应停止均衡,除非有正确的表决策略。如果次大、次小的差值小于门限,通常表决值是次大、次小的均值,则次大、次小本身就代表了标准的“好值”,次大、次小无须均衡。从道理上讲四信号只均衡最大、最小信号,四信号均衡逻辑见图 2-27。但考虑到各通道计算量的一致性,次大、次小也可以在各自通道进行均衡,根据系统需求确定均衡策略。

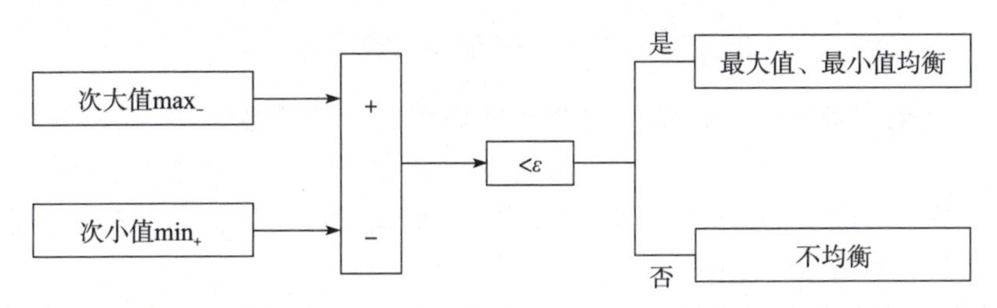

图 2-27　四信号均衡逻辑

同理,三信号只均衡 2 个非中值信号,三信号均衡逻辑见图 2-28;考虑到各通道计算量的等量性,中值也可以均衡,只是中值经过均衡后,结果应该还是中值,如果不是说明均衡环节一定有错,这点可以作为均衡网络的自监控结果。当系统处于二余度状态时,二信号之差大于门限,表明二信号有故障,应停止均衡;否则,表明二信号正常,表决值是这二信号的均值,均衡就是要靠近这个均值。由于四信号次大、次小以及二信号离均值的距离相等,所以,均衡时参与均值运算二信号均衡的补偿量也一样。如果二信号的均衡补偿量不等,说明均衡网络或者均衡运算有问题。同三信号中值均衡一样,这可以作为均衡网络及其运算正常与否的自监控结果。显然,四信号次大、次小的均衡与二余度信号均衡完全一样,二信号与均值距离相等的特点,决定了参与均值表决的两信号其均衡补偿量也相同,最大向均值表决值靠近的补偿量为均衡的限幅值。

均衡的算法原理遵循的原则是,如果采样信号比表决值大,则采样信号减小;如果采样信号比表决值小,则采样信号增大。采样信号均衡减小或者增大量的多少,根据采样信号比表决的标准参考值大多少或者小多少,大的多就减小得多,小的多就增大得多,即“差值大减小或者增加得多,差值小减小或者增加得

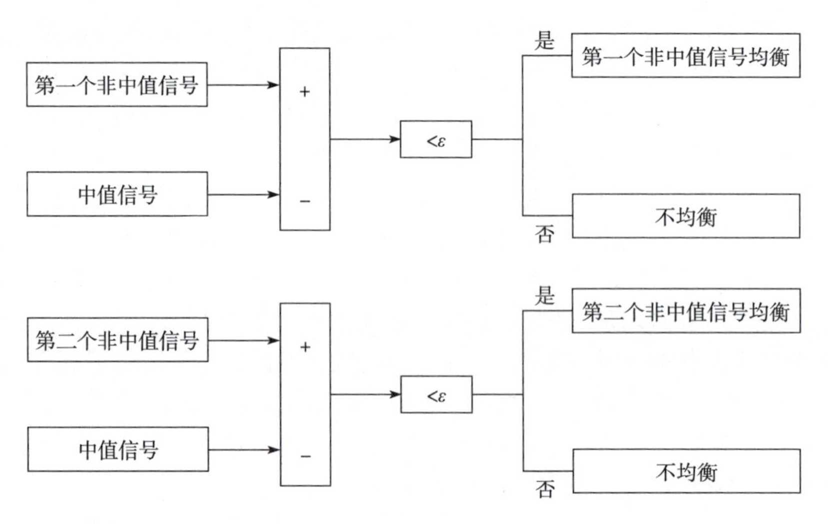

图 2-28　三信号均衡逻辑

少,即按比例或者等比例补偿”;但减小或增大的量值需要限幅,限幅参数原则上需要根据表决值大小变化,即采用变限幅设计,具体算法参见余度管理2.12.1节。从根本上解决定常限幅存在的“小幅值过均衡掩盖故障、大幅值欠均衡均衡无效”的固有缺陷。

任何信号的均衡,既要考虑信号自身的变化规律,又要兼顾信号大小全量程权衡折中;不能不管信号幅值大小,一个限幅用到底一刀切。一方面,防止大信号补偿太小,起不到均衡的作用;小信号补偿太多过均衡,把故障信号均衡成正常信号。另一方面,通过合适的变限幅设计控制或者限制均衡能力,防止小幅值掩盖故障,大幅值通道间比较超差切除通道。限幅本身要设计上限和下限,这个上、下限最大值就是该信号的故障监控门限。根据余度系统信号故障的定义,采样信号的均衡在信号本身值的基础上减小或者增加多少的限制,以既不掩盖信号自身故障又尽可能减小余度通道间信号分散度为原则,所以,均衡能力选择以不超过故障监控门限为宜。

飞控系统中余度通道信号之间,可能由零偏及增益设置引起静态不一致,也可以由相互的动态响应特性差异造成信号的动态不一致;均衡改善了因信号间分散度过大,造成监控门限选择困难,出现故障监控的漏检与误切的情况。此外,如果系统中存在积分环节,积分运算漂移的误差积累,则会造成通道间信号离散度进一步增大,输出的不一致性差异大,从而引起系统故障。显然,积分器均衡解决了通道间计算结果缓慢漂移的误差积累,导致切除通道余度降级的问题。

2.8.1 余度信号均衡

余度信号均衡是通过均衡计算,使本通道信号尽可能地靠近这组多余度信号的表决值,减小本通道信号各种原因引起的误差或误差积累,减小多余度通道信号离散度,改善本通道信号品质,余度信号均衡的算法原理如图 2-29 所示。

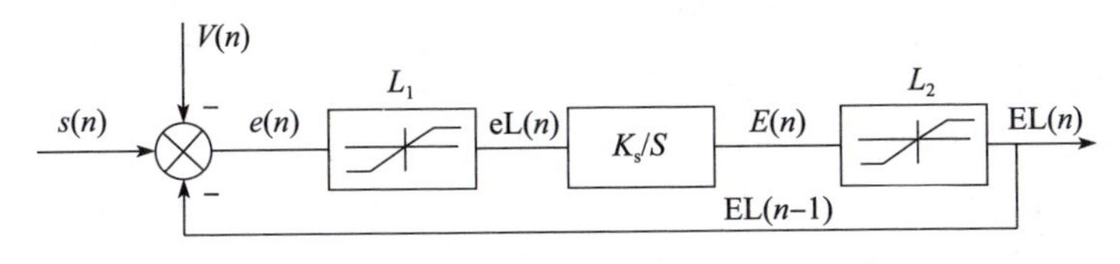

图 2-29 通道公差算法原理

通道误差:

$$e(n)=S(n)-V(n)-\mathrm{EL}(n-1)$$

限幅通道误差:

$$\mathrm{eL}(n)=\begin{cases}-L_1 & (e(n)\leqslant -L_1)\\ e(n) & (-L_1<e(n)<L_1)\\ L_1 & (e(n)\geqslant L_1)\end{cases}$$

式中:$S(n)$为传感器采样值;$V(n)$为传感器表决值;EL$(n-1)$为传感器上拍限幅通道公差;L_1 为第一限幅。

通道公差计算:

$$E(n)=\frac{K_s T}{2}\times[\mathrm{eL}(n)+\mathrm{eL}(n-1)]+\mathrm{E}(n-1)$$

$$\mathrm{EL}(n)=\begin{cases}-L_2 & (E(n)\leqslant -L_2)\\ E(n) & (-L_2<E(n)<L_2)\\ L_2 & (E(n)\geqslant L_2)\end{cases}$$

式中:eL(n)为传感器第一限幅通道公差;K_s 为积分器常数;T 为采样周期;L_2 为第二限幅;$E(n)$为传感器未限幅通道公差;EL(n)为传感器本拍限幅通道公差。

通过图 2-29 可以看出,对信号与表决值的差值经过积分器环节,限幅后再把其引入综合口反馈参与均衡。上面通道公差计算方块图采用单位反馈,根据反馈原理,这种均衡实际上就是在不考虑死区、限幅等非线性环节影响的情况下,对采样信号与表决值差值 $\Delta_d=S(n)-V(n)$的低通滤波$\frac{K_s}{S+K_s}$,滤掉 Δ_d 高频噪声,提高均衡的平稳性。

根据均衡的原理分析，可以知道 $e(n)$、$\mathrm{EL}(n)$ 都是表征均衡时信号增加或者减小量值的均衡能力值，应小于或等于故障监控门限，即 $e(n)\leqslant\varepsilon$，$\mathrm{EL}(n)\leqslant\varepsilon$，这也为均衡网络参数第一限幅 L_1 和第二限幅 L_2 提供了设计依据。

以三信号为例研究分析采样信号的均衡，假设 $\mathrm{VES}(n)$ 是三信号的中值，跨表决器监控就是表决值与各通道信号差值与门限比较，三信号表决值是 3 个通道信号的中值，中值一定是 3 个通道中的某个通道的信号值；而跨通道的两两比较监控是两通道信号差值与门限比较，从两个通道信号差值与门限比较的算法操作上来说，都是两通道信号差值与门限比较。

因此，如果仅研究均衡后信号和不均衡信号直接监控表决的算法差别，则不必区分跨表决器还是跨通道，由均衡原理方块图可知，均衡信号为

$$\mathrm{ES}(n)=S(n)-\mathrm{EL}(n) \tag{2-7}$$

定义 1：采样信号的均衡能力：

$$\eta=\frac{\mathrm{EL}(n)}{S(n)}\times 100\% \tag{2-8}$$

式中：$\mathrm{EL}(n)$ 为本通道信号与表决值的差值经过低通滤波，最大等于限幅值 $\mathrm{EL}(n)$，其物理含义是信号按比例或等比例均衡，即信号幅值大均衡量也大，信号幅值小，均衡量也小。均衡以不掩盖故障和尽可能减小通道间信号离散度为原则。通常信号故障监控门限 ε 根据表决值变门限设计，假设：小门限为 ε_{L_1}、大门限为 ε_{L_2}，则有关系式：$\varepsilon_{L_1}\leqslant\varepsilon\leqslant\varepsilon_{L_2}$，所以，信号的均衡量满足关系式：$\varepsilon_{L_1}\leqslant\mathrm{EL}(n)\leqslant\varepsilon_{L_2}$，均衡量原则上不超过故障监控门限，即 $\mathrm{EL}(n)\leqslant\varepsilon$，而故障监控门限一般是该信号满量程的 10%~15%，也就是说均衡量 $\mathrm{EL}(n)$ 最多也在该信号满量程的 10%~15%变化，而且均衡能力 η 是均衡量值与信号幅值之比的按当量比例均衡，所以，在一个工作周期小帧内（如 12.5ms），可以认为各通道信号的均衡能力 η 相等。

定义 2：均衡监控，即如果 $|\mathrm{VES}(n)-\mathrm{ES}_i(n)|>\varepsilon$，则判定 i 通道对应传感器故障，否则 $i^{\#}$通道对应传感器正常。

其中：$\mathrm{VES}(n)=\mathrm{mid}(\mathrm{ES}_i(n),\mathrm{ES}_j(n),\mathrm{ES}_k(n))$，

$\mathrm{VS}(n)=\mathrm{mid}(S_i,S_j,S_k)$，$i,j,k$ 分别表示 $i^{\#}$、$j^{\#}$、$k^{\#}$ 3 个不同的通道号。

2.8.2 均衡监控与信号直接监控的等价性

推论 1：均衡监控等价于选取合适的门限 ε 对采样信号进行直接监控，这个合适的门限为原均衡监控门限的$\dfrac{1}{1-\eta}$倍。

证明：

$\because \quad |\mathrm{VES}(n)-\mathrm{ES}_i(n)|$

$=|\mathrm{ES}_j(n)-\mathrm{ES}_i(n)|$（设 $\mathrm{VES}(n)=\mathrm{ES}_j(n)$）

$=|S_j(n)-\mathrm{EL}_j(n)-(S_i(n)-\mathrm{EL}_i(n)|$

$=|S_j(n)-\eta S_j(n)-(S_i(n)-\eta S_i(n)|$

$=|[S_j(n)-S_i(n)]-[\eta S_j(n)-\eta S_i(n)]|$

$=|(1-\eta)(S_j(n)-S_i(n)|$

$=(1-\eta)|S_j(n)-S_i(n)|\ (\eta<1)$

$\therefore\ |\mathrm{VES}(n)-\mathrm{ES}_i(n)|>\varepsilon \Leftrightarrow (1-\eta)|S_j(n)-S_i(n)|>\varepsilon$

i. e. $|\mathrm{VES}(n)-\mathrm{ES}_i(n)|>\varepsilon \Leftrightarrow |S_j(n)-S_i(n)|>\varepsilon/(1-\eta)$

证毕

不难看出均衡能力太强，容易把故障信号均衡成正常信号；均衡能力太弱，起不到均衡的作用。所以，均衡补偿量原则上小于或等于故障监控门限 ε，这样才能确保既不掩盖故障，又减小了通道间信号的离散度。

2.8.3 均衡表决与信号直接表决的等价性

推论 2：均衡表决等价于采样信号不均衡直接表决的 $1-\eta$ 倍。

证明：

1. 均值表决的等价性

无论是四信号次大次小的均值，还是两信号的均值，假设参与均值的两个均衡信号分别是 ES_i 和 ES_j，则由式(2-7)、式(2-8)可知均值如下：

$$\frac{\mathrm{ES}_i+\mathrm{ES}_j}{2}=\frac{S_i-\eta S_i+S_j-\eta S_j}{2}=\frac{(1-\eta)S_i+(1-\eta)S_j}{2}=(1-\eta)\frac{S_i+S_j}{2}$$

2. 中值表决的等价性

假设 3 个通道的中值是 ES_j，则由式(2-7)、式(2-8)的定义式可知：

$$\mathrm{ES}_j=S_j-\eta S_j=(1-\eta)S_j$$

证毕。

综上所述，均衡监信号的监控表决与不均衡的信号直接监控表决，其结果是等价的。差别在于监控门限均衡是不均衡的 $1-\eta$ 倍，信号表决值均衡是不均衡的 $1-\eta$ 倍。这就是说通过定义均衡能力 η，数学证明可以取消均衡网络，选择均衡监控门限的$\frac{1}{1-\eta}$倍,进行通道间采样信号的直接监控;同样道理,选取信号直接表决的 $1-\eta$ 倍,可以达到相当于有信号均衡的同样的表决,极大简化了均衡算法和均衡的时间、空间开销。

2.8.4 均衡效果的数学描述

假设:

$$\Delta=\max\{|\mathrm{ES}_i(n)-\mathrm{ES}_j(n)|\}$$
$$(i,j=0\sim3;i\neq j)$$
$$\Delta'=\max\{|S_i(n)-S_j(n)|\}$$
$$(i,j=0\sim3;i\neq j)$$

均衡的目的在于减少由于各通道传感器信号的不一致性差异带来的输出瞬态,使均衡信号处于一定的公差带内。如图 2-30 所示,只要传感器信号有均衡,则 $\Delta<\Delta'$,假设 $6=\Delta'-\Delta$,则 6 表示传感器的采样信号经过均衡后,使其公差带缩小的量。由此可以看出,6 越大说明均衡效果越强;反之,均衡效果越弱。一般情况下,通过均衡,可以减小余度通道间信号的公差,理想的信号均衡是均衡后的信号公差在其故障监控门限之内。

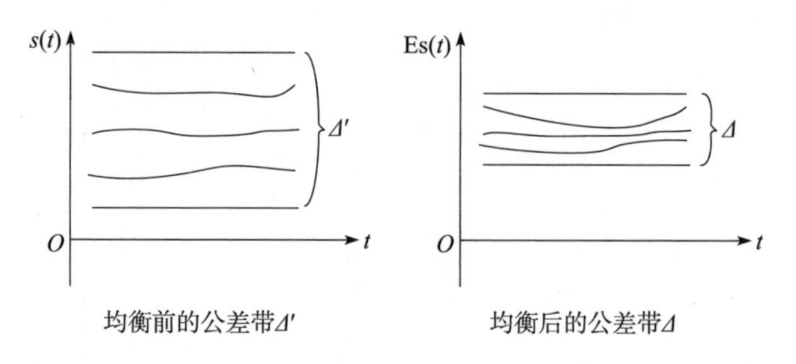

图 2-30 均衡效果描述

2.8.5 积分器均衡

假设:V 是表决值、SL 是本通道要均衡的信号、L 是均衡限幅、DZ 是死区,其中 L、DZ 关于 0 正负对称,通常情况下 $L>\mathrm{DZ}$,SLB 是均衡输出。为了提高均衡效率,工程上采用非线性均衡方法优化均衡算法,常见的数字信号均衡原理结构如图 2-31 所示。

由图 2-31 可知,这种只有限幅、死区环节的信号均衡是纯粹的非线性均衡。信号均衡的数学表达式如下:

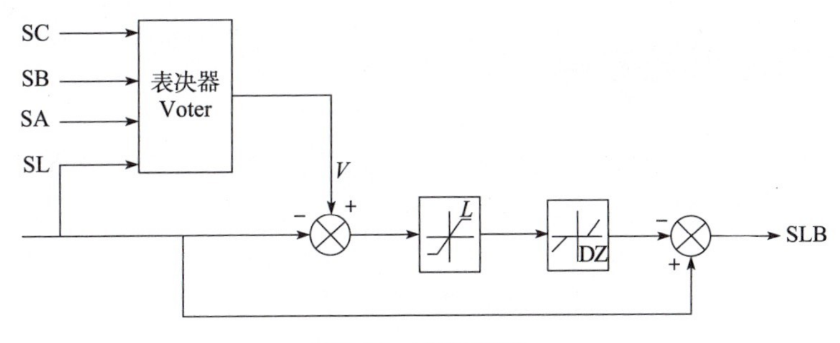

图 2-31　非线性均衡

$$
\mathrm{SLB}=\begin{cases}\mathrm{SL}, & -\mathrm{DZ}\leqslant \mathrm{SL}-V\leqslant \mathrm{DZ}\\ \mathrm{V}, & \mathrm{DZ}<\mathrm{SL}-V<L \text{ 或 } -L<\mathrm{SL}-V<-\mathrm{DZ}\\ \mathrm{SL}-L, & \mathrm{SL}-V\geqslant L \text{ 或 } \mathrm{SL}-V\leqslant -L\end{cases}
$$

显然，当本通道信号与其表决值差在死区范围内时，本通道不均衡；当本通道信号与其表决值差超过死区且小于限幅时，本通道均衡输出就是表决值；当本通道信号与表决值差超出限幅时，本通道均衡值向表决值靠近的补偿量就是限幅值。

均衡的目的是使各通道信号尽可能地靠近表决值，减小通道间的不一致性，监控器的门限易于选择。如果 SL、SA、SB、SC 是积分器输入，则按照图 2-31 得到的输出就是积分器均衡输出。由图 2-31 非线性均衡原理可知，限幅决定了均衡能力，即均衡补偿的多少，通常根据表决值大小采用变限幅设计，防止定常幅值“小幅值过均衡、大幅值欠均衡”的均衡缺陷；死区的作用是当均衡信号与表决值之差小于不灵敏区参数值时，该信号均衡输出为 0，即该信号不均衡。不灵敏区参数的选择应不大于小幅值信号均衡的最小限幅值，假设小信号均衡的最小限幅为 $L_{\min}$，均衡信号故障监控的时间门限为 N 拍，则死区参数可选为 $L_{\min}/N$，通常死区参数比限幅值小。四信号、三信号和两信号的均衡监控逻辑及均衡算法策略，具体设计细节及环节参数选择，参考 2.8 节论述。

值得注意的是，如果积分器均衡对象是舵面偏度，舵面指令监控的门限为 ε，如果舵面指令监控的时间门限为 N 个采样周期，则每个周期积分器均衡的指令限幅最大值（均衡能力）$L_{\max}<\dfrac{\varepsilon}{N}$；否则经过规定的故障时延后，当每拍的积分器均衡值大于限幅时，积分器均衡每拍以限幅值累加，累加结果很快达到舵面输出最大偏度，引起输出饱和系统失控及相关控制指令故障。本来积分器均衡是减小其通道间的离散度，但由于均衡限幅参数选择不当，可能会导致飞控系统发生故障危及飞行安全。

2.9 矩阵监控器理论

假设 $1^{\#}$通道信号 S_1、$2^{\#}$通道信号 S_2、$3^{\#}$通道信号 S_3、$4^{\#}$通道信号 S_4，$i^{\#}$通道与 $j^{\#}$通道相比较差值 S_{ij}，不难看出：$S_{ij}=S_i-S_j=-S_{ji}$，则四余度信号两两交叉通道比较矩阵为

$$\boldsymbol{S}=(S_{ij})=\begin{pmatrix} S_{11} & S_{12} & S_{13} & S_{14} \\ S_{21} & S_{22} & S_{23} & S_{24} \\ S_{31} & S_{32} & S_{33} & S_{34} \\ S_{41} & S_{42} & S_{43} & S_{44} \end{pmatrix}=\begin{pmatrix} 0 & S_{12} & S_{13} & S_{14} \\ -S_{12} & 0 & S_{23} & S_{24} \\ -S_{13} & -S_{23} & 0 & S_{34} \\ -S_{14} & -S_{24} & -S_{34} & 0 \end{pmatrix}$$

显然，$\boldsymbol{S}$ 矩阵为反对称矩阵，即 $\boldsymbol{S}^T=-\boldsymbol{S}$，所以反对称矩阵的秩、行列式值、特征值、特征向量、正定性、标准二次型等特性都可以进行应用。

从故障监控的意义上，由于比较监控是两两通道信号差值的绝对值与门限比较，而 $S_{ij}=S_i-S_j=-S_{ji}$，显然 $|S_{ij}|=|-S_{ji}|$，所以，不失一般性，仅研究矩阵 $\boldsymbol{S}$ 元素为正的实对称矩阵，令 $S_{ij}=S_{ji}=|S_{ij}|$，即：$\boldsymbol{S}=\boldsymbol{S}^{\mathrm{T}}$。

$$\boldsymbol{S}=(S_{ij})=\begin{bmatrix} S_{11} & S_{12} & S_{13} & S_{14} \\ S_{21} & S_{22} & S_{23} & S_{24} \\ S_{31} & S_{32} & S_{33} & S_{34} \\ S_{41} & S_{42} & S_{43} & S_{44} \end{bmatrix}=\begin{bmatrix} 0 & S_{12} & S_{13} & S_{14} \\ S_{12} & 0 & S_{23} & S_{24} \\ S_{13} & S_{23} & 0 & S_{34} \\ S_{14} & S_{24} & S_{34} & 0 \end{bmatrix}$$

设置典型的一次故障、二次故障、2：2 不确定故障和 1：1：1：1 三次故障（也就是四次故障）等各种故障模式的矩阵样本，提取两两通道比较监控矩阵的特征。

如果故障监控门限用 ε 表示（$\varepsilon>0$），某个通道与其他通道信号比较监控判断故障，定义矩阵 $\boldsymbol{S}$ 的两两比较差值绝对值的最大值 $\|x\|_{\infty}=\max\limits_{ij}|s_{ij}|$，根据前面余度系统信号故障定义可知，若 $\|x\|_{\infty}<\varepsilon$，则该余度系统的通道信号无故障，类似于四余度信号排序跨通道比较监控的最大减最小小于门限的情况（$\max-\min<\varepsilon$）；同样的道理，定义矩阵 $\boldsymbol{S}$ 的两两比较差值绝对值的最小值 $\|x\|=\min\limits_{ij}|s_{ij}|$，根据前面余度系统信号故障定义可知，若 $\|x\|\geqslant\varepsilon$，则该余度系统的所有通道信号故障，就是四余度信号"通道之间互相否定"的 1：1：1：1 多故障模式。

如果站在所有通道的全局判断余度信号的故障情况，显然，矩阵 $\boldsymbol{S}$ 的行和范数 $\|\boldsymbol{S}\|_{\infty}=\max\limits_{i}\sum\limits_{j=1}^{n}|S_{ij}|<\varepsilon$，或者矩阵 $\boldsymbol{S}$ 的列和范数 $\|S\|_1=\max\limits_{j}\sum\limits_{i=1}^{m}|S_{ij}|<\varepsilon$，则

四余度信号是无故障状态；如果矩阵 $\boldsymbol{S}$ 的两两比较差值绝对值的最小值 $\|x\| = \min\limits_{ij}|s_{ij}| \geqslant \varepsilon$，则四余度信号是全故障状态。$\boldsymbol{S}$ 矩阵元素的非以上情况，需对矩阵 $\boldsymbol{S}$ 的行向量范数（行和范数）或列向量范数（列和范数）与监控门限进行逐一比较，判断识别通道信号的故障情况。这与“排序跨通道比较监控的先比较最大最小，如果其差值在门限范围内，就是大概率的无故障状态；否则，再进行排序后相邻信号的比较监控”算法逻辑是非常相似。但这种行向量范数或者列向量范数的监控方法，不用排序、跟踪通道号、跟踪故障计数器等，通道号、故障计数器在行向量范数或列向量范数中有自然的对应关系。

在矩阵论课本里我们知道，矩阵 $\boldsymbol{A}$ 的所有特征值的和为 $\sum\limits_{i=1}^{n} a_{ii}$ 记为 $\mathrm{tr}\boldsymbol{A}$，即 $\mathrm{tr}\boldsymbol{A} = \sum\limits_{i=1}^{n} a_{ii}$，称为矩阵 $\boldsymbol{A}$ 的迹，而矩阵 $\boldsymbol{A}$ 全体特征值的积为矩阵 $\boldsymbol{A}$ 的行列式值 $\det\boldsymbol{A}$。在实时控制系统中计算矩阵的特征值、特征向量一般比较困难，影响实时性，实际应用中只需要估计出特征值的范围就够了，如与控制有关的 Routh-Hurwitz 问题，就是估计矩阵 $\boldsymbol{A}$ 的特征值是否有负的实部，即是否位于复平面的左半平面；和差分方程的稳定性有关的问题，即要估计矩阵的特征值是否都在复平面的单位圆上。矩阵 $\boldsymbol{A}=(a_{ij})$，不等式 $|z-a_{ij}| \leqslant R_i$，在复平面上确定的区域为矩阵 $\boldsymbol{A}$ 的第 i 个 Gerschgorin 圆（盖尔圆），$R_i = R_i(\boldsymbol{A}) = \sum\limits_{j=1}^{n} |a_{ij}|, j \neq i$，称为盖尔圆 G_i 的半径，这样，矩阵 $\boldsymbol{A}=(a_{ij})$ 的所有特征值都在它的 n 个盖尔圆的并集之内，如此等等。所以，从矩阵的元素出发，给出矩阵特征值的范围估计，利用矩阵的特征值估计或者矩阵范数定义故障，识别判断飞控系统的健康状态，有着十分重要的意义。

列出各种故障模式的比较差值矩阵，计算其各种故障模式下的 $\boldsymbol{S}$ 矩阵行列式值、特征值、特征向量，分析研究故障监控矩阵的特点规律。但容易看出，这种差值矩阵元素的差值与门限比较，超出门限有无穷多种，不超出门限也有无穷多种，没有实际物理意义。于是构造一种矩阵，其矩阵元素代表了故障监控结果，反映了各通道信号的故障状态，与按故障定义列出来的故障模式一一对应，即这种矩阵是确定唯一对应到某种故障状态，具有明确的系统需求定义。因此，我们假设监控门限（$\varepsilon>0$），定义比较监控矩阵元素函数：

$$\mathrm{Sign}(x) = \begin{cases} 1 & (x>0) \\ 0 & (x \leqslant 0) \end{cases}$$

进一步构造定义两两通道比较监控矩阵元素 S_{ij}，如果 $S_i - S_j > \varepsilon$，则 $S_{ij}=1$，这时，对称的一定有 $S_j - S_i < -\varepsilon$。同样地，令 $S_{ji}=1$，这样矩阵元素为正的实对称比较

监控矩阵定义如下：

$$
\boldsymbol{S}_{\Delta}=\begin{bmatrix} & 0 & & \\ & & 0 & \\ \mathrm{Sign}\{\,|S_{ij}|-\varepsilon\} & & & \mathrm{Sign}\{\,|S_{ij}|-\varepsilon\} \\ & & 0 & \\ & & & 0 \end{bmatrix} \tag{2-9}
$$

分析各种典型故障模式情况下，比较监控矩阵的特征值的对应关系和规律特点，应用于故障定义并构建工程实现算法。

显然，矩阵 $\boldsymbol{S}_{\Delta}$ 是多余度系统通道信号两两比较监控矩阵的代表性矩阵，即它具有比较监控超不超门限的确定性结果特征。所以，后面我们仅以两两比较监控结果矩阵 $\boldsymbol{S}_{\Delta}$ 为监控矩阵讨论问题。

2.9.1 交叉通道比较监控矩阵

四余度信号故障模式不外乎有以下情况。

(1) 无故障；

(2) 1 次故障($1^{\#}$、$2^{\#}$、$3^{\#}$、$4^{\#}$通道里的一个通道故障)；

(3) 2 次故障{($1^{\#}$,$2^{\#}$)、($1^{\#}$,$3^{\#}$)、($1^{\#}$,$4^{\#}$)、($2^{\#}$,$3^{\#}$)、($2^{\#}$,$4^{\#}$)、($3^{\#}$,$4^{\#}$)6 对中的一对故障}；

(4) 2：2 不确定故障{($1^{\#}$,$2^{\#}$) | ($3^{\#}$,$4^{\#}$)、($1^{\#}$,$3^{\#}$) | ($2^{\#}$,$4^{\#}$)、($1^{\#}$,$4^{\#}$) | ($2^{\#}$,$3^{\#}$) 3 组中的一组为 2：2 不确定故障}；

(5) 1：1：1：1 4 个通道全故障。

四信号两两比较监控结果排列组合总计 $2^4=16$ 种情况，两两比较监控的 3 个通道故障与 4 个通道全故障在数字排列组合上是两种情况，但按两两比较监控的故障定义，三次故障与四次故障属于同一种情况，所以四信号故障模式共计 15 种情况，交叉通道比较监控其结果一定是这 15 种情况中的一种，即这 15 种情况覆盖了监控结果的所有情况。排除 1 种无故障的多个矩阵，有故障的矩阵共计 14 个矩阵，按上面两两比较监控矩阵式(2-9)的定义，这 14 种故障模式对应的矩阵如下。

1) 一次故障($\boldsymbol{A}_1$、$\boldsymbol{A}_2$、$\boldsymbol{A}_3$、$\boldsymbol{A}_4$ 分别表示 $1^{\#}$、$2^{\#}$、$3^{\#}$、$4^{\#}$通道故障)

$$
\boldsymbol{A}_1=\begin{bmatrix}0&1&1&1\\1&0&0&0\\1&0&0&0\\1&0&0&0\end{bmatrix}\quad
\boldsymbol{A}_2=\begin{bmatrix}0&1&0&0\\1&0&1&1\\0&1&0&0\\0&1&0&0\end{bmatrix}\quad
\boldsymbol{A}_3=\begin{bmatrix}0&0&1&0\\0&0&1&0\\1&1&0&1\\0&0&1&0\end{bmatrix}\quad
\boldsymbol{A}_4=\begin{bmatrix}0&0&0&1\\0&0&0&1\\0&0&0&1\\1&1&1&0\end{bmatrix}
$$

2）二次故障（$\boldsymbol{A}_5$~$\boldsymbol{A}_{10}$ 分别表示 $1^{\#}2^{\#}$、$1^{\#}3^{\#}$、$1^{\#}4^{\#}$、$2^{\#}3^{\#}$、$2^{\#}4^{\#}$、$3^{\#}4^{\#}$通道故障）

$$\boldsymbol{A}_5=\begin{bmatrix}0&1&1&1\\1&0&1&1\\1&1&0&0\\1&1&0&0\end{bmatrix}\quad \boldsymbol{A}_6=\begin{bmatrix}0&1&1&1\\1&0&1&0\\1&1&0&1\\1&0&1&0\end{bmatrix}\quad \boldsymbol{A}_7=\begin{bmatrix}0&1&1&1\\1&0&0&1\\1&0&0&1\\1&1&1&0\end{bmatrix}\quad \boldsymbol{A}_8=\begin{bmatrix}0&1&1&0\\1&0&1&1\\1&1&0&1\\0&1&1&0\end{bmatrix}$$

$$\boldsymbol{A}_9=\begin{bmatrix}0&1&0&1\\1&0&1&1\\0&1&0&1\\1&1&1&0\end{bmatrix}\quad \boldsymbol{A}_{10}=\begin{bmatrix}0&0&1&1\\0&0&1&1\\1&1&0&1\\1&1&1&0\end{bmatrix}$$

3）2：2 不确定故障（$\boldsymbol{A}_{11}$：$1^{\#}2^{\#}$ | $3^{\#}4^{\#}$、$\boldsymbol{A}_{12}$：$1^{\#}3^{\#}$ | $2^{\#}4^{\#}$、$\boldsymbol{A}_{13}$：$1^{\#}4^{\#}$ | $2^{\#}3^{\#}$）

$$\boldsymbol{A}_{11}=\begin{bmatrix}0&0&1&1\\0&0&1&1\\1&1&0&0\\1&1&0&0\end{bmatrix}\quad \boldsymbol{A}_{12}=\begin{bmatrix}0&1&0&1\\1&0&1&0\\0&1&0&1\\1&0&1&0\end{bmatrix}\quad \boldsymbol{A}_{13}=\begin{bmatrix}0&1&1&0\\1&0&0&1\\1&0&0&1\\0&1&1&0\end{bmatrix}$$

4）三次/四次故障（1：1：1：1 故障）

$$\boldsymbol{A}_{14}=\begin{bmatrix}0&1&1&1\\1&0&1&1\\1&1&0&1\\1&1&1&0\end{bmatrix}$$

这 14 种故障模式对应矩阵的特征值和特征向量如表 2-2~表 2-8 所示。

表 2-2 $1^{\#}$、$2^{\#}$故障矩阵特征值、特征向量

$\boldsymbol{A}_1$ =	$\boldsymbol{A}_2$ =
[0,1,1,1 1,0,0,0 1,0,0,0 1,0,0,0]	[0,1,0,0 1,0,1,1 0,1,0,0 0,1,0,0]
$\boldsymbol{V}_1$=[−0.7071,0.4082,0.4082,0.4082] $\boldsymbol{V}_2$=[0,0.7071,−0.7071,0] $\boldsymbol{V}_3$=[0,−0.4082,−0.4082,0.8165] $\boldsymbol{V}_4$=[0.7071,0.4082,0.4082,0.4082]	$\boldsymbol{V}_1$=[0.4082,−0.7071,0.4082,0.4082] $\boldsymbol{V}_2$=[0.4082,0,0.4082,−0.8165] $\boldsymbol{V}_3$=[0.7071,0,−0.7071,0] $\boldsymbol{V}_4$=[−0.4082,−0.7071,−0.4082,−0.4082]
Roots1=−1.7321 Roots2=0 Roots3=0 Roots4=1.7321	Roots1=−1.7321 Roots2=0 Roots3=0 Roots4=1.7321

表 2-3 3#、4#故障矩阵特征值、特征向量

A_3 = [0,0,1,0 0,0,1,0 1,1,0,1 0,0,1,0]	A_4 = [0,0,0,1 0,0,0,1 0,0,0,1 1,1,1,0]
V_1 = [0.4082, 0.4082, −0.7071, 0.4082] V_2 = [0.4082, 0.4082, 0, −0.8165] V_3 = [0.7071, −0.7071, 0, 0] V_4 = [−0.4082, −0.4082, −0.7071, −0.4082]	V_1 = [0.4082, 0.4082, 0.4082, −0.7071] V_2 = [−0.2113, 0.7887, −0.5774, 0] V_3 = [0.7887, −0.2113, −0.5774, 0] V_4 = [0.4082, 0.4082, 0.4082, 0.7071]
Roots1 = −1.7321 Roots2 = 0 Roots3 = 0 Roots4 = 1.7321	Roots1 = −1.7321 Roots2 = 0 Roots3 = 0 Roots4 = 1.7321

表 2-4 1#2#&1#3#故障矩阵特征值、特征向量

A_5 = [0,1,1,1 1,0,1,1 1,1,0,0 1,1,0,0]	A_6 = [0,1,1,1 1,0,1,0 1,1,0,1 1,0,1,0]
V_1 = [0.4352, 0.4352, −0.5573, −0.5573] V_2 = [0.7071, −0.7071, 0, 0] V_3 = [0, 0, −0.7071, 0.7071] V_4 = [0.5573, 0.5573, 0.4352, 0.4352]	V_1 = [−0.4352, 0.5573, −0.4352, 0.5573] V_2 = [0.7071, 0, −0.7071, 0] V_3 = [0, 0.7071, 0, −0.7071] V_4 = [−0.5573, −0.4352, −0.5573, −0.4352]
Roots1 = −1.5616 Roots2 = −1.0000 Roots3 = 0 Roots4 = 2.5616	Roots1 = −1.5616 Roots2 = −1.0000 Roots3 = 0 Roots4 = 2.5616

表 2-5 1#4#&2#3#故障矩阵特征值、特征向量

$\boldsymbol{A}_7$ = [0,1,1,1 1,0,0,1 1,0,0,1 1,1,1,0]	$\boldsymbol{A}_8$ = [0,1,1,0 1,0,1,1 1,1,0,1 0,1,1,0]
$\boldsymbol{V}_1$ = [−0.4352,0.5573,0.5573,−0.4352] $\boldsymbol{V}_2$ = [0.7071,0,0,−0.7071] $\boldsymbol{V}_3$ = [0,0.7071,−0.7071,0] $\boldsymbol{V}_4$ = [0.5573,0.4352,0.4352,0.5573]	$\boldsymbol{V}_1$ = [−0.5573,0.4352,0.4352,−0.5573] $\boldsymbol{V}_2$ = [0,0.7071,−0.7071,0] $\boldsymbol{V}_3$ = [0.7071,0,0,−0.7071] $\boldsymbol{V}_4$ = [−0.4352,−0.5573,−0.5573,−0.4352]
Roots1 = −1.5616 Roots2 = −1.0000 Roots3 = 0 Roots4 = 2.5616	Roots1 = −1.5616 Roots2 = −1.0000 Roots3 = 0 Roots4 = 2.5616

表 2-6 2#4#&3#4#故障矩阵特征值、特征向量

$\boldsymbol{A}_9$ = [0,1,0,1 1,0,1,1 0,1,0,1 1,1,1,0]	$\boldsymbol{A}_{10}$ = [0,0,1,1] 0,0,1,1] 1,1,0,1] 1,1,1,0]
$\boldsymbol{V}_1$ = [0.5573,−0.4352,0.5573,−0.4352] $\boldsymbol{V}_2$ = [0,0.7071,0,−0.7071] $\boldsymbol{V}_3$ = [−0.7071,0,0.7071,0] $\boldsymbol{V}_4$ = [−0.4352,−0.5573,−0.4352,−0.5573]	$\boldsymbol{V}_1$ = [0.5573,0.5573,−0.4352,−0.4352] $\boldsymbol{V}_2$ = [0,0,−0.7071,0.7071] $\boldsymbol{V}_3$ = [0.7071,−0.7071,0,0] $\boldsymbol{V}_4$ = [−0.4352,−0.4352,−0.5573,−0.5573]
Roots1 = −1.5616 Roots2 = −1.0000 Roots3 = 0 Roots4 = 2.5616	Roots1 = −1.5616 Roots2 = −1.0000 Roots3 = 0 Roots4 = 2.5616

表 2-7 $(1^{\#}2^{\#}|3^{\#}4^{\#}$、$1^{\#}3^{\#}|2^{\#}4^{\#})2:2$ 故障矩阵特征值、特征向量

$A_{11}=$	$A_{12}=$
[0,0,1,1] 0,0,1,1] 1,1,0,0] 1,1,0,0]	[0,1,0,1 1,0,1,0 0,1,0,1 1,0,1,0]
V_1=[0.5000,0.5000,-0.5000,-0.5000] V_2=[0,0,0.7071,-0.7071] V_3=[0.7071,-0.7071,0,0] V_4=[-0.5000,-0.5000,-0.5000,-0.5000]	V_1=[0.5000,-0.5000,0.5000,-0.5000] V_2=[0.7071,0,-0.7071,0] V_3=[0,-0.7071,0,0.7071] V_4=[-0.5000,-0.5000,-0.5000,-0.5000]
Roots1=-2.0000 Roots2=0 Roots3=0 Roots4=2.0000	Roots1=-2.0000 Roots2=0 Roots3=0 Roots4=2.0000

表 2-8 $(1^{\#}4^{\#}|2^{\#}3^{\#})2:2$&4 个全故障的矩阵特征值、特征向量

$A_{13}=$	$A_{14}=$
[0,1,1,0 1,0,0,1 1,0,0,1 0,1,1,0]	[0,1,1,1 1,0,1,1 1,1,0,1 1,1,1,0]
V_1=[-0.5000,0.5000,0.5000,-0.5000] V_2=[0,0.7071,-0.7071,0] V_3=[-0.7071,0,0,0.7071] V_4=[-0.5000,-0.5000,-0.5000,-0.5000]	V_1=[0.7887,-0.2113,-0.5774,0] V_2=[-0.2113,0.7887,-0.5774,0] V_3=[0.2887,0.2887,0.2887,-0.8660] V_4=[0.5000,0.5000,0.5000,0.5000]
Roots1=-2.0000 Roots2=0 Roots3=0 Roots4=2.0000	Roots1=-1.0000 Roots2=-1.0000 Roots3=-1.0000 Roots4=3.0000

可以看出，一次故障的 4 个矩阵的特征值完全一样，两个特征值为 0，一个为$\sqrt{3}$，另一个为$-\sqrt{3}$，特征向量不同；二次故障的 6 个矩阵的特征值完全一样，一个特征值为 0，一个为-1，一个为-1.5616，另一个为 2.5616，特征向量不同；2：2 不确定故障的 3 个矩阵的特征值也完全一样，特征值特点是两个为 0，一个为

-2,另一个为2,其特征向量不同;四信号全故障的矩阵的4个特征值中3个为-1,一个为3,可见$\boldsymbol{A}_{14}$是一个对角线元素为0、行列式值为-3的实对称满秩可逆矩阵;除$\boldsymbol{A}_{14}$外的其他故障矩阵$\boldsymbol{A}_1 \sim \boldsymbol{A}_{13}$,由于有至少一个特征值为0的特点,所以这13个故障矩阵的行列式值都为0,其矩阵非满秩不可逆。两两比较监控矩阵非$\boldsymbol{A}_1 \sim \boldsymbol{A}_{14}$的所有情况,都是无故障情况,无须研究其特征值和特征向量的规律性。

结论:四余度信号的两两比较监控矩阵是实对称矩阵,一次故障、二次故障和2:2不确定故障,每种类型的故障无论其有多少种表现形式,其故障特征值都存在而且唯一。

分析故障矩阵特征值、特征向量呈现以上特点特性,其原因是一次故障、二次故障和2:2不确定故障,这3种类型的故障,在其每种类型的故障内部,两两比较监控矩阵"1"的个数相等,是对角线元素为0的实对称矩阵,所以求特征值时经过初等变换,变成上三角阵后,特征值必然完全相等,特征向量不同。显然,可以根据上面两两比较监控矩阵的特征值识别系统是几次故障的故障状态。

以上讨论的所有矩阵都是对角线元素为0的实对称矩阵,实对称矩阵的不同特征值的特征向量彼此正交,且可以标准规范化,并可以通过相似变换变成对角线元素为特征值的对角阵。也就是说,任意实对称矩阵都可以找到一组标准正交基的特征向量(或单位向量),其行向量在以标准正交基为特征向量(n维空间的轴)上的投影(坐标)就是特征值,即实对称矩阵可以分解成单位向量的特征值来处理问题,这些都可以简化问题的研究分析。矩阵的特征值、特征向量是矩阵对特征向量的线性变换,变换作用的结果是特征值倍数的特征向量,遗憾的是特征值、特征向量无法与原始矩阵的行或者列建立联系。或者说求矩阵特征值、特征向量,初等变换频繁的行、列交换,算法逻辑跟踪初始的行号、列号,跟随初等变换一起交换行、列的转换协同,无法确定特征值、特征向量与行、列号的关系,所以,这种矩阵监控的方法只能知道系统是几次故障还是无故障的故障状态,但不能准确定位到故障信号对应的通道号。因此,需要重新定义两两比较监控矩阵的故障特征值,进行四信号的故障监控,才能够准确定位到哪个通道信号故障,具体详见2.9.3节。

2.9.2 故障量化定义与范数监控

1. 故障量化定义

根据以上四余度信号两两比较监控矩阵元素的设计和监控器故障的定性定义(见2.4.1节),可以用$m \times n$矩阵的行向量范数或者列向量范数,对余度信号进行准确、严谨和规范的量化定义,即如果式(2-9)矩阵$\boldsymbol{S}_\Delta$某行的行向量范数

$\|S_\Delta\|_\infty=\sum_{j=1}^{n}|S_{ij}|=3$,或者矩阵 S_Δ 某列的列向量范数 $\|S_\Delta\|_1=\sum_{i=1}^{m}|S_{ij}|=3$,就称该行或者列对应的某通道信号发生了瞬态故障,这种情况一直持续到超过系统规定的时间,就判定该通道信号永久故障。如果矩阵 S_Δ 4 个行向量范数 $\|S_\Delta\|_\infty=\sum_{j=1}^{n}|S_{ij}|=2$ 或者 4 个列向量范数 $\|S_\Delta\|_1=\sum_{i=1}^{m}|S_{ij}|=2$,称该四余度信号发生了 2 : 2 不确定故障。如果矩阵 S_Δ 4 个行(或列)向量范数都等于 3,称四余度信号发生了 1 : 1 : 1 : 1 故障。四信号 2 : 2 或 1 : 1 : 1 : 1 故障时,可以参考 2.4.3 节,确定余度信号的故障情况。一般系统通常访问该信号的自监控(ilm 也称在线监控),以自监控结果来判定哪个通道故障。四余度信号两两比较监控矩阵是 4×4 矩阵,即上面数学运算表达式中:$m=n=4$。

2. 范数监控

利用式(2-9)矩阵 S_Δ 的行向量范数或者列向量范数定义判定信号故障的方法,称为范数监控。按照上面故障量化定义及矩阵行向量范数或者列向量范数取值情况,四信号范数监控根据矩阵 S_Δ 行向量范数或者列向量范数为 3 的个数,分为一次故障和两次故障的一般故障,以及四信号监控矩阵 S_Δ 行或者列向量范数全为 3 的 1 : 1 : 1 : 1 故障和 4 个行(或列)向量范数全为 2 的 2 : 2 不确定故障。

1) 一般故障监控

根据故障量化定义,设计范数监控数据结构,假设范数监控故障变量字节 NMDB=D7　D6　D5　D4　D3　D2　D1　D0,其中 D0 位物理含义是:当监控矩阵式(2-9)第一行(列)的行(列)向量范数为 3 时,D0 位置"1";否则,D0 位置"0"。依此类推,根据第二行(列)向量范数是否为 3,设置 D1 位的"1/0"状态;根据第三行(列)向量范数是否为 3,设置 D2 位"1/0"状态,根据第四行(列)向量范数是否为 3,设置 D3 位"1/0"状态。NMDB 范数监控故障变量字节对应的十进制值数与四余度信号哪个通道信号故障、哪个通道信号正常一一对应,具体情况如下。

(1) 一个行向量范数或列向量范数为 3 的一次故障,哪个行向量范数或列向量范数为 3,表示对应行或列所在的通道信号发生了故障,分别是 1#、2#、3#、4# 通道四余度系统一次故障的 4 种故障情况。

(2) 两个行向量范数或列向量范数为 3 的二次故障,哪两个行向量范数或两个列向量范数为 3,表示对应两个行或两个列所在的通道信号发生了故障,分别是(1#、2#),(1#、3#),(1#、4#),(2#、3#),(2#、4#)和(3#、4#)通道四余度系统二次故障的 6 种故障情况。

综上所述，加上4个通道行向量范数或列向量范数都是3的1：1：1：1故障，以及4个通道行向量范数或列向量范数都不是3或者都不是2的无故障情况，NMDB范数监控故障变量字节16进制取值共有12种情况。四信号故障的范数监控如表2-9所示。

表2-9 范数监控故障情况表

序号	变量字节	D7~D4	D3	D2	D1	D0	十进制值	物理含义
1	NMDB	默认为0	0	0	0	0	0	无故障
2			0	0	0	1	1	1#通道故障
3			0	0	1	0	2	2#通道故障
4			0	0	1	1	3	1#、2#通道故障
5			0	1	0	0	4	3#通道故障
6			0	1	0	1	5	1#、3#通道故障
7			0	1	1	0	6	2#、3#通道故障
8			0	1	1	1	7	不存在
9			1	0	0	0	8	4#通道故障
10			1	0	0	1	9	1#、4#通道故障
11			1	0	1	0	10	2#、4#通道故障
12			1	0	1	1	11	不存在
13			1	1	0	0	12	3#、4#通道故障
14			1	1	0	1	13	不存在
15			1	1	1	0	14	不存在
16			1	1	1	1	15	1：1：1：1故障

2) 2：2不确定故障监控

如果四信号两两比较监控矩阵的行向量范数或者列向量范数都为2，2.9.2节故障量化定义，定义这类型的故障为2：2不确定故障。四信号发生了2：2不确定故障，只能是“最大、次大”一对与“最小、次小”一对的唯一成对模式，可以按2.4.3节处理。

3) 1：1：1：1故障

如果四信号两两比较监控矩阵的行向量范数或者列向量范数都为3，按故障量化定义，这种故障就是四信号“互不认可”的1：1：1：1故障。与2：2不确定故障一样都归为奇异故障，按2.4.3节处理。

范数监控是余度管理故障的量化定义，具有实际工程化的可操作性，本书论述的排序监控、矩阵监控都符合这一量化定义，在概念定义上没有任何不一致差异，因此，从故障监控结果上说其监控算法完全等价。

2.9.3 四信号矩阵监控理论

四信号监控矩阵是 4×4 矩阵，共有 16 个矩阵元素，主对角四个元素为 0，$S_{ij}=-S_{ji}$，所以监控矩阵是反对称矩阵，从故障监控的角度 i 通道与 j 通道比较监控，等同于 j 通道与 i 通道比较监控，因此只研究对角线元素为 0 的上三角矩阵，这样只要研究(16-4)/2=6(个)矩阵元素，就可以判断识别四余度信号的故障状态。交叉通道比较监控状态矩阵定义如下：

$$\boldsymbol{S}_{\Delta}=\begin{bmatrix} 0 & & & \\ & 0 & \mathrm{Sign}\{\,|S_{ij}|-\varepsilon\} & \\ & & 0 & \\ & & & 0 \end{bmatrix}$$

按矩阵的行元素顺序设计故障状态矩阵向量：

$$\mathrm{DB}(\boldsymbol{S}_{\Delta})=\mathrm{D7}\quad \mathrm{D6}\quad \mathrm{D5}\quad \mathrm{D4}\quad \mathrm{D3}\quad \mathrm{D2}\quad \mathrm{D1}\quad \mathrm{D0}$$

其中：

$$D_0=\mathrm{Sign}(\,|S_{12}|-\varepsilon)\,;\quad D_1=\mathrm{Sign}(\,|S_{13}|-\varepsilon)\,;$$

$$D_2=\mathrm{Sign}(\,|S_{14}|-\varepsilon)\,;\quad D_3=\mathrm{Sign}(\,|S_{23}|-\varepsilon)\,;$$

$$D_4=\mathrm{Sign}(\,|S_{24}|-\varepsilon)\,;\quad D_5=\mathrm{Sign}(\,|S_{34}|-\varepsilon)$$

$$\boldsymbol{S}_{\Delta}=\begin{pmatrix} 0 & D_0 & D_1 & D_2 \\ & 0 & D_3 & D_4 \\ & & 0 & D_5 \\ & & & 0 \end{pmatrix}$$

15 种故障模式对应到上面故障状态矩阵向量，按字节的二进制位定义，其取值共有 27 种情况，称其为故障特征值。DB($\boldsymbol{S}_{\Delta}$)的取值只可能是下面 27 个值的一个，而且这 27 个值唯一确定了四余度信号监控的全部情况。由于 $1^{\#}$、$2^{\#}$、$3^{\#}$、$4^{\#}$通道对应的一次故障各有 4 个故障特征值，其中 4 个故障特征值中有一个已归入 15 种故障模式之一，所以 DB($\boldsymbol{S}_{\Delta}$)的取值有：15+4×3=27(个)故障特征值。沿用矩阵的表示算法，设计比较监控状态矩阵的故障特征值 $\lambda=\mathrm{DB}(\boldsymbol{S}_{\Delta})$。由监控状态矩阵的定义不难导出，4 信号两两通道比较监控，6 个差值与门限比较的结果，其故障特征值共有 $2^6=64$(个)，遍历各种情况，写出全部的 64 个矩阵，根据故障定义，排除不可能情况，我们发现除 $1^{\#}$、$2^{\#}$、$3^{\#}$、$4^{\#}$对应的一次故障，分别对应了 4 个故障特征值外，其余无故障、二次故障、2∶2 不确定故障和 1∶1∶1∶1 多故障所对应的故障特征值存在且唯一，其故障特征值与四信号各通道对应关系如表 2-10 所示。

表 2-10 四信号故障特征矩阵监控表

DB($\boldsymbol{S}_\Delta$)=D7 D6 D5 D4 D3 D2 D1 D0

运行控制优先级（↓）	概率大小方向（↑）	故障情况	故障特征值	D5	D4	D3	D2	D1	D0
		无故障	0	0	0	0	0	0	0
		$1^{\#}$通道故障	7	0	0	0	1	1	1
			15	0	0	1	1	1	1
			23	0	1	0	1	1	1
			39	1	0	0	1	1	1
		$2^{\#}$通道故障	25	0	1	1	0	0	1
			57	1	1	1	0	0	1
			27	0	1	1	0	1	1
			29	0	1	1	1	0	1
		$3^{\#}$通道故障	42	1	0	1	0	1	0
			43	1	0	1	0	1	1
			46	1	0	1	1	1	0
			58	1	1	1	0	1	0
		$4^{\#}$通道故障	52	1	1	0	1	0	0
			53	1	1	0	1	0	1
			54	1	1	0	1	1	0
			60	1	1	1	1	0	0
		$1^{\#}$、$2^{\#}$通道故障	31	0	1	1	1	1	1
		$1^{\#}$、$3^{\#}$通道故障	47	1	0	1	1	1	1
		$1^{\#}$、$4^{\#}$通道故障	55	1	1	0	1	1	1
		$2^{\#}$、$3^{\#}$通道故障	59	1	1	1	0	1	1
		$2^{\#}$、$4^{\#}$通道故障	61	1	1	1	1	0	1
		$3^{\#}$、$4^{\#}$通道故障	62	1	1	1	1	1	0
		($1^{\#}$,$2^{\#}$)|($3^{\#}$,$4^{\#}$)2∶2故障	30	0	1	1	1	1	0
		($1^{\#}$,$3^{\#}$)|($2^{\#}$,$4^{\#}$)2∶2故障	45	1	0	1	1	0	1
		($1^{\#}$,$4^{\#}$)|($2^{\#}$,$3^{\#}$)2∶2故障	51	1	1	0	0	1	1
		1∶1∶1∶1故障	63	1	1	1	1	1	1
		无故障	非以上数值的其他情况						

注：按上述规则定义二进制状态位“0/1”，并把其对应的十进制数值定义为相应两两比较监控结果的故障特征值，根据故障特征值，判断四余度信号故障情况。

2.9.4 四信号矩阵监控算法

(1) 第一步:计算$|S_{ij}|-\varepsilon$,实际只需要计算6个交叉通道差值绝对值与门限之差,即:$|S_{12}|-\varepsilon$,$|S_{13}|-\varepsilon$,$|S_{14}|-\varepsilon$,$|S_{23}|-\varepsilon$,$|S_{24}|-\varepsilon$,$|S_{34}|-\varepsilon$。

(2) 第二步:根据$\mathrm{Sign}(|S_{ij}|-\varepsilon)$计算矩阵故障特征值$\|\boldsymbol{S}_{\Delta}\|=\mathrm{DB}(\boldsymbol{S}_{\Delta})$,

$$\mathrm{DB}(\boldsymbol{S}_{\Delta})=\mathrm{D7}\quad \mathrm{D6}\quad \mathrm{D5}\quad \mathrm{D4}\quad \mathrm{D3}\quad \mathrm{D2}\quad \mathrm{D1}\quad \mathrm{D0}$$

(3) 第三步:将状态矩阵字节值与"故障特征值"比较,确定故障状态。即:仅判断$\mathrm{DB}(\boldsymbol{S}_{\Delta})$与"0、7、15、23、39、25、57、27、29、42、43、46、58、52、53、54、60、31、47、55、59、61、62、30、45、51、63"27个故障特征值的对应关系,这27个故障特征值确定了四余度信号的全部故障模式,每个值唯一确定了其中的一个故障情况。

即:当$\mathrm{DB}(\boldsymbol{S}_{\Delta})=0$时,无故障(相当于$\max-\min<\varepsilon$);

当$\mathrm{DB}(\boldsymbol{S}_{\Delta})=63$时,全故障,四信号1∶1∶1∶1故障。

四余度信号非以上特征值情况都是系统处于无故障状态。

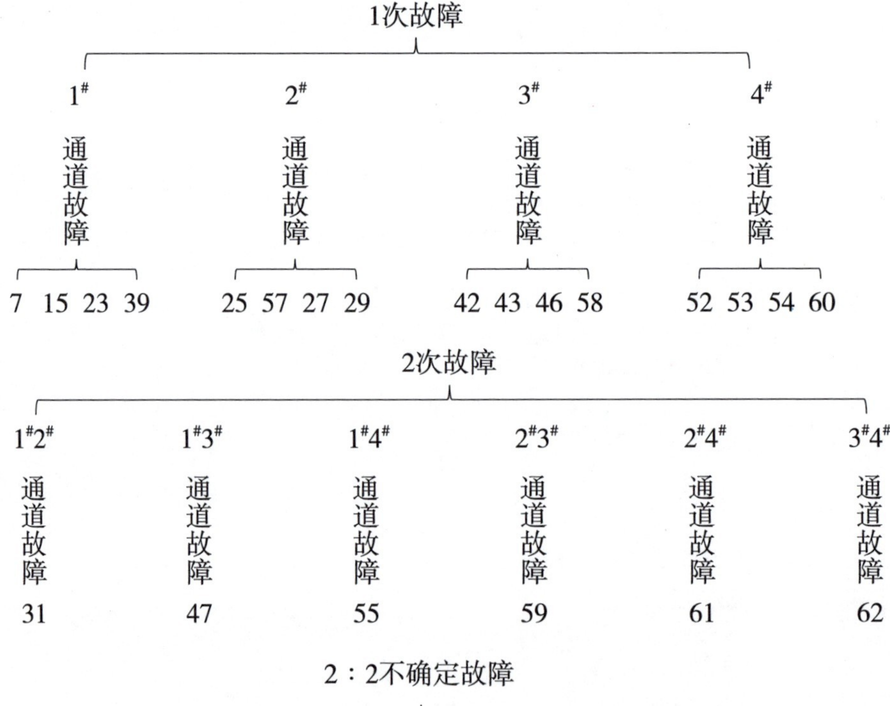

在软件实现时故障特征值的比较顺序，应严格依次与“0、7、15、23、39、25、57、27、29、42、43、46、58、52、53、54、60、31、47、55、59、61、62、30、45、51、63”各常数相比较，达到“大概率”事件先比较，最大可能地减小大概率事件情况下的系统时延。

2.9.5　四信号降阶监控

按照四信号范数监控和矩阵监控理论，由于是四信号直接两两比较监控，没有按信号大小排序，不知道次大、次小是哪两个通道的信号，这样就为表决器求次大、次小的加权均值带来了困难。为此，设计降阶选中值的模糊排序方法，在四通道信号中“任意选 3 个通道信号选中值，再排除该中值通道剩下 3 个通道信号选中值”。可以证明（参见 2.10.2 节定理 2 证明），四通道的 4 个信号，降阶成两组三信号，进行两次选中值，这两个中值的情况一定是：一个为次大，另一个为次小；四信号剩下的两个信号，一个为最大，另一个为最小。把四信号排序降阶成三信号选中值，这种方法知道四信号中“哪两个是次大、次小，但具体哪个是次大与哪个是次小不知道”，然而，如果是求次大、次小的均值，则只需要知道次大和次小就足够了。

显然，这种四信号降阶选中的模糊排序算法，只知道四信号中，哪两个是次大、次小，哪两个是最大、最小，这个结果对于完成四信号的监控表决足够了，我们称之为选中模糊排序算法，由于它不需要精确严格地知道 4 个信号最大、次大、次小、最小顺序，所以工程实现的软件算法上少了一些比较大小和大小顺序交换的运算操作，是一种省时优化的算法（见图 2-35）。

要准确知道 4 个信号中，最大、次大、次小、最小的排序顺序，需要在两次降阶选中排序的次大、次小中增加比较运算，识别哪个是次大、哪个是次小；同时，在两次降阶选中排序的最大、最小中增加比较运算，识别哪个是最大、哪个是最小。或者，按传统的“冒泡算法”，就需要经过多循环体的比较大小和顺序交换，准确地排出最大、次大、次小、最小的顺序。

四信号余度管理的监控表决不需要精确严格地区分最大、次大、次小、最小顺序，只需要知道哪两个是最大、最小，哪两个是次大、次小，监控器就可以正确地识别故障通道，表决器也就可以正确地计算次大、次小的均值。即按照上面的“选中模糊排序”法，完全可以清晰地监控出故障通道，并正确地计算出次大、次小的均值，所以，工程应用上推荐使用“选中模糊排序”法监控、表决，即矩阵故障监控、选中模糊排序表决。

2.9.6　三信号矩阵监控

三余度信号两两比较，如果本通道与其他两个通道比较都超出给定门限，这种情况一直持续到规定的时延,则称该通道的信号故障。换句话说,如果远程通道有一个与本通道比未超过门限,就称该通道的信号正常。

假设三余度信号分别是 S_1、S_2、S_3,则交叉通道比较差值构成的监控矩阵为

$$\boldsymbol{S}=(S_{ij})=\begin{pmatrix} S_{11} & S_{12} & S_{13} \\ S_{21} & S_{22} & S_{23} \\ S_{31} & S_{32} & S_{33} \end{pmatrix}$$

参考 2. 9. 1 节的代表监控结果的对角线元素为 0 实对称四信号两两比较监控矩阵式(2-9)的定义,定义三信号故障监控矩阵 $\boldsymbol{S}_\Delta$,分析研究三余度信号共有两两比较都没超差、$1^\#2^\#$ 比较超差、$1^\#3^\#$ 比较超差、$2^\#3^\#$ 比较超差、$(1^\#2^\# | 1^\#3^\#)$ 比较超差、$(1^\#2^\# | 2^\#3^\#)$ 比较超差、$(1^\#3^\# | 2^\#3^\#)$ 比较超差和两两比较都超差,共计 8 种情况,除去前 4 个非故障的正常矩阵:

$$\begin{bmatrix} 0 & 0 & 0 \\ 0 & 0 & 0 \\ 0 & 0 & 0 \end{bmatrix} \quad \begin{bmatrix} 0 & 1 & 0 \\ 1 & 0 & 0 \\ 0 & 0 & 0 \end{bmatrix} \quad \begin{bmatrix} 0 & 0 & 1 \\ 0 & 0 & 0 \\ 1 & 0 & 0 \end{bmatrix} \quad \begin{bmatrix} 0 & 0 & 0 \\ 0 & 0 & 1 \\ 0 & 1 & 0 \end{bmatrix}$$

下面仅讨论三信号两两比较监控的故障状态矩阵。

1)一次故障($\boldsymbol{A}_{15}$、$\boldsymbol{A}_{16}$、$\boldsymbol{A}_{17}$ 分别表示 $1^\#$、$2^\#$、$3^\#$通道故障)

$$\boldsymbol{A}_{15}=\begin{bmatrix} 0 & 1 & 1 \\ 1 & 0 & 0 \\ 1 & 0 & 0 \end{bmatrix} \quad \boldsymbol{A}_{16}=\begin{bmatrix} 0 & 1 & 0 \\ 1 & 0 & 1 \\ 0 & 1 & 0 \end{bmatrix} \quad \boldsymbol{A}_{17}=\begin{bmatrix} 0 & 0 & 1 \\ 0 & 0 & 1 \\ 1 & 1 & 0 \end{bmatrix}$$

2)二次/三次故障(1∶1∶1 故障)

$$\boldsymbol{A}_{18}=\begin{bmatrix} 0 & 1 & 1 \\ 1 & 0 & 1 \\ 1 & 1 & 0 \end{bmatrix}$$

三信号两两比较监控的故障状态矩阵,其特征值、特征向量如表 2-11 所示。

表 2-11 三信号故障矩阵特征值、特征向量

$\boldsymbol{A}_{15}=$ [0,1,1 1,0,0 1,0,0]	$\boldsymbol{A}_{16}=$ [0,1,0 1,0,1 0,1,0]
$\boldsymbol{V}_1=[-0.7071,0.5,0.5]$ $\boldsymbol{V}_2=[0,-0.7071,0.7071]$ $\boldsymbol{V}_3=[0.7071,0.5,0.5]$	$\boldsymbol{V}_1=[0.5000,-0.7071,0.5000]$ $\boldsymbol{V}_2=[-0.7071,0,0.7071]$ $\boldsymbol{V}_3=[0.5000,0.7071,0.5000]$

续表

Roots1 = -1. 4142 Roots2 = 0 Roots3 = 1. 4142	Roots1 = -1. 4142 Roots2 = 0 Roots3 = 1. 4142
$\boldsymbol{A}_{17}$ = [0,0,1 0,0,1 1,1,0]	$\boldsymbol{A}_{18}$ = [0,1,1 1,0,1 1,1,0]
$\boldsymbol{V}_1$ = [0. 5000,0. 5000,-0. 7071] $\boldsymbol{V}_2$ = [0. 7071,-0. 7071,0] $\boldsymbol{V}_3$ = [0. 5000,0. 5000,0. 7071]	$\boldsymbol{V}_1$ = [-0. 7152,0. 0166,0. 6987] $\boldsymbol{V}_2$ = [0. 3938,-0. 8163,0. 4225] $\boldsymbol{V}_3$ = [0. 5774,0. 5774,0. 5774]
Roots1 = -1. 4142 Roots2 = 0 Roots3 = 1. 4142	Roots1 = -1. 0000 Roots2 = -1. 0000 Roots3 = 2. 0000

可以看出,三信号的一次故障监控矩阵 $\boldsymbol{A}_{15}$、$\boldsymbol{A}_{16}$ 和 $\boldsymbol{A}_{17}$,其特征值完全一样,3 个特征值分别是:一个为$-\sqrt{2}$,一个为$\sqrt{2}$,另一个为 0,特征向量不同;三信号全故障监控矩阵 $\boldsymbol{A}_{18}$ 的特征值是:两个为-1,一个为 2。所以,根据三信号故障监控矩阵特征值情况,可以判断系统当前故障状态,但由于在计算特征值时,初等变换行、列交换无法跟踪行、列号,根据特征值和特征向量就无法定位是哪个通道故障。同四信号矩阵监控一样,重新定义两两比较监控故障特征值,进行三信号的故障监控。

2.9.7　三余度信号故障量化定义

类似四余度信号可以定义三余度信号监控矩阵 $\boldsymbol{S}_\Delta$ 的范数,如果矩阵的行向量范数 $\|\boldsymbol{S}_\Delta\|_\infty = \max\limits_i \sum\limits_{j=1}^{n} |S_{ij}| < \varepsilon$,或者矩阵的列向量范数 $\|\boldsymbol{S}_\Delta\|_1 = \max\limits_j \sum\limits_{i=1}^{m} |S_{ij}| < \varepsilon$,三余度系统是无故障状态;否则,再进一步判断矩阵 $\boldsymbol{S}_\Delta$ 的行向量范数是否等于 2,即 $\|\boldsymbol{S}_\Delta\|_\infty = \sum\limits_{j=1}^{n} |S_{ij}| = 2$ 为真,或者矩阵 $\boldsymbol{S}_\Delta$ 的列向量范数是否等于 2,即 $\|\boldsymbol{S}_\Delta\|_1 = \sum\limits_{i=1}^{m} |S_{ij}| = 2$ 为真,则判定其相应的行或者列所对应的通道信号故障,否则,判定该通道信号正常。类似于四信号范数监控理论,可以参见 2. 9. 2 节构造相应三信号的范数监控算法。三余度信号监控矩阵 $\boldsymbol{S}_\Delta$ 是 3×3 矩阵,即上面数学表达式中,$m = n = 3$。

2.9.8 三信号矩阵监控算法

同四信号一样,不失一般性,简化研究矩阵:

$$
S_{\Delta}=\begin{pmatrix} 0 & & \\ & 0 & \mathrm{Sign}\{\,|S_{ij}|-\varepsilon\} \\ & & 0 \end{pmatrix}
$$

考虑三信号的所有故障情况,三信号状态监控矩阵有 2^3 共有 8 种形式。不难看出,按照故障定义,三信号状态矩阵除“同模式但状态矩阵不一样,即 4 个状态矩阵均属于无故障状态”外,真正代表三信号故障模式的状态矩阵,仅有 4 种。

工程实现,可以用计算机 1 个字节的低 3 位来设计定义三信号故障特征值,即 1#、2#通道,1#、3#通道,2#、3#通道,这 3 次比较监控结果,如果超过门限,对应的 D0、D1、D2 位置“1”;否则,对应的 D0、D1、D2 位置“0”。根据该字节具体数值即故障特征值,判断三余度通道的故障情况,三信号故障特征值与各通道对应关系如表 2-12 所示。

表 2-12 三信号故障特征值监控表

$\|S_{\Delta}\|=0\quad D2\quad D1\quad D0$

<table>
<tr><td rowspan="9">运行控制优先级 ↓</td><td rowspan="9">概率大小方向 ↑</td><th>故障特征值</th><th>D2</th><th>D1</th><th>D0</th><th>故障状态</th></tr>
<tr><td>0</td><td>0</td><td>0</td><td>0</td><td>无故障</td></tr>
<tr><td>3</td><td>0</td><td>1</td><td>1</td><td>1#通道故障</td></tr>
<tr><td>5</td><td>1</td><td>0</td><td>1</td><td>2#通道故障</td></tr>
<tr><td>6</td><td>1</td><td>1</td><td>0</td><td>3#通道故障</td></tr>
<tr><td>7</td><td>1</td><td>1</td><td>1</td><td>1:1:1 故障</td></tr>
<tr><td>1</td><td>0</td><td>0</td><td>1</td><td rowspan="3">}无故障</td></tr>
<tr><td>2</td><td>0</td><td>1</td><td>0</td></tr>
<tr><td>4</td><td>1</td><td>0</td><td>0</td></tr>
</table>

工程实现步骤如下:

(1) 第一步:计算 $|S_{ij}|-\varepsilon$,实际只需要计算 3 个交叉通道差值绝对值与门限之差,即:$|S_{12}|-\varepsilon$,$|S_{13}|-\varepsilon$,$|S_{23}|-\varepsilon$。

(2) 第二步:根据 $\mathrm{Sign}(\,|S_{ij}|-\varepsilon)$ 计算矩阵故障特征值 $\|S_{\Delta}\|=\mathrm{DB}(S_{\Delta})$,$\mathrm{DB}(S_{\Delta})=0\quad D2\quad D1\quad D0$。

(3) 第三步:将状态矩阵字节值与“故障特征值”比较,确定故障状态。即:仅判断 $\mathrm{DB}(S_{\Delta})$ 与“0、3、5、6、7”5 个故障特征值的对应关系,这 5 个故障特征值确定了三余度信号的全部故障模式,每个值唯一确定了其中一个系统状态的故障情况。DB(S_Δ)故障特征值非“0、3、5、6、7”的情况,都是无故障情况。

即:当 DB(S_Δ)= 0 时,无故障(相当于 max-min<ε);

当 DB(S_Δ)= 7 时,三信号 1∶1∶1 故障。

三余度信号非以上特征值情况都是无故障状态。

2.10 表决器设计

基于故障信号大概率发生在最大或最小的极端信号区域的考虑,表决是在一组随机样本数据中,在大小位于中间区域的鲁棒性数据中,找到或者估计一个参数,使随机样本数据与这个参数的距离误差(误差绝对值)之和最小,这个参数估计值最大限度代表了这一组随机样本的主要客观特征,这个参数反映了这组样本值的集中趋势,远离极端采样样本值、稳健性好。所以,表决就是一种“样本已定,参数未知”的最小距离误差参数估计,基本思想是构造距离误差函数,利用极值原理求得需要估计的参数。

在余度通道的样本数据中,表决是基于统计学稳健推断(Robust Statistics)原理的参数估计,参数估计就是在系统提供的已知数据中,通过一套理论体系和方法找到一个估计值,最大可能地近似或者代表这一组数据。直观地认知判断,表决不是算术平均(包括其他任何一种平均:几何平均、调和平均、平方平均等),算术平均是 n 余度数据加起来除以 n,显然,这个算术平均值(其他任何一种平均亦然),包含了极端信号的最大和最小,而最大或者最小很大可能是故障信号,即很大可能故障信号对平均值有贡献,并参与了系统工作,必然影响系统的功能、性能,甚至降低系统的安全可靠性。一种合理可行的表决是:这一组数据按大、小顺序排序,在数值大、小位于中间区域的数据中选择或者计算出一个数值,这个数值远离这组数据的极端值最大、最小值。通常极端值最大、最小值信号发生故障的概率远大于其他信号,所以,这样的表决值鲁棒性好。

在多余度数字飞控系统中,表决器设计很重要。表决值是控制律的输入信号,表决值是传感器信号均衡、控制律积分器均衡、舵机电流均衡和系统故障恢复的参考比较标准,即这些都以表决值为标准值,均衡要靠近表决值;故障恢复要看要恢复的信号与表决值之差是否在门限内,在门限内故障恢复成功,否则,故障恢复失败。所以,表决器设计的好坏直接影响飞控系统的飞行品质、性能功能和安全可靠性。

2.10.1 样本中位数的定义和计算

设有限随机样本的一组采样样本观测值,其按从小到大的数序排列的结果为$\{S_1,S_2,\cdots,S_n\}$，在其中间位置的数据称为这组数据的中位数(Median)。如果n为偶数序列，假设排序大小位于中间位置的两个数是S_i、S_j，则在区间(S_i,S_j)中的任意一个数都是这一组随机变量观测值的中位数；如果n为奇数序列，则中位数就是大小位于中间位置的那个数。

对于偶数配置的余度系统而言，假设多余度通道随机变量按照从小到大的顺序排序后，其中间大小的两个数构成闭区间$[S_i,S_j]$，由于二分位数$\mu=\frac{S_i+S_j}{2}$是该区间的正中值，相当于这个偶数余度增加了一个解析余度信号，构成了新的奇数余度，它把中位数区间$[S_i,S_j]$二等分。一般情况下，当区间$[S_i,S_j]$长度小于门限时，中位数表决取二分位数基本可行；但当区间$[S_i,S_j]$长度大于门限时，S_i或者S_j至少有一个是故障信号，这时n余度系统很大可能是"偶数分离的不确定故障或者多信号故障"模式，二分位数$\mu=\frac{S_i+S_j}{2}$的中位数表决就是把故障信号引入系统，影响系统控制精度和飞行品质，甚至危及飞行安全。

理论分析和仿真试验结果表明，更加精准的中位数计算，可以把故障监控门限缩小或者放大一倍(缩小或者放大多少，根据具体信号的特性确定)，本章按"区间$[S_i,S_j]$长度<门限/2、门限/2≤区间$[S_i,S_j]$长度≤门限、门限<区间$[S_i,S_j]$长度<2倍门限(较小程度超门限)、区间$[S_i,S_j]$长度≥2倍门限(较大程度超门限)"4种情况，分别进行讨论。

(1) 中位数区间$[S_i,S_j]$长度小于故障监控门限的一半。

说明多余度通道间信号离散度较小，大概率是无故障情况，这两个信号都是"好值"，而且这两个"好值"好的程度一样，通常直接取中间两个样本值的平均数作为中位数，即二分位数$\mu=\frac{S_i+S_j}{2}$为中位数。

(2) 中位数区间$[S_i,S_j]$长度大于或等于故障监控门限的一半，但小于或等于故障监控门限。

这时多余度通道间信号离散度在门限范围内，这两个样本值也都是"好值"，但其"好"的程度不一样，S_i或S_j有一个更接近于"好值"，即中位数选择靠近更接近于"好值"的S_i或者S_j，相比二分位数$\mu=\frac{S_i+S_j}{2}$，中位数计算值就会远离二分位数，而更靠近区间$[S_i,S_j]$"好值"端点，具体参考下面方法计算。

(3) 中位数区间$[S_i,S_j]$长度较小程度超门限(大于门限，但小于2倍门限)。

说明该信号多余度通道间离散度较大，这两个值都"不是好值"，但其"不好"的程度不同，S_i或S_j有一个更"不好"，即中位数选择更远离更"不好"的S_i

或者 S_j，相比二分位数 $\mu=\frac{S_i+S_j}{2}$，中位数计算值就会更远离二分位数，而更远离区间$[S_i,S_j]$"不好值"端点。

（4）中位数区间$[S_i,S_j]$长度较大程度超门限（≥2 倍故障监控门限）。

说明该信号多余度通道间离散度比上面所有情况都大，很大可能 S_i 和 S_j 两个都远离"好值"，S_i 和 S_j 都是"不好值"，而且"不好"的程度差不多一样，这种情况该信号发生"$\frac{n}{2}:\frac{n}{2}$不确定故障或者 n 个信号全故障"的可能性很大，参考 2.4.3 节重构余度结构选取中位数；权宜之计，通常直接取中间两个样本值的平均数作为中位数，即二分位数 $\mu=\frac{S_i+S_j}{2}$为中位数。

根据上面情况分析，第二种情况和第三种情况，可用下面方法计算中位数，样本的中位数计算步骤如下。

1）N 等分区间$[S_i,S_j]$

N 等分闭区间$[S_i,S_j]$，二分位数就是 2 等分区间的中位数，为降低中位数计算的复杂性，可取区间$[S_i,S_j]$内有限个中位数之一为表决器表决值，一般可取 N=3、4、5、6、7、8、9、10 等分区间。可以定义：N 取值较小时，N=3、4、5、6；N 取值较大时，N=7、8、9、10。N 具体取多少等分区间$[S_i,S_j]$，根据 S_i、S_j 区间端点信号变化率及需要靠近区间$[S_i,S_j]$端点的程度确定。两端点正向变化率大、N 取值大，中位数取值靠近区间大端点 S_j；两端点正向或负向变化率较小，N 取值也较小，中位数取值靠近二分位数 $\mu=\frac{S_i+S_j}{2}$；两端点负向变化率大、N 取值大，中位数取值靠近区间小端点 S_i。假设：$S_k(n-1)$为上周期样本采样值，$S_k(n)$为本周期样本采样值，中位数为 μ。

2）根据信号变化率趋势，选择靠近中位数区间的低端、高端还是正中间

设：$\Delta_i=S_i(n)-S_i(n-1)$，$\Delta_j=S_j(n)-S_j(n-1)$，若 $\Delta_i>0$ 且 $\Delta_j>0$，随机变量采集值 S_i、S_j 的微分（或 S_i、S_j 经高通环节）变化率都在增大，说明中位数有向较大值变化的趋势，中位数取大于$\frac{S_i+S_j}{2}$靠近较大采样 S_j 的值。如果 $\Delta_i<0$ 且 $\Delta_j<0$，随机变量采集值 S_i、S_j 的变化率都在减小，说明中位数有向较小值变化的趋势，中位数取小于$\frac{S_i+S_j}{2}$靠近较小采样 S_i 的值。其他情况：$\Delta_i\geqslant0$ 且 $\Delta_j\leqslant0$ 或者 $\Delta_i\leqslant0$ 且 $\Delta_j\geqslant0$，中位数取$\frac{S_i+S_j}{2}$；或者参考 2.4.3 节，引入解析余度或其他参考信号，按

照量纲当量与时序相位关系协调处理，重构余度结构，进行新构型信号余度管理选取中位数。

3) 区间$[S_i,S_j]$端点信号处理逻辑

计算闭区间$[S_i,S_j]$左、右边界的变化率，排序时通道号i、j需要跟随其数值大小交换，确保样本采集值的通道身份属性不乱，其次借助微分预测信号变化趋势的思想，计算$i^\#$通道、$j^\#$通道随机变量变化率（本拍与上拍之差），需要存储对应信号上拍值。

4) 中位数计算

第二、第三种情况，根据信号变化率按分位数思想计算中位数，具体偶数序列随机样本中位数计算公式如下：

$$\mu=\begin{cases}\dfrac{1}{N}S_i+\left(1-\dfrac{1}{N}\right)S_j(\Delta_i>0\text{ 且 }\Delta_j>0,\mu\text{ 靠近 }S_j)\\ \dfrac{1}{N}S_j+\left(1-\dfrac{1}{N}\right)S_i(\Delta_i<0\text{ 且 }\Delta_j<0,\mu\text{ 靠近 }S_i)\\ \dfrac{S_i+S_j}{2}(\Delta_i\leqslant 0\text{ 且 }\Delta_j\geqslant 0,\text{或者 }\Delta_i\geqslant 0\text{ 且 }\Delta_j\leqslant 0)\end{cases}\tag{2-10}$$

显然，中位数具有以下特点。

(1) 中位数是一条分界线，把样本数据分成两部分，有一半观测值大于中位数，另一半观测值小于中位数，所以中位数代表一组数据的“中等水平”。

(2) 中位数不受最大、最小两端少数极端值的影响，即中位数是鲁棒的。

(3) 当样本数据是偶数个数时，中位数可按上面四种情况，第一、第四种情况直接取S_i、S_j的算术平均值，第二、第三种情况按式(2-10)计算。无论中位数是中间两个数据的算术平均值还是N等分加权平均值，都降低了单一信号（奇数样本个数的中值）设备的噪声，信号的稳定性品质好。当样本数据是奇数个数时，中位数就是数据序列中间位置那个数，对设备本身的噪声没有处理。

(4) 中位数从概率统计的原理分析，反映了样本数据的集中趋势。

2.10.2 表决器的最优参数估计

设离散型随机变量的一组采集值从小到大排序的结果是$\{S_1,S_2,\cdots,S_n\}$，假设这一组样本数据的表决值为μ，则μ必然具有以下特性。

1. 代表性

μ是这一组数据$\{S_1,S_2,\cdots,S_n\}$的集中代表，具有该组数据的基本属性和客观特征。用数学语言来说，就是μ与这组数据中的每个数据的距离误差和

最小,即 μ 在所有表决值的参数估计(Parameter Estimation)中最接近这组数据。

2. 稳健性

μ 是这一组数据 $\{S_1,S_2,\cdots,S_n\}$ 的稳健性代表,不随这组数据的故障信号波动,一定在该组数据大小位置的中间区域,远离最大和最小信号区域,即 μ 对极端区域的故障信号不敏感,是稳健的。

基于以上两点考虑,表决信号位于随机样本采集值中间大小且远离样本的极端信号区域,所以表决值的参数估计 μ 必然在该组样本数据大小位于中间位置某个区间 $[S_i,S_m]$,这样一来,可以进一步假设有 i 个样本数据比 μ 小,有 j 个样本数据比 μ 大,$i+j=n$,定义样本采样值与表决值 μ 误差的绝对值之和:$\varepsilon=\sum\limits_{k=1}^{n}|S_k-\mu|$,根据上面假设,样本采样值与表决值参数估计 μ 的误差绝对值之和可以写成

$$
\begin{aligned}
\varepsilon &= \sum_{k=1}^{n}|S_k-\mu| = -\sum_{k=1}^{i}(S_k-\mu)+\sum_{l=1}^{j}(S_l-\mu) = -\sum_{k=1}^{i}S_k+i\mu+\sum_{l=1}^{j}S_l-j\mu \\
&= \sum_{l=1}^{j}S_l-\sum_{k=1}^{i}S_k+i\mu-j\mu = \sum_{l=1}^{j}S_l-\sum_{k=1}^{i}S_k+(i-j)\mu \\
&= C+(i-j)\mu
\end{aligned}
$$

显然,ε 是凸函数(Convex Function),它有最小值;上式中 C 为常值,它是随机样本观测值比 μ 大的 j 个之和,减去随机样本观测值比 μ 小的 i 个之和。要使上式 ε 最小,必然有 $\frac{\mathrm{d}\varepsilon}{\mathrm{d}\mu}=i-j=0$,所以,$i=j$,即表决值的参数估计 μ 位于从小到大样本序列 $\{S_1,S_2,\cdots,S_n\}$ 的中间位置区域。$i=j$ 时,上式常值 C 就是样本采样值与表决值距离误差和 ε(1-范数)的最小值。

表决值 μ 最优参数估计,采用几何图形的方法证明更为直观、容易理解,推导说明如下:

在给定的一组从小到大排列的数据 $\{S_1,S_2,\cdots,S_i,S_{i+1},\cdots,S_n\}$ 中,按首尾相接配对的原则构建区间 (S_1,S_n),(S_2,S_{n-1}),$\cdots$,(S_i,S_j),当 n 为偶数时,共有 $\frac{n}{2}$ 个区间,$i=\frac{n}{2}$,$j=\frac{n}{2}+1$;当 n 为奇数时,共有"$\left\lfloor\frac{n}{2}\right\rfloor$下取整"个区间,$i=\left\lfloor\frac{n}{2}\right\rfloor$,$j=i+2$,$S_{i+1}$ 为奇数数列唯一中位数。在数列 $\{S_1,S_2,\cdots,S_i,S_{i+1},\cdots,S_n\}$ 首尾相接配对构建的所有区间中,余度数据表决值 μ 的取值不外乎下面三种情况:

(1) μ 小于这组余度数据大小位置位于中间两个数的小值 S_i,如图 2-32 所示。

μ 离区间(S_i,S_j)端点的距离误差绝对值和为：$|S_i-\mu|+|S_j-\mu|=S_i+S_j-2\mu>S_j-S_i$。

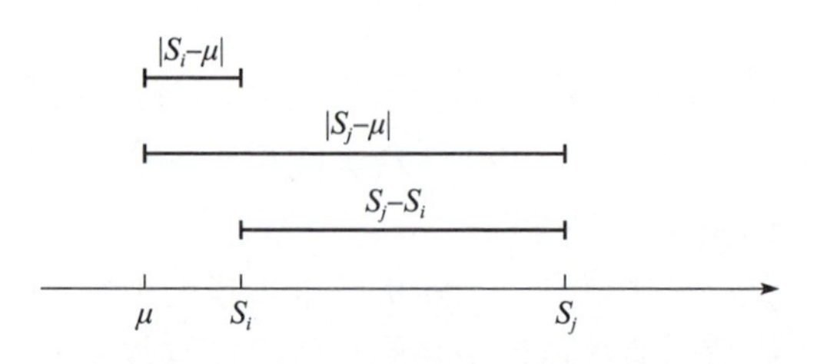

图 2-32　表决值μ小于区间左端点距离误差示意图

(2) μ 大于这组余度数据大小位置位于中间两个数的大值 S_j，如图 2-33 所示。

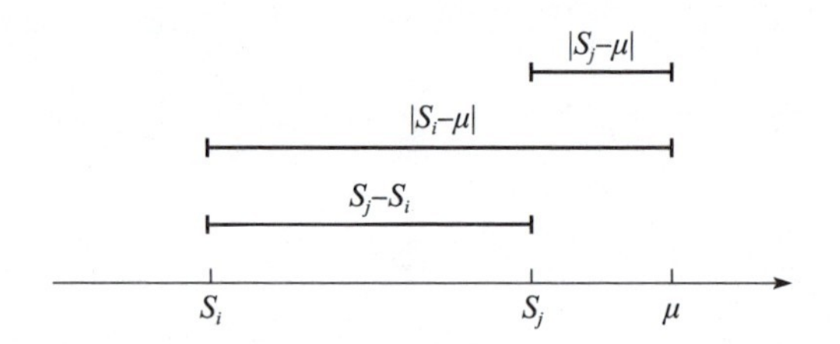

图 2-33　表决值μ大于区间右端点距离误差示意图

μ 离区间(S_i,S_j)端点的距离误差绝对值和为：$|S_i-\mu|+|S_j-\mu|=2\mu-(S_i+S_j)>S_j-S_i$。

(3) 表决值μ=中位数，包括μ取值为区间端点的情况，也就是$\mu=S_i$或$\mu=S_j$，即$\mu\in[S_i,S_j]$位于这组余度数据大小位置中间两个数的闭区间，如图 2-34 所示。

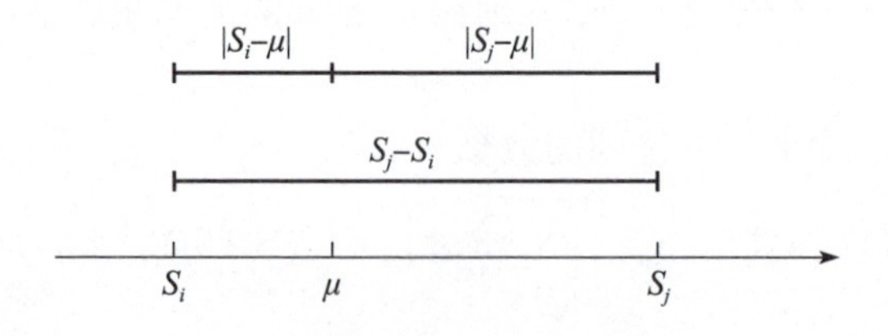

图 2-34　表决值μ位于区间内距离误差示意图

μ 离中位数区间(S_i,S_j)端点的距离误差绝对值和为：$|S_i-\mu|+|S_j-\mu|=\mu-S_i+S_j-\mu=S_j-S_i$。

不难看出，区间内的任意数离区间两端点的距离之和比区间外任意数离区间两端点距离之和都小，这就是说区间内任意数对于区间端点来说具有代表性，集中代表了区间端点两个数。根据中位数定义,在首尾相接配对构建的区间(S_1,S_n),(S_2,S_{n-1}),…,(S_i,S_j)中,任意一个大小属于以上所有区间中间位置的数据称为这组数列$\{S_1,S_2,\cdots,S_i,S_{i+1},\cdots,S_n\}$的中位数。显然,中位数属于以上区间几何上位居中心的正中区间,自然而然中位数也就属于以上所有区间。可见,从小到大排列的数据$\{S_1,S_2,\cdots,S_i,S_{i+1},\cdots,S_n\}$中,中位数把这组数列数据分成比它小的与比它大的完全相等的两部分,这样中位数μ就是这一组数据$\{S_1,S_2,\cdots,S_i,S_{i+1},\cdots,S_n\}$的集中代表,并远离极端信号具有稳健性。

在一组从小到大排列的数据$\{S_1,S_2,\cdots,S_i,S_{i+1},\cdots,S_n\}$中,假设小于中位数$\mu$的一半部分排序结果为$\{S_1,S_2,\cdots,S_i\}$;令:$S'_1=S_n,S'_2=S_{n-1},\cdots,S'_i=S_{i+1}$,则大于中位数$\mu$的一半部分从大到小排序结果为$\{S'_1,S'_2,\cdots,S'_i\}$,其中$i$为数列$\{S_1,S_2,\cdots,S_i,S_{i+1},\cdots,S_n\}$首尾相接配对构建的$i$个区间,则由上面讨论可知:$\varepsilon=\sum_1^i|S_k-\mu|+\sum_1^i|S'_k-\mu|=\sum_1^i(S'_k-S_k)$,即中位数与其数列每一个数距离误差绝对值之和为所有区间长度之和,中位数位于这组余度数据大小位置正中间两个数所构成的区间,即$\mu\in(S_i,S_j)$。

在数列$\{S_1,S_2,\cdots,S_i,S_{i+1},\cdots,S_n\}$首尾相接配对构建的所有区间中,中位数把一组有序数列$\{S_1,S_2,\cdots,S_i,S_{i+1},\cdots,S_n\}$分成比它大与比它小完全相等的两部分,即以中位数为分界点,比中位数大的数据个数与比中位数小的数据个数相等。显然,偶数数列中位数$\mu\in(S_i,S_j)$有无穷多个,所以对四余度信号系统来说,“次大、次小”的均值表决是无穷多个中位数中的一个,只适合“次大、次小”离散度不超过规定阈值的情况;如果“次大、次小”离散度超出规定阈值,需要根据信号变化特征选择靠近次大或者次小的表决策略,或者引入其他参考信号重构余度结构进行表决。奇数数列有唯一的一个中位数,就是大小位于数列$\{S_1,S_2,\cdots,S_i,S_{i+1},\cdots,S_n\}$正中间的那个数。

综上所述,对于表决值μ的任何参数估计,只有余度数据的中位数离所有余度样本采样值的距离误差绝对值和最小,这个最小绝对值和为:$\varepsilon=S_{i+1}-S_i+S_{i+2}-S_{i-1}+\cdots+S_n-S_1$,即大于中位数一半部分的最小减去小于中位数一半部分的最大,大于中位数一半部分的次小减去小于中位数一半部分的次大……,直到整个数列的最大减去最小,这些差值的和就是大于中位数信号采样值之和减去小于中位数信号采样值之和,这就是所有余度数据与中位数的距离误差。

结论:对于任何一组从小到大排序的数列$\{S_1,S_2,\cdots,S_i,S_{i+1},\cdots,S_n\}$,只有该数列正中区间$(S_i,S_{i+1})$中任何数值(中位数)离这组数据中的每个数据距离绝对值的和最小,这个最小距离绝对值的和为:$\varepsilon=S_{i+1}-S_i+S_{i+2}-S_{i-1}+\cdots+S_n-S_1$。

当然,也可以定义余度样本采样值与表决值μ误差平方和:$\varepsilon=\sum_{k=1}^n(S_k-\mu)^2$

作为表决值参数估计的离散度评价函数，$\frac{d\varepsilon}{d\mu}=2\sum_{k=1}^{n}(S_k-\mu)=0$，由此可得：$\mu=\frac{\sum_{k=1}^{n}S_k}{n}$，即采用误差平方和得到的表决值参数估计是余度样本数据的算术平均值，显然，这种表决值把极端区域的故障信号引入系统，不满足表决值的稳健性要求，所以，多余度数字飞控系统一般不予采用。

对于奇数样本：μ 就是从小到大样本序列$\{S_1,S_2,\cdots,S_n\}$排序在中间位置的那个样本值；对于偶数样本：$\mu\in(S_i,S_{i+1})$，μ 可以是该开区间中的任意数，所以中位数是该开区间中的无穷多个数，任意一个都可以作为表决值的最优参数估计，具体选择哪个需要结合飞控系统信号的应用场景，可以根据控制参数信号变化规律，预测信号变化趋势，计算适应飞控系统需要的表决值最佳参数估计，具体计算参见式(2-10)。实际上在满足系统工作信号精度指标要求的情况下，为运算简单通常直接取 $\mu=\frac{S_i+S_{i+1}}{2}$，不再 N 等分中位数区间$[S_i,S_{i+1}]$，按信号变化率计算中位数，即选取采样样本值大小位于中间的两个样本值的算术平均值作为表决值。

定理 1：多余度 n 通道离散型随机样本的中位数 μ，使随机变量观测值与中位数距离误差绝对值之和最小，中位数是余度样本数据的最优参数估计；中位数位于样本观测值的中间位置，远离最大、最小信号区域，中位数的稳健性好。所以，样本中位数是余度系统表决值的最佳选择。（证明见上面推导）

以系统工作周期间控制律输出指令转换瞬态小，关注飞行品质规范要求为重点，设计表决器表决策略。基于统计学稳健推断原理分析，中位数位于样本数据的中间大小的位置，远离最大、最小两端极值边界的故障信号区域；中位数位于数据序列大、小顺序上的中间位置，说明它是鲁棒的，对信号的野点（outlier）、跳变、尖峰、噪声和干扰等不敏感；所以，在余度通道的样本信号中选择中位数作为表决器表决值是系统工作信号的最佳选择。

定理 2：在四信号中任意选取 3 个信号，这 3 个信号的中值，一定是原四信号的次大或者次小。

证明：假设四信号分别为 S_1,S_2,S_3,S_4，在其中选取$\{S_1,S_2,S_3\}$ 3 个信号，在$\{S_1,S_2,S_3\}$ 3 个信号中选中值，假设其中值是 S_2，则下面不等式关系成立，要么 $S_1<S_2<S_3$，要么 $S_1\geqslant S_2\geqslant S_3$，二者必具而且仅具其一。

无论哪个关系式成立，这个中值 S_2 的结果必然是也只能是下面情况之一。

情形一，中值 S_2 比原 4 个信号中的两个大，该中值一定是 4 个信号中的次大；

情形二，中值 S_2 只比原四信号的一个值大，这时肯定比原四信号的两个值小，该中值一定是4个信号中的次小。

中值 S_2 不可能是原四信号中的最大，所以不可能比原四信号的3个大；中值 S_2 也不可能是原四信号的最小，所以不可能比原四信号的3个小。因此，不管是情形一还是情形二，该中值 S_2 一定是原四信号的次大或者次小。

证毕。

2.10.3　四信号降阶中值表决

四信号 S_1, S_2, S_3, S_4 表决，通常认为次大次小均值是安全的好选择，因此，基于"好选择"表决需要知道次大、次小，进而需要排序，所以，要使算法简洁，应该在选择次大、次小的方法上深入研究，基于三信号选中值的启发，采用降阶二次表决，四信号次大、次小选择的算法是降阶二次中值表决。

1. 第一次中值表决

在 $\{S_1, S_2, S_3, S_4\}$ 中任意选3个信号，如 $\{S_1, S_2, S_3\}$，$\{S_1, S_2, S_3\}$ 选中值，这个中值肯定是次大或者次小。

2. 第二次中值表决

在 $\{S_1, S_2, S_3, S_4\}$ 中排除第一次中值表决的中值信号，选择一组不同于"第一次表决"的3个信号，即用 S_4 代替第一次选中值的中值所在通道的信号，在新构成的三信号组中选中值，这个中值一定是次小或者次大。

由图2-35可以看到，第一次中值如果是次大，第二次中值一定是次小；反之，第一次中值是次小，第二次中值一定是次大。总之，经过两次不同三信号组选中值，这两个中值一定是次大、次小，次大、次小的平均值作为表决器输出。

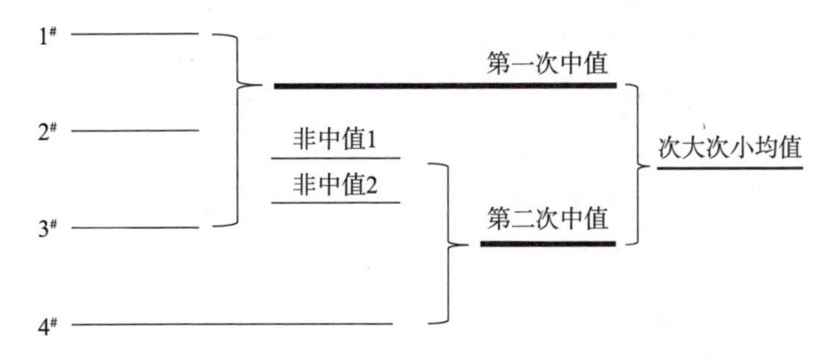

图2-35　降阶中值二次表决

2.10.4 三信号中值表决

根据中位数表决理论，三信号属于奇数余度配置，其表决值为三信号的中值。即三信号 S_1, S_2, S_3 表决，就是在三余度信号中选中值作为表决输出。

2.10.5 二信号表决

如果两信号差在给定门限内，则两信号均值为表决值；否则，两信号差超出门限，参见 2.4.3 节，确定两信号表决监控结果；或访问对应物理量 ilm 在线监控，原则上依据 ilm 结果选择表决输出；但如果两信号差超出门限，自监控 ilm 认定两个信号都正常，则说明自监控 ilm 监控器故障，此时采用计算机通道故障逻辑辅助判断两个信号的故障情况，并据此确定两信号表决策略；如果两信号差超出门限，自监控 ilm 也认定两个信号都故障，考虑系统控制精度要求高时，则可以进一步判别两信号大小，根据两信号变化率，计算两信号表决值。具体计算方法是：当两信号变化率都大时，两信号加权平均的权系数偏向大信号，即表决值靠近大信号；当两信号变化率都小时，两信号加权平均的权系数偏向小信号，即表决值靠近小信号；靠近大信号或者小信号靠近的程度，取决于两信号差值比监控门限大或者小的程度，详细算法可参见式(2-10)。

2.11 常用的监控器

2.11.1 跨通道比较监控

跨通道比较监控是一种相信多数“群体成员之间全覆盖”的互相监控，其原理是在给定的余度配置等级信号中，以绝对的多数通道信号与监控通道信号比较结果为依据，事实说话相信绝对多数的判定结果。所以，跨通道比较监控反映了客观存在的实际情况，故障定义客观、准确，故障监控覆盖率高。

按照 2.4 节余度系统故障的概念定义，跨通道信号两两比较监控是通道间全部遍历的两两比较监控，它没有比较参考的标准，某通道信号与其他 3 个通道信号比较监控，以监控信号与其他 3 个通道比较是否都超出监控门限为依据来识别故障，跨通道比较监控如图 2-36 所示。

2.11.2 排序跨通道比较监控

对于四余度信号的监控器而言，排序跨通道比较监控是：先将 4 个余度的信号按其量值的大小排序，得到最大 max、次大 max_-、次小 min_+、最小 min 4 个值，先进行最大与最小的极差（通道间最大离散度）比较，如果 $max-min<\varepsilon$（ε 为监控

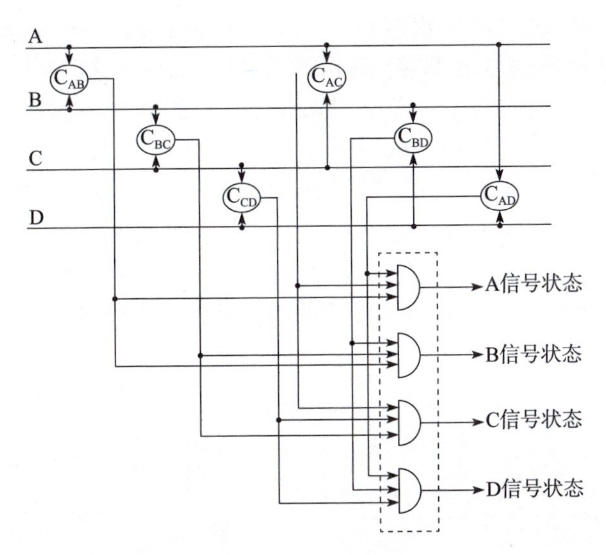

图 2-36　跨通道比较监控

门限)，则判定 4 个余度的信号均有效。如果 $max-min>\varepsilon$，故障定位需要检测排序后另外 3 个相邻信号间的偏差，即 $max-max_->\varepsilon$，$max_--min_+>\varepsilon$ 和 $min_+-min>\varepsilon$ 是否成立，根据偏差的检测结果，确定各余度信号的故障状态。

四信号排序后其相邻信号的比较监控，共有 8 种情况（对应到具体的通道就有 16 种情况，与通道间信号两两比较监控是一致的），这 8 种情况分别是：

（1）$max-min<\varepsilon$ 或 $max-max_-<\varepsilon$，$max_--min_+<\varepsilon$ 和 $min_+-min<\varepsilon$ 无故障；

（2）$max-max_->\varepsilon$，$max_--min_+<\varepsilon$ 和 $min_+-min<\varepsilon$ 最大信号 max 故障；

（3）$max-max_->\varepsilon$，$max_--min_+>\varepsilon$ 和 $min_+-min<\varepsilon$ 最大、次大信号 max、max_-故障；

（4）$max-max_-<\varepsilon$，$max_--min_+>\varepsilon$ 和 $min_+-min<\varepsilon$　2∶2 不确定故障，显然，2∶2 不确定故障，只有一种成对性，那就是“最大 max、次大 max_-”一对，“最小 min、次小 min_+”一对；

（5）$max-max_-<\varepsilon$，$max_--min_+>\varepsilon$ 和 $min_+-min>\varepsilon$ 最小、次小信号 min、min_+ 故障；

（6）$max-max_-<\varepsilon$，$max_--min_+<\varepsilon$ 和 $min_+-min>\varepsilon$ 最小信号 min 故障；

（7）$max-max_->\varepsilon$，$max_--min_+<\varepsilon$ 和 $min_+-min>\varepsilon$ 最大、最小信号 max、min 故障；

（8）$max-max_->\varepsilon$，$max_--min_+>\varepsilon$ 和 $min_+-min>\varepsilon$ 四信号 1∶1∶1∶1 故障，即四余度信号的三次故障等同于四次故障。

实际上,排序跨通道比较监控原本不需要进行极差 $\max-\min>\varepsilon$ 的检测,只要检测三对相邻信号的偏差,就可确定四余度信号的工作状态。之所以进行最大与最小的极差比较监控,是因为在大概率的绝大多数情况下系统是无故障的,这样,如果 $\max-\min<\varepsilon$,则不需要进行后续的任何检测判断,即可确定四余度信号是无故障的正常状态,即在大概率事件上先进行 $\max-\min<\varepsilon$ 极差检测,系统的余度管理一定是省时的,大概率能够最大可能地减少系统时延。

具体算法见 2.7.1 节,或 6.4.2 节的四信号排序监控,排序跨通道比较监控逻辑如图 2-37 所示。

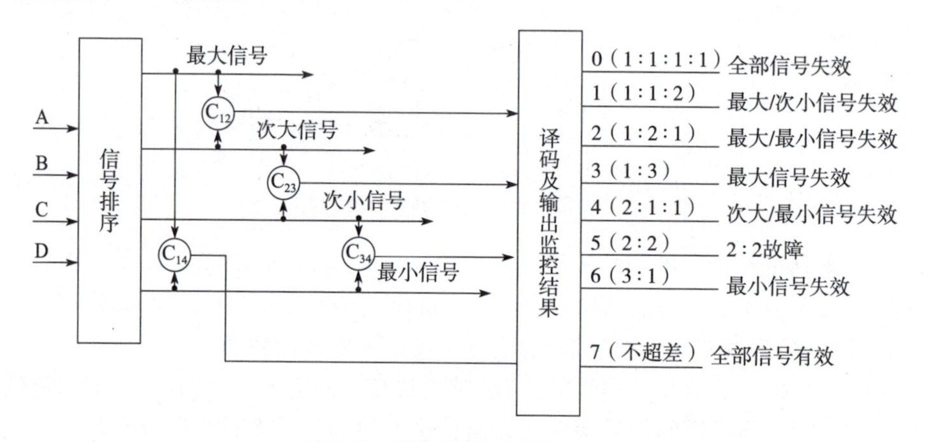

图 2-37 排序跨通道比较监控逻辑

2.11.3 跨表决器监控

跨表决器监控,其比较的标准是表决器输出(表决值),如果信号值与表决值比较超出门限,则判定该信号故障;否则,该信号正常。因此,跨表决器监控完全依赖表决器的可靠性与正确性。

通常在跨表决器监控设计中,n 信号表决值是 n 个信号的算术平均值,算术平均值天然地把故障信号引入系统,所以只有在条件限制时,跨表决器监控是一种无奈的选择。不难看出,跨表决器监控的定义,自然地认为算术平均值是正常的,实际上这个算术平均值包含了最大、最小的极端故障信号。但由于跨表决器监控,是信号本身直接与表决值比较,超出门限,判定为故障;未超出门限,判定为正常。所以,跨表决器监控无须排序、选中值等,其算法简单,适合计算条件受限和控制品质要求不高的系统。

当然,表决值也可以设计为"四信号排序求次大、次小的均值,三信号选中值,二信号求均值”的跨表决器监控,但跨表决器监控被简单地认为表决值是正常信号的标准,即表决值永远正确,从信号与表决值距离关系上讲就是“近我者好,远我者坏”,从定义上排除了跨通道监控的四信号 2∶2 不确定故障、三信号 1∶1∶1 多故障等奇异故障模式。

尽管跨表决器监控存在这些问题,但在实际工程项目中由于计算机运行时间或者资源条件的限制,跨表决器监控算法的简洁性和时空效率的高效性,有时也被采用。如模拟式飞控系统,硬件电路无法实现复杂的排序运算,不易知道次大、次小信号及其对应通道等,通常选用跨表决器监控算法。

故障恢复通常也使用跨表决器监控来实现故障恢复功能,可以认为跨表决器监控是排序监控或者矩阵监控的非相似余度信号监控器,当飞控系统主监控器-排序跨通道监控器报告故障后,飞行员根据飞行状态和机上实际情况综合判断,认为有必要进行故障恢复时,请求飞控系统故障恢复,这时故障恢复软件自动启动非相似余度监控器-跨表决器监控实施故障恢复。目前,工程应用的实际情况也是如此,跨表决器监控逻辑如图 2-38 所示。

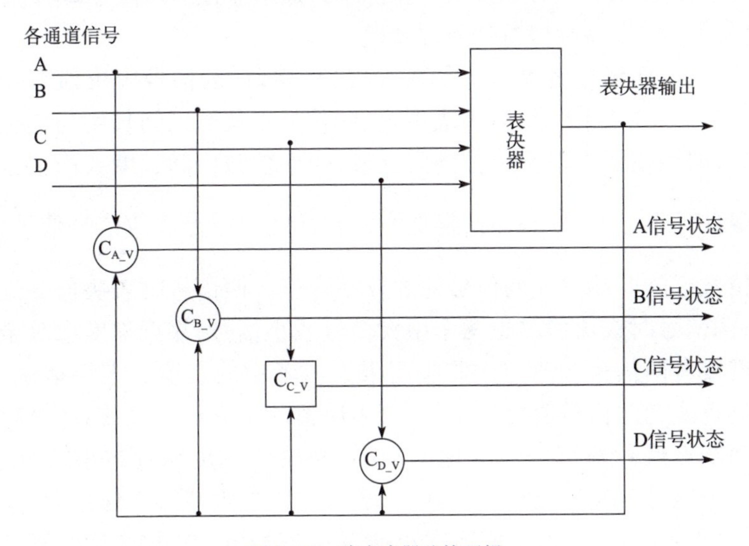

图 2-38 跨表决器监控逻辑

2.11.4 排序跨表决器监控

一般情况下,四信号表决值是次大、次小的均值,次大或次小离表决值的距离相等。在四信号中只有次大(或次小)离表决值最近,根据排序跨表决器监控原理,如果次大(或次小)与表决值比较超差,则最大、最小分别与表决值比较也一定超差,实际上软件实现时,不用再进行最大、最小与表决值的比较,直接定义为 1∶1∶1∶1 全故障;如果次大(或次小)与表决值比较未超出预先设定的幅值门限,则四信号监控器再进行最大、最小分别与表决值比较的算法,若比较结果超差,则判定对应信号故障;否则判定对应信号正常。

由于排序后四信号的表决器输出通常是次大、次小的均值,如果次大(或次小)与这个均值比较超出门限,只能说明次大与次小差异太大,判定次大、次小通道信号都故障。跨表决器监控从定义上认定,如果信号与表决值比较超出门限,该通道信号就是故障信号;否则,该通道信号是正常信号。

跨表决器监控,天然地认为表决值是正常信号的标准,所以,四信号的"次大、次小"大概率是无故障状态,除非次大、次小之差超出门限;三信号中值"永远是好的",因为自己和自己比没有误差,不会超出门限;二信号大概率是好的无故障状态,除非两信号之差超出门限。跨表决器监控与两两比较的跨通道监控相比:跨表决器监控认为表决值是衡量信号正常与否的标准,而两两比较的跨通道监控认为绝对的多数通道与监控信号比较的结果,是考量信号正常与否的标准。所以,跨表决器监控从定义上排除了跨通道监控的四信号 2∶2 不确定故障、三信号 1∶1∶1 多故障等奇异故障模式。

当然,也有四信号表决值不是次大、次小均值,两信号表决值不是其均值的情况。按 2.10.1 节中位数表决理论,四信号中位数区间长度与监控门限比较,两信号时两信号差值与监控门限比较,当中位数区间长度或两信号差值大于$\frac{1}{2}$门限并且小于 2 倍门限时,根据中位数区间两端点或两信号信号变化率,计算中位数区间两端点或两信号的加权平均值。四信号时表决值靠近次大或者次小,两信号时表决值靠近两个中大信号或小信号,靠近程度取决于中位数区间长度或者两信号差值与比监控门限大或者小的程度。定性地说,中位数区间两端点或者两信号值变化率都大,表决值一定靠近次大或者大信号;中位数区间两端点或者两信号值变化率都小,表决值一定靠近次小或者小信号。这种情况下的跨表决器监控结果就是,表决值离次大或者大信号近,次大或者大信号正常的概率大;表决值离次小或者小信号近,次小或者小信号正常的概率大。显然,无论表决器如何设计,跨表决器监控从概念定义上都排除了四信号的 2∶2 不确定故障、三信号的 1∶1∶1 多故障模式;如果按两信号均值离两信号距离相等理论,那么原则上跨通道比较监控门限比跨表决器监控门限大一倍,这时两信号的跨通道比较监控与器跨表决器监控,其结果是相同的。

四信号排序后跨表决器监控算法原理如图 2-39 所示。

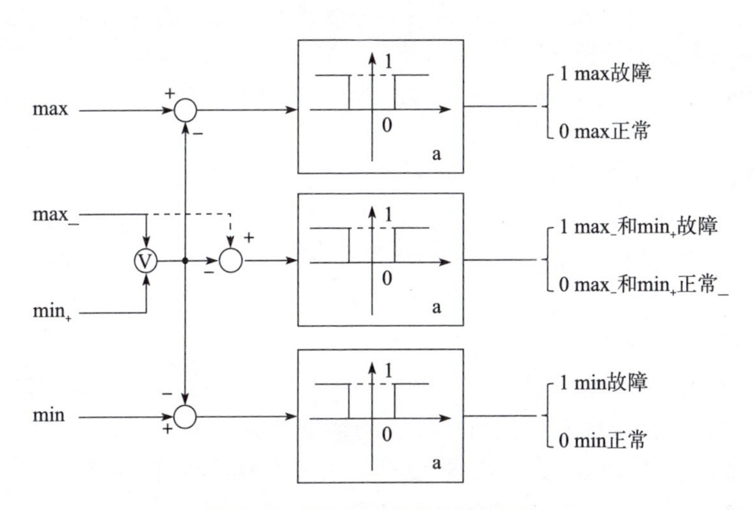

图 2-39　排序跨表决器监控算法原理

2.12　余度管理参数设计与故障恢复及重构

2.12.1　幅值门限

一般来说,如果采用定常门限(固定值)对模拟信号进行幅值监控,则往往难以首尾兼顾。例如,在信号幅值较小的信号区间,容易误报;而在信号幅值较大的信号区间,容易漏检。该定常门限,往往仅适合信号幅值的中间段。为克服设置定常门限的上述缺陷,在工程实践中,常常设计出可随信号幅值的大小而变化的变门限值特性。门限变化值与信号幅值之间的关系,可按图 2-40 予以定义。

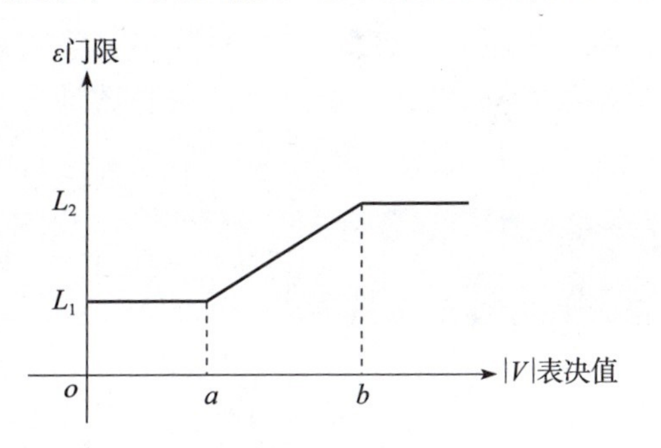

图 2-40　变门限计算

其数学表达式为

$$\varepsilon=\begin{cases}L_1 & (|V|\leqslant a)\\ L_1+\dfrac{L_2-L_1}{b-a}\times|V-a| & (a<|V|<b)\\ L_2 & (|V|\geqslant b)\end{cases}$$

根据输入信号的不同,改变大、小界线转折点的量值设置,从而使门限的设置值更为合理。门限是多余度通道间不一致性差异的合规性指标,根据统计数据的概率分布假设检验,信号故障监控的幅值门限,一般选取监控信号满量程的10%~15%为宜,大、小信号的故障监控门限对应的也按大、小信号界值的10%~15%确定。

门限(threshold)本来是为监控器信号的故障监控而设计的,然而,精确的表决器中位数计算,具有监控逻辑的信号均衡、积分器均衡、舵机的电流均衡等都需要知道监控门限;同时,门限也是其均衡能力的限幅参数设计的依据(见2.8节)。一般说来,限幅不能大于门限,限幅值越大,均衡能力越强,容易把故障信号均衡成正常的好信号;反之,限幅值过小,均衡不起作用,均衡形同虚设,只是占用系统时间开销。四余度信号2∶2不确定故障或者4个全故障1∶1∶1∶1的情况下,门限也是中位数加权平均精准计算的条件,表决值的表决逻辑与计算是依据中位数区间$[S_i,S_j]$长度是否超过门限及超门限的程度为条件,根据信号变化率来计算中位数是靠近S_i还是S_j,选取N等分中位数区间$[S_i,S_j]$,S_i与S_j加权平均,或者S_i和S_j算术平均(见2.10.1节)。

2.12.2 时间门限

根据不同模拟量、离散量(开关量)、数字量等在飞控系统中的变化快慢,精度特性及其对飞行安全影响的重要程度。可以考虑按不同的信号、不同余度等级以及故障级别的变化,选择不同的时间门限,在故障瞬态允许的情况下,时间门限越长越好。表2-13所示为主要输入量监控的时间门限的举例。时间门限的持续时间,以计算机的小帧(拍)数计量。

表2-13　输入量监控时间阈值

序号	信号名称	时延设置(拍数)		
		一次故障	二次故障	三次故障
1	起落架收放开关	16	12	8
2	机轮承载开关(WOW)	16	12	8
3	主油源压力开关	16	12	8
4	助力油源压力开关	16	12	8
5	偏航配平(左)	16	12	8
6	偏航配平(右)	16	12	8
7	俯仰速率	8	4	2
8	横滚速率	16	12	8

续表

序号	信号名称	时延设置(拍数)		
		一次故障	二次故障	三次故障
9	偏航速率	16	12	8
10	俯仰杆指令	16	12	8
11	脚蹬指令	16	12	8
12	法向加速度	16	12	8
13	侧向加速度	16	12	8
14	动压	16	12	8
15	静压	16	12	8

2.12.3 故障恢复

故障恢复应由系统给出提示(认定确认是可恢复故障),然后由飞行员决定是否恢复,并由飞行员实施“恢复”的控制。可恢复故障的等级及所定义的“可恢复故障”项目,应当慎重和有所限制。故障恢复功能,是由飞行员决定的一种系统或功能重构的形式,在一定条件下,可以提高系统的生存能力和可靠性。

一般来说,故障恢复仅对一次故障进行故障恢复。其算法是,取可恢复故障通道的采样值,与对应的表决值比较,如果其差值在预先设置的门限范围内,则故障恢复计数器 Recfc 递增,当 Recfc 到达规定的时延后,认为对应的通道故障恢复成功,清除恢复计数器及恢复动作标志;否则,恢复计数器清 0,当到达最大恢复时延后,认为本次故障恢复结束并清除故障恢复计数器及恢复动作标志。

2.12.4 故障重构

重构是在故障被检测并被确定之后,剔除故障信号及故障设备参与系统工作,对系统功能的算法结构改变,重新组织系统运行的体系架构,使系统按照新的重构状态工作运行。余度系统的功能级与系统级重构,包括监控器/表决器重构、控制律重构、故障恢复与备份重构。

1. 监控器/表决器重构

将故障出现前的监控/表决算法、准则及阈值等进行重新编排与设置,以求适应新输入条件下的监控与表决。例如,四余度一次故障,重构为三余度信号的监控/表决;四余度发生二次故障或三余度发生一次故障,重构为二余度信号的监控/表决,这些都是高等级余度因通道信号故障而降低信号工作余度等级的降级重构。

2. 控制律重构

根据预定的方案,在某些故障出现后,根据飞行状态改变控制律的构型或参数;主要反馈传感器故障后,根据相关传递函数关系,可以解析余度估计器估计重构,以求获得对因故障出现而降级的控制品质的补偿。

3. 故障恢复与备份重构

故障恢复是上述故障重构的一种低等级余度向高等级余度的逆向故障重构,四余度一次故障恢复成功后,系统重回四余度高等级余度工作。备份重构是飞控系统 VMC 四余度数字计算机发生三次/四次故障,系统转入模拟备份重构;在没有模拟备份的纯数字飞行控制系统中,可以按切换逻辑切换到 PIU 飞行员接口装置计算机或 ART 远程作动器控制器数字备份系统重构。

2.12.5 故障安全值

故障安全值,是指在系统中某个模拟量(离散量)处于无表决值的“完全失效”条件下,出于力图保证系统不因此而丧失控制能力的目的而提供的参数值。

某一信号的完全丧失,可能是在正常监控/表决条件下依次失去最后的一个信息值,也可能出现在偶数分离的奇异信号状态而无法确定故障的情况下。换言之,监控器已经判定信息全部失效,或者监控器已经“无能为力”判定信号的正确与错误。此时,为了尽可能地使系统处于确定的可控状态,不影响系统的“安全”运行,或者尽量地减少因此而带来的不良影响,在此“无可奈何”的情况下,利用故障安全值(常值)的强行设置来替代已经失去的表决值。

故障安全值,往往是为保证系统安全,而为各种模拟信号、离散信号设置的一组信号。它应当保证系统在性能降级的条件下,确保飞机安全返航与着陆。表 2-14 和表 2-15 分别给出了模拟输入信号和离散输入信号的故障安全值实例。

表 2-14 模拟输入信号的故障安全值

信号名称	故障安全值
俯仰速率	0
横滚速率	0
偏航速率	0
俯仰指令	0

续表

信号名称	故障安全值
横滚指令	0
脚蹬指令	0
法向加速度	1g
侧向加速度	0
攻角	3°~5°
静压	指定的高度值
动压	指定的速度值

表 2-15 离散输入信号的故障安全值

信号名称	故障安全值
机轮承载开关量	$Ma>C_1$ 不承载 $Ma\leqslant C_1$ 承载
起落架收放开关量	$Ma>C_2$ 收起 $Ma\leqslant C_2$ 放下
重心选择开关	选择不安定构型
人工故障恢复开关量	恢复
自动驾驶仪开关	不投入
自动驾驶仪应急切除开关量	切除

注:C_1、C_2 为指定的飞机飞行速度。

对于伺服作动器分系统,在伺服系统功能丧失后,要求其作动器自动固定在一个指定的位置上,机械回中或停止保持在一个确定的位置,或者作动器呈松浮状态(随大气气流自由浮动)。例如,平尾作动器失效后“回中”,副翼、方向舵失效后“松浮”,襟翼失效后“回零”等。

不难看出,故障安全值是在设备失效、信号丧失情况下,系统给定的飞机稳定平飞时设备应该输出的确定值,设计上竭力使飞机安全返航。但如果飞机在高动态、大机动飞行时,某个产品失效无可用的表决信号,表决值按表 2-14、表 2-15 取安全值(俯仰角速率 0、法向加速度 1g),飞机会有较大的转换瞬态,控制律应设计淡化器抑制转换瞬态,当杆位移取安全值 0 时,飞机失去操纵信号,情况变的更复杂。

所以,故障安全值相对于失效情况下,任何不确定的工作信号,可以使飞机处于确定的“想定安全返航”状态,是无奈的权宜之计,并非绝对的真正安全。

第3章　控制律设计

一般来说,飞机准确的数学模型是复杂的变系数非线性六自由度微分方程。直接采用这种诸多参数变化未知的六自由度运动方程设计控制律是不现实的。通常利用小扰动线性化冻结系数法,将飞机方程简化为常系数微分方程,在给定高度和速度的飞行状态,写出小扰动线性化飞机的纵向及横航向常系数微分方程,控制律初步设计得到适合该飞行状态的控制律结构和参数,在整个飞行包线内对每个飞行状态进行控制律设计,得到包线内所有飞行状态的控制律结构和参数,确定整个包线完整的控制律设计方案。

由于控制律是基于线性化小扰动飞机模型设计的,必须采用飞机的非线性六自由度模型仿真验证。但飞机方程不管是线性的还是非线性的,其气动数据只能是分析预测或者风洞试验,通常误差很大,需要气动专业人员 CFD 计算修正;事实上,即使进行了气动修正校核,仍然与客观存在有较大的误差。因此,控制律初步设计阶段,根据飞机具体气动和飞行特性对其结构参数进行较大的摄动,并开展仿真验证,在较大摄动(50%以上)情况下,控制律设计满足系统飞行品质规范要求,说明控制律设计方案可行;与此同时,在实际工程项目中,依据不同阶段(包括试飞验证)获得的飞机模型参数,不断地修正、优化、完善或重新设计飞行控制律,使控制律设计满足型号规范要求,提高飞控系统的操纵性、稳定性及飞行品质。

数字飞行控制系统在整个飞行包线范围内实现对飞机安全、有效地控制,实现飞行员操纵指令与飞机运动参数(飞机响应)的控制,从而使飞控系统控制由原来机械操纵系统的“杆-舵对应”转变为现在数字飞控系统的“杆-响应对应”的面向飞机响应的控制。数字电传飞控系统是以控制增稳(CAS)为基础,具有指令前馈和飞机状态反馈的闭环控制系统。其飞行品质的改善与提高主要取决于飞行控制律的设计,即控制规律的算法结构;根据飞控系统的设计需求,任何数字飞行控制系统,都应能实现以下功能。

(1) 飞机本体无论是静稳定的,还是静不稳定的,数字飞行控制系统本身应该是稳定的,按 MIL-F-9490D 军用规范要求,系统应具有“45°相位和 6dB 幅值”稳定裕度,必须选择合适的反馈形式,当数字电传飞控系统失效后转入模拟备份或数字备份时,系统依然是稳定可控的。

(2) 任务飞行控制律,选用不同的前馈和反馈,形成不同的飞机响应;数字飞控系统对飞行员的操纵指令具有期望的响应,即飞机的姿态和轨迹是飞行员操纵期望的时域或频域响应。

(3) 数字飞控系统的控制律设计,根据飞行任务和飞行状态,通过控制律动态调参和控制律指令构型的变化,保证在整个飞行包线内,满足飞行品质规范要求的飞行品质。

(4) 根据飞机控制对象的飞行力学运动特点,控制律设计相应的指令构型,采用不同的限制器设计算法,加入特殊的“超前滞后、高通”和滤波或直通环节,协调迎角和过载在相位时间、量纲单位和大小度量等方面形成一致的当量关系,实现迎角、过载、最大速度、姿态角及舵面的最大偏转速度等飞机响应参数和控制变量的极限限制。

(5) 控制律设计对大气扰动具有较好的抑制能力,对外力矩变化具有自动配平能力,对飞机的结构振荡模态具有滤波陷波能力等。

数字飞控控制律设计,应保证飞机具有所要求的飞行品质,并采用与飞行任务相适应的多种飞行品质规范方法评价。

3.1 控制律结构分析

由于飞机的气动导数随马赫数、高度的变化而发生较大的变化,飞机的动力学模型随飞行状态的改变而产生较大幅度的摄动。如F-4E飞机,当马赫数为1.5、高度为10668m时,其短周期模态呈现欠阻尼振荡特性;当马赫数为0.5、高度为1524m时,呈现为不稳定的非周期发散运动特性。因此,飞控系统设计的难点就在于如何找到能够适应其被控对象——飞机的动力学模型变化的控制律,以保证在整个飞行包线内,飞机的飞行性能均能满足飞行品质指标的要求。要在整个飞行包线满足飞行品质规范要求,对于早期的机械操纵系统来说是不可能的。机械操纵系统飞行员操纵杆位移与飞机舵面偏度一一对应,杆舵对应的控制律是控制指令对应舵面偏角,受扰动后飞机本体的弱阻尼、振荡运动靠飞行员人工反复修正来克服,飞行员全程握着驾驶杆、负担重,机械操纵系统示意见图3-1。

数字电传飞控系统实现了飞行员操纵指令(杆位移或杆力)与飞机运动参量响应相对应的控制,从而使飞行控制“目标”,由原机械操纵系统的舵面偏度操纵,变成了对飞机响应(角速率、过载、迎角、姿态、高度等)的控制,数字电传控制操纵示意见图3-2。

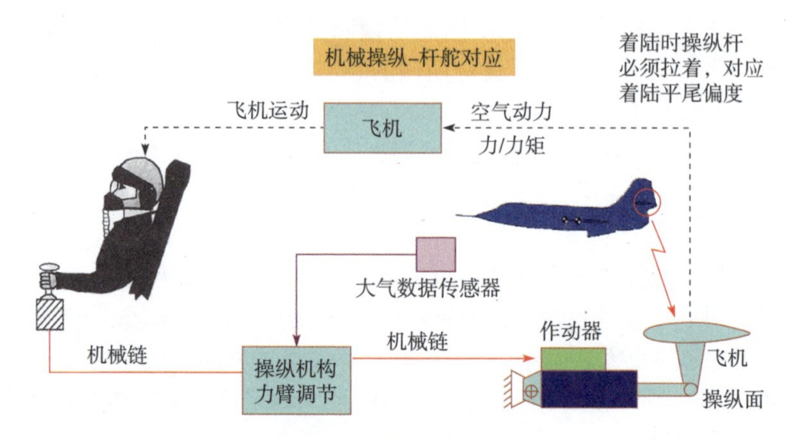

图 3-1　机械操纵系统示意

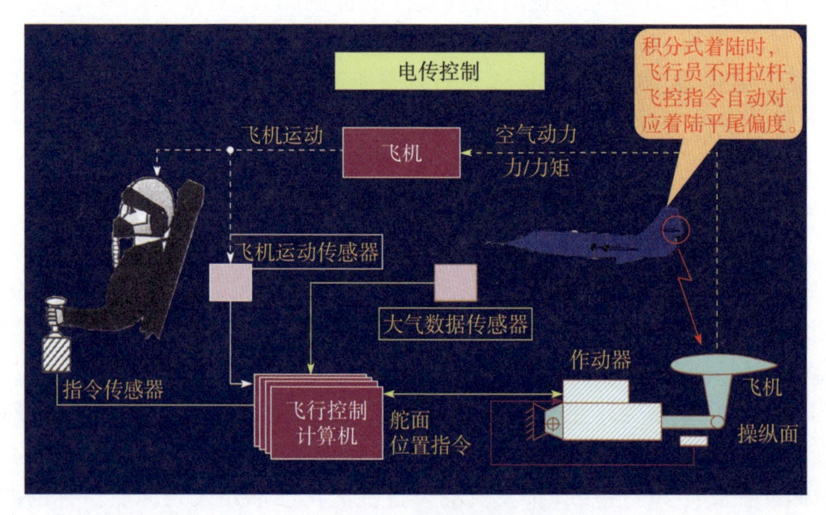

图 3-2　数字电传控制操纵示意

飞行员可以根据任务的需要，对上述飞机响应中的某项或多项进行控制，飞行员只需要操纵驾驶杆或在座舱控制面板上选择某种控制模态，由飞控系统控制律控制飞机达到飞行员指令所要求的飞行状态，大大减轻了飞行员的操纵负担。

另外，在现代高性能战斗机上采用比例加积分控制律构型，可以实现自动配平功能，减轻飞行员负担。但是，在起飞着陆段飞行时，飞行员需要借助杆力（或杆位移）调节迎角的大小，对于比例加积分构型的指令俯仰角速率构型中性速度稳定性控制律，积分作用带来的漂移和姿态难以控制；而且在着陆时实现精确的着陆拉平比较困难（某型号多名特级试飞员确认），或者飞机有平飘趋势，有时还会产生驾驶员诱发振荡趋势,后来通过增加迎角反馈偏置改善着陆特性,如美国的F16、以色列的"幼狮"。

目前飞机中的飞控系统常分为3类,一类是改善飞机的稳定性和操纵性的控制增稳,一类是代替飞行员部分操纵控制功能的自动驾驶仪;另一类是改变飞机运动特性的主动控制系统。飞行控制律的本质是在飞行过程中,通过控制律解算指令驱动舵面偏转,产生操纵力矩弥补飞机本身某些气动力矩的不足,从而改变飞机运动特性。操纵机构的运动参数与飞机运动参数有关,此时操纵机构与执行机构运动规律就是控制律。飞机的运动由控制律动力学方程和飞机运动方程联立求解。飞机的运动方程可表示为

$$\frac{\mathrm{d}x}{\mathrm{d}t}=F(\boldsymbol{x},\boldsymbol{\delta}) \tag{3-1}$$

式中:$\boldsymbol{x}$ 为状态变量;$\boldsymbol{\delta}$ 控制向量。

$$\boldsymbol{x}=[v_x,v_y,v_z,\omega_x,\omega_y,\omega_z,\psi,\theta,\gamma,x_d,y_d,z_d]^{\mathrm{T}}$$

$$\boldsymbol{\delta}=[\delta_x,\delta_y,\delta_z,\delta_{py},\delta_{pz},n]^{\mathrm{T}}$$

控制律运动方程组可写成

$$\frac{\mathrm{d}\delta}{\mathrm{d}t}=G\left(\boldsymbol{x},\frac{\mathrm{d}x}{\mathrm{d}t},\boldsymbol{\delta},\boldsymbol{s}\right) \tag{3-2}$$

式中:$\boldsymbol{s}$ 为操纵指令向量,$\boldsymbol{s}=[X_x,X_y,X_z,X_p,\cdots]^{\mathrm{T}}$,如给定的驾驶杆和脚蹬位移、油门杆位移等。

从飞行力学角度研究控制律对飞机动力学带来的影响和效果,常略去系统惯性、阻尼和非线性等因素影响,控制律方程组可用一组代数方程代替,即

$$\boldsymbol{\delta}=G\left(\boldsymbol{x},\frac{\mathrm{d}x}{\mathrm{d}t},\boldsymbol{s}\right) \tag{3-3}$$

联立求解式(3-1)~式(3-3),就可研究干扰信号和指令信号输入下的动态特性,即系统的稳定性和操纵性。

飞行力学的逆问题是指给定飞机某些运动参数变化规律,求出其所需的操纵机构运动参数变化规律,这是飞行力学优化问题,实现最优轨迹或最佳机动来设计舵面的控制规律。

PID(Proportional Integral Differential)即"比例+积分+微分"控制律是目前控制增稳常用的控制策略,从信息的动态过程来看,比例 P 就是当前信息变量比例关系的放大或缩小,反映了当前系统信息变量的实时状态特性;积分 I 将过去的信息过程特性积累起来,过去的过程信息对于当前信息状态来说就是滞后,也就是说,积分给系统带来了时间延迟,代表着信息的过去。其幅频特性是随着频率的增大幅值以频率倒数规律衰减,相位滞后90°;微分 D 表示信息的时间变化

率,也就是信息变量对时间的导数,导数是信息变量的梯度斜率,代表信息变量未来的变化趋势。其幅频特性是幅值等于频率,相位超前 90°,具有先天的超前特性。

以导数、超前的方式预测信息未来发展趋势,必然使微分信号产生较大的噪声,工程应用中常选择合适的参数,采用超前滞后补偿环节适度近似代替微分,所以“PI+超前滞后”结构形式的控制律,是实际工程上工程师更喜欢采用的控制律设计方法。

从控制理论上分析,设 x 为要研究的变量,u 为 PID 结构控制律输出,k_p、k_i、k_d 分别为比例、积分和微分系数,则 PID 控制律的函数关系式可表示如下:

$$u = k_p x + k_i \int x \mathrm{d}_t + k_d \dot{x} = \left(k_p + \frac{k_i}{s} + k_d s\right) x = \frac{k_d s^2 + k_p s + k_i}{s} x$$

同样 PI 结构控制律的函数关系式为

$$u = k_p x + k_i \int x \mathrm{d}_t = \left(k_p + \frac{k_i}{s}\right) x = \frac{k_p s + k_i}{s} x$$

显然,PID 有两个开环零点,PI 有一个开环零点,因此,采用 PID 或 PI 控制律设计调整零点的方法,可以改善飞机操稳特性并提高飞行品质。由于微分有较大噪声的影响,工程上通过超前滞后补偿环节替代微分,现代飞机更多地采用“PI+超前滞后”控制结构设计控制增稳(Control Augmentation System,CAS)控制律,该控制律结构由于积分器的作用,使控制指令与被指令响应参数在稳态后没有静差,飞控系统具有自动配平能力,飞机飞行状态改变后,飞机自动配平不需要飞行员人工干预。对于比例式控制律需要人工配平,由飞行员不断地使用调校系统进行配平。一般对于固定翼飞机横航向运动没有自动配平需求的情况,通常采用比例式控制可满足要求。

3.2 数字化设计

3.2.1 连续域离散化

数字飞行控制系统多采用“连续域-离散化”设计方法,先在连续域的 S 平面内进行仿真分析和系统综合,然后用突斯汀变换,离散化连续域传递函数,进行离散化设计仿真分析。数字化设计时,需要适当补偿连续域控制律传感器信号噪声滤波,设置前置低通滤波器,防止采样后低频混叠。对于 A/D 零阶保持器,多速率分时采样及控制律运算等因素引起的时延,在控制律设计中增加相位超前环节,补偿相位滞后所产生的系统时延。对于 D/A 零阶保持器产生的阶梯信号,增加后置滤波器进行平滑滤波,并减少高频跳变信号控制舵机运动,影响舵机疲劳寿命。

为了保证离散化精度,不同环节选用不同的离散化方法,通常要求较高的采样频率,因此,各个不同环节离散化都有各自的采样速率要求,突斯汀变换的离散化方法对采样周期有较好的适应能力,一般按以下公式进行离散化:

$$S=\frac{2}{T}\cdot\frac{z-1}{z+1}$$

3.2.2 采样频率的选择

采样频率的选择取决于众多因素,如飞控系统结构配置、设计方法、系统的动态性能以及抗干扰能力要求等,它是多个因素折中权衡的结果。低采样频率采样时间间隔宽,采样周期时间长,可以完成更多的任务,功能任务一定时,可使用速度较低的计算机 CPU,通常在工程实际应用中,需要根据系统任务需求,在成本与功能、性能之间折中考虑。但对实时性快变系统的变化率快的信号,必须选择高采样频率,其采样周期时间短,只能完成紧急需要的任务,当任务功能确定后,一般要使用速度较快的计算机 CPU。在工程实际中,根据系统需求,确定飞控系统架构配置,一般选择多速率组采样,适应快变或者慢变不同信号特征需求,满足系统要求。

香农采样定理指出,若对一个有限频谱($-\omega_{max}<\omega<\omega_{max}$)的连续信号进行采样,采样频率 $\omega\geqslant 2\omega_{max}$ 时,采样函数将无失真地恢复原来的连续信号,即有可能通过理想的低通滤波器,把信号完整地提取出来。采样定理规定了重构被采样后的信号条件,飞控系统是闭环系统,基本上具有低通滤波效应,所以,闭环频带可决定整个飞控系统所含运动模态的频率,即高于系统频带的运动模态幅值被衰减抑制。按照采样定理,采样频率应大于系统带宽的2倍,但实际选择时为系统闭环频带的4~10倍,其目的是尽可能减少采样引起的时延,减少 A/D 零阶保持器引起的信号粗糙度。

3.2.3 多速率组设计

数字飞控系统呈现多回路特征。按其功能有舵回路、控制增稳、姿态保持、高度保持和速度保持等多种控制回路。各控制回路对应不同频带宽度,因此,常用不同采用速率,这样,可以有效地减少数字处理器运算量及运算速度。同一控制回路,采用不同补偿器功能,也可以采用不同的采样速率,减少数字化所造成的动态误差、量化误差和不灵敏区等。

飞控系统设计中按不同频谱,有效地配置设计不同的采样频率。一般来说,系统以控制增稳 12.5ms 周期为一小帧，自动驾驶仪 50ms，陀螺、加计、杆位移等主要运动反馈传感器余度管理 12.5ms，数字伺服 3ms，控制律动态调参 100ms 等，可以看出，多速率组设计采样周期之比为 2^n，即最小小帧 12.5ms，根据系统要求，以上功能模块外的其他任务的工作周期可以设计为：$2^1\times12.5$ms、$2^2\times12.5$ms、$2^3\times12.5$ms 等。

考虑到数字控制系统信号传递过程中，计算机的采样、量化、运算、输出等环节，必须尽可能早地选择控制指令的输出时刻，在保证控制律任务完成的条件下，采样到控制律指令输出时间越短越好，如某电传飞控系统时延要求不大于 5ms，显然，这样的设计可以减少信息传递处理过程，数字系统带来的时延，可以提高系统控制品质，满足闭环控制的动态性要求，改善并提升飞控系统的操稳特性。

3.3 控制律指令构型

3.3.1 俯仰角速度控制律构型

在精确跟踪任务飞行条件下，飞行员对俯仰角速度的变化非常敏感，采用俯仰角速度作为主反馈，构成指令俯仰角速度控制律，可以有效改善飞机的操纵性，容易完成着陆等精确控制的任务，俯仰角速度指令控制结构如图 3-3 所示，俯仰角速度指令时域响应如图 3-4 所示。对于非端点（空中）飞行阶段，通过对俯仰角速率控制和前向的“比例积分”控制，达到精确控制飞机姿态的目的。另外，在综合（“飞行/火力”）控制系统中，使用指令俯仰角速度构型以实现精确跟踪任务。这种构型通常也引入迎角反馈，可以对放宽静稳定性飞机实施补偿。

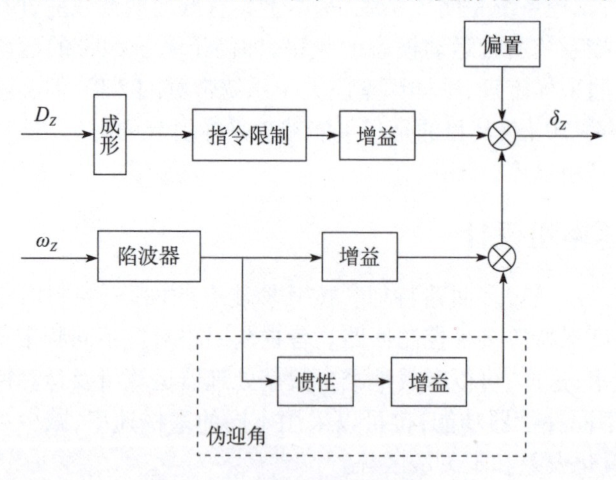

图 3-3 俯仰角速度指令控制结构

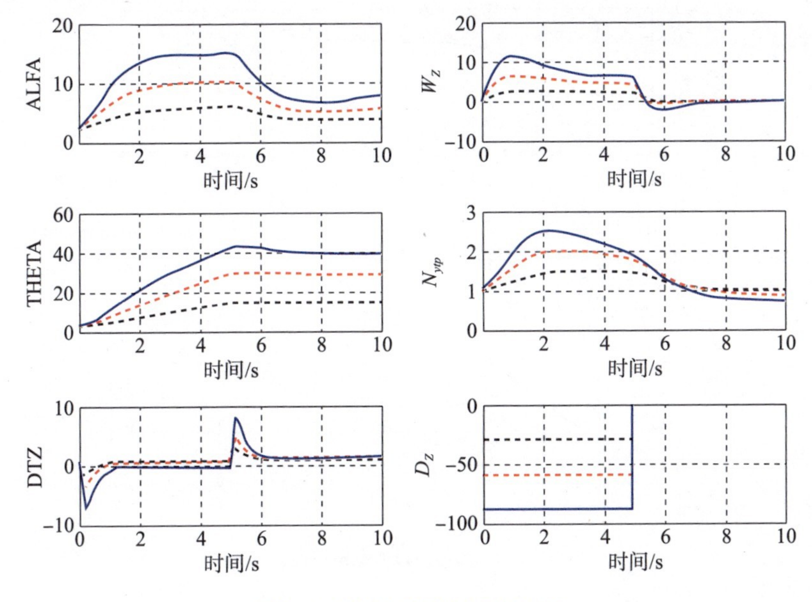

图 3-4 俯仰角速度指令时域响应

由于俯仰速率指令的控制律构型响应与常规机械操纵系统响应接近，符合飞行员习惯，在端点飞行阶段，控制律多采用可以精确控制飞机姿态的俯仰角速率指令构型（如 SU27、A320、A380）。

俄 SU27 起落反馈为俯仰速率控制律，与杆位移信号综合，俄 SU-27 控制律结构见图 3-5，起落阶段阶跃响应曲线见图 3-6，为经典响应形式。

比例式控制律，空中反馈法向过载与俯仰速率混合，飞行员对该控制基本满意，抱杆着陆，负担略重，符合常规着陆操纵习惯。

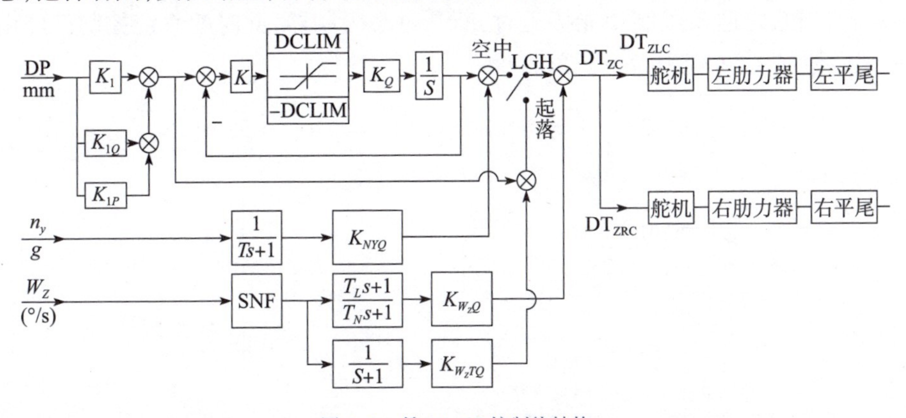

图 3-5 俄 SU-27 控制律结构

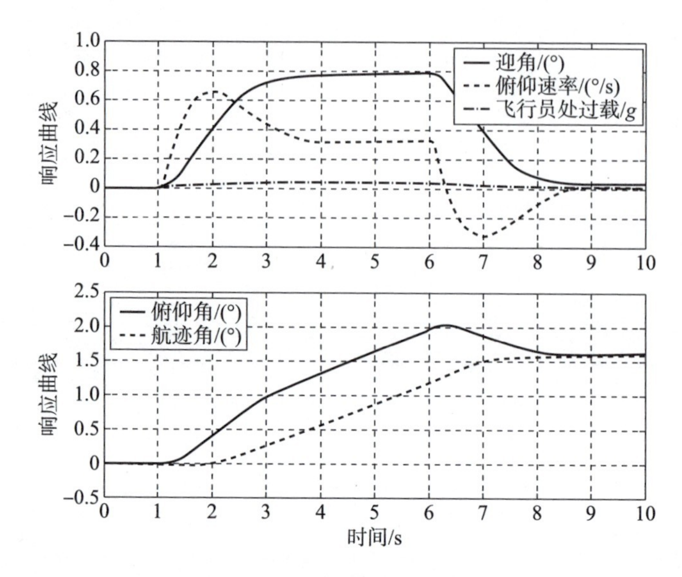

图 3-6 起落阶段阶跃响应曲线

3.3.2 迎角控制律构型

在低速飞行条件下，飞机升阻比小，配平迎角大，飞机过载、迎角之比 n/α 较小，容易出现失速的情况，采用迎角作为主反馈，构成指令迎角控制律，易于进行迎角的保护，迎角指令控制结构如图 3-7 所示，迎角指令时域响应如图 3-8 所示。控制迎角构型控制律，并不作为一种独立构型来考虑；这种构型通常也引入俯仰角速度反馈，改善飞机操纵性。随着控制增稳系统权限的增加及其向电传飞行控制系统的过渡和利于主动控制技术功能的实现，在设计“迎角/过载”限制器时，当系统迎角限制功能接通时，断开过载限制器，此时的系统控制已经由指令过载（或 C^*）变为指令迎角。

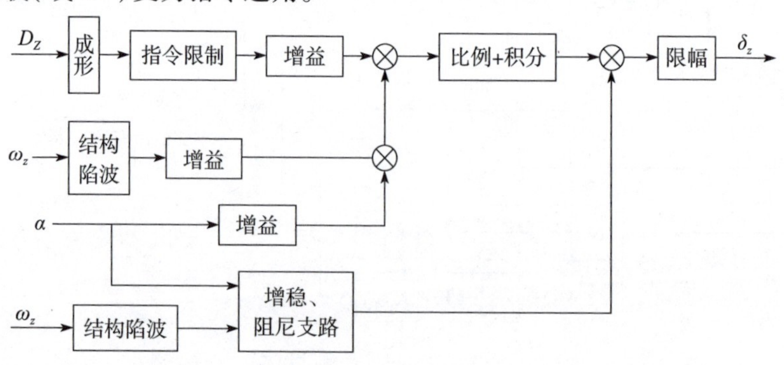

图 3-7 迎角指令控制结构

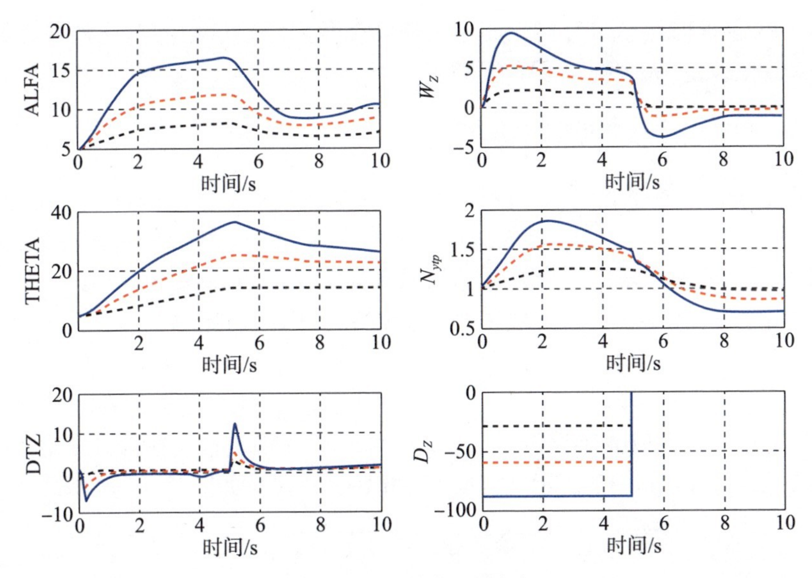

图 3-8 迎角指令时域响应

以迎角反馈为主反馈，这种构型一般用于大迎角（迎角限制控制律），一定的杆位移对应一定的迎角。为三代机常用构型，拉杆的最大值对应迎角限制的最大值，防止失速。

在 F-18 舰载机自动着舰验证机中，为保证航迹稳定采用稳定迎角控制律，对给定迎角与当前迎角的差进行油门控制，以便保持下滑迎角和速度，提高下滑精度，迎角与速度有固定的函数关系，稳住了迎角也就稳住了着舰速度，F-18 自动着舰验证机纵向自动功率补偿控制律如图 3-9 所示。

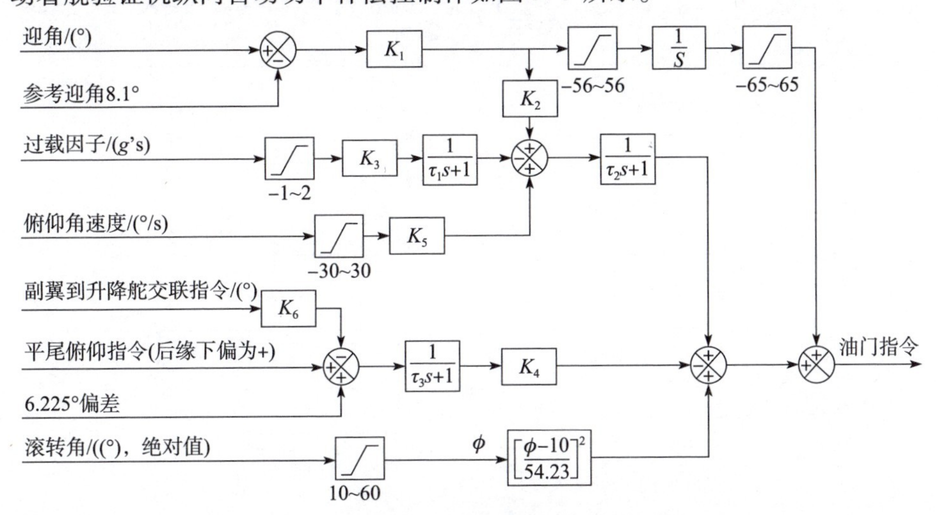

图 3-9 F-18 自动着舰验证机纵向自动功率补偿控制律

F-18 迎角恒定动力补偿控制系统使姿态角跟踪轨迹角的响应加快，跟踪时间减少且无静差，大大提高了着舰精度。

3.3.3 法向过载控制律构型

在高速飞行条件下，飞行员对法向过载的变化非常敏感，而且此时由于飞机过载、迎角之比 n_y/α 较大，采用法向过载作为主反馈，构成指令法向过载控制律，可以有效改善飞机的操纵性，同时，易于实现法向过载保护。

法向过载控制律构型，一般采用法向过载与俯仰角速率综合。通过俯仰角速率反馈改善动稳定性，稳态时不起作用，从而实现了指令法向过载控制律，它有利于保持俯仰杆力梯度为常值。这种构型通常也引入迎角反馈，它与法向过载反馈信号不仅可以改善操纵性，还可以对放宽静稳定性飞机实施补偿。过载指令控制结构如图 3-10 所示，法向过载指令时域响应如图 3-11 所示。

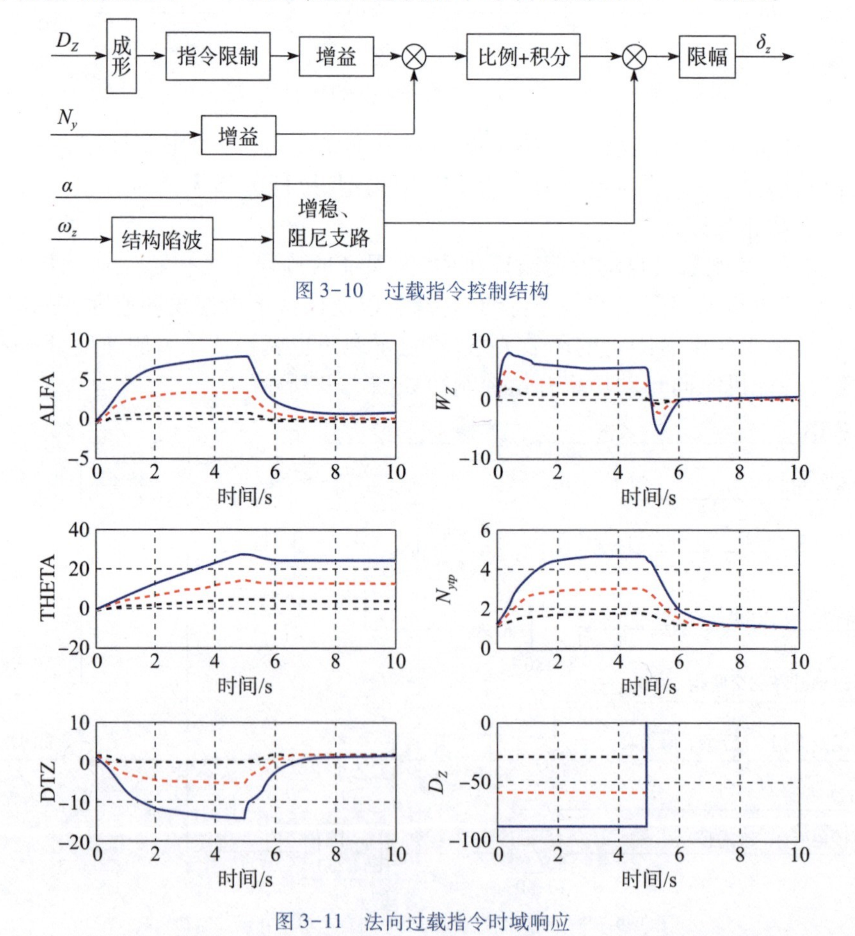

图 3-10　过载指令控制结构

图 3-11　法向过载指令时域响应

3.3.4 C* 过载与角速率混合构型

飞机低速飞行时,由于法向过载变化较小,驾驶员主要关注俯仰角速率响应;而飞机高速飞行时,由于法向过载变化较大,驾驶员更多的注意力集中在过载操纵响应。实际操纵时,驾驶员感受的是这两个量的混合响应,驾驶员的操纵用来控制法向过载和俯仰角速率,法向过载和俯仰角速率反馈增益的比值称为混合比。C* 控制律构型,借助俯仰角速率反馈改善动态特性,提高短周期阻尼比;而法向过载反馈改善操纵性,提高短周期频率。

某验证机起飞着陆就采用了俯仰角速率与迎角的混合构型,着陆时断开了积分器,比例式控制律,着陆性能良好,抱杆着陆,飞行员负担略重。某验证机纵向起飞着陆控制律见图 3-12,配平后阶跃拉杆 5s 处松杆,起落阶段阶跃响应曲线见图 3-13。

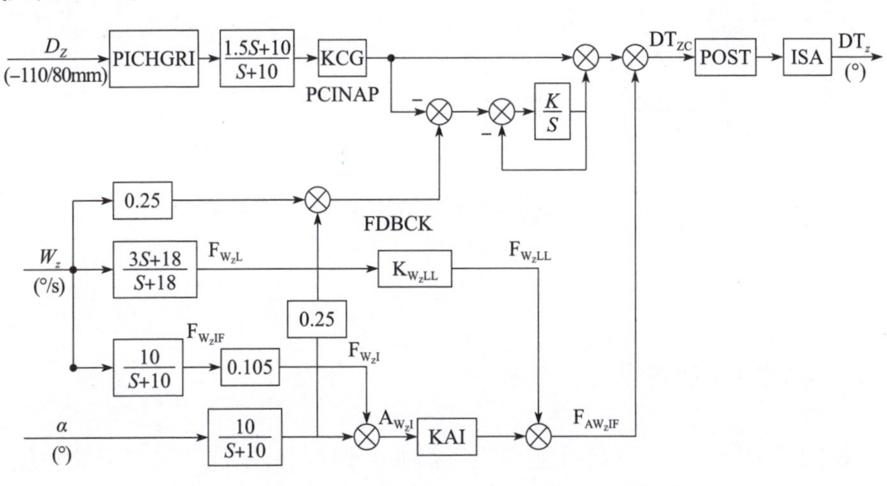

图 3-12 某验证机纵向起飞着陆控制示意图

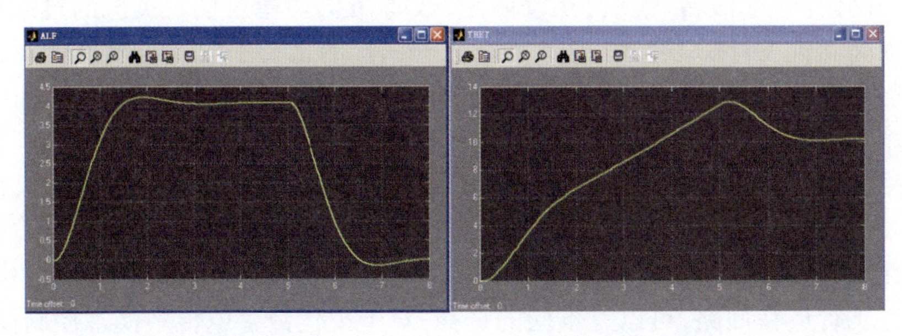

(a) 迎角响应 (b) 俯仰角响应

图 3-13 起落阶段阶跃响应曲线

俯仰角速率反馈+迎角反馈+法向过载反馈(指令迎角与俯仰角速率+法向过载混合),该控制律架构在以色列“幼狮”飞机起飞着陆控制律中采用,机轮承载时断开法向过载反馈,防止舵面抖动,空中采用“俯仰角速率+法向过载”反馈混合,速压大于某一数值后,指令纯法向过载,获得了很好的机动特性,“幼狮”纵向控制律原理见图 3-14。

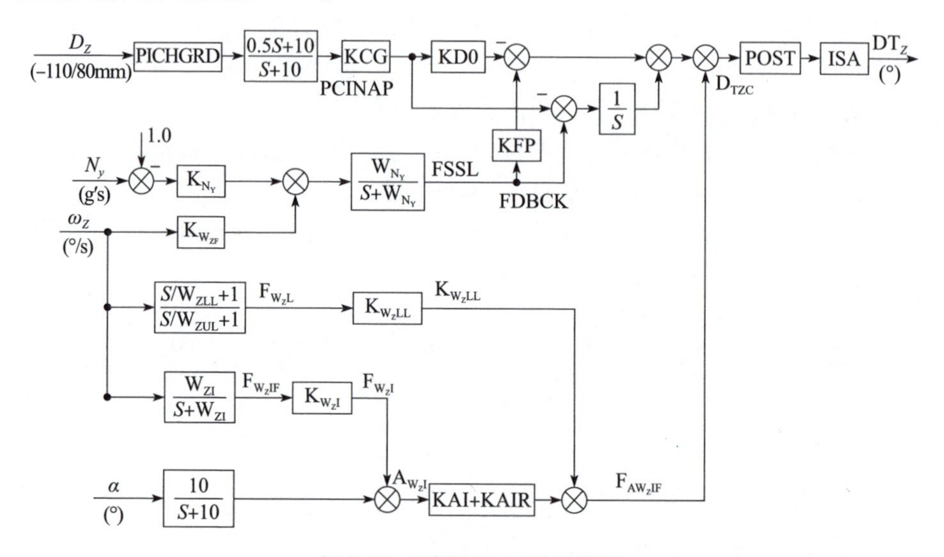

图 3-14 “幼狮”纵向控制律原理

3.4 典型控制律设计

控制律设计与飞控系统性能和飞行品质密切相关,是保证飞控系统功能和飞机飞行品质实现的最直接、最重要的关键环节。飞机角速率反馈信号可以有效地提高俯仰(或滚转、偏航)运动阻尼,改善飞机动稳定性。飞机的过载反馈可以提高飞机飞行模态频率,是改善飞机操纵性的重要手段。迎角反馈对纵向俯仰静稳定度的补偿作用是明显的,它可以增加静稳定度,即“稳定性补偿”。角速率反馈在改善动稳定性的同时,会减小静态传动比,降低操纵性;利用高通网络,可以在改善动稳定性的同时,不改变稳态时的静态传动比,保证操纵性。

数字电传有人驾驶飞机,对于不同的使用模态,CAS 控制律指令/反馈构型,由于有飞行员在回路,可以有不同的选择;对于现代数字电传多模态控制律,根据不同飞行任务,可以选择更加合理的控制律构型,选择按任务需求而剪裁的控制律结构设计。

3.4.1 飞控系统控制模态的功能

典型飞行控制系统具有两种工作模式:一种为数字飞行控制模式(DFCS),简称主工作模式,系统控制逻辑及控制律计算等均在数字计算机中由软件实现;另一种为应急备份工作模式(EFCS),由计算机内模拟电路实现应急备份控制。

数字电传系统控制律组成参见图3-15。

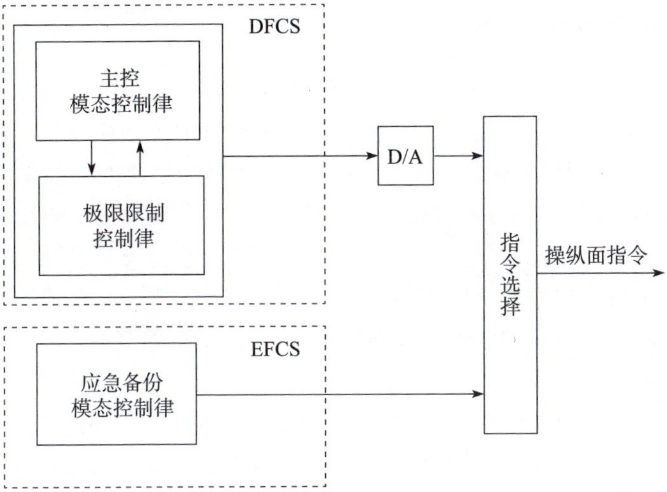

DFCS
主控
模态控制律
极限限制
控制律
D/A
指令选择
操纵面指令
EFCS
应急备份
模态控制律

图3-15 数字电传系统控制律组成

1. 主工作模式

主工作模式包括全时全权限三轴控制增稳、放宽静稳定性、飞行边界限制(迎角、法向过载)、解尾旋(采用数字直接链人工控制飞机改出尾旋)等功能。

2. 应急备份工作模式

当四余度数字机三次故障后,系统自动转入应急备份或飞行员人工接通应急备份工作模态,为系统提供备份控制。通常,应急备份工作模式通过模拟电路实现三轴控制律;现在分布式飞行器管理系统,去掉了模拟备份计算机,采用数字式远程作动器控制终端(ART),或者飞行员接口装置(PIU),实现备份功能,也称数字备份系统重构。

控制律功能:

(1) 实现多种工作模态,满足飞机在各种构型下的飞行品质要求;

(2) 实现闭环控制,满足飞机操纵性、稳定性要求;

(3) 根据大气数据实现变增益控制,满足全包线工作要求;

(4) 抑制气动伺服弹性的影响;

(5) 惯性耦合抑制;

(6) 实现边界限制;

(7) 实现多模式控制转换以及满足故障降级工作要求(控制律重构设计要求);

(8) 设计解尾旋数字直接链控制模态;

(9) 利用舵面跟踪和淡化器,抑制工作模态转换瞬态。

3.4.2 DFCS 控制律结构

DFCS 数字飞行控制系统是电传飞控的主模式,按飞机的三个轴向分为纵向和横航向控制律。纵向控制律分为起降控制律和空中控制律两种构型。起降控制律构型为“指令俯仰角速度”,引入俯仰角速度为控制律的主反馈,增加阻尼;采用“比例式”控制律,减少操纵时延,适应起降阶段精确操纵的特点。空中控制律构型依据动压的大小分为“指令法向过载”或“指令法向过载与俯仰角速度的混合”,引入俯仰角速度反馈增加飞机纵向短周期阻尼比,改善了纵向动稳定性;引入迎角反馈提高飞机短周期频率,改善了纵向静稳定性,实现了静安定度放宽功能;通过取大值逻辑实现过载/迎角边界限制。采用“比例+积分”构型,既能够通过比例控制快速传递指令,又能通过积分控制实现中性速度稳定性功能。在飞机飞行状态改变时能够自动配平,减小飞行员操纵负担。

积分式控制律是消除静差、自动配平、保持平飞状态的控制律,它在前向通路中串联积分环节,在高速机动飞行时,积分器把杆指令与法向过载的稳态误差保持为零;在低速机动飞行时,积分器使任何非指令的俯仰角速率和法向过载自动减少到零。当杆指令为零时,前向积分器使飞机处于平飞状态。前向通道积分器的作用,使杆力与升降舵偏转无比例关系,从而使飞机的稳态迎角或过载与杆力无比例关系,这就是中性速度稳定性(Neutral Speed Stability,NSS)控制律。

如果起降阶段采用指令俯仰角速率及其比例加积分控制律构型,起飞着陆阶段飞行员则没有握杆操纵的感觉,不符合飞行员操纵习惯;同时飞机运动呈现非常规响应特性,其主要表现是在着陆过程中的拉平阶段操纵时容易拉飘。着陆阶段当飞行员着陆操纵松杆时,飞机将保持一定的俯仰姿态角,但是由于速度的减小使迎角增加,导致飞机下降高度缓慢,于是飞行员将通常的拉杆着陆变成了推杆着陆。为了改善这种非常规的操纵响应特性,最有效的方法是去掉“比例加积分”构型中的积分功能,变为常规的比例式控制,只有在起落架收起后,才可使用积分器。再者如果起飞、着陆段使用这种自动配平功能,飞行员不再能从杆力的大小来判断速度的变化,即不再有杆力的稳态感觉;但在起飞、着陆阶段，杆力感觉是不可缺少的，所以数字飞控系统在起飞、着陆时借助起落架开关，将自动配平功能自动切除。

控制律前向通道的指令成形环节，采用“直通+惯性”的形式$\left(1+\frac{1}{Ts+1}\right)$，使一部分操纵指令直接通过，可以减小操纵时延；另一部分指令经过惯性的软化，防止驾驶员的猛烈操纵指令全部直接通过，造成较大的操纵瞬态。

由于俯仰角速度信号会敏感到飞机的结构振荡，为避免结构振荡耦合到飞控系统中，需要滤除俯仰角速度信号中的结构振荡信息，采用陷波器对飞机结构振荡频率点的信号进行抑制，陷波器 $\mathrm{SNF}=\frac{s^2+2\xi_1\omega+\omega^2}{s^2+2\xi_2\omega+\omega^2}$中的 ω 即要滤除的飞机结构振荡频率，通过给陷波器分子、分母中阻尼设置不同的值来实现陷波功能，ξ_1/ξ_2 比值越小，陷波深度越深，若飞机有多个结构振荡频率点，可采用几个陷波器串联的方法滤除多个结构振荡频率信号。

迎角与过载限制器如图 3-16 所示，取大值逻辑是对过载和迎角支路控制律计算值（绝对值）取大值，即迎角与过载限制综合输出 FK = max（NyL，AOAL）。迎角与过载限制器的取大值设计，实现了迎角与过载的“先到边界先限制”功能。

迎角综合反馈中不仅包含迎角反馈信号，还包含俯仰角速度高通信号，对迎角反馈增加提前量，避免迎角限制超出限制值；迎角综合反馈还通过设置合适的增益，使迎角综合反馈量和过载反馈量形成当量，通过取大值逻辑实现选择过载或迎角中的大者与前向指令综合，既实现过载和迎角不同的指令控制，又实现合适的飞行包线边界限制。控制律设计要综合分析迎角限制与过载限制来回切换引起的转换瞬态，如果连续一段时间维持在同一种限制器工作状态，之后又转换到另一种限制器工作状态，可以考虑采用淡化器设计（参考 3.5 节）减小转换瞬态。

3.4.2.1 纵向控制律设计

纵向控制律结构及参数设计，见图 3-16。

由纵向控制律结构图可以得出其舵面偏转规律方程如下：

$$\delta_Z=\mathrm{LIM}\left\{[K_{\alpha2}\alpha+K_{WZ3}\mathrm{SNF}(\omega_z)]+\left[\left(K_P+\frac{K_i}{s}\right)\left(\mathrm{PGRD}(D_z)K_Z+\mathrm{MAX}\left((K_{Ny}Ny+K_{WZ1}\mathrm{SNF}(\omega_z)),\left(K_{\alpha1}\alpha+K_{WZ2}\mathrm{SNF}(W_z)\frac{Ts}{Ts+1}\right)\right)\right)\right]\right\}$$

纵向控制律功能：

（1）“比例+积分”构型实现中性速度稳定性功能。

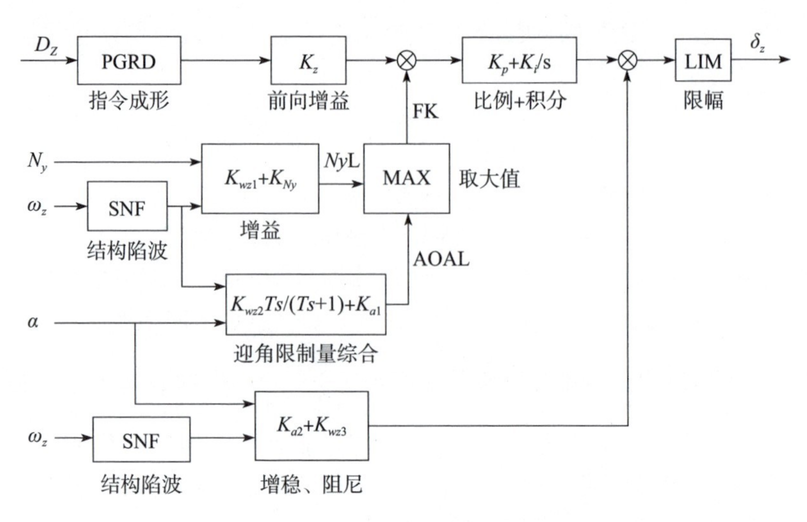

图 3-16　纵向控制律结构框图

(2) 空中控制律构型依据动压的大小分为“指令法向过载”或“指令法向过载与俯仰角速度的混合”。

(3) 起飞着陆控制律构型为“指令俯仰角速度”。

(4) 通过引入俯仰角速度反馈增加飞机纵向短周期阻尼比,改善了操纵性;通过引入迎角反馈提高飞机短周期频率,改善了纵向静稳定性。

(5) 取大值逻辑实现过载/迎角边界限制。

(6) 俯仰角速度反馈信号经过结构陷波实现伺服弹性振荡抑制。

(7) 通过设置故障安全值、信号解析重构实现控制律重构功能。

(8) 固定增益的直接链控制,实现解尾旋控制。

3.4.2.2　横航向控制律设计

横向通道引入滚转角速率反馈有效减小滚转模态时间常数及减少滚转螺旋耦合,改善滚转动态特性;横向杆位移指令通过调参增益形成对副翼的前向指令信号,保证飞机在全包线范围内实现预期的滚转性能。

航向通道引入偏航角速度高通信号,增加偏航阻尼,同时在稳定盘旋时滤除偏航角速度的影响。引入侧向加速度信号,补偿荷兰滚频率,增加航向静稳定性,脚蹬输入信号经前向增益修正后与航向阻尼增稳信号综合形成方向舵指令。前向增益根据方向舵载荷限制条件对方向舵的偏度进行限制。

在横航向控制律前向通道,采用“直通+惯性”形式的指令成形环节,提高并改善了指令的快速性和平滑性。滚转角速度、偏航角速度和侧向过载反馈通道经过结构陷波,有效抑制了伺服弹性振荡。在横航向控制律中引入了三路交联反馈：侧向过载到副翼的交联反馈，副翼到方向舵的交联，迎角和滚转角速度乘积到方向舵的交联，三路交联反馈共同作用以减小滚转机动中的侧滑角，保证飞行员容易完成协调滚转、协调转弯及定常直线侧滑等操纵。

横向控制律如下，结构参见图3-17。

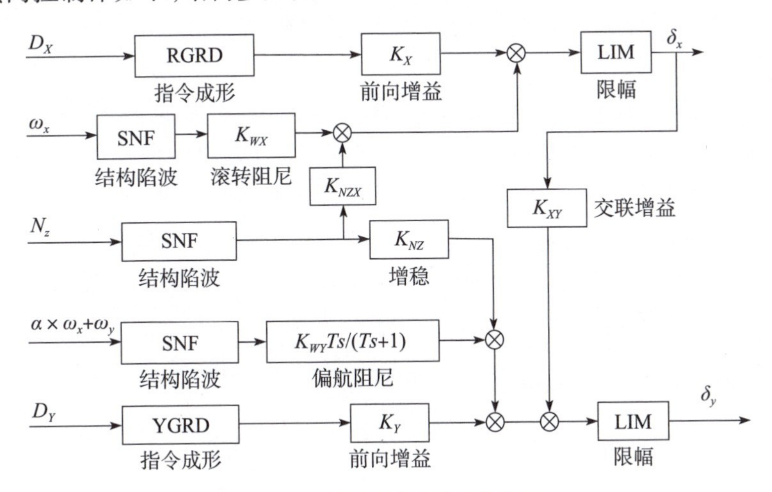

图3-17 横航向控制律结构框图

由横航向控制律结构图可以得出其舵面偏转规律方程如下：

$$\delta_x = \mathrm{LIM}\{\mathrm{RGRD}(D_x)K_X + [K_{NZX}\mathrm{SNF}(Nz) + K_{WX}\mathrm{SNF}(w_x)]\}$$

$$\delta_y = \mathrm{LIM}\left\{\mathrm{YGRD}(D_Y)K_Y + K_{XY}\delta_x + K_{WY}\mathrm{SNF}(\alpha w_x + w_y)\frac{Ts}{Ts+1} + K_{NZ}\mathrm{SNF}(Nz)\right\}$$

横航向控制律功能：

(1) 采用滚转角速度反馈有效减小滚转模态时间常数及减少滚转螺旋耦合；

(2) 引入侧向加速度信号和偏航角速度信号，增加航向静稳定性，补偿荷兰滚频率和阻尼；

(3) 引入副翼到方向舵的交联来减小滚转中的侧滑角；

(4) 固定增益的直接链控制，实现解尾旋控制；

(5) 滚转角速度、偏航角速度和侧向加速度反馈通道，经过结构滤波有效抑制了伺服弹性振荡。

DFCS控制律通过合理设置限幅、控制律增益，确保不超出操纵面最大偏转速率。俯仰角速度、滚转角速度、偏航角速度和法向加速度、侧向加速度反馈通道，经过结构陷波，实现伺服弹性振荡抑制功能；采用固定增益的数字直接链控制，实现解尾旋控制；通过设置故障安全值、信号解析重构，实现控制律重构功能。

3.4.3 EFCS 控制律结构

根据驾驶员杆位移指令，与三轴角速度信号综合，计算出平尾、副翼、方向舵偏转指令，确保数字机出现第三次故障后，系统转入模拟备份 EFCS 系统工作，飞机仍能安全飞行。

在纵、横、航向控制律前向通道与 DFCS 一样，采用“直通+惯性”形式的指令成形环节，兼顾了快速性和平滑性。引入俯仰角速度、滚转角速度、偏航角速度反馈增加三轴阻尼，阻尼信号采用结构陷波实现伺服弹性振荡抑制。俯仰控制律中引入由俯仰角速度构造的伪迎角反馈，增加俯仰静稳定性。

纵向 EFCS、横航向 EFCS 控制律结构分别见图 3-18、图 3-19。

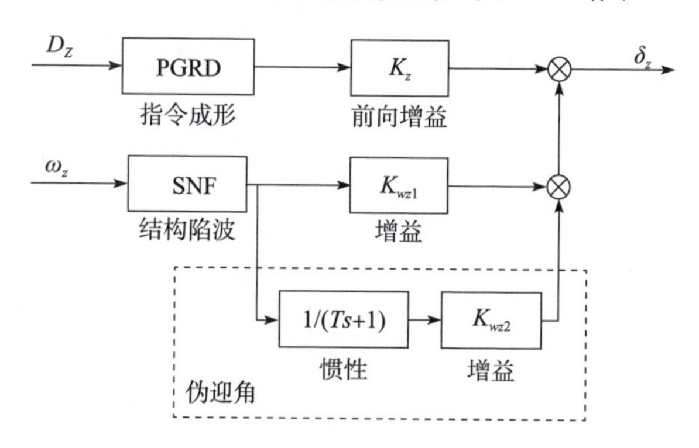

（a）纵向EFCS控制律原理框图

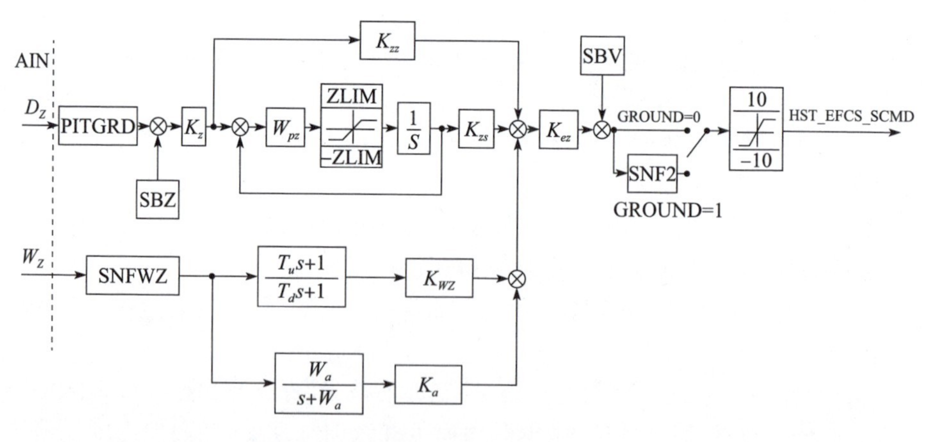

（b）一种纵向EFCS控制律详细框图

图 3-18　纵向 EFCS 控制律结构

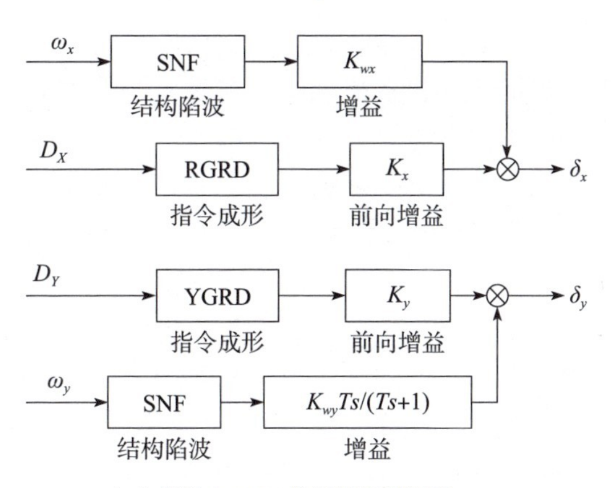

（a）横航向EFCS控制律原理框图

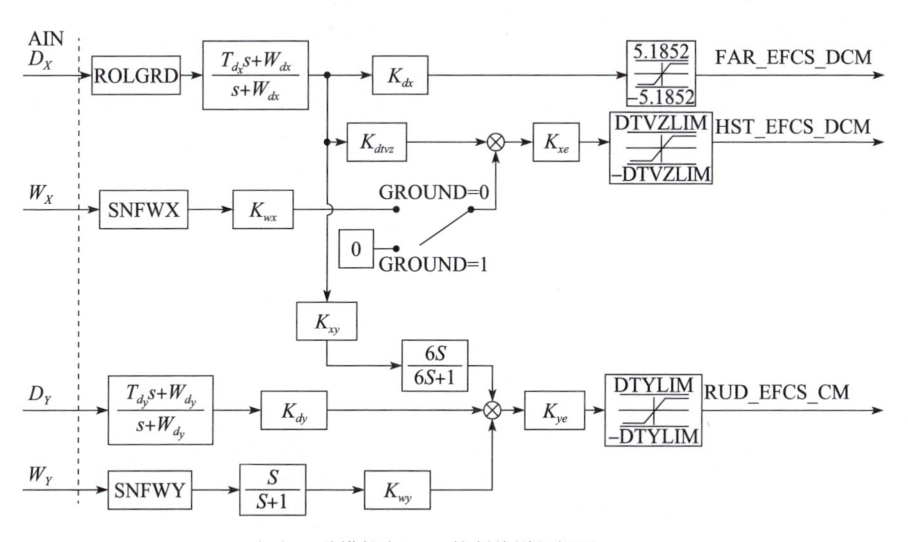

（b）一种横航向EFCS控制律详细框图

图 3-19　横航向 EFCS 控制律结构

模拟电路可以实现简单的逻辑运算、数学运算，可以加减乘除、算术均值等。但难以实现加权平均的中位数计算、排序监控、幂级数、矩阵、微积分运算，以及变结构飞行包线边界限制、全包线动态双线性调参等数学运算。飞控系统的功能、性能的实现受到约束和限制，数字电传飞控系统的优势不能得到充分发挥。

3.4.4　积分式控制律的使用

飞机的设计规范和评价准则仍然用经典控制理论的概念来描述，与之相应的经典“比例+积分+微分”(PID)控制方法因结构简单、鲁棒性强、容易实现,只要合理调整 PID 增益使闭环控制系统稳定就能够实现控制目标,被广泛应用于飞行控制系统中。目前,飞控系统的空中控制律广泛使用积分式控制律,相较于比例式控制律,积分式控制律具有中性速度稳定性,可以大大减小飞行员操纵负担。

数字飞控系统是飞机的安全关键系统,可靠性的保证极为重要,根据可靠度要求,通常选择四余度配置的飞控计算机,控制律计算在飞控计算机中独立运算,采用积分式控制律的情况下,各通道计算机积分器计算结果表现为一个缓慢漂移的过程,积分器会随时间不断累积误差,误差不断累积会造成通道间误差超出门限使得通道切除,降低飞控系统余度。工程上使用积分均衡的方法避免由于使用积分器造成的通道切除,积分均衡的目的是通过将偏差的补偿量带入积分器的输出中从而消除各个通道积分输出之间的误差,客观上改变了在相同输入条件下的积分器本身的输出值,带均值处理的积分器如图 3-20 所示。

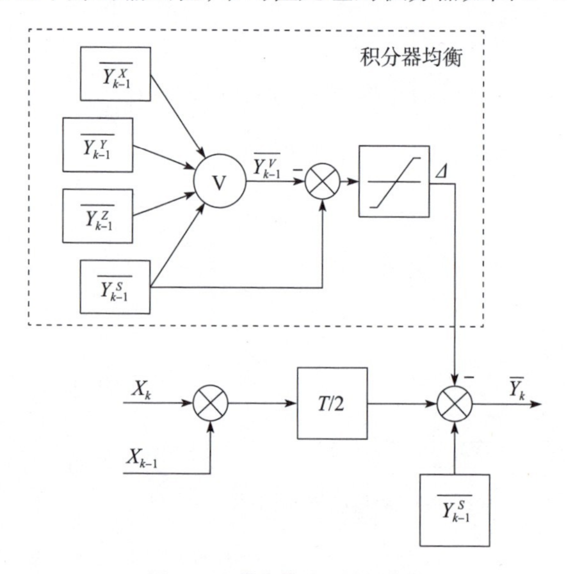

图 3-20 带均值处理的积分器

图中:$\overline{Y_{k-1}^X}$、$\overline{Y_{k-1}^Y}$、$\overline{Y_{k-1}^Z}$ 分别为通过交叉传输获得的其他三个通道上一周期积分器输出,$\overline{Y_{k-1}^S}$ 为本通道上一周期积分器输出,$\overline{Y_{k-1}^V}$ 为积分器上一周期输出表决值。

积分器积分算法与无均衡的积分器相同,在输出前与积分器均衡模块的输出进行综合:

$$\overline{Y_K^s}=\overline{Y_{K-1}^s}+T/2\times(X_k+X_{k-1})-\Delta$$

需要注意的是,积分器均衡的限幅设计应考虑积分器累加效应的特点以及表决值大小和均衡能力的关系,积分器均衡采用变限幅设计方法。以不引入故障通道的信号参与均衡和“不把故障信号均衡好了、不把正常信号均衡坏了”为原则,设计均衡网络参数。均衡的变限幅设计,彻底解决了定常限幅存在“小信号过均衡,把故障信号均衡成正常信号;大信号欠均衡,均衡不起作用,没有达到减小通道间离散度的效果”的固有缺陷。

一种合乎逻辑的积分器均衡方法是:以四信号均衡为例,次大与次小的差与监控门限比较,如果超出门限说明通道间离散度很大,则关闭积分器均衡,避免带有故障信号的表决值参与均衡,影响控制律输出指令危及飞行安全;如果次大与次小比较未超过门限,则以积分器表决值为输入采用变限幅设计(具体参考2.12.1节),防止积分器输出监控大幅值误切、小幅值漏检。均衡的最大限幅不能超过其故障监控门限,三信号均衡可参考四信号均衡设计方法。当系统处于二余度状态时,如果两信号比较超过门限,则说明两通道信号离散度大,信号有故障不用均衡;两信号比较未超门限,由于其均值表决值离这两信号的距离相等,均衡补偿量相同,即两信号均衡后,两信号同时向其均值等距离靠近,最大靠近距离为均衡限幅值。

如果积分器均衡连续 N 拍积分器均衡达到甚至超过最大限幅时,积分器连续 N 拍累加 L_{max},N 拍后积分器输出指令达到最大满偏度。即由于积分器均衡限幅参数设计的原因导致操纵面满偏度,甚至舵机输出指令监控报故,造成系统操纵失控和余度降级。积分器均衡算法设计可参考2.8节,均衡网络参数选择可参考2.8.5节。

3.4.5 控制律仿真

1. 线性系统仿真

线性系统仿真分析是控制律设计的重要阶段,根据飞控系统及控制律结构,采用简化的飞机运动和具有动态特性的作动器、传感器模型,以及各种滤波器、结构陷波器和校正网络,进行线性系统仿真。

2. 稳定性设计

控制律初步参数确定后,进行系统的稳定性设计。当考虑作动器、传感器、结构陷波器等动态特性后,系统稳定性有所下降,因此,需要选择校正网络提高系统稳定性。

根据系统功能需求,采用频域法或根轨迹法设计校正网络,可以采用超前/滞后网络进行稳定性补偿,尽量避免采用纯微分信号带来系统噪声,获得满足设计规范要求的系统稳定裕量。

3. 非线性仿真

除飞机运动线性小扰动方程外，系统中引入系统组成部件或分系统的非线性环节，如死区、间隙、滞环、饱和、继电等非线性特性。非线性仿真的目的，在于测试非线性特性对动态响应和稳态精度的影响。此阶段可以邀请飞行员进行人机闭环仿真，评定系统是否存在驾驶员诱发振荡(PIO)趋势。

4. 六自由度仿真

在六自由度飞机运动方程和参数条件具备的情况下，进行六自由度仿真分析评定。验证飞机在大机动飞行时控制律的功能性能，如控制模态的转换及其转换瞬态、惯性交感效应的失速尾旋特性等。

控制律设计，需对全包线范围内的所有设计状态点进行闭环时域仿真，要求在中小幅值操纵时，系统响应快速平稳，操纵灵敏度合适，飞机响应能够精确跟随驾驶员的指令，在满杆大幅值操纵时，系统响应快速平稳，实现飞行极限限制。

某飞机起飞段纵向不同幅值操纵响应如图 3-21 所示。各变量的定义如下：ALFA 表示迎角、W_z 表示俯仰速率、SWAOA 表示迎角限制接通标志(1-迎角限制接通，0-CAS 工作模态)、N_{ytp} 表示驾驶员处法向过载、DTZ 表示平尾偏度、THETA 表示俯仰角、V 表示真空速、D_Z 表示纵向杆位移。

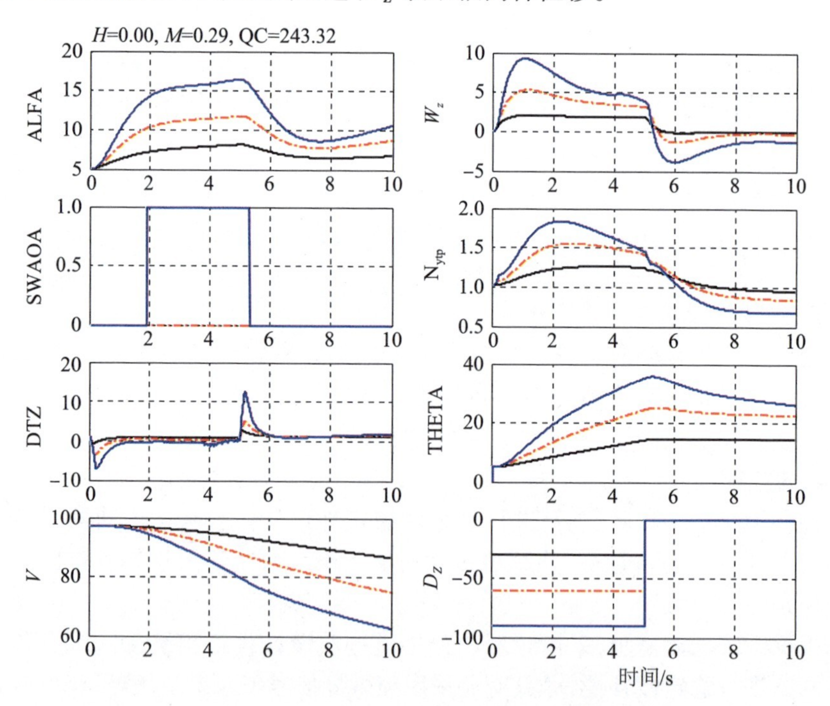

图 3-21 某飞机起飞段纵向不同幅值操纵响应

3.5 模态转换

在起落飞行阶段,通常选择指令俯仰角速度控制律构型,或指令迎角控制律构型,飞行过程中一般不会切换控制律构型。

在空中飞行阶段,低速飞行一般控制俯仰角速度与法向过载的混合指令,高速飞行一般控制法向过载指令。指令间的切换是在控制律中自动转换的,通过在控制律前向指令通道设置不同指令或在反馈通道改变反馈形式,指令的改变是在一定的速度范围内平滑过渡,从而使飞机响应不会发生跳变,飞行员甚至不会感觉到控制变量的变化。

在模态转换过程中,不同模态控制律的结构和动、静态参数不同,必然使飞机产生不希望的瞬态响应,模态间控制律结构和参数差异越大,其转换瞬态也越大。模态转换要解决两个问题,一个是在转换时,新的模态控制律计算及动态环节差分方程初值设置;另一个是如何消除输出指令阶跃扰动引起飞机舵面及飞机响应的转换瞬态。为了抑制转换瞬态,要么通过飞行员操纵抑制转换瞬态,但短暂的转换过程,飞行员很难通过操纵抑制急剧的瞬态响应;要么设计模态转换瞬态抑制软件(淡化器),使模态转换时断开的控制模态逐渐退出,新接通的控制模态逐渐接入。

3.5.1 淡化器自动转换

飞控系统内部模态转换,比如控制增稳 CAS、自动飞控 A/P、空中控制律、起飞着陆控制律等,当由其中一个模态转换到另一个模态时,由于控制律结构的不同,其控制律输出指令会有较大的转换瞬态,影响飞机的操稳特性和飞行品质,为了减小模态的转换瞬态,通常设计一个一定时间、新旧模态指令过渡交权控制的淡化器,我们把这种淡化器称为自动转换淡化器。

假设上一个旧模态指令 U_1、转换时刻 t_1、新模态指令 U_2、经过时间 Δt 秒旧模态指令为 0,控制律指令完全变为新模态指令 U_2,Δt 就是新旧模态的转换过渡时间。由一维线性插值理论可知,在模态转换过渡过程期间,控制律输出指令 U_t,可由下面自动转换淡化器函数获得:

$$U_t=\frac{t_1+\Delta t-t}{\Delta t}U_1+\frac{t-t_1}{\Delta t}U_2$$

需要说明的是,U_2 在模态转换过渡过程中,始终是当前周期新模态控制律计算的新指令,所以 U_2 是随着时间变化而变化,不是固定的常值。当然也可以根据淡化时间 $t_s=3T$(5%的稳态误差)确定惯性环节的时间常数 T,使用惯性环节$\frac{1}{Ts+1}$实现控制律模态转换过程的控制指令淡化，t_s 秒后断开惯性环节淡化。

3.5.2 热备份转换淡化器

飞控系统通常有主控制器控制律和备份控制器控制律，正常情况下，主控制器控制律控制飞机运动，但同时备份控制器计算备份控制律，当主模态计算机硬件或者软件失效后，系统重构到备份模态。这两种模态控制律差异较大，因此其转换瞬态也较大，通常是当数字计算机失效后，系统自动或者人工转换到模拟备份计算机工作，为了抑制模态转换过程中的瞬态响应，需要启动自动淡化器函数投入工作。

在分布式飞控系统架构中，当 VMC 计算机失效后，转入 PIU 数字备份。后续当 PIU 失效后，还可以 ART 进一步进行系统重构。这就要求多级备份重构计算机始终与上一级主控计算机同时工作，处于热备份无瞬态转换的工作状态。

3.5.3 同步跟踪淡化器

重构模态控制器控制律及其滤波器始终同步跟踪它接替的上一个主模态控制律相关参数，包括重构模态控制指令转换时刻的初值；这样一旦主模态控制器失效，丧失控制律计算功能，重构模态控制器在控制逻辑控制下，立即无瞬态转入新的重构模态。

这种淡化方法，在转换过程中不改变模态增益，操纵面受重构模态与两个模态控制指令差值之和控制，两个模态控制指令的差值，可以根据需要，在规定的淡化时间之后清除。这种淡化器不需要附加任何抑制瞬态衰减的动态环节，仿真和试验表明，这种淡化器还有较好的转换瞬态抑制效果。

3.6 极限限制

飞机高速飞行时，迎角虽然不大，但可能引起较大的过载，飞行员的操纵一旦疏忽，就会使飞机产生过大的过载，危及飞行安全，必须加以限制。飞机在低速飞行时，飞行员的操纵疏忽，引起的过载不大，但迎角可能很大，甚至达到失速迎角，也会引起危险，所以必须限制迎角。极限限制有过载限制和迎角限制，飞机机动时法向过载越大，表明飞机机动性能越好，但此时作用在飞机上的载荷也很大，飞机的结构强度、机上设备的工作情况及人的生理机能等将失控或受到破坏。飞机失速指的是飞机超过临界迎角后，由机翼气流强烈分离所引起的随意、非周期性的非定常运动，使飞机升力明显降低、阻力急剧增大、性能和操稳品质急剧恶化的一种反常的飞行现象。很多航空事故都是由飞机临近失速引起的。

极限限制是防止飞机飞行时的过载和迎角超出设计范围而设计的一种边界保护功能。极限限制分为软限制和硬限制两大类。软限制指的是通过改变指令构型或改变反馈支路等方法，在控制律中实现限制功能，不需要额外增加硬件的方法；硬限制指的有专门的硬件参与实现限制功能的方法。

3.6.1　软限制

无论是民机还是战斗机一般都配有极限限制功能，防止飞行员不慎操纵引起飞机失速以及大气扰动引起的失速，实现失速保护，防止飞机进入抗偏离特性很差的区域，减少飞机出现失控和可能进入尾旋的机会，充分发挥飞机潜在的机动性能。不同类型飞机具有不同形式的极限限制，同一架飞机不同构型状态下也可能存在不同形式的极限限制。

3.6.1.1　切换指令类型迎角限制器构型

切换指令类型的限制器指的是，在小迎角飞行状态下，飞机采用指令过载、C^* 等指令构型，当迎角限制器系统启用时，控制系统由原来的指令控制律转换为迎角指令。A320 极限边界限制构型如图 3-22 所示，下面以空客 A320 电传系统迎角限制器为例说明。

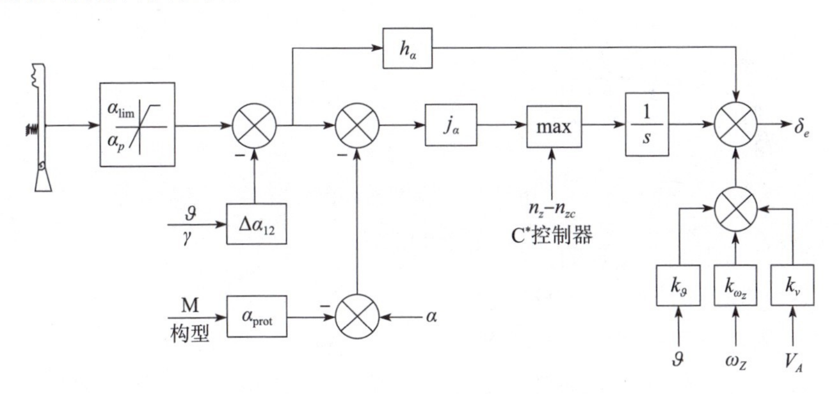

图 3-22　A320 极限边界限制构型

A320 按照马赫数，前缘襟翼和后缘襟翼的位置，规定了各种极限迎角 α_{prot}，α_{floor}，α_{max} 和 α_{stall}，当达到 α_{prot} 时，控制律会由指令 C^* 转换到指令迎角控制律，由对准中心的侧杆来给定规定值 α_{prot}。通过对 C^* 预置和 α 预置的比较，对进入迎角限制器和正常俯仰控制进行切换。当俯仰角和倾斜角较大时，首先要把迎角的规定值减小，同时倾斜角应限制在±45°，推杆 2s 后，当 $\alpha<\alpha_{prot}$ 时，又恢复到正常的 C^* 控制。

3.6.1.2 切换反馈类型迎角限制器

根据过载与迎角限制边界,按“取大值”逻辑原理设计了过载/迎角限制器,如图 3-23 所示,通过几个反馈支路信号比较,取其中最大值作为实际反馈与前向指令进行综合的主反馈信号,当系统的综合反馈信号 FDBCK=FSSL(法向过载与俯仰速率混合反馈信号)时,迎角限制器不接通,系统工作在控制增稳模态;当综合反馈信号 FDBCK=FALFALA(迎角限制器反馈信号)时,迎角限制器接通,系统工作在迎角限制模态。

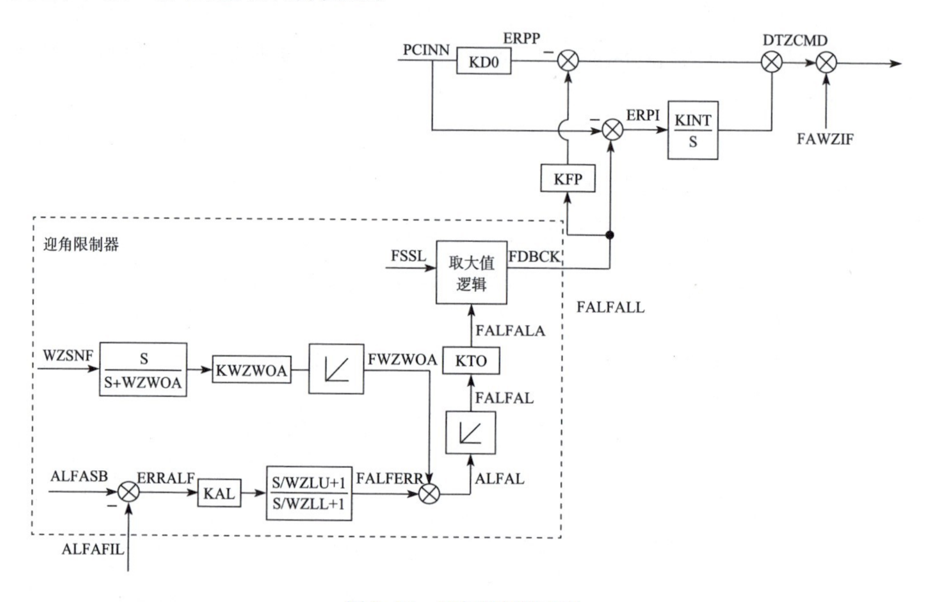

图 3-23 迎角限制器示意

参与迎角限制器实现的信号有以下几路。

(1) 迎角反馈信号 ALFAFIL。

(2) 俯仰速率反馈信号 FWZWOA,提供迎角增大的预测信号。

(3) 迎角偏置 ALFASB,随马赫数一维调参,其值取决于迎角边界值。它保证迎角小于该偏置时,不可能接通迎角限制器。

3.6.2 硬限制

硬限制形式的极限限制包含专门用于实现限制功能的硬件,一般都是采用附加机构限制或者推动驾驶杆,使得飞机接近失速时不再产生抬头动作或直接使飞机低头,从而减小迎角避免进入失速状态。硬极限状态限制器一般还具有告警功能,用于在飞机过载和迎角接近或超过规定的限制边界时给飞行员警告,当接近容许迎角、容许过载时，利用迎角和过载增长速率，提前在驾驶杆上施加警告性抖动信号。

硬极限限制器一般分为顶杆限制和推杆限制两大类。顶杆指的是通过硬件顶住驾驶杆使飞行员不能拉杆，从而限制迎角继续增大，推杆指的是通过硬件前推驾驶杆，从而使飞机升降舵下偏，减小飞机迎角。

3.6.2.1　顶杆限制

在顶杆“极限限制”模式，顶杆机构产生抖动信号并且与驾驶杆反方向运动，向驾驶员告警并限制驾驶员拉杆动作。极限限制通道工作原理如下。

极限限制控制律根据纵向杆位移、法向过载、迎角及平尾偏度等信号，计算极限限制舵机位移指令。在飞行员缓慢拉杆操纵并且飞机未达到极限限制状态（法向过载、迎角、平尾偏度均远离容许值）时，极限限制舵机跟随飞行员纵向杆操纵，不影响飞行员正常操纵；在法向过载、迎角、平尾偏度三者中任意信号达到或接近容许值，或飞行员快速拉杆操纵时，极限限制舵机不再跟随拉杆信号，并通过发出抖杆信号和附加载荷提醒飞行员已接近极限限制状态，边界限制器框图如图3-24所示。

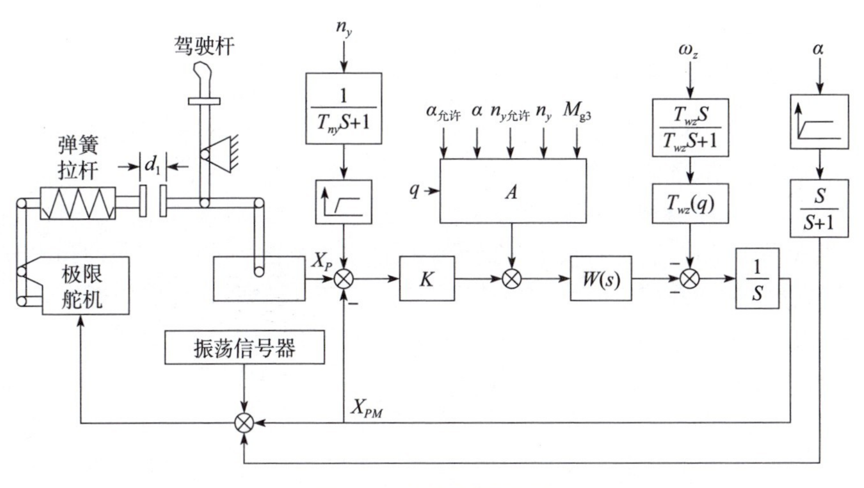

图3-24　边界限制器框图

3.6.2.2　推杆限制

在推杆“极限限制”模式，推杆机构产生抖动信号的同时与驾驶杆反方向运动，向驾驶员告警并限制飞行员拉杆动作。

边界限制原理框图如图3-25所示，以飞机失速保护系统为例说明推杆限制的工作原理。人工飞行控制状态下，若飞机有进入失速的倾向或进入失速状态，失速保护控制系统除顶杆限制条件外，还要根据飞机的高度、速度、姿态等判断推杆指令是否接通，若判断推杆条件成立，推杆机构代替驾驶员操纵驾驶杆带动升降舵动作，直至飞机远离失速状态或改出失速。一旦飞机改出失速状态，撤销推杆指令，推杆机构回到中立位置，然后进入随动工作模式。

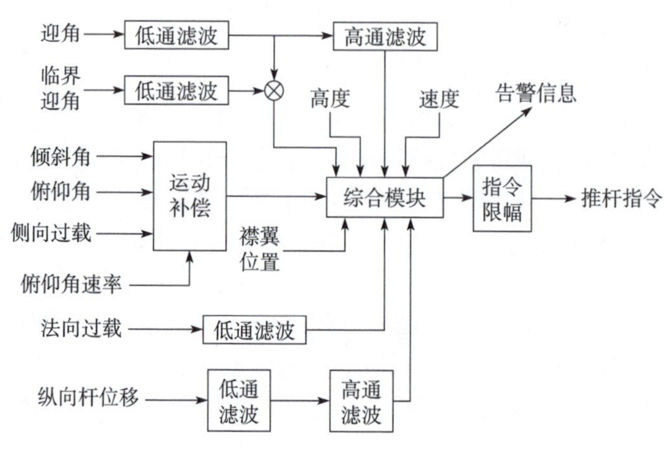

图 3-25　边界限制原理框图

3.6.3　软、硬限制

软、硬限制可以结合使用，更大发挥飞机的机动效能，通过在软、硬限制设置不同的限制值，分阶段启动两种限制。

下面以 C-17 运输机的迎角限制器为例进行说明，其俯仰轴控制通常是在 g-操纵布局中实现的。不过，为了最大限度地实现严重失速保护，当迎角限制器系统启用时，控制系统切换为迎角操纵布局。迎角限制器系统启用通常是在使用包线之外，在这种模式下，飞行员驾驶杆力与迎角成正比。图 3-26 给出了 C-17 迎角限制器系统控制律示意，图 3-27 给出了极限限制系统结构组成示意。它是一个简单的迎角指令系统，对短周期振动阻尼迎角变化率 $\dot{\alpha}$ 和长周期振动阻尼纵向加速度 $\dot{u}$ 进行指令控制。当飞机的迎角超过预定的值时，迎角限制系统（ALS）自动开始工作。典型失速告警情况下的迎角增加仅仅激活了一个低级软限制。如果迎角超过了软限制范围，一个迎角错误反馈回路被引入，需要足够的驾驶杆位移（比如力反馈弹簧），进入高级的硬限制阶段。在硬限制情况下，ALS 忽略操纵输入，使后缘升降舵向下，阻止更深的失速产生。

振杆接通条件：

(1) α 达到允许值；

(2) N_y 达到允许值；

(3) 大马赫数下，俯仰指令达到限制值。

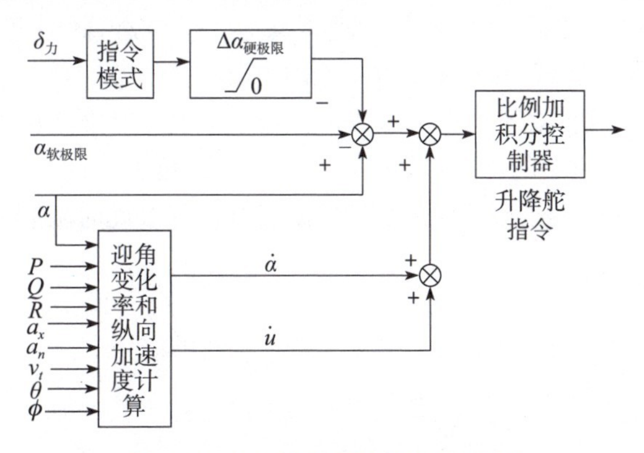

图 3-26　C-17 迎角限制器控制律示意

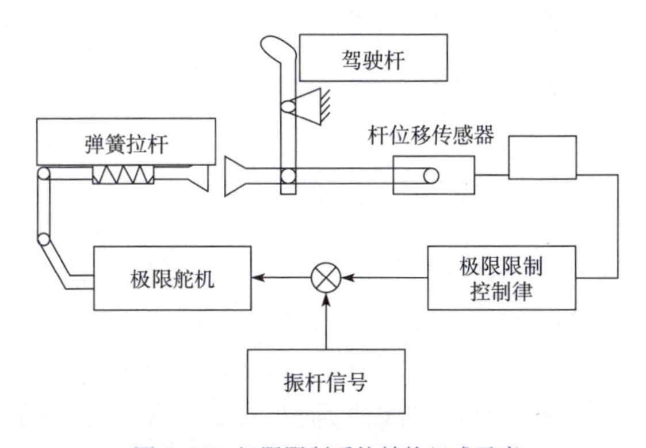

图 3-27　极限限制系统结构组成示意

3.7 过载与迎角限制器

迎角与过载的关系是由飞机本身的特性决定的，可以近似地认为 $n_y = \frac{V}{g} C_y^{\alpha}\alpha$，显然，在低速飞行时即使迎角较大，过载往往达不到极限；当机动低速飞行时，过载远未到边界时，迎角已到了失速迎角。而在高速飞行时，迎角少许地增加，法向过载却上升很快，以致迎角远未达到边界，而过载已达到了极限。在一定的杆力信号下，实际可达到的过载与迎角关系如图 3-28 所示，它是由以加速灵敏度 n_y/α 为斜率的直线与限制边界的交点确定的。n_y/α（单位迎角的过载能力）称为飞机的俯仰加速灵敏度，飞机构型不同、飞行状态不同，其加速灵敏度不同。事实上,每个飞行状态都可以建立相应的迎角与过载关系数学模型,确定每个飞行状态的飞行包线限制边界图,在一定杆力操纵下,确定对应的过载与迎角关系。由图 3-28 可见,线段 a 是大动压高速飞行状态,此时迎角不大,过载容易超限,只需要限制过载;线段 b 是中等动压中速飞行状态,是过载与迎角限制边界的分界线,理论上讲:对于加速灵敏度 n_y/α 而言,比它大的(在线段 b 上方),限制过载就可以了;比它小的(在线段 b 下方),限制迎角即可;线段 c 是小动压低速飞行状态,即使迎角不断增大,也达不到极限过载,因此,此时限制迎角即可。

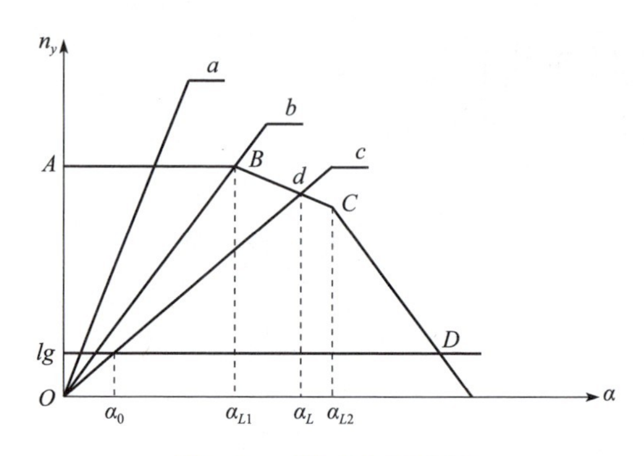

图 3-28 过载/迎角限制边界

工程应用上,风洞试验给出的气动数据与实际飞机的真实情况偏差较大,所以,控制律设计时,针对每个飞机构型的每个飞行状态,常常对加速灵敏度 n_y/α 加以较大的摄动(如 30%~50%参数摄动),这样图 3-28 所示加速灵敏度 n_y/α 的线段 b,就不是一条理想的直线线段,而是在其上下累加一定摄动(如 30%~50%)的误差带区域(过载与迎角限制边界的混合区域),当 n_y/α 在限制边界的混合区域时,过载/迎角哪个先到边界,就先限制哪个,需要控制律设计专门的逻辑策略识别处理。

3.7.1 取大值限制器

如图 3-16 所示,取大值逻辑是在加速灵敏度 n_y/α 的取值范围内,过载和迎角支路控制律计算值(绝对值)取大值 FK = max(N_yL, AOAL)。显然,加速灵敏度 n_y/α 全域范围内,通过迎角与过载的当量关系转换,在迎角/过载支路取大值设计中,设计合适的加速灵敏度 n_y/α 范围边界和取大值逻辑关系,可以实现小速度迎角限制、大速度过载限制以及中等速度段的迎角与过载边界的“先到先限制”功能。

例如在图 3-16 中,对于不限制负迎角的限制器设计,具体地说:当法向过载或法向过载与俯仰速率混合的反馈信号 $N_yL\leqslant 0$ 时，或者当 $N_yL>0$ 且 $N_yL\geqslant$ 迎角限制器的输出反馈 AOAL 时，系统综合反馈 FK 取 N_yL 信号，即系统综合反馈为法向过载反馈，控制律实现过载限制功能；仅当 $N_yL>0$ 且 $N_yL<$AOAL 信号时，系统综合反馈 FK = AOAL，此时，系统 N_yL 反馈被断开，接通迎角限制器反馈 AOAL，实现迎角限制功能。

3.7.2 取小差值限制器

工程上也采用一种直接“先到先限制”的迎角与过载限制器设计方法，如图 3-29 所示，控制律计算的过载和迎角支路，在当前飞行状态与各自的边界允许限制值求差值，差值经过增益环节，将过载、迎角两路输出形成当量；差值经过校正环节，将过载、迎角两路的相位(时刻)关系协调一致。俯仰角速率支路串联高通环节，使迎角与法向过载信号增加了预测提前量，迎角反馈中包含了高通环节，加强了迎角反馈的提前量；在迎角和过载两支路中选择差值较小的支路，即先接近边界的支路为控制律计算支路，实现迎角与过载的“先到先限制”功能。

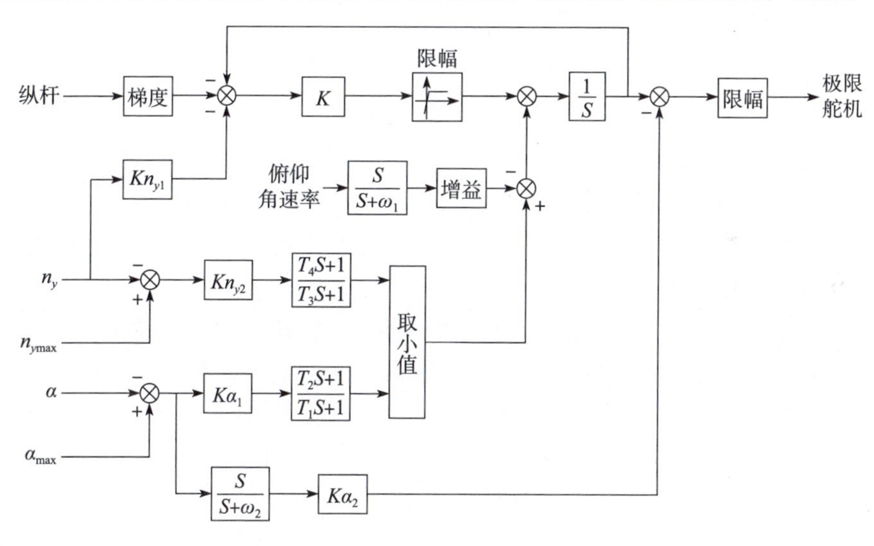

图 3-29 极限状态限制器结构

不难看出，这种取小差值限制器与上面章节取大值限制器一样，也有迎角/过载限制器来回切换的转换瞬态问题，要综合分析系统情况，具体问题具体处理。

3.7.3 基于加速灵敏度 n_y/α 的变结构限制器

如图 3-28 所示，根据当前飞行状态，设计俯仰加速灵敏度 n_y/α 的迎角/过载限制边界的混合区域,依据俯仰加速灵敏度 n_y/α 线段所处的区域位置,如果加速灵敏度 n_y/α 在其混合区域的上方,控制律取过载支路输出计算,实现过载限制;如果加速灵敏度 n_y/α 在其混合区域的下方,控制律取迎角支路输出计算,实现迎角限制;若加速灵敏度 n_y/α 处于迎角/过载限制边界的混合区域,按 3.7.1 节的取大值限制策略设计限制器。

综合考虑飞机本体自然特性与控制律原理,根据加速灵敏度 n_y/α 设计的迎角/过载变结构限制器,在确定的"大速压状态,限制过载;小速压状态,限制迎角",在迎角/过载限制边界的模糊混合区域,采用取大值限制策略。显然,这种方法确定性强,克服了在整个飞行包线的边界限制全域范围,单纯"取大值或者取小差值"限制器设计方法的控制律本身混沌不确定性,以及迎角/过载限制器频繁切换引起的转换瞬态,解决了大速压/小速压容易突破飞行包线边界问题。

3.8 信号滤波与陷波

3.8.1 前置/后置滤波器

传感器信号经线缆距离传输,进入调制电路掺杂着高频随机噪声,为防止传感器数字信号采样后出现频率混叠,设计系统工作频率,采用低通滤波器衰减甚至滤掉高频信号。根据香农采样定理选择合适的滤波频率,即选择滤波频率 ω_p 使在系统采样频率的一半处的噪声幅值足够小,这样在采样频率一半以上的噪声信号幅值更小,不会对飞控系统产生大的影响。所以 A/D 之前前置滤波器,其作用是滤掉高频干扰噪声,尽可能减小信号失真。

控制律指令通过 D/A 输出驱动伺服作动系统运动,D/A 数模转换本身就是把离散 0/1 位串变成连续的模拟信号,该模拟信号再经零阶保持器,由于控制律指令是以确定的飞控系统工作频率控制输出的,连续的模拟信号实际上是阶梯信号,此阶梯信号掺杂着多种高阶谐波信号,这些高阶谐波信号将引起伺服系统高频振荡。因此,需要设计后置滤波器,放置于 D/A 输出之后,滤除无用的高频杂波信号。后置滤波器滤波频率的选择原则,既不能影响飞控系统的动态特性,又要抑制产生的伺服作动系统的高频振荡,一般选取高于伺服系统的工作频率即可。显然,后置滤波器更有平滑指令输出、提高舵机可靠性的作用。

下面以两个典型的低通滤波器为例,根据仿真计算结果,绘制出其前/后置滤波器的幅频-相频响应特性曲线,如图 3-30 所示。

A/D 之前的前置滤波器选为

$$\frac{50}{s+50}$$

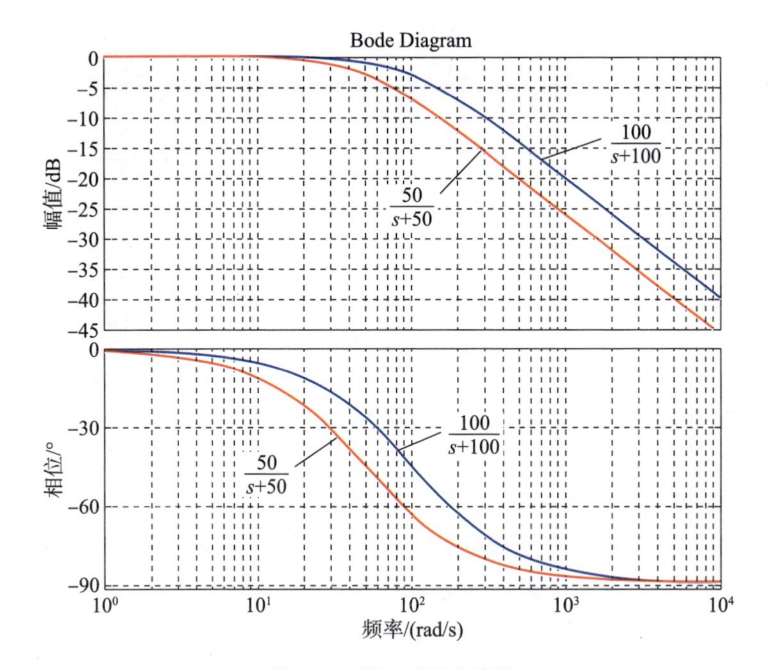

图 3-30 前置/后置滤波器

D/A 之后的后置滤波器选为

$$\frac{100}{s+100}$$

3.8.2 结构陷波器

现代飞机细长机身的外形结构和轻薄复合材料机翼的使用,使飞机的刚度下降,飞机在空中飞行时,除刚体运动外,还有机体的结构弹性模态,通常弹性模态的振动频率较高,阻尼较小,振型高达 6 阶以上;很容易被角速率陀螺传感器感知,通过数字飞控控制律将这种振型引入飞控系统,干扰飞控系统工作。数字电传飞控系统的传感器可以敏感到惯性平动和转动产生的输出,不仅敏感飞机刚体运动参数,同时也敏感飞机机体弹性运动特征,而这些角速率和过载反馈信号进入控制律解算,生成控制舵面指令,因此数字电传飞控系统与飞机一起构成了闭环。飞机的结构模态运动的较大相位滞后和系统的高增益,会使闭环的飞控系统产生耦合发散振荡,严重时导致飞机损坏。飞机伺服弹性耦合原理如图 3-31 所示。

数字电传飞控系统与飞机弹性结构发生相互作用产生耦合运动,飞机结构耦合是飞机设计采用数字电传飞控系统的必然结果。传统的机械操纵系统与飞机结构没有构成闭环,机械操纵系统没有结构耦合问题,所以数字电传飞控系统

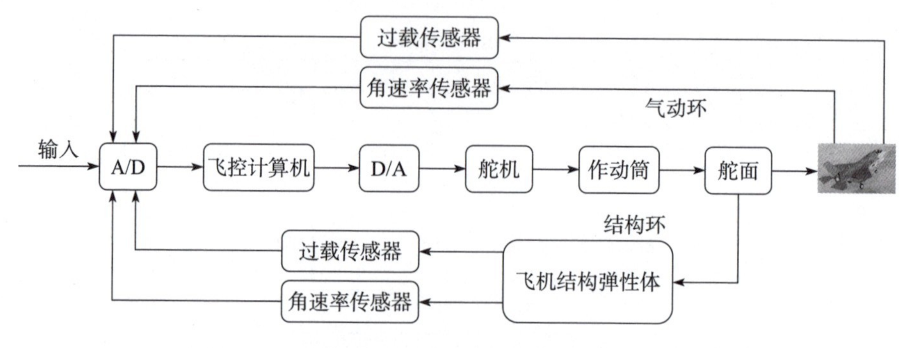

图 3-31　飞机伺服弹性耦合原理

设计必须有足够的稳定性，在给定的飞机结构振型点进行结构陷波，保证在整个飞行包线范围内飞机结构不发生振荡。

在工程应用中，为保证一定的陷波宽度和陷波深度，常常采用两个或多个结构陷波器串联的设计方法，解决陷波器陷波宽度和深度同时增加，导致反馈信号相位滞后，影响飞控系统等效时延和稳定储备的问题。

$$N(s)=K\frac{s^2+2\zeta_0\omega_0 s+\omega_0^2}{s^2+2\zeta_p\omega_p s+\omega_p^2}$$

式中：ω_0——根据飞机弹性模态而设置的陷波频率。

陷波深度：ζ_0 与 ζ_p 为分子与分母的阻尼，决定了陷波深度。二者相差越大，陷波深度越深，不同的陷波深度如图 3-32 所示。

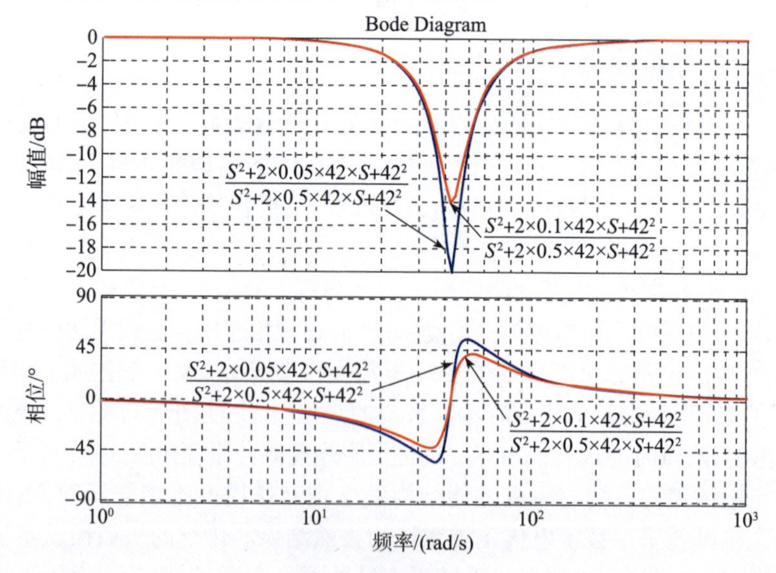

图 3-32　不同陷波深度

陷波宽度：ω_p 与 ω_0 为匹配设置的转折频率，决定了陷波宽度。二者相差越大，陷波频率段越宽，不同的陷波宽度如图 3-33 所示。

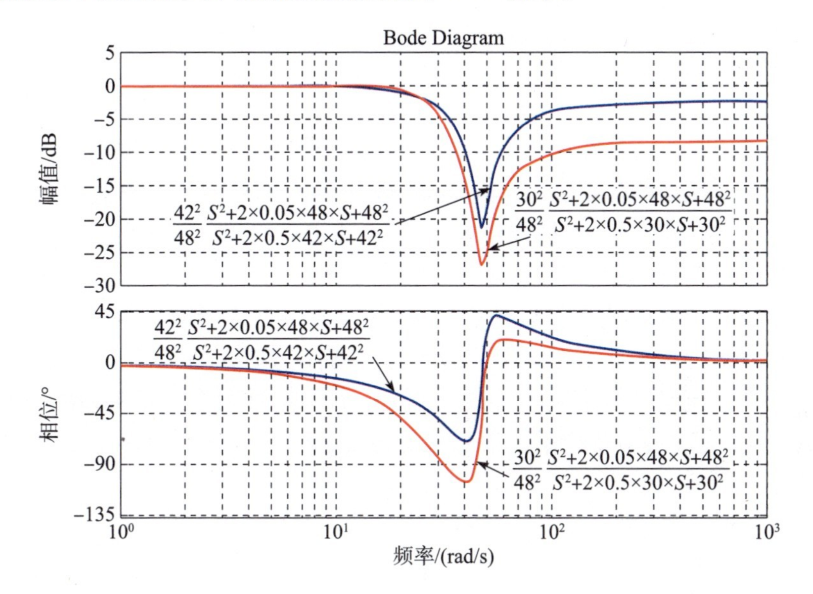

图 3-33　不同陷波宽度

陷波器增益：$K=\omega_p^2/\omega_0^2$ 保证低频时的幅值不衰减。

一般来说，陷波频率、阻尼参数的选择策略是：$\omega_0>\omega_p$，$\zeta_0<\zeta_p$，通常 $\omega_0=\omega_p$。在模拟式系统应用中，根据结构模态陷波器设计要求，通过改变电阻、电容，调整 ξ 与 ω，设计陷波深度与陷波宽度。在模拟式系统中，也用惯性环节近似等效二阶结构陷波器。

为了抑制结构模态耦合，应选择合适的传感器安装位置，尽可能地减小机体结构振动对角速率和加速度信号的影响。例如，速率陀螺安装在结构振荡的波峰处，波峰的导数（速率信号）为零，速率陀螺不敏感结构振荡产生的角速率信号；加速度计安装在结构振荡的波节处，波节的相对位移为零，没有加速度变化，加速度计不敏感结构振荡产生的加速度信号。即使统筹考虑了飞机结构、机载设备情况，以及速率陀螺和加速度计的合理安装，也只是减轻了结构耦合的程度，难以避免数字飞控系统与飞机机体结构耦合，所以结构陷波器设计是数字飞行控制系统的必然选择。

显然，结构陷波器与主动颤振抑制不同。结构陷波器是已知飞机结构振型，利用陷波器把发生振荡频率点附近的振荡幅值大幅衰减，从而有效地抑制结构振荡，是一种被动的开环控制。而主动颤振抑制通常是通过迎角或加速度传感器感受机翼的弹性振动，以控制律指令驱动相应的前、后缘襟翼或副翼，改变翼面的非定常气动力分布,降低或改善机翼的气动弹性耦合效应,被控对象不是飞机运动方程,而是机翼的气动弹性运动模型,是一种主动的闭环控制。

3.9 动态调参

在主机给定飞行包线内飞行状态点气动力数据的基础上,控制律设计以频域、根轨迹、特征结构配置、动态逆、多输入/多输出极点配置等方法的仿真测试数据为基础,结合飞行品质规范要求,反复迭代设计控制回路的各种参数。在整个飞行包线内把由高度 H 和速度马赫数确定的飞行状态点(M_a,H),控制律仿真事先离线确定其临近 4 个点的设计参数,这 4 个点构成网格矩形区域。如果需要调参的飞行状态点不在网格节点上,则根据该点所在的网格矩形区域,利用矩形区域 4 个顶点的参数值,进行关于高度 H、马赫数两个变量的双线性插值。为了讨论统一方便,马赫数用 x 表示,高度用 y 表示,下面在 oxy 坐标系讨论控制律的动态调参。

一般来说,控制律参数设计在矩形区域的 4 个顶点上的值都是已知确定的,动态调参就是要根据 4 个顶点上的函数值,插值插出一个在该矩形区域内某点(x,y)的函数值,记为 $U(x,y)$,由于插值条件是 4 个顶点上的函数值,插值函数可取

$$U(x,y)=ax+by+cxy+d \tag{3-4}$$

从原理上讲,把 4 个顶点坐标及已知的函数值代入式(3-4),得到关于 a、b、c、d 的 4 个未知数的方程组,解这个四元一次方程组,可以得到 a、b、c、d 的 4 个未知数的具体值,这样就确定了插值函数 $U(x,y)$,实际应用中把(x,y)代入 $U(x,y)=ax+by+cxy+d$,就得到了控制律动态调参的参数值。但实际上可以不用求解四元一次方程,而是利用矩形域两边平行于 x 轴、另两边平行于 y 轴的特点,分别进行单轴线性插值,这样总体上进行 3 次单轴线性插值,就得到了调参结果;事实上直接利用这 3 次线性插值算式整理合并同类项,把 x、y、xy 前系数分别叫作 a、b、c,把常数项叫作 d,数学上已经证明这种用三次线性插值推导出来的 a、b、c、d 与求解四元一次方程得到的 a、b、c、d,结果完全一致,即矩形域上的插值函数式(3-4)存在且唯一。

无论如何,这种方法在办公室离线解方程计算量大,计算需要事先考虑算法溢出预防的环节多,但极大减少了机载软件实时计算任务,提高了插值效率;更重要的是,该方法计算机运算种类比线性插值少了减法和除法,软件计算的溢出保护及溢出中断、除零中断减少了 60%,运算的安全性得到了极大的提高。下面介绍几种常见的双线性插值调参方法。

3.9.1 标准基函数调参法

在 oxy 平面给定矩形区域 A_1、A_2、A_3、A_4，其顶点坐标 $A_i(x_i,y_i)$ 分别为(图 3-34)：$A_1(-1,-1)$，$A_2(1,-1)$，$A_3(1,1)$，$A_4(-1,1)$。

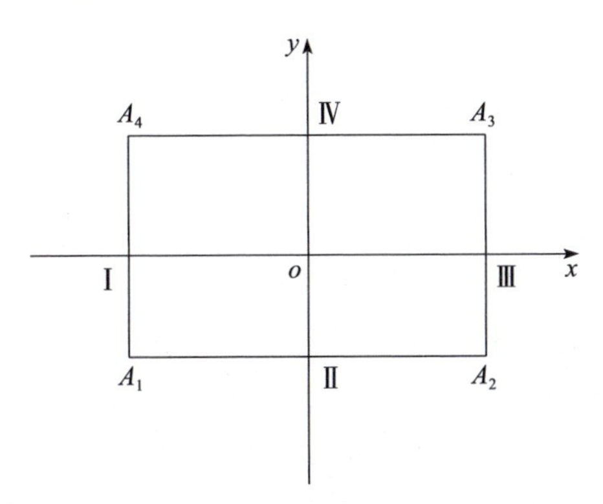

图 3-34 标准基函数插值

下面具体构造标准插值函数 $U(x,y)$，由图可知矩形各边的方程：

$$\text{Ⅰ}: 1+x=0$$

$$\text{Ⅱ}: 1+y=0$$

$$\text{Ⅲ}: 1-x=0$$

$$\text{Ⅳ}: 1-y=0$$

设插值函数为：

$$U(x,y)=U_1(x,y)\Psi_1(x,y)+U_2(x,y)\Psi_2(x,y)+U_3(x,y)\Psi_3(x,y)+U_4(x,y)\Psi_4(x,y) \tag{3-5}$$

考虑函数 $\Psi_1(x,y)$ 的构造，由图 3-34 可以看出，A_1 的对顶点是 A_3，过 A_3 的两条相邻边是Ⅲ、Ⅳ，而 A_2、A_3、A_4 就在由Ⅲ、Ⅳ组成的折线上，所以，取 $\Psi_1(x,y)=c_1(1-x)(1-y)$，它满足

$$\Psi_i(x_i,y_j)=\delta_{ij}=\begin{cases}0(i\neq j)\\1(i=j)\end{cases} \tag{3-6}$$

只要选取常数 c_1 满足 $c_1(1-x_1)(1-y_1)=1$，

所以，$c_1=\dfrac{1}{(1-x_1)(1-y_1)}=\dfrac{1}{4}$。

类似的方法，可以求得 Ψ_2、Ψ_3、Ψ_4，插值基函数列出如下：

$$\Psi_1(x,y)=\frac{(1-x)(1-y)}{4}$$

$$\Psi_2(x,y)=\frac{(1+x)(1-y)}{4}$$

$$\Psi_3(x,y)=\frac{(1+x)(1+y)}{4}$$

$$\Psi_4(x,y)=\frac{(1-x)(1+y)}{4}$$

可以统一将其写成

$$\Psi_i(x,y)=\frac{(1+x_i x)(1+y_i y)}{4}$$

所以,控制律动态调参的矩形域上的双线性插值表达式为

$$U(x,y)=\sum_{i=1}^{4}u(x_i,y_i)\frac{(1+x_i x)(1+y_i y)}{4} \tag{3-7}$$

可以看出标准基函数双线性插值法,工程应用上要进行双线性变换,找出矩形域 4 个点的中心原点 $O(0,0)$,让矩形域 4 个顶点的坐标分别为

$A_1(-1,-1)$,$A_2(1,-1)$,$A_3(1,1)$,$A_4(-1,1)$。

落入矩形域中的需要插值的飞行状态点 $A(x,y)$,根据该点离 4 条边的距离进行坐标变换,变成标准矩形区域坐标系下的坐标,再利用标准插值函数进行双线性插值。

3.9.2 基函数插值调参法

在图矩形网格中如图 3-35 所示,假设 $\boldsymbol{A}_1$、$\boldsymbol{A}_2$、$\boldsymbol{A}_3$、$\boldsymbol{A}_4$ 四点的函数值,分别是 u_{ij}、u_{i+1j}、u_{i+1j+1}、u_{ij+1},要求解矩形网格内某点 $\boldsymbol{A}$ 的函数值,根据假设条件,插值函数可取为

$$u(x,y)=\sum_{k=1}^{4}\varphi_k(x,y)u_k \tag{3-8}$$

其中:$k=ij,i+1j,i+1j+1,ij+1$

$=1,2,3,4$

函数 $\varphi_k(x,y)$ 满足条件:

$$\varphi_k(x_k,y_l)=\delta_{kl}=\begin{cases}0(k\neq l)\\1(k=l)\end{cases} \tag{3-9}$$

$$\sum_{k=1}^{4}\varphi_k(x,y)=1 \tag{3-10}$$

不难看出,矩形的 4 个边的方程分别为

$$\text{Ⅰ}:x-x_i=0$$

$$\text{Ⅱ}:y-y_j=0$$

$$\text{Ⅲ}:x-x_{i+1}=0$$

$$\text{Ⅳ}: y-y_{j+1}=0$$

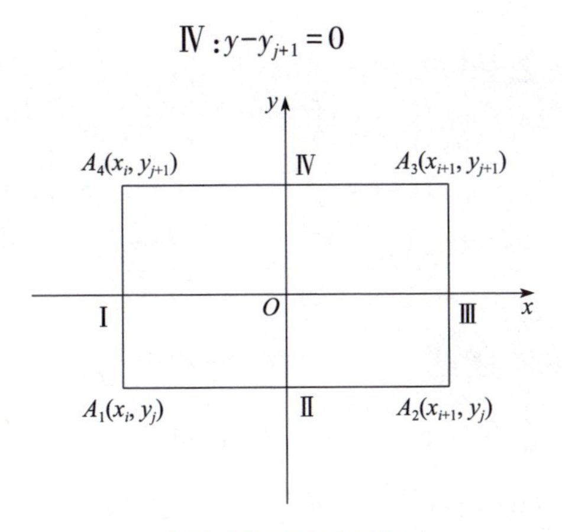

图 3-35　矩形域示意

由图 3-35 可知,$\boldsymbol{A}_1$ 的对顶点是 $\boldsymbol{A}_3$,过 $\boldsymbol{A}_3$ 的两条邻边为Ⅲ、Ⅳ,故 $\varphi_1(x,y)$ 可取

$$\varphi_1(x,y)=c_1(x-x_{i+1})(y-y_{j+1})$$

由式(3-9)可得

$$\varphi_1(x_i,y_j)=c_1(x_i-x_{i+1})(y_j-y_{j+1})=1$$

因此,

$$c_1=\frac{1}{(x_i-x_{i+1})(y_j-y_{j+1})}$$

则有

$$\varphi_1(x,y)=\frac{(x-x_{i+1})(y-y_{j+1})}{(x_i-x_{i+1})(y_j-y_{j+1})}$$

同理可得

$$\varphi_2(x,y)=\frac{(x-x_i)(y-y_{j+1})}{(x_{i+1}-x_i)(y_j-y_{j+1})}$$

$$\varphi_3(x,y)=\frac{(x-x_i)(y-y_j)}{(x_{i+1}-x_i)(y_{j+1}-y_j)}$$

$$\varphi_4(x,y)=\frac{(x-x_{i+1})(y-y_j)}{(x_i-x_{i+1})(y_{j+1}-y_j)}$$

可以验证

$$\sum_{k=1}^{4}\varphi_k(x,y)=1$$

故,所求的插值函数为

$$
\begin{aligned}
u(x,y) &= \sum_{k=1}^{4} \varphi_k(x,y) u_k \\
&= \frac{(x-x_{i+1})(y-y_{j+1})}{(x_i-x_{i+1})(y_j-y_{j+1})} u_{ij} + \frac{(x-x_i)(y-y_{j+1})}{(x_{i+1}-x_i)(y_j-y_{j+1})} u_{i+1j} + \\
&\quad \frac{(x-x_i)(y-y_j)}{(x_{i+1}-x_i)(y_{j+1}-y_j)} u_{i+1j+1} + \frac{(x-x_{i+1})(y-y_j)}{(x_i-x_{i+1})(y_{j+1}-y_j)} u_{ij+1}
\end{aligned}
\tag{3-11}
$$

3.9.3 分轴双线性插值

在一维线性插值理论中我们知道,已知 x_1 的函数值 y_1,x_2 的函数值 y_2,假设插值函数 $y=f_1(x)y_1+f_2(x)y_2$,其结果是

$$
y = \frac{x-x_2}{x_1-x_2} y_1 + \frac{x_1-x}{x_1-x_2} y_2 \tag{3-12}
$$

或者用 y 轴截距的形式表达插值函数表达式如下:

$$
y = \frac{x-x_1}{x_1-x_2}(y_1-y_2) + y_1 \tag{3-13}
$$

可以推导证明式(3-13)与式(3-12)是完全等价的,只是换了一种表达方式。

以此为基础,在矩形域上、下两条边上可以进行关于 x 的插值,即先对 $U(x, y)$作关于动压或马赫数 x 的线性插值,记为 $P_x U(x,y)$,得到两个插值点的函数值 U_1、U_2;利用 U_1、U_2 进行关于 y 的插值,即对 $P_x U(x,y)$ 作关于高度 y 的线性插值,记为 $P_y P_x U(x,y)$,最终得到所要的双线性调参插值,可以推导证明这种方法与矩形域上的基函数双线性插值结果完全一致。因此,工程应用中常用下面的方法构造插值函数。

(1) A_1A_2 连线关于 x 插值,确定 U_1:

$$
U_1 = \frac{x-x_2}{x_1-x_2} u_{ij} + \frac{x_1-x}{x_1-x_2} u_{i+1j} \tag{3-14}
$$

(2) A_3A_4 连线关于 x 插值,确定 U_2:

$$
U_2 = \frac{x-x_2}{x_1-x_2} u_{ij+1} + \frac{x_1-x}{x_1-x_2} u_{i+1j+1} \tag{3-15}
$$

(3) U_1U_2 连线关于 y 插值,得到最终插值结果:

$$
u(x,y) = \frac{y-y_2}{y_1-y_2} U_1 + \frac{y_1-y}{y_1-y_2} U_2 \tag{3-16}
$$

把 $x_1=x_i$、$x_2=x_{i+1}$、$y_1=y_j$、$y_2=y_{j+1}$ 以及式(3-14)、式(3-15)代入式(3-16)可

得如下关系式：

$$u(x,y)=\frac{(x-x_{i+1})(y-y_{j+1})}{(x_i-x_{i+1})(y_j-y_{j+1})}u_{ij}+\frac{(x-x_i)(y-y_{j+1})}{(x_{i+1}-x_i)(y_j-y_{j+1})}u_{i+1j}+ \\ \frac{(x-x_i)(y-y_j)}{(x_{i+1}-x_i)(y_{j+1}-y_j)}u_{i+1j+1}+\frac{(x-x_{i+1})(y-y_j)}{(x_i-x_{i+1})(y_{j+1}-y_j)}u_{ij+1} \tag{3-17}$$

显然，式(3-17)与式(3-11)完全等价。

3.9.4　待定系数双线性插值

实际上，如果给定的 4 个点连线构成的区域不是矩形域，是控制律设计根据需要确定的 4 个点，这 4 个点的连线组成了一个不规则的四边形。控制律动态调参的双线性插值，就是已知 4 个点的函数值，要对这 4 个点进行双线性插值，假设插值函数为

$$U(x,y)=ax+by+cxy+d \tag{3-18}$$

把已知的 4 个点的坐标和函数值代入假设的插值函数，得到关于 a、b、c、d 4 个未知数的 4 个方程，四元一次方程组为

$$\begin{cases} u_1=ax_1+by_1+cx_1y_1+d \\ u_2=ax_2+by_2+cx_2y_2+d \\ u_3=ax_3+by_3+cx_3y_3+d \\ u_4=ax_4+by_4+cx_4y_4+d \end{cases} \tag{3-19}$$

求解该方程组得到 a、b、c、d，这样就确定了插值函数式(3-18)。实际工程应用时，把 a、b、c、d 及四边形 4 个顶点的 (x,y) 坐标作为四边形插值区域已知参数，存入四边形插值函数存储器，控制律实时动态调参时将当前点坐标 (x,y) 代入式(3-18)，即可求出控制律调参双线性插值函数值。

显然，这种不规则四边形四元一次方程组(3-18)的解不唯一，因为不规则四边形上下两条边不平行于 x 轴，左右两条边不平行于 y 轴，不可能按 x 轴(y 为常数)或者按 y 轴(x 为常数)分轴插值；也就是说，由四个点组成的不一定是四直边形，可能是四曲边形，所以方程组(3-19)的解，可能是直线双变量线性的解，也可能是曲线双变量非线性的解。在实际工程应用中，根据物理对象的具体情况，在精度允许范围内通过近似变换，将不规则四边形的四点插值转换成矩形域上的双线性插值。

如果给定 4 个点连线构成矩形域(见图 3-35)，则这四个点坐标 $\boldsymbol{A}_1(x_1,y_1)$，$\boldsymbol{A}_2(x_2,y_2)$，$\boldsymbol{A}_3(x_3,y_3)$，$\boldsymbol{A}_4(x_4,y_4)$，可以写成 $\boldsymbol{A}_1(x_1,y_1)$，$\boldsymbol{A}_2(x_2,y_1)$，$\boldsymbol{A}_3(x_2,y_2)$，$\boldsymbol{A}_4(x_1,y_2)$，假设四个点的函数值分别为 $\boldsymbol{A}_1$、$\boldsymbol{A}_2$、$\boldsymbol{A}_3$、$\boldsymbol{A}_4$，则方程组(3-19)变成

$$\begin{cases}\boldsymbol{A}_1=ax_1+by_1+cx_1y_1+d\\ \boldsymbol{A}_2=ax_2+by_1+cx_2y_1+d\\ \boldsymbol{A}_3=ax_2+by_2+cx_2y_2+d\\ \boldsymbol{A}_4=ax_1+by_2+cx_1y_2+d\end{cases} \tag{3-20}$$

把分轴双线性插值函数表达式(3-17),按 x、y 单线性、xy 双线性及常数项合并同类项展开,对比各变量系数因子,求解此方程组得到

$$\begin{aligned}a&=\lambda[(\boldsymbol{A}_4-\boldsymbol{A}_3)y_1-(\boldsymbol{A}_1-\boldsymbol{A}_2)y_2]\\ b&=\lambda[(\boldsymbol{A}_2-\boldsymbol{A}_3)x_1+(\boldsymbol{A}_4-\boldsymbol{A}_1)x_2]\\ c&=\lambda(\boldsymbol{A}_1-\boldsymbol{A}_2+\boldsymbol{A}_3-\boldsymbol{A}_4)\\ d&=\lambda[(x_1\boldsymbol{A}_3-x_2\boldsymbol{A}_4)y_1+(x_2\boldsymbol{A}_1-x_1\boldsymbol{A}_2)y_2]\end{aligned}$$

其中:$\lambda=\dfrac{1}{(x_1-x_2)(y_1-y_2)}$

将 a、b、c、d 代入式(3-18)得到该矩形域上的插值函数,这就是矩形域上的双线性插值。显然,由分轴双线性插值函数合并同变量项,得到的待定系数插值函数,二者插值算法同根同源,结果完全等价。

数值逼近教科书理论上已经证明,矩形域中有且仅有唯一的双线性插值函数,即矩形域上方程组(3-19)或者方程组(3-20)有解且有唯一解。也就是说,无论是标准基函数、基函数、分轴双线性插值还是待定系数法,它们在矩形域上的双线性插值,其结果是完全相同一致的。当然,在一定精度允许条件下,足够小的不规则四边形区域可以用矩形域简化替代,需要根据系统需求决策实施。

3.9.5 几种插值算法比较

由式(3-11)可知,基函数插值“加减乘除”运算操作次数 35 次;分轴单线性插值是矩形域上先对 y=常值的上、下两条边关于 x 线性插值得到 U_1、U_2,利用新插值的 U_1、U_2 再对 x=常值关于 y 线性插值,即式(3-14)、式(3-15)和式(3-16)分轴单线性插值,“加、减、乘、除”共计 27 次操作运算;或者利用式(3-13)插值函数进行矩形域上的分轴单线性插值,“加、减、乘、除”共计 18 次操作运算,目前工程上普遍采用这种插值方法。这 3 种插值方法共同的问题是计算量大,“加、减、乘、除”操作对于定点运算可能大于 1,对于浮点运算可能产生溢出,所以,需要先进行比例因子标定,每个网格都要进行这样的溢出保护处理,非常复杂。

待定系数插值法式(3-18),在确定的四边形区域(矩形是一种特例),解四元一次方程组解出 a、b、c、d 作为该四边形区域的插值函数参数,a、b、c、d 与该四

边形区域 4 个顶点的坐标值一起事先离线存入插值网格参数存储器，把落入该四边形区域的坐标值(x,y)代入式(3-18)，可得该点的控制律参数调参值。

显然，这种待定系数插值方法运算次数总计 7 次“加乘”运算(3 次加法、4 次乘法)，没有减法和除法，免去了减、除运算的溢出预防、溢出处理和除 0 例外中断，从运算种类中断源上说安全性提高 60%。一般计算机 CPU 指令手册表明：一条乘、除法指令相当于 5 倍加、减法指令的执行时间。把以上几种插值算法统一按“加法指令当量”计算，其结果是：“基函数插值式(3-11)有 99 次、分轴插值式(3-12)有 75 次、分轴截距插值式(3-13)有 42 次、待定系数插值式(3-18)只有 23 次”的加法指令运算，如果以待定系数插值的式(3-18)为比较标准，它比基函数插值式(3-11)效率提高 76.76%，比分轴插值式(3-12)效率提高 69.33%，比分轴截距插值式(3-13)效率提高 45.24%。

下面按截距插值式(3-13)与待定系数插值式(3-18)运算量比较计算，由频域控制律设计框图可知，纵向或者横航向控制律本身的“加、减、乘”计算量，大约是 50 次，而截距插值法 18 次运算，仅一个增益的调参占用了一个轴向的控制律解算 36%的工作量，即分轴截距插值的 2 个多参数调参相当于 1 个飞控控制律的计算量，所以降低调参算法的运行时间是减少控制律运行时间的根本。

飞控系统控制律计算中除采用按轴调参插值计算有“除法”外，控制律计算本身只有“加、减、乘”指令运算，以两个课题控制律“加、减、乘”运算次数统计为例，分析对比控制律本身计算量与按轴调参计算量差异，其结果是：三轴 ACT 纵向控制律 71 次，横航向控制律 54 次；某飞机纵向控制律 59 次，横航向控制律 44 次，极限限制系统 28 次。一般来说，纵向控制律需要调参的增益有 K_{wz}、K_{ny}、K_{α}、K_z、K_i 等，横航向控制律需要调参的增益有 K_{wy}、K_{nz}、K_{wx}、K_{nx} 等，极限限制系统需要调参的增益有杆位移、俯仰角速率、法向过载、迎角等。算下来三轴控制律有 10 多个增益参数需要实时动态调参，根据上面调参计算量估计，现在常用的分轴插值调参算法，飞控计算机用于调参的计算量就可以解算 5 个飞控系统的控制律，而且控制律计算本身还没有“除法”，不用考虑“除法”的溢出保护和“除 0 中断”处理所付出的代价。显然，采用“待定系数法插值调参”可以极大地提高控制律调参效率、减少控制律软件的运行时间，并提高控制律软件的可靠性和安全性。

第4章　协同控制

现代网络作战体系架构是典型的协同控制应用,具有空、天、地、海、有人、无人等的互联、互通、互操作体系协同能力。改变传统集中指挥控制中心技术体制,采用去中心化的分布式指控设计思想,建立“协同传感+协同指控+协同火控”的三网合一体系架构,采用开放式标准,基于模块化设计,使用中间件管理支撑环境和作战系统变更,使作战应用程序 App 通过组件替换、升级或更新,快速形成新的作战能力。

单一态势感知,分布式单元交换传感器测量信息和状态数据,采用融合算法,生成相同态势图。单一态势感知,使无中心数据融合成为可能,由于平台之间数据的一致性,不需要将所有传感器数据传输到融合中心进行处理。

智能决策是协同作战的核心规划技术,根据体系中获得的作战信息,采用人工智能算法,面向结果智能规划决策,提高系统自适应控制决策,缩短系统响应时间,提供最佳作战计划。基于一体化火力控制协同作战的重要技术,平台间可实现同一作战环境平台间的火控协同,完成无缝协同探测与协同攻击任务。

协同的核心是运动的一致性控制、任务的按能力分配和合作信息的管理应用。协同控制涉及范围很广、很宽,本书很难深入系统地论述,本章主要以无人机的协同控制技术为重点展开讨论。

无人机自主控制技术发展的基本情况是:“单机自动”控制,大量借鉴了有人驾驶飞机的飞行控制技术,相对成熟和稳定;“单体自主”控制,开始在某些技术点上有所演示验证;与蜂群作战应用相匹配的“多体协同”控制则仍处于早期预先研究状态。

从控制的角度来审视以无人机蜂群作战为代表的自主集群飞行,可以发现其具备以下3个重要的技术特征。

1. 控制架构去中心化

集群中没有任何一个个体处于中心控制,或者主导飞行的地位,即使有个体消失或丧失功能,整个群体也依然可以有序飞行。

2. 个体控制自主化

飞行过程中无人为操控,所有个体只控制自己本身飞行,并观察其他个体位置和动态,但并不对任何其他个体的飞行产生主观影响作用。

3. 群体控制自治化

所有个体自然形成一个稳定的集群结构，即使有个体因丧失功能脱离群体或由于任何原因改变群体结构位置，新的集群结构排列会快速自动形成并保持稳定。

上述技术特征对应到无人机自主控制层级上，要实现集群自主飞行，需要在已实现“单机自动”的基础上，解决好“单体自主”和“多体协同”中存在的核心技术问题才有可能。

无人机协同是在满足无人机运动方程、时空协同、障碍规避、飞行性能、控制边界等约束下，为多架无人机规划一组协同轨迹使指定的性能指标达到最优，一般为飞行时间最短或控制消耗最小。随着需求的不断增多，战场情况的日益复杂，单架无人机能力受限，已无法满足任务要求，需要多架无人机相互协调各自的资源，合作执行任务。如何协调处理好各无人机之间的相互关系是多无人机系统协同控制的研究重点，在飞行过程中相互之间的航迹无碰撞、执行同一个任务的多架无人机能够同时到达任务区域、有先后次序任务的不同无人机执行任务的时间必须满足任务的时序约束等。因此，多无人飞行器的协同轨迹防撞规划不仅要满足空间约束要求，还必须满足协同时间要求。由于各无人飞行器轨迹不同，空中飞行速度也有差异，要研究具有时间约束的协同轨迹防撞控制算法，使每架无人飞行器在空间上尽可能回避威胁的前提下，生成相应的航迹，并满足同时到达目标的要求。

4.1 协同约束条件

在规划无人机最优可行防撞轨迹时，在考虑满足代价 f_c 最小这一限制条件的同时，还需要考虑很多其他限制，比如无人机的性能限制、飞行空间的环境限制、飞行的安全性、任务的相关约束等。无人机轨迹防撞规划中所有的限制条件可以分为两类，一类以目标函数的形式体现，通过最大化或最小化的目标函数来优化规划路径；另一类是无人机与其飞行路径必须遵守的性能约束。虽然这些目标函数与约束条件针对不同的问题限制路径，但其本质都是与无人机或者障碍威胁相关的几何限制。目前已有的研究中，通常都是通过判断路径点位置或相邻路径点的几何关系来检测是否满足约束，比如最小路径长度、最大转向角、最大爬升/俯冲角、雷达探测风险、地形限制等。

设无人机规划路径由一组路径点组成，表示为

$$P=(p_1,p_2,\cdots,p_{N+1})$$
$$\text{s.t. } p_1=p_{\text{start}}$$

$$p_{N+1}=p_{\text{goal}}\in P_{\text{goal}}$$

任意一个路径点坐标表示为 $p_i=(x_i,y_i,z_i)$。则限制条件如下所示。

1. 飞行高度限制

无人机在任务飞行中，为了降低被警戒雷达发现的风险，利用地形掩护，需要尽可能低地飞行。但是飞得过低通常会导致与地形相撞的可能性增加，同时不满足无人机的安全飞行高度要求。综合考虑任务需求、地形限制以及最低安全飞行高度，高度约束如下：

$$H_{\text{safe}}\leqslant z_i-z_{\text{map},i}\leqslant H_{\max}$$

式中：H_{safe} 为无人机最低飞行高度；$z_{\text{map},i}$ 为路径点 p_i 处的地形高度；$H_{\max}$ 为出于任务安全性考虑的最大飞行高度。

2. 最大转向角限制

无人机在飞行过程中，需要在其飞行性能允许的最大转向角范围内转向。因此在经过每个路径点 p_i 时，引入最大转向角 $\phi_{\max}$。则约束条件为

$$\cos\phi_i=\frac{\boldsymbol{a}_i^{\mathrm{T}}\boldsymbol{a}_{i+1}}{\|\boldsymbol{a}_i\|\,\|\boldsymbol{a}_{i+1}\|}\geqslant\cos\phi_{\max} \tag{4-1}$$

式中：$\boldsymbol{a}_i=[x_i-x_{i-1},y_i-y_{i-1},]^{\mathrm{T}}$；$\|\boldsymbol{a}\|$ 为向量 $\boldsymbol{a}$ 的二范数。

3. 最大俯仰角限制

与转向角限制类似，无人机在爬升或俯冲时，需要在其自身飞行性能确定的垂直面内最大角度限制内飞行。因此在经过每个路径点 p_i 时，引入最大俯仰角 $\gamma_{\max}$。约束计算如下：

$$-\gamma_{\max}\leqslant\gamma_i=\arcsin\left(\frac{z_i-z_{i-1}}{\|\boldsymbol{a}_i\|}\right)\leqslant\gamma_{\max} \tag{4-2}$$

4. 最短航迹段长度限制

无人机在开始改变飞行姿态前或转弯后必须保持直飞的距离。无人机通常不希望迂回前进和频繁转弯，以减小导航误差。假设无人机当前位置为 p_i，最短航迹段为 $l_{\min}$，则关于下一航点 p_{i+1} 的约束可表示为

$$\|p_{i+1}-p_i\|\geqslant l_{\min}$$

5. 地图限制

无人机在执行任务时飞行空间有限，因此规划路径必须在飞行空间内部。由于已经考虑过飞行高度限制，这里只考虑 X 轴与 Y 轴的约束：

$$\{(x_i,y_i)\in C_{\text{free}}\mid x_{\min}\leqslant x_i\leqslant x_{\max},y_{\min}\leqslant y_i\leqslant y_{\max}\}$$

6. 障碍与禁飞区限制

无人机在飞行过程中，会遇到障碍以及不能进入的未知区域，如建筑物、树木、雷达威胁区、高炮威胁区等。因此在飞行中应满足如下约束：

$$p_i \cap C_{\mathrm{InNFZ}} = \varnothing$$

7. 路径长度限制

无人机在保证任务完成及保证安全性的前提下，飞行距离较短的路径总是优于较长的路径（在保证其他目标或约束相同的条件下），因为较短路径的可以使无人机降低受到未知障碍威胁影响的可能性，并且无人机携带燃油有限。因此，飞过每个航点的距离总和 f_l 需要达到最小，则关于 f_L 的目标函数表示为

$$f_l = \sum_{i=0}^{N} \sqrt{(x_{i+1}-x_i)^2+(y_{i+1}-y_i)^2+(z_{i+1}-z_i)^2} \tag{4-3}$$

则约束表示为

$$f_L \leqslant L_{\max}$$

式中：$L_{\max}$ 为无人机最大航行长度，取决于无人机携带的燃料及到达目标所允许的飞行时间。

8. 多无人机机间防撞协同约束

多个无人机生成无碰撞轨迹时，重要的是检查无人机在遵循各自的路径时是否靠得太近。为此，规划人员必须测试两条路径在空间和时间上是否重合。对于任意两架无人机 i、j，在同一时刻 t 时，无人机机间的相对位置表述如下：

$$d_{i,j} = \sqrt{(x_{i,t}-x_{j,t})^2+(y_{i,t}-y_{j,t})^2+(z_{i,t}-z_{j,t})^2}$$

则约束可以表示为

$$d_{i,j} \geqslant d_{\min}$$

式中：$d_{\min}$ 为设定的机间最小安全距离。

9. 多无人机时间协同约束

多无人机协同进行航迹规划过程中除了避碰和避障的问题，到达移动目标点也是主要的研究内容之一。多无人机同时到达目标主要分为两种情况，一方面表现为当无人机遭遇突发威胁，无法避开，飞机损毁，但是还存在部分无人机顺利躲避威胁，可以继续执行任务的情况；另一方面表现为多架无人机协同任务过程中，都顺利地躲避所有威胁，多无人机追踪打击目标可以增加任务执行的有效性。在上面已经提到无人机之间的协同飞行的约束条件，当无人机之间距离大于安全距离时，无人机在虚拟势场的环境下，产生引力场，趋使无人机之间保持一定的协同距离飞行。无人机时间约束的目的是要保证无人机群能够实现同时达到目标位置，无人机之间实现时间上协同完成任务。对于无人机协同时间的定义主要是定义无人机的飞行时间在一定的时间范围内，交集不为空。如下公式所示，表示无人机时间约束集合不为空集。

$$\begin{cases} t_{\min}^{i} \leqslant t_{\max}^{j} \\ t_{\max}^{i} \geqslant t_{\min}^{j} \end{cases}$$

假设无人机 i 的轨迹预先估计的飞行时间范围表示为$[t_{\min}^i, t_{\max}^i]$，无人机 j 的预先估计的飞行时间范围表示为$[t_{\min}^j, t_{\max}^j]$。i 和 j 分别表示不同无人机的轨迹，且对于每个无人机都是沿着势场下降最快的方向获得的最优航迹。通过时间约束条件获得预估计的时间集不等于空集，无人机是否顺利进行防撞轨迹规划，通过判断规划的时间是否满足约束条件 $t \in \bigcap_{i=1}^{N} (t_{\min}^i, t_{\max}^i)$。

4.2 集群编队飞行控制

无人机编队是将多架无人机按照指定的队形，通过无人机之间相互联系将多架无人机组成一个较大规模的机群，与一般的机群不同的是无人机编队更加注重机群中无人机之间的相互协调。在正常情况下，无人机编队会保持固定的编队队形；当态势评估结果和任务需求等发生变化时，编队会进行动态重构。编队重构提高了无人机编队作为一个整体执行任务的效率，并能够完成更为复杂、更为多样化的任务。

多无人机编队三维队形设计是整个编队飞行研究中需要解决的首要问题。合理的编队队形可以减少无人机编队飞行中的燃料消耗、延长飞行距离，以及增加飞行编队执行任务的效率等。在设计编队队形过程中，除了要考虑飞机间气动影响，还要考虑视觉导航中无人机相互遮挡、任务动态需求、无人机间信息交换系统结构和冗余通信系统、无人机间的防撞及编队所处的飞行环境和威胁对无人机编队的影响。

1. 编队流程建立及队形设计

在具体实施中，可通过以子群为基础，采用长-僚形式实现编队飞行，长机跟踪编队航线，僚机跟踪诱导航线，诱导航线根据期望任务或编队构型实时生成。在子群内部实现编队的基础上，可进一步实现子群之间的协同，达成大规模编队的需求。子群编队控制需要实现的关键步骤包括编队汇合，长机跟踪预定航线，僚机根据队形设置跟踪长机。

编队流程如下。

(1) 由位于上层的指控站进行子群的划分，指定子群内无人机的角色（长机-僚机），并预装订/下达各子群的编队飞行航线，无人机起飞/发射后，首先需要进行长机和僚机的编队汇合；

(2) 无人机长机按照指控站下达的子群预规划航线飞行，进入航线跟踪模态，按照航线向规划的汇合点飞行，到达之后再做盘旋等待子群内的其他僚机；

(3) 僚机直接进入跟踪长机模态，按照下达的编队队形向相对于长机的期望位置飞行，直到形成编队；

(4) 此时长机进入下一个航线跟踪模态，跟踪规划好的编队飞行航线；

(5) 僚机根据相对长机的位置进行编队保持控制，具体是根据当前相对于期望位置的误差和长机的飞行状态生成诱导航线，并跟踪该航线，同时根据长机的速度以及自身相对期望位置的纵向误差控制油门调节飞机速度；

(6) 直到当前飞行模式切换为其他飞行模式时才解除编队。

该方法的一个重要思想是将编队控制问题转换为在线诱导航线的实时生成与诱导航线跟踪问题，并根据不同的编队形成阶段和误差大小，采用不同的诱导航线生成策略。根据以上分析，编队控制算法主要包括编队队形设计，僚机诱导航线生成与跟踪控制，僚机自动油门控制。其他控制模态可以由航线跟踪模态来实现。

编队队形给出了长机以及各僚机在编队飞行时需要保持的相对位置关系，具体表示在原点与长机固联方位角等于长机在导航坐标系中的航向角，如图4-1所示。典型编队队形如图4-2所示(1为长机，2~4为僚机)。

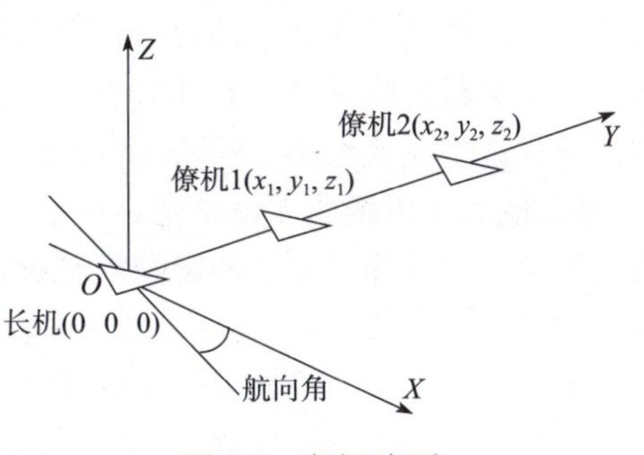

图4-1 编队坐标系

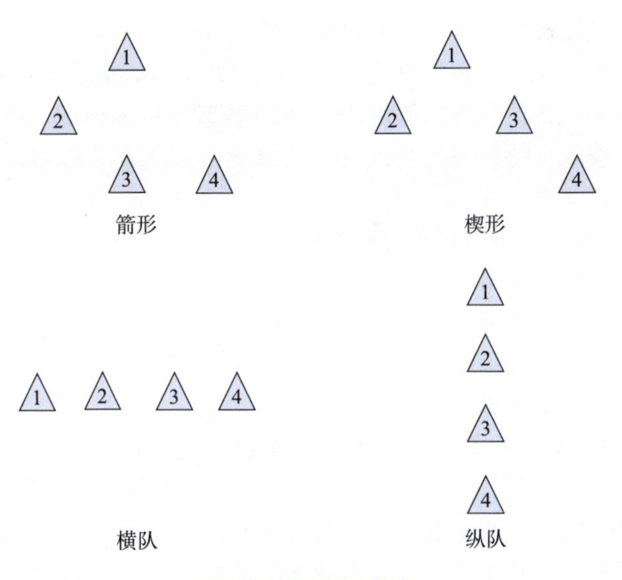

图4-2 典型编队队形

2. 防撞冲突消解

无人机在执行任务时不可避免会出现大量无人机同场飞行的场景，甚至还需要与有人机共享同一空域，因此需要为在空中飞行的无人机划设独占的安全空域。其他的飞行器进入某特定无人机的安全区域则可能由于受尾涡气流影响导致飞行器飞行失稳，或由于距离过近使相撞的概率增大。

保证无人机的安全间隔是无人机集群执行任务的基本前提，冲突检测是根据局部空域中无人机的状态及地理信息等相关信息检测无人机之间、无人机与有人机之间以及无人机与环境中固定障碍，以及山体、恶劣天气气团等存在的空域冲突。其关键是及时发现存在的冲突并降低误判的概率。冲突消解操作是通过改变无人机的运动状态消解被检测到冲突的过程，其目的是保证空域中无人机不发生失距危险并且降低冲突消解机动产生的损耗。调整无人机运动状态的方法包括调整速度大小、飞行方向及飞行高度。

另外，无人机编队无论是规避环境中的障碍物还是编队之间的避碰，都可能引起编队冲突问题。编队冲突消解是编队飞行控制重要内容，采用带优先级的编队冲突消解方法。

具体做法是无人机均按编号定义其优先级，优先级低的无人机将优先级高的无人机视为障碍进行规避，由此设计无人机之间的避撞策略。优先级高的无人机进入优先级低的无人机“安全管道”，优先级低的无人机需要迅速避开。

优先级策略可以根据需要事先确定，基本原则如下。

(1) 长机优先级高于全部僚机的优先级；

(2) 处于编队保持状态的僚机优先级高于处于编队集结状态的僚机；

(3) 处于编队集结状态的僚机，离长机距离较近的僚机优先级较高；

(4) 处于编队保持状态的僚机，状态误差越小则其优先级越高。

在防撞机动策略方面，采用具有不同组合策略的机动轨迹库方法，依据碰撞威胁级别，可以采用一种或多种机动策略组合：

(1) 水平变速防撞策略；

(2) 水平转弯防撞策略；

(3) 高度改变防撞策略；

(4) 多种组合防撞策略。

此外，针对防撞机动策略还需要进行相应的优化与评估研究，主要考虑因素包括：

(1) 策略选择满足快速性、有效性、简单性；

(2) 避撞行为对整个编队造成影响程度或引起编队冲突尽可能小；

(3) 碰撞冲突的预测、评估与消解。

从而可以根据无人平台当前状态对未来轨迹进行预测,检测、评估未来是否有碰撞冲突,并对碰撞威胁级别进行评估,采取相应的冲突消解策略。

4.3 航路重规划与动态任务分配

无人机集群协同作战面临着复杂的威胁和对抗环境,战场态势复杂多变,例如,突发威胁、随遇目标的出现或消失、目标优先级的改变、通信干扰或故障等突发事件,都可能引起侦察、打击任务的动态重分配、任务和资源重调度及航迹实时重规划。机上航路重规划是单机自主控制的主要技术特征,是自主控制能力等级水平的基本要求;面向任务分解的机动飞行控制律、机动动作库(等速平飞、平飞加减速、最速爬升、航迹倾角、水平转弯、稳定转弯、俯冲、横切、半滚倒转、向上/向下斜筋斗、S形机动、高速悠悠、低速悠悠、“S形机动+稳定转弯+等速平飞”组合)等,这些以任务为中心的飞行控制技术是智能飞控的基础。因此,如何确保复杂和动态环境下集群协同任务的动态实时分配及飞行航路实时重规划是实现对抗环境下协同侦察/打击等任务的关键。

采用“集中协调-分布求解”的混合协同决策规划框架(图4-3),实现动态任务的快速启发式分配与调度、快速启发式航迹规划等功能。图中分布规划求解主要是实现集中协调形成的协同约束和协调变量基础上,实现各平台的分布式协调规划,将复杂协同规划分解成相对简单的分布式优化问题,从而既发挥各个单元在规划过程中的自主性,又体现整体的指导与协调作用。其中,僚机平台之间的任务和信息耦合主要是通过协调变量来实现的。

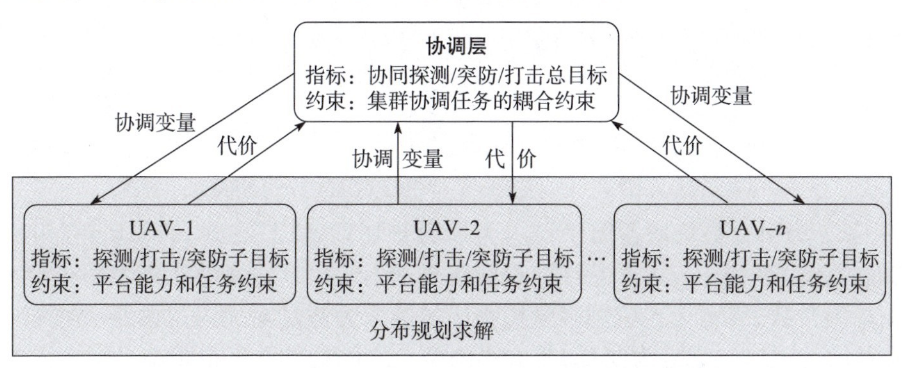

图4-3 “集中协调-分布求解”的混合协同决策规划框架

具体算法实现上,可采用基于多Agent分布协同拍卖的目标分配算法,多无人机Agent借助通信网络,通过“招标—投标—中标”这一流程完成分布式任务拍卖,使整个系统能够以较好的质量完成任务分配。

其基本原理如下。

(1) 拍卖开始前,各 Agent 对所有任务计算竞拍价值、代价和选择函数等;

(2) 负责分配的算法随机生成竞拍顺序,各 Agent 按顺序竞拍到自己要执行的任务,一轮拍卖完成后得到一个团体任务分配方案;

(3) 如果时间和资源允许的话,算法重新随机生成新的竞拍顺序进行新一轮竞拍,得出的分配方案若优于旧方案则代替之;

(4) 重复多轮竞拍,直到时间和资源超出限制,得出当前最好的分配方案。

4.4 人工势场法

人工势场法(Artificial Potential Field,APF)的基本思想是,对目标点与障碍分别建立引力与斥力势场,综合引力与斥力对无人机的作用,由起点生成一条安全无威胁的路径,最终到达目标点。该算法只考虑无人机当前路径点上的合势场,由此计算下一路径点,无须生成完整路径,因此实时性很强。

以无人机单机的防撞算法为例,传统的人工势场法在防撞时将无人机假设为一个点,通过对该点、障碍物和目标点间引入虚拟势来实现实时避障,该虚拟势主要包括引力势和斥力势。势函数通过相关位置输入信息,沿势函数下降的方向计算出一条安全无碰撞路径,由此实现防撞任务。

在基于传统人工势场法避障规划问题中,无人机可以当作质点 $\boldsymbol{q}=[x,y]^{\mathrm{T}}$。目标点产生的引力势场函数 $U_{\mathrm{att}}(\boldsymbol{q})$ 与障碍物产生的斥力势场函数 U_{rep} 的一般表示公式分别为

$$U_{\mathrm{att}}(\boldsymbol{q})=\frac{1}{2}k_{\mathrm{att}}\cdot l^2(q,q_g) \tag{4-4}$$

$$U_{\mathrm{rep}}(\boldsymbol{q})=\begin{cases}\dfrac{1}{2}k_{\mathrm{rep}}\left(\dfrac{1}{l(q,q_o)}-\dfrac{1}{l_0}\right)^2 & (0\leqslant l(q,q_o)\leqslant l_0)\\ 0 & (l(q,q_o)>l_0)\end{cases} \tag{4-5}$$

式中:k_{att} 为引力势场增益因子;k_{rep} 为斥力势场增益因子;$q(x,y)$ 为无人机的实时位置坐标;$q_g(x_g,y_g)$ 为目标点的位置坐标;$q_o(x_o,y_o)$ 为障碍物的位置坐标;l_0 为常数,表示无人机周围障碍物区域的斥力势场对无人机的最大影响距离;$l(q,q_g)$ 与 $l(q,q_o)$ 为向量,其大小为两点之间的欧几里得距离:

$$\begin{cases}l(q,q_g)=|q-q_g|\\ l(q,q_o)=|q-q_o|\end{cases} \tag{4-6}$$

引力势场会对无人机产生引力 F_{att},斥力势场会产对无人机产生斥力 F_{rep},均为势场的负梯度作用力,通过上面公式可得

$$F_{\text{att}}(q)=-\nabla U_{\text{att}}(q)=-k_{\text{att}}\cdot l(q,q_g)$$

$$F_{\text{rep}}(q)=-\nabla U_{\text{rep}}(q)=\begin{cases}K_{\text{rep}}\left(\dfrac{1}{l(q,q_o)}-\dfrac{1}{l_0}\right)\dfrac{1}{l^2(q,q_o)}\dfrac{\partial l(q,q_o)}{\partial(q)} & (0\leqslant l(q,q_o)\leqslant l_0)\\ 0 & (l(q,q_o)>l_0)\end{cases}\tag{4-7}$$

在给出了引力势场函数 U_{att} 以及斥力势场函数 U_{rep} 的详细数学定义后，根据势场定义，可以将引力势场与斥力势场叠加得到合人工势场，建立合势场模型，如图 4-4 所示，合人工势场函数与合力分别为

$$U(q)=U_{\text{att}}(q)+U_{\text{rep}}(q)\tag{4-8}$$

$$F(q)=-\nabla U(q)=F_{\text{att}}(q)+F_{\text{rep}}(q)\tag{4-9}$$

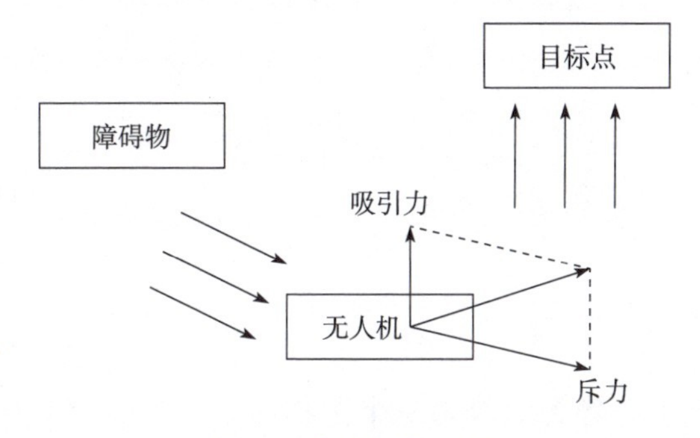

图 4-4　合势场模型示意

无人机只能向势能低的方向飞行，而且不能越过障碍物所产生的高势能，无人机利用合势场中的势能差，可以飞行至目标位置。由此可以看出，传统人工势场法的简单性也给它带来了一些缺陷，由于传统人工势场法在进行障碍物规避计算时只考虑到周围影响范围内的障碍物作用，缺少全局信息的获取，在环境复杂时容易陷入方法缺陷中，导致不能顺利进行避障或者路径搜索失败。其缺陷如下。

（1）容易出现力平衡线而陷入局部震荡。当无人机运动到某一位置时，出现一条力平衡线，在此线上引力与斥力大小相等、方向不同，无人机在此平衡线附近的各个位置上的合力方向会来回震荡，从而形成局部震荡。

（2）无法到达目标点。若目标点附近存在障碍物，则无人机在向目标点移动的过程中受到的斥力远大于目标点的引力，导致目标点不是全局势场最低点，会出现无人机无法到达目标点的情况。

（3）与障碍物相撞。人工势场法引力的大小与无人机到目标点之间的距离呈正相关，若设置目标点过远，那么引力将过大，障碍物斥力作用效果将不明显，这会导致无人机与障碍物碰撞。

人工势场法是常用的路径规划方法。由于其计算简单、良好的路径解算性能及实时性,被广泛地应用于局部路径规划。基本思想是在工作的空间构造出目标位置引力场和障碍物周围斥力场共同作用的人工势场,搜索该函数的下降方向来寻找无碰撞路径。在该场收到的虚拟力向量之和,便是运动体在所处位置受到的合力,根据势场规则,识别合力是引力还是斥力,驱动运动体向前行动,如图 4-4 所示。

4.4.1 传统人工势场法

传统的人工势场方法,在三维环境中,障碍物所处位置定义为具有最高势的点,目标位置定义为具有最低势的点。飞行器从一个较高势的点向较低势的点运动。在环境中建立坐标系 $O-XYZ$,飞行器位置坐标为 $q=[x,y,z]^{\mathrm{T}}$。则引力势场可以表示为

$$U_{\mathrm{att}}(q)=\frac{1}{2}\xi\rho^{m}(q,q_{\mathrm{goal}}) \tag{4-10}$$

式中:ξ 为一个正标量常数;$\rho(q,q_{\mathrm{goal}})=\|q_{\mathrm{goal}}-q\|$ 为无人机 q 和目标点 q_{goal} 之间的距离;$m=1$ 或 2。

如果 $m=1$,则引力势场函数为一个圆锥曲面,因此引力为一个常值,而在目标点处引力是奇异的。

如果 $m=2$,则引力势场函数为一个抛物面。因此引力 Fatt(q) 可以由引力场的负梯度方向来确定。引力随着飞行器靠近目标点而线性地收敛于零。

$$F_{\mathrm{att}}(q)=-\nabla_{q}U_{\mathrm{att}}(q)=\xi\rho(q_{\mathrm{goal}}-q) \tag{4-11}$$

斥力场函数为

$$U_{\mathrm{rep}}(q)=\begin{cases}\dfrac{1}{2}\eta\left(\dfrac{1}{\rho(q,q_{\mathrm{obs}})}-\dfrac{1}{\rho_0}\right)^2 & (\rho(q,q_{\mathrm{goal}})\leqslant\rho_0)\\ 0 & (\rho(q,q_{\mathrm{goal}})>\rho_0)\end{cases} \tag{4-12}$$

式中:η 为一个正标量常数;$\rho(q,q_{\mathrm{obs}})$ 为飞行器传感器所测量得到和障碍物之间的距离;q_{obs} 为障碍物所处的位置;ρ_0 为一正标量常数,既可以表示传感器的探测范围,也可以表示障碍物对飞行器产生影响的最大距离(阈值)。则相应的斥力 $F_{\mathrm{rep}}(q)$ 可以表示为

$$\begin{aligned}F_{\mathrm{rep}}(q)&=-\nabla_{q}U_{\mathrm{rep}}(q)\\&=\begin{cases}\eta\left(\dfrac{1}{\rho(q,q_{\mathrm{obs}})}-\dfrac{1}{\rho_0}\right)\times\dfrac{1}{\rho^2(q,q_{\mathrm{obs}})}\nabla_{q}\rho(q,q_{\mathrm{obs}}) & (\rho(q,q_{\mathrm{obs}})\leqslant\rho_0)\\ 0 & (\rho(q,q_{\mathrm{obs}})>\rho_0)\end{cases}\end{aligned} \tag{4-13}$$

其中，$\nabla_q \rho(q, q_{\text{obs}})$ 可以写作

$$\nabla_q \rho(q, q_{\text{obs}}) = \frac{\partial \rho}{\partial q} = \left(\frac{\partial \rho}{\partial x} \quad \frac{\partial \rho}{\partial y} \right)^{\mathrm{T}} = \frac{q - q_{\text{obs}}}{\rho(q, q_{\text{obs}})} \tag{4-14}$$

作用于无人机的合力为

$$F_{\text{total}} = F_{\text{att}} + F_{\text{rep}} \tag{4-15}$$

运动轨迹可以表示为

$$\dot{q} = -\nabla_q (U_{\text{att}}(q) + U_{\text{rep}}(q)) \tag{4-16}$$

最终无人机将向式(4-16)中所得到的方向移动，如图4-5所示。图中无人机周围的大圆表示所携带的传感器的探测范围，只有在探测范围之内的障碍物才产生影响。F_{att} 为预先定义的目标点对无人机的引力，F_{rep1} 和 F_{rep2} 表示两个障碍物对无人机的斥力，分别有

$$F_{\text{rep1}} = \sum_{i=1}^{m} F_{1ri} \tag{4-17}$$

$$F_{\text{rep2}} = \sum_{i=1}^{s} F_{2ri} \tag{4-18}$$

结合无人机表达形式可知 F_{1ri} 表示第 i 等分180°的扇形区域内所探测到的障碍物1对飞行器产生的斥力；F_{2ri} 表示第 i 等分180°的扇形区域内所探测到的障碍物2对无人机产生的斥力；式中的 m 和 s 反映了所能探测到的障碍物大小。

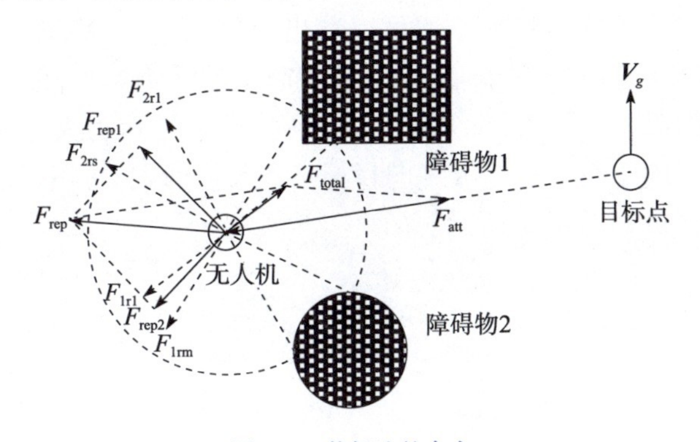

图4-5 势场法的合力

V_g 表示了目标点的运动速度向量，F_{total} 为合力方向，无人机下一步将沿此方向运动。

图4-6描述了对于特定的环境其势场函数分布情况。可见，目标点位于势场的最低谷，初始点处于最高丘，障碍物周围的无人机传感器作用范围内产生了势场的“壁垒”，从而实现了无人机安全避碰。

在飞行器进行动态在线路径规划过程中，除了有目标点信息外对环境是没有

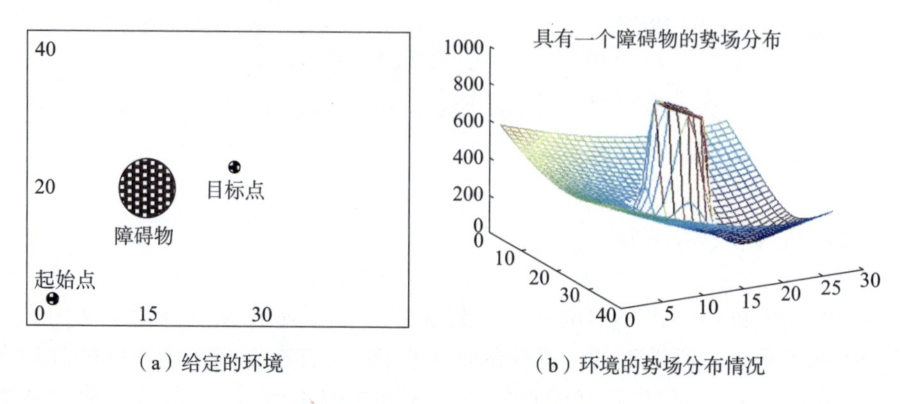

（a）给定的环境　　（b）环境的势场分布情况

图 4-6　给定环境的势场分布示意图

先验数据信息的，仅依靠自身携带的有限传感器资源进行探测，并根据式(4-15)进行合力计算，因此在环境比较复杂的条件下有可能会产生使合力为零的情况。这种情况称为人工势场法的局部极小，飞行器所处的位置为局部极小点。这对人工势场的应用带来了一些不便，必须解决局部极小点的问题，为此提出改进的人工势场方法。

4.4.2　改进的人工势场函数

由传统人工势场法的基本原理可以看出，目标点引力势场产生的引力会随着无人机的不断接近而减小，障碍斥力势场产生的斥力则会随着无人机靠近障碍物而增大。因此，障碍在目标点附近出现时，会存在斥力大于引力的情况，导致无人机在斥力的作用下不能继续向目标点飞行，出现目标不可达的情况，改进人工势场受力分析如图 4-7 所示。

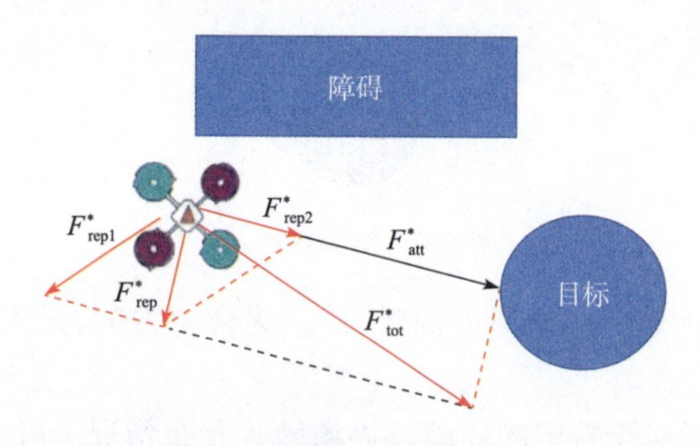

图 4-7　改进人工势场受力分析

为了解决目标不可达问题，需要改进势场函数，以保证无人机即使在目标点附近且存在障碍时，引力仍旧可以继续牵引无人机到达目标点，并且，目标点为合势场的全局最小点,使无人机能够在到达目标点时结束该阶段的协同任务。

针对上述问题,提出了一种改进势场方法,引力势场与传统方法定义相同,但在斥力势场函数中引入目标点与无人机的距离,改进后的斥力势场函数如下:

$$U_{\mathrm{rep}}(\boldsymbol{X})=\begin{cases}\dfrac{1}{2}k_{\mathrm{rep}}\left(\dfrac{1}{\rho(\boldsymbol{X},\boldsymbol{X}_o)}-\dfrac{1}{\rho_o}\right)^2\rho^n(\boldsymbol{X},\boldsymbol{X}_g) & (\rho(\boldsymbol{X},\boldsymbol{X}_o)\leqslant\rho_o)\\ 0 & (\rho(\boldsymbol{X},\boldsymbol{X}_o)>\rho_o)\end{cases}\tag{4-19}$$

式中:n 为正常数。对斥力势场分别沿引力方向与基本势场的斥力方向求负梯度,则可得斥力函数为

$$\boldsymbol{F}_{\mathrm{rep}}(\boldsymbol{X})=-\nabla U_{\mathrm{rep}}(\boldsymbol{X})=\begin{cases}\boldsymbol{F}_{\mathrm{rep1}}+\boldsymbol{F}_{\mathrm{rep2}} & (\rho(\boldsymbol{X},\boldsymbol{X}_o)\leqslant\rho_o)\\ 0 & (\rho(\boldsymbol{X},\boldsymbol{X}_o)>\rho_o)\end{cases}\tag{4-20}$$

其中:

$$\boldsymbol{F}_{\mathrm{rep1}}(\boldsymbol{X})=k_{\mathrm{rep}}\left(\frac{1}{\rho(\boldsymbol{X},\boldsymbol{X}_o)}-\frac{1}{\rho_o}\right)\frac{\rho^n(\boldsymbol{X},\boldsymbol{X}_g)}{\rho^2(\boldsymbol{X},\boldsymbol{X}_o)}\frac{\partial\rho(\boldsymbol{X},\boldsymbol{X}_o)}{\partial\boldsymbol{X}}$$

$$\boldsymbol{F}_{\mathrm{rep2}}(\boldsymbol{X})=-\frac{n}{2}k_{\mathrm{rep}}\left(\frac{1}{\rho(\boldsymbol{X},\boldsymbol{X}_o)}-\frac{1}{\rho_o}\right)^2\rho^{n-1}(\boldsymbol{X},\boldsymbol{X}_g)\frac{\partial\rho(\boldsymbol{X},\boldsymbol{X}_g)}{\partial\boldsymbol{X}}\tag{4-21}$$

根据改进自适应斥力函数定义,改进斥力函数会随着无人机和目标位置的相对距离 $\rho(\boldsymbol{X},\boldsymbol{X}_o)$ 的递减而递减,递减程度与自适应调节因子 n 的取值有关。

当 $0<n<1$ 时,当无人机向目标位置趋近时,即 $\rho(\boldsymbol{X},\boldsymbol{X}_g)\to0$,第一个向量分量 $F^*_{\mathrm{rep1}}(q)\to0$,而第二个向量分量 $F^*_{\mathrm{rep2}}(q)\to\infty$,无人机受到的合力大于零,并且方向由无人机指向目标点,无人机可以顺利到达目标点。

当 $n=1$ 时,当无人机向目标位置趋近时,即 $\rho(\boldsymbol{X},\boldsymbol{X}_g)\to0$,第一个向量分量 $F^*_{\mathrm{rep1}}(q)\to0$,而第二个向量分量 $F^*_{\mathrm{rep2}}(q)\to c$,$c$ 为一个常数,无人机受到的合力大于零,并且方向由无人机指向目标点,无人机可以顺利到达目标点。

当 $n>1$ 时,当无人机向目标位置趋近时,即 $\rho(\boldsymbol{X},\boldsymbol{X}_g)\to0$,改进斥力函数 $F^*_{\mathrm{rep}}(q)$ 也逐渐减小,最终 $F^*_{\mathrm{rep}}(q)\to0$,由于存在引力势场,无人机在改进合势场作用下可以顺利到达目标点。

由式(4-21)可以看出,$\boldsymbol{F}_{\mathrm{rep1}}$ 为障碍物指向无人机的斥力;$\boldsymbol{F}_{\mathrm{rep2}}$ 方向为无人机指向目标点的引力。随着无人机向目标点靠近,$\boldsymbol{F}_{\mathrm{rep1}}$ 逐渐减小趋于零。想要 $\boldsymbol{F}_{\mathrm{rep2}}$ 增大,牵引无人机到达目标点,需 $0<n<1$。这样,无人机在改进势场合力的作用下,即使附近有障碍,也会向目标点靠近,最终到达目标点。

进一步考虑到无人机的条件约束,需要在计算合力方向时加入无人机最大转向角 ϕ_m 与爬升/俯冲角 μ_m 约束。转向角约束条件为,$-\phi_m\leqslant\Delta\phi\leqslant\phi_m$;爬升/俯冲角约束条件为,$-\mu_m\leqslant\Delta\mu\leqslant\mu_m$。$\Delta\phi$ 与 $\Delta\mu$ 分别为当前时刻合力与下一时刻

合力在水平面的夹角与在竖直面内的夹角。

当飞行器陷入局部极小点时,必须采取措施使其尽快逃逸,因此引入虚拟障碍物的概念。虚拟障碍物只在局部极小点处对飞行器产生影响,影响的表现方式就是产生附加的势场函数,从而将飞行器从局部极小点处排斥到其他点。

1. 陷入局部极小点判断条件

当飞行器陷入局部极小点时,有下面条件成立:

$$t \geqslant T_a, (|q(t)-q(t-T_a)| \leqslant S_a) \tag{4-22}$$

式中:T_a 为时间步长;S_a 为在非局部极小点 T_a 时间内移动的最小距离。S_a 必须设置得足够小,因为当飞行器陷入局部极小点时,$q(t)$ 与 $q(t-T_a)$ 之间的距离是非常小的。

2. 修改的势场函数

当飞行器满足上述陷入局部极小条件时,在该点引入一个虚拟障碍物产生斥力。定义局部极小点为 Q_{LM},则其满足:

$$F_{att}(Q_{LM}) \cdot (-F_{rep}(Q_{LM})) = \text{MAX} \tag{4-23}$$

其中:$F_{rep} = \sum_{i=1}^{p} F_{repi}$,即所探测到的 p 个障碍物对局部极小点产生的总斥力。此时引力和负总斥力的内积达到最大值。可以看出上述内积与飞行器传感器的探测范围有关,因为 F_{repi} 大小取决于该障碍物被探测的范围(见图 4-5),因此可以采取转向飞行以改变斥力的大小,同时在该点引入附加势力场 U_{ext},定义如下:

$$U_{ext}(q) = \begin{cases} -\dfrac{k_e}{2d_e}|q-Q_{LM}|^2 & (|q-Q_{LM}| \leqslant d_e) \\ -k_e\left(|q-Q_{LM}| - \dfrac{d_e}{2}\right) & (|q-Q_{LM}| > d_e) \end{cases} \tag{4-24}$$

式中:k_e 为附加场的比例系数;d_e 可以看成附加势力场的作用范围,它给出了在局部极小点附近多大范围内虚拟障碍物产生作用,附加势力场在局部极小点具有极大值,当飞行器离开局部极小点时附加场迅速减小。因此,该势力场可以实现规避虚拟障碍物。附加的斥力 F_{ext} 为附加势力场的负梯度:

$$F_{ext}(q) = -\nabla_q U_{ext} = \begin{cases} \dfrac{k_e}{d_e}(q-Q_{LM}) & (|q-Q_{LM}| \leqslant d_e) \\ k_e \dfrac{q-Q_{LM}}{|q-Q_{LM}|} & (|q-Q_{LM}| > d_e) \end{cases} \tag{4-25}$$

通常情况下,d_e 选取为一个很小的正值,故附加斥力可以重新定义为

$$F_{\text{ext}}(q)=-\nabla_q U_{\text{ext}}\approx\begin{cases}0 & (|q-Q_{\text{LM}}|=0)\\ k_e\dfrac{q-Q_{\text{LM}}}{|q-Q_{\text{LM}}|} & (|q-Q_{\text{LM}}|>0)\end{cases} \tag{4-26}$$

因此总的势场函数为

$$U(q)=U_{\text{att}}+U_{\text{rep}}+U_{\text{ext}} \tag{4-27}$$

3. 逃出局部极小点判断条件

当满足如下条件则可以判定飞行器已经逃出局部极小点:

$$t-t_{TP}\geqslant T_b(|q(t)-q_{\text{goal}}|\leqslant|q(t-T_b)-q_{\text{goal}}|) \tag{4-28}$$

式中:t_{TP} 为飞行器陷入局部极小点的时刻;T_{b} 为当前时刻与前一时刻的时间步长从而使飞行器更接近目标点。上述条件同时也表述了飞行器在朝向目标点移动的情况。

4.4.3　多飞行器局部路径规划

多飞行器的路径规划可以看成单飞行器路径规划的推广延伸,同样是飞行器利用自身携带的有限范围传感器对其周围感知,然后规划出一条无冲突不碰撞的路径。有所不同的是,在多飞行器系统中,环境的复杂度增高了,飞行器除了需要躲避静态障碍物还必须防止和其他飞行器的碰撞,其他飞行器都是动态运动的障碍物。因此,必须引入新的规则来解决这一问题。

无人机感知与规避功能是指无人机系统通过传感器、数据链路和地理信息数据等实现对空中交通环境的有效观测、评估和威胁判断,在此基础上,针对可能的碰撞威胁生成有效的规避路径和机动控制,从而实现碰撞规避和保障空域交通安全。

检测与跟踪是利用各种机载传感器或各类通信链路对空间环境进行量测,对各类潜在障碍物进行检测和状态估计。常见的感知设备包括各种非合作机载传感器,包括光电、雷达、声波等以及合作式的通信链路,如空中防撞系统(TCAS)、广播式自动相关监视(ADS-B)等。主要的感知目标包括飞行空域的各类合作/非合作动态目标及各类静止障碍物。

威胁评估是通过有效的状态估计和空间遭遇建模,对飞行态势进行理解分析,根据空间分离规则和本机状态对碰撞威胁程度进行评估;在复杂的空间环境中,飞行空间的遭遇场景包括多种障碍物(静态/动态)和多种遭遇模型(单机/多机),威胁评估的主要指标包括碰撞概率、最小分离距离和碰撞预留时间。

规避决策与路径及规划是根据威胁评估结果,通过人在回路或自主方式生成碰撞规避决策。结合平台属性、飞行规则、障碍威胁属性等生成最优规避路径。在无人机的任务实施过程中,需要综合多种信息,包括任务需求、感知信息、通信链路、空管信息等实现面向任务的判断、优先级排序和无人机的行为决策等。在制定无人机的决策逻辑过程中应充分遵循现有的空中交通系统中的相关政策法规和操作程序,最终形成稳定可靠的无人机的飞行操作程序和决策规则,且在该规则下,无人机应具备与有人机机组等价飞行安全的能力。相比有人机系统在空管系统辅助下实现的人在回路的决策功能,无人机具备更高的自主化水平,实现人在回路的分析、评估和有限决策逻辑下的自主决策等。

4.4.3.1 飞管交通规则

飞管交通规则被定义为作用于飞行器运动体和工作环境的某种形式的秩序。这种规则的建立,即使在没有通信的情况下,也能够实现多飞行器系统有秩序的飞行。飞管交通规则在建立时必须尽可能多地考虑到工作环境的信息、飞行器的性能以及数量。图 4-8 给出了交通规则建立所需的信息。

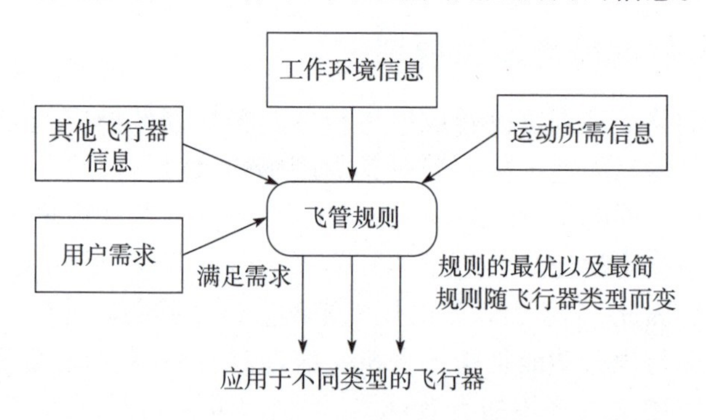

图 4-8 飞管交通规则建立所需的信息

在飞行器工作的环境中,可能存在各种各样的情况,如碰撞、阻塞和死锁等。将碰撞定义为:在飞行器运行的路线上的同一个位置同时存在两个或两个以上的飞行器;将阻塞定义为:一个飞行器在要求的时间内和要求的速度下,阻止另一个飞行器到达目的地;将死锁定义为:在飞行器运动中造成无限死循环和完全停止按规划规则和路径运动的行为。这些问题可以通过飞管交通规则得到较好的解决。

建立交通规则时需要考虑飞行器的许多细节,如传感器可测距离、被测速度、位置精度、运行速度、最小转角、可靠性、可控性,以及飞行器的大小、数量和形状。工作环境信息如飞行器之间距离(过道的宽度)、形状以及交叉过道口的数量等。在全面考虑这些因素的基础上才可以进行交通规则的设计。

交通规则可分为以下 3 类。

(1) 飞行器当前位置的交通规则。利用当前位置和探测到的环境信息来决定其行为(如穿越、回避、减速等)。

(2) 处理当前位置和条件的交通规则。用于飞行器检测到其他飞行器时决定其下一步行为(如追赶、避障、如何通过干扰区等)。

(3) 飞管交通规则确保安全。主要用来在事故或失效的情况下确保飞行安全(如任务失败等)。

在建立多飞行器系统的交通规则时,需要对飞行器周围区域进行划分,如图4-9所示。

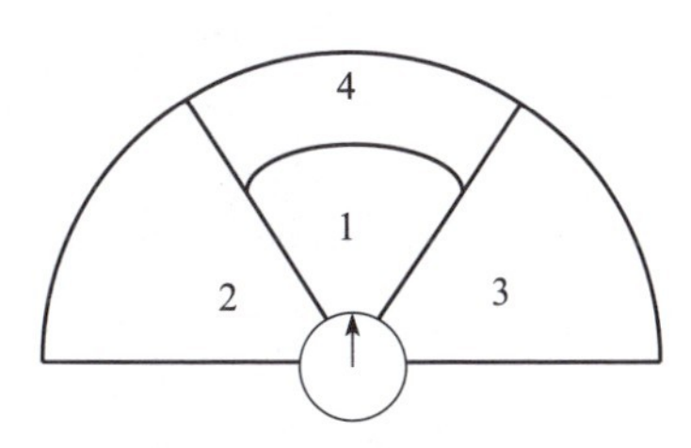

图4-9　飞行器周围区域的划分

根据飞行器周围区域的划分,在飞行器采用人工势场法避障的基础上,表4-1给出一组用于控制多飞行器系统的交通规则。这组交通规则适应的前提条件是在平飞巡航状态下,没有纵、横穿插的情况。

表4-1　多飞行器系统的飞管交通规则

飞管交通规则	飞管策略
保持与前方有足够的距离	1. 当4区域内探测到有其他飞行器则本飞行器速度减半; 2. 当1区域内探测到有其他飞行器则执行规避路径策略
保持与侧向有足够的距离	1. 在2区域内探测到有其他飞行器则右转 α; 2. 在3区域内探测到有其他飞行器则右转 2α
通行区域(保持右侧通行等)	1. 利用探测到的飞行器位置和地图信息指导飞行器保持右侧通行; 2. 飞行器可以利用墙壁来检查运行路线的右侧,保证飞行器靠右侧行驶
通过交叉拥堵区域 1. 右转优先; 2. 遇到移动物体优先朝其右侧运动; 3. 避免碰撞	1. 确认右侧是否有运动飞行器,如果有转入下面判断; 2. 判断本飞行器在建立的初始坐标系的位置,并探测是否有障碍物; 3. 如果障碍物存在对其运用人工势场算法进行避障; 4. 如果没有障碍物则向目标点移动
避免死锁 1. 交叉拥堵优先; 2. 障碍规避	1. 在拥堵空域服从飞管交通规则以避免碰撞。 2. 与前方保持较大空间,以便停止人工势场运动时与前方物体保持足够的距离;设定最大的等待时间,在等待时间过后,回到拥堵空域重新规划路径

4.4.3.2　飞管交通规则流程

算法核心部分的流程如图4-10所示。该图描述了飞管交通规则具体的调用流程。

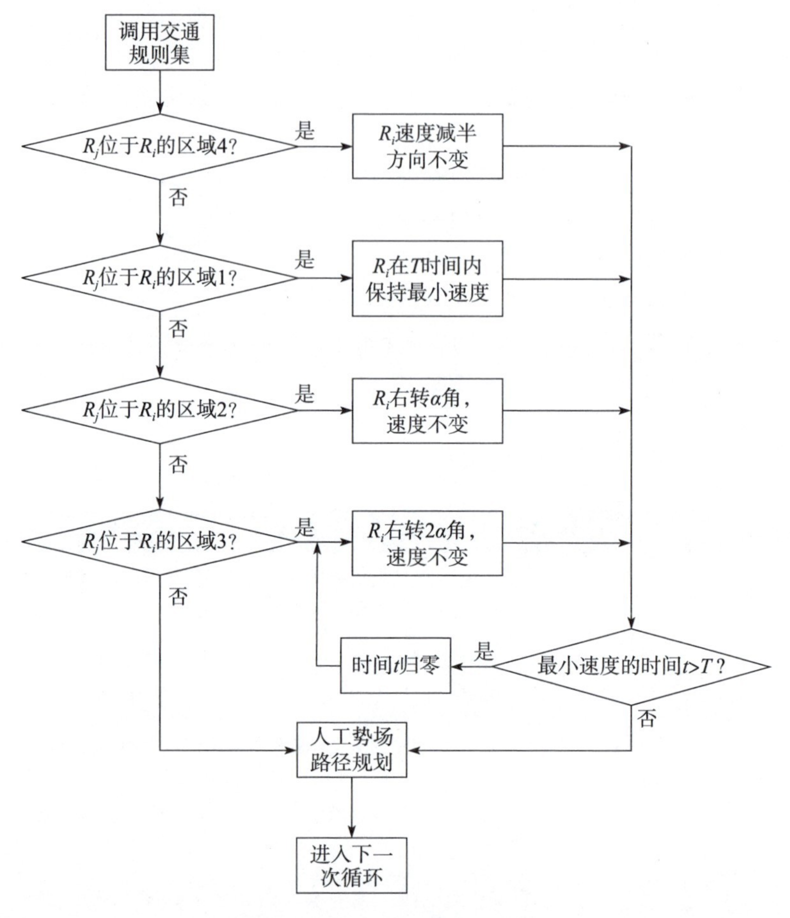

图 4-10　飞管交通规则调用流程

4.5　A*算法

启发式搜索算法首先将规划空间划分为若干网格，每个网格中包含了威胁等代价信息，以当前的网格（航路点）通过启发函数搜索代价信息最小的网格作为下一个航路点，依此类推。它对当前位置（网格单元）的每个可能到达的网格单元计算代价，然后选择最低代价的网格单元加入搜索空间来探索，这一加入新的网格单元又被用来产生更多的可能路径，获得整个规划环境的轨迹。启发式搜索算法又可分为以 A* 和 D* 等为代表的确定性空间搜索算法和以遗传算法和粒子群算法等为代表的随机性优化搜索算法。

A^* 算法是一种确定性空间搜索算法，在静态路网中解决轨迹规划问题比较经典的启发式搜索算法，采用 CLOSED 表和 OPEN 表来存储已经访问过的节点和未考察的节点，通过选取合适的启发函数来引导路径搜索的方向，故而算法的执行效率较高。但随着规划空间的扩大，CLOSED 表和 OPEN 表会不断增大，导致算法的运行时间过长。因而当前 A^* 算法的主流研究方向在于解决大规划空间情况下算法的效率问题，代表性的研究成果为稀疏 A^* 算法。

基于规划空间中一定存在着一些不满足约束条件的路径点，2000 年，R. J. Szczerba 和 P. Galkowskki 提出了一种改进的 A^* 算法，根据搜索路径的约束条件，进而将规划的空间进行压缩、裁剪，故称为稀疏 A^* 算法（Sparse A^* Search，SAS）。

4.5.1 基本 A^* 算法

A^* 算法结合了启发式方法和形式化方法，它通过一个估价函数（Heuristic Function）$f(n)$ 来估计最可能位于最短路径上的点，并由此决定路径的搜索方向，当这条路径失败时，它会尝试其他路径。

A^* 算法估价函数表示如下：

$$f(n)=g(n)+h(n) \tag{4-29}$$

式中：$f(n)$ 为节点 n 的估价函数；$g(n)$ 为在状态空间中从初始节点到节点 n 的实际代价；$h(n)$ 为从节点 n 到目标节点最佳路径的估计代价。在这里主要是 $h(n)$ 体现了搜索的启发信息。$h(n)$ 依赖问题的启发式信息，称为启发函数，是当前节点 n 到目标节点 n_{goal} 的最短路径的估计。

A^* 算法执行流程：

（1）令所有节点的 $g(n)=\infty$，起点和目标点分别为 n_{start} 和 n_{goal}，并建立两个空表 Open 和 Closed，Open 用于存储要扩展的节点，Closed 用于存储扩展过的节点。

（2）然后令 $g(n_{start})=0$，并将其放入 Open 表中，同时计算 Open 表中所有节点的 $h(n)$ 值与 $f(n)$ 值。放入 Open 表中的每个节点按照 $f(n)$ 的值排序，将节点 $f(n)$ 最小的放在队尾。

（3）取出 Open 表中队尾的节点 n，将其放入 Closed 列表中。然后通过 n 节点扩展其邻节点中除位于 Open 列表与 Closed 列表以外的其他节点，将这些节点加入 Open 列表中，并记录 n 节点为这些扩展节点的父节点。对于 n 节点的邻节点中位于 Open 列表中的节点，需要进行判断，如果其相邻节点 n' 的 $g(n')$ 大于当前节点 $g(n)$ 加上两节点之间边的代价 $c(s,s')$，就更新 $g(n')$，并将其父节点设为 n 节点。

(4) 这个过程持续下去,直到队尾节点 s 是目标节点 s_{goal}。若找不到目标节点,则返回提示“找不到路径”,最后若找到路径,则在 Closed 列表中根据目标节点的父节点逐级递推至起点,将这些节点取出,便能得到规划的路径。

A*算法成功与否的关键在于评估函数的正确选择,从理论上说,一个完全正确的评估函数可以非常迅速地得到问题的正确解答,但一般完全正确的评估函数是得不到的。一个不合理的评估函数可能会使它工作得很慢,甚至会给出错误的解答。

通常选取只对目标点感兴趣的 Euclidean 估算函数或者 Manhattan 估算函数作为启发因子,以达到最佳运算效率。

Euclidean 估算函数:

$$h(A)=\sqrt{(A.x-\text{goal}.x)^2+(A.y-\text{goal}.y)^2} \tag{4-30}$$

Manhattan 估算函数:

$$h(A)=10\times(\text{abs}(A.x-\text{goal}.x)+\text{abs}(A.y-\text{goal}.y)) \tag{4-31}$$

由上式可知,Marnhattan 估算函数与当前点到目标点的 x 方向距离绝对值及 y 方向距离绝对值的和成正比,即具有估算因子的功能,又拥有较高的运算效率。

A*算法流程如图 4-11 所示。

4.5.2 稀疏 A*算法

稀疏 A*算法(Sparse A* Search,SAS)是由 Robert J. Szczerha 等提出的一种改进算法。其思想与普通 A*搜索算法基本相同,A*算法是全方向的扩展搜索,这种搜索方法使 A*算法的搜索空间大,存在冗余的扩展节点,需要耗费大量的存储空间和搜索时间,并且未考虑无人机航迹约束条件,导致规划出的航迹不适合无人机的实际飞行。

稀疏 A*算法是在 A*算法的基础上,把约束条件结合到搜索算法中,排除了无效点;可以有效地修剪搜索空间中的无用节点,减少并缩短搜索时间。由于规划出的航迹结合了约束条件,可满足无人机机动性能,可以直接应用于无人机飞行。

稀疏 A*算法主要使用两个数据结构实现算法搜索,即 Open 表和 Closed 表。其中,Open 表用于存放待扩展的节点信息,Closed 表用于存放已被扩展的节点信息。

稀疏 A*算法的搜索步骤如下。

(1) 初始化置空 Open 表和 Closed 表,将起始点放入 Open 表中。

(2) 判断 Open 表是否为空,若为空则算法搜索失败,结束搜索。

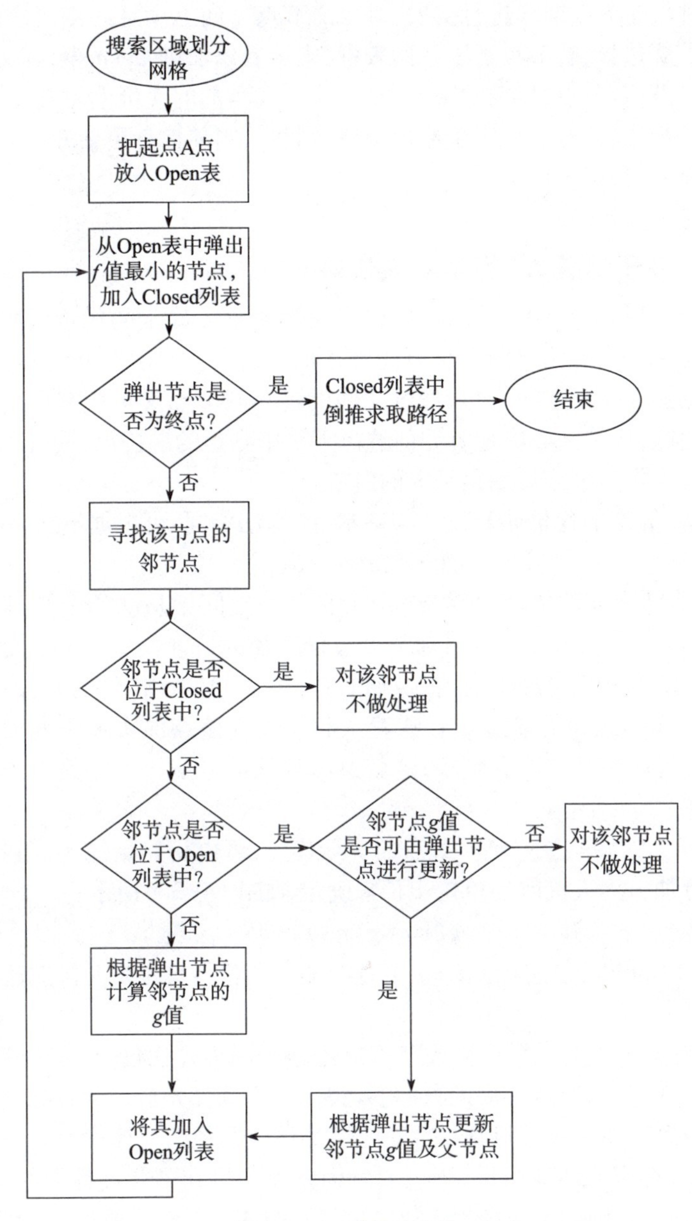

图4-11 A*算法流程

(3) 从Open表中选择出代价最小的节点移入Closed表中,并作为当前节点。

(4) 判断当前节点是否是目标点,如果是目标点,则算法搜索结束,从Closed表中的目标点回溯到起始点,得到起始点与目标点之间的最小代价路径。

(5) 对当前节点继续进行扩展,对当前节点方向上满足约束要求的 $N+1$ 个节点进行扩展选择,若节点还未在两表中,则将其添加进 Open 表,其父节点指针指向当前节点;若节点已存在 Open 表中,则将其当前的代价值与其在 Open 表的原代价值进行比较,若节点小于原代价值,则将其当前信息更新 Open 表,父节点指向当前节点,否则不更新。

(6) 转至步骤(3)。

4.5.2.1 基于稀疏 A* 算法的航迹规划

与普通 A* 搜索算法一样,稀疏 A* 算法通过预先确定的代价函数寻找最小代价路径。它对当前位置的每个可能到达的航迹节点计算代价,然后选择最低代价的节点加入搜索空间,加入搜索空间的这一新节点又被用来产生更多的可能路径。因此,代价函数决定着如何选择下一个到达的航迹点,同时也决定着选择哪些航迹点作为最终规划路径上的航迹点。

稀疏 A* 算法的代价函数设计与基本 A* 算法相同,可根据下式来确定:

$$f(n)=g(n)+h(n) \tag{4-32}$$

式中:$f(n)$ 为节点 n 的估价函数;$g(n)$ 为在状态空间中从初始节点到节点 n 的实际代价;$h(n)$ 为从节点 n 到目标节点最佳路径的估计代价。$f(n)$ 是初始节点到当前节点的实际代价加上当前节点到目标节点的估计代价的和,因此在待扩展航迹点中 $f(n)$ 最小的航迹点意味着从起始点到该点的实际距离加上该点到目标点的估计距离相加的和最小,这就意味着该航迹点很可能是位于最短路径上的航迹点。

$g(n)$ 作为初始航迹点到 n 节点的实际代价,可以用初始航迹点到前一节点的实际代价加上无人机航迹单位步长来确定,如式(4-33)所示:

$$g(n)=g(n-1)+\mathrm{d}S \tag{4-33}$$

式中:$g(n-1)$ 为初始航迹点到 $n-1$ 节点的实际代价;$\mathrm{d}S$ 为无人机航迹规划单位步长。

$h(n)$ 是从 n 节点到目标航迹节点最佳路径的估计代价,$h(n)$ 是启发信息,决定着稀疏 A* 算法节点扩展的方向。通常,我们选择 n 节点到目标航迹节点的欧几里得距离来作为 n 节点到目标航迹节点最佳路径的估计代价。在航迹规划问题中,如果在常规巡航阶段,则主要考虑到无人机在飞行过程中的能量消耗;在快速打击阶段,则主要考虑无人机能够接近打击目标的最短时间,此时不再考虑能量消耗的影响。因此在设计 $h(n)$ 时,也可以不直接选取欧几里得距离,而是将不同的因素以一定的权值相结合,通过调节权值大小,完成不同要求下的无人机航迹规划。

为讨论方便本节中 $h(n)$ 直接采用欧几里得距离,表示如下:

$$h(n)=\sqrt{(x(n)-x(\text{goal}))^2+(y(n)-y(\text{goal}))^2)+(H(n)-H(\text{goal}))^2} \tag{4-34}$$

式中：$x(n)$、$y(n)$、$H(n)$为n节点三轴坐标；$x(\text{goal})$、$y(\text{goal})$、$H(\text{goal})$为目标航迹点三轴位置坐标。

4.5.2.2 航迹节点扩展

如图4-12所示，稀疏A*算法在水平节点扩展时，利用无人机当前偏航角以及最小转弯半径为条件，计算扩展子节点所处位置。其中，$S_{i,j}$表示当前节点S_j的父节点为S_i。

后继节点示意如图4-13所示，图中dS为航迹单位步长，$R_{\min}$为无人机最小转弯半径。

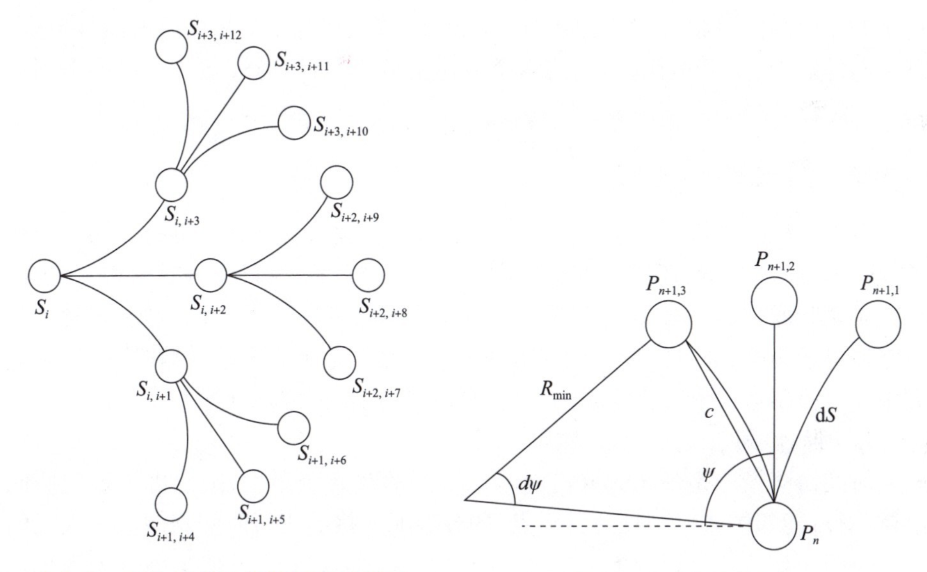

图4-12 稀疏A*算法水平航迹节点扩展

图4-13 后继节点示意

下一代扩展节点($P_{n+1,3}$，$P_{n+1,2}$，$P_{n+1,1}$)的坐标由下面计算可得：

$$\mathrm{d}\psi=\mathrm{d}S/R_{\min} \tag{4-35}$$

$$c=R_{\min}\sqrt{2\cdot(1-\cos(\mathrm{d}\psi))} \tag{4-36}$$

$$P_{n+1,3}=P_n+\begin{bmatrix}-c\cdot\cos(\psi-0.5\mathrm{d}\psi)\\ c\cdot\sin(\psi-0.5\mathrm{d}\psi)\\ -\mathrm{d}\psi\end{bmatrix} \tag{4-37}$$

$$P_{n+1,2}=P_n+\begin{bmatrix}-\mathrm{d}S\cdot\cos(\psi)\\ \mathrm{d}S\cdot\sin(\psi)\\ 0\end{bmatrix} \tag{4-38}$$

$$P_{n+1,1}=P_n+\begin{bmatrix}-c\cdot\cos(\psi+0.5\mathrm{d}\psi)\\ c\cdot\sin(\psi+0.5\mathrm{d}\psi)\\ \mathrm{d}\psi\end{bmatrix} \tag{4-39}$$

假设无人机当前位于航迹节点 n,则结合最小转弯半径约束、最大航迹坡度角约束及航迹规划单位步长这些条件,无人机在下一时刻能够到达的位置可以由这些约束条件得到。其中,对于垂直方向航迹点的选取,选取水平航迹扩展节点的垂直方向,基于最小航迹坡度角计算得飞机对应的最大爬升高度与最大俯冲高度,即可计算出垂直方向的扩展航迹点位置。此时,航迹规划问题就变成了在这些子节点内找到代价函数 $f(n)$ 最小的航迹点,即最可能位于最优路径上的航迹点,作为下一航迹点,同时判断其父节点是否可以更新以使该节点能够具有更小的 g 值。然后将该代价函数 $f(n)$ 最小的节点作为下一扩展阶段的根节点,继续向外扩展,反复迭代,直到搜索至目标空域,便可以通过父节点追溯得到一条由起始点到目标空域的最短航迹。

4.5.3 航迹协同规划

多无人机航迹规划除了需要考虑单机航迹规划时各架无人机面临的飞行油耗、战场威胁等因素,还需要着重考虑多架无人机之间执行任务时的相互配合、彼此协调问题。针对多架位于不同空域或者不同机场的无人机,要求同时向某一空域进行集结,并且需要在同一时间抵达集结空域的任务场景,在协同航迹规划中主要需要考虑多架无人机之间的时间协同与空间协同问题。

1. 时间协同

时间协同指的是各架无人机同时从不同的起始点出发,按照规划好的协同航迹飞行,能够同一时间抵达目标点,即各架无人机的飞行时间相同。无人机的飞行时间与航迹长度以及无人机飞行速度相关,假设针对 N 架某型号无人机进行协同航迹规划,该型号无人机的飞行速度区间为 $[V_{\min},V_{\max}]$,其中第 i 架无人机的协同航迹长度为 L_i,该架无人机预计到达目标点的时间为 T_i,则第 i 架无人机的预计到达时间 T_i 可以由下式计算得到:

$$T_i=[L_i/V_{\max},L_i/V_{\min}]$$

即对于第 i 架无人机来说,如果其规划协同航迹长度为 L_i,那么可以通过速度调节给其分配不同的飞行速度,使其能够在 $[L_i/V_{\max},L_i/V_{\min}]$ 时间区间内的任意时间到达目标点。要使 N 架无人机能够通过速度分配同一时间抵达目标点,则需要要求 N 架无人机的预计到达时间 T_i 的交集非空,即整个无人机群的预计到达时间为

$$T=T_1\cap T_2\cap\cdots\cap T_N$$

这样就可以在交集 T 中任取一时间点作为协同到达时间 T_a。确定 T_a 后，对于第 i 架无人机，可以利用 $V_i = L_i/T_a$ 其分配速度，同理，对于 N 架无人机，分别确定其分配速度。这样，就可以实现 N 架无人机分别按照分配速度沿协同航迹飞行，最终同一时间抵达目标点。

2. 空间协同

空间协同即无人机群在飞行中任意两架无人机之间的飞行距离始终大于安全距离防止碰撞。在无人机协同航迹规划过程中，除了需要考虑多机时间协同，还必须要考虑不同无人机飞行过程中的避碰问题，以消除飞行安全隐患。如果采取宽松约束进行空间协同处理，则可以允许各架无人机的航迹出现重合或交叉，但需要进行速度精细分配等操作来使不同的无人机依次飞过重合或交叉航迹段部分来避免碰撞。在此，采用严格约束进行空间协同处理，要求各架无人机的规划航迹不能出现重合或交叉现象，从而彻底避免不同无人机飞行过程中的碰撞可能性，保证飞行安全。

4.6　基于遗传算法的求解策略

自然界的生物由简单到复杂、由低级到高级、由父代到子代，被称为生物的遗传和进化(Genetics and Evolution)。根据达尔文的进化论和自然选择(Natural Selection)学说，异种间的交配或由于某种原因物种产生的变异，则生成新的物种，新物种若能适应环境，在增殖的同时，变异的部分能够一代代遗传下来；若环境变化，有的物种则不能适应即被淘汰。可见物种的多样性，是生成新物种的必要条件。

生物遗传学、分子生物学研究成果表明：构成生物的基本单元是细胞，细胞核内染色体(Chromosome)中包含遗传基因(Gene)，细胞分裂具备自我复制能力，分裂的细胞核内的遗传基因，由于同时被复制而继承下来；交配使双亲不同的染色体重组，生成新的染色体，其内部的遗传基因是由双亲的基因组成的；遗传基因的变异也能产生新的染色体。因此，可以说物种的进化主要是由细胞中染色体的交叉和变异实现的。

遗传算法(Genetic Algorithm，GA)是模拟达尔文生物进化论的自然选择和遗传学机理的生物进化过程的计算模型，是一种通过模拟自然进化过程搜索最优解的方法。它将问题域中的可能解看作群体的一个个体或染色体，并将每个个体编码成符号串的形式，对群体反复进行基于遗传学的操作(遗传、交叉和变异)，根据预定的目标适应度函数对每个个体进行评价，依据适者生存、优胜劣汰的进化原则，不断得到更优的群体，同时以全局并行搜索方式搜索优化群体中的最优个体,求得满足要求的最优解。其主要特点是直接对结构对象进行操作,不存在求导和函数连续性的限定;具有内在的基因型和更好的全局寻优能力;采用概率化的寻优方法,不需要确定的规则就能自动获取和指导优化的搜索空间,自适应地调整搜索方向。

遗传算法以群体中的所有个体为对象,并利用随机化技术指导对一个编码参数空间进行高效搜索。其中,选择、交叉和变异构成了遗传算法的遗传操作,参数编码、初始群体的设定、适应度函数的设计、遗传操作设计、控制参数设定五个要素组成了遗传算法的核心内容。

4.6.1 基本遗传算法

遗传算法是从代表问题可能潜在的解集的一个种群开始的,而一个种群则由经过基因编码的一定数目的个体组成。每个个体实际上是染色体带有特征的实体。染色体作为遗传物质的主要载体,即多个基因的集合,其内部表现(基因型)是某种基因组合,它决定了个体的形状的外部表现,如黑头发的特征是由染色体中控制这一特征的某种基因组合决定的。因此,在一开始需要实现从表现型(Phenotype)到基因型(Genotype)的映射即编码(Coding)工作。由于仿照基因编码的工作很复杂,我们往往进行简化,如以二进制"0/1"位串为基因编码。

遗传算法有三个基本操作:选择(Selection)、交叉(Crossover)和变异(Mutation)。

(1) 选择。选择的目的是从当前群体中选出优良的个体,产生新的种群,使它们有机会作为父代繁衍子孙。根据各个个体的适应度值,按照一定的规则或方法从上一代群体中选择出一些优良的个体遗传到下一代种群中。选择的依据是适应性强的个体为下一代贡献一个或多个后代的概率大。

(2) 交叉。通过交叉操作可以得到新一代个体,新个体组合了父辈个体的特性,将选择后群体中的各个个体随机搭配成对,对每个个体,以交叉概率交换它们之间的部分染色体。

(3) 变异。对种群中的每个个体,以变异概率改变某一个或多个基因座上的基因值为其他的等位基因,即按照设定的变异概率,在种群个体基因座上,用其对立基因(Allele)进行置换,得到新的个体。同生物界中一样,变异发生的概率很低,变异为新个体的产生提供了机会。

初代种群产生之后,按照适者生存和优胜劣汰的原理,逐代演化产生出越来越好的近似解,在每一代,根据问题域中个体的适应度大小选择个体,并借助自然遗传学的遗传算子进行组合交叉和变异,产生出代表新的解集的种群。这个过程将导致种群像自然进化一样的后生代种群比前代更加适应于环境,末代种群中的最优个体经过解码，可以作为问题近似最优解。遗传算法流程如图4-14所示。

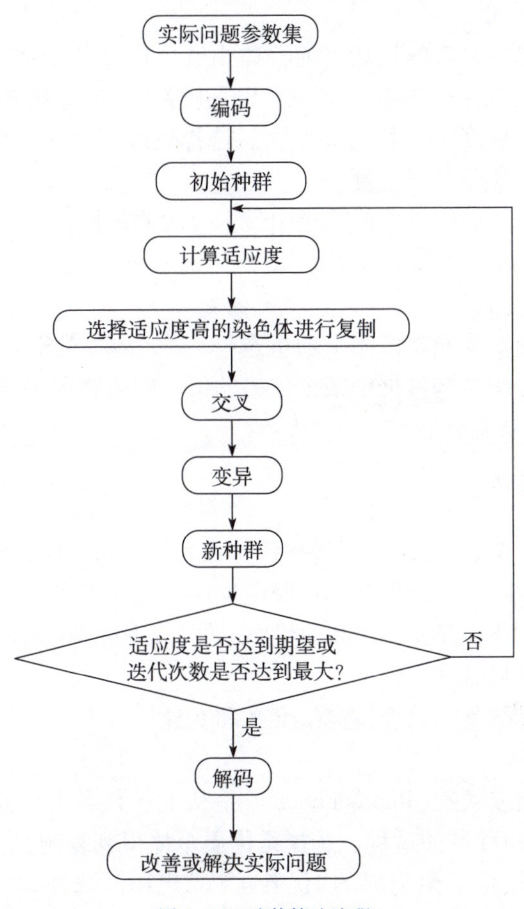

图4-14 遗传算法流程

GA的有效性，主要是选择和交叉操作。起核心作用的是交叉，它是GA算法区别于其他寻优算法的特征之处，可将父代优良的品质传到下一代。变异是不可缺少的，当种群陷入某超平面，交叉不能使其从中摆脱时，变异就可能使之跳出，这时交叉形成的优质个体，有可能被变异破坏。

遗传算法的基本步骤为：

(1) 编码。GA在进行搜索之前先将解空间的解数据表示成遗传空间的基因型串结构数据，这些串结构数据的不同组合便构成了不同的点。

(2) 初始群体的生成。随机产生N个初始串结构数据，每个串结构数据称为一个个体，N个个体构成了一个群体。GA以这N个串结构数据为初始点开始进化。

(3) 适应度评估。适应度表明个体或解的优劣性。不同的问题,适应性函数的定义方式也不同。

(4) 选择。选择的目的是从当前群体中选出优良的个体,优质个体得到复制。遗传算法通过选择过程体现这一思想,进行选择的原则是适应性强的个体为下一代贡献一个或多个后代的概率大。选择体现了达尔文的适者生存原则,个体的选择概率正比于其适应度。

(5) 交叉。交叉操作是遗传算法中最主要的遗传操作。通过交叉操作可以得到新一代个体,新个体组合了其父辈个体的特性。交叉体现了信息交换的思想。

(6) 变异。变异首先在群体中随机选择一个个体,对于选中的个体以一定的概率随机地改变串结构数据中某个位串的值。同生物界一样,GA 中变异发生的概率很低,通常取值很小。

4.6.2 遗传操作

遗传算法是一个迭代过程,遗传操作是在种群中进行的,产生初始种群规模为 N,即种群由 N 个个体组成,经 GA 操作生成一代代新种群(每代都是 N 个个体),从每代种群中选出适应度 f 高的优质个体,成为候补解集合,直到满足要求的收敛指标,即求得问题的解。

下面介绍遗传的基本操作:选择、交叉和变异。

1. 选择

选择也称复制或繁殖(Reproduction),是从上一代种群中选择优质个体,淘汰部分个体,产生新种群的过程。选择是优质个体得到复制,使种群平均适应度得到提高,可见它模拟了生物界的“优胜劣汰”规律。选择方法多种多样,但都以适应度提高为目标进行选择。

1) 轮盘赌法

基于适应度比例的选择策略,轮盘转动 N 次,适应度高的个体被选择的概率大,适应度低的个体也有被选中的可能性,从而维持个体的多样性。

2) 两两竞争法

每次随机地在种群 P_1 中取两个个体,选择适应度大的个体;若二者相同,则取其一,直到选出的个体数为 N,得到种群 P_2。

3) 保留最优个体法

将这一代适应度 f 高的个体,不进行交叉、变异操作,直接保留到下一代种群中,参与下一代种群的优化迭代。

2. 交叉

交叉是在选择后的种群 P_2 中的个体，放入交配池（Mating Pool）中，随机配对称为父代，按照选定的交叉方式及确定的交叉概率，把成对的个体基因，部分地进行交换，形成一对子代，生成新的个体。

1）一点交叉

将一对父代个体基因链，随机地在同一位置切断，部分交换重组，产生一对新的个体为子代。例如，设个体由8位"0/1"二进制符号位串组成，一对父代个体基因链在基因座4~5切断，父代双亲基因座5678上的基因互换，经一点交叉后重组，生成一对新的子代（表4-2）。

表4-2 一点交叉

父代 1 00011101---------	子代 1 00010010
2 10010010---------	2 10011101

2）多点交叉

将一对父代个体的基因链，随机地多点切断（二者位置相同），部分交换重组，产生一对新个体为子代。例如，将父代双亲基因座12、78上的基因互换，生成两个新个体，称之为子代（表4-3）。

表4-3 多点交叉

父代 1 00011101---------	子代 1 11011110
2 11101110---------	2 00101101

3）均匀交叉

均匀交叉也称一致交叉，随机产生"0/1"位串，位串长度与个体的相等，称为屏蔽模板，在其"1"的基因座上，将父代双亲的基因分别传到子代两个个体；在其"0"的基因座上，将父代双亲的基因分别交叉传到两个子代个体（表4-4）。

表4-4 均匀交叉

父代 1	11010011
2	10111100
模板	10110101
子代 1	10011001
2	11110110

3. 变异

突然变异是按照设定的变异率，在种群基因座上，用其对立基因（Allele）进行置换,得到新的个体。例如,在旧个体 7 号基因座上发生变异,基因由“1”变为对立基因“0”(或者其他基因座基因由“0”变为对立基因“1”亦然),得到新的子代个体(表 4-5)。

表 4-5 变异

旧个体 10010011
新个体 10010001

群体陷入一超平面,只有变异才能使其从中摆脱,这就是变异的作用。例如,下面是由 4 个个体组成的种群,在基因座 5 号上的基因均为“0”,无论如何配对,如在基因座 5678 上进行交叉,基因座 5 号位置上的基因都不会变为“1”,只有变异才有可能变为“1”(表 4-6)。

表 4-6 群体超平面

4 个个体组成的种群:
00110010
10100101
———→10101101
10010100
11100110

4.6.3 适应度及参数

在自然界适应环境能力强的种群或个体就能生存下来,并能延续增殖;反之,会被淘汰。在 GA 中用适应度 f 来描述个体适应能力,f 一定是非负的值,即 $f \geqslant 0$。寻优问题可归结为求目标函数的极大值或极小值问题,GA 寻优可将目标函数进行变换,朝着目标函数对应适应度增大方向优化寻优。

SGA 的参数由 N、P_c、P_m、L、T 5 个元素组成,其中 N 为种群规模,一般 N=20~150;P_c 为交叉概率,一般 P_c=0.5~1;P_m 为变异概率,一般 P_m=0.001~0.05;L 为“0/1”二进制位串长度,由待求解问题要求与求解的精度确定;T 为迭代终了的代数,与以上参数和编码方式等有关。

第5章　数字伺服控制

5.1　概述

数字电子技术的快速发展对伺服系统产生了深刻的影响,伺服回路的控制方式迅速由模拟式电路控制向数字控制方向发展,即由模拟式的硬件控制转向数字式的软件控制,使智能化的软件控制成为伺服系统的一个发展趋势。随着微处理器技术的快速发展,数字控制正从伺服系统外回路的位置环、内回路的速度环,进而向电流回路的更深层次发展。目前,机载数字伺服系统大多是采用硬件与软件相结合的控制方式,其中作动器的软件控制方式一般是利用数字信号处理器(Digital Signal Processor,DSP)实现的。由于系统设计、智能节点和高可靠数字传输的需求,使作动器的伺服系统由传统的模拟伺服系统向数字式伺服系统转变。数字伺服系统与模拟伺服系统相比,具有下列优点。

(1) 提高系统设计与调试灵活性。可以设计适合伺服系统的统一硬件电路,如DDV式作动器的电流回路,软件采用模块化设计,拼装构成适用于各类作动器的控制算法,以满足不同控制面的需要。软件模块可以方便地增加、更改、删减和升级换版,或者当实际系统变化时彻底更新,从而提高系统设计与调试灵活性。

(2) 显著改善控制的可靠性。集成电路和大规模集成电路的平均无故障时间(MTBF)远长于分立元件电子电路。采用数字伺服系统,硬件电路易标准化。在电路集成过程中采用了一些屏蔽措施,可以避免电子电路中过大的瞬态电流、电压引起的电磁干扰问题,因此数字伺服具有较高的可靠性。

(3) 提高伺服系统的环境适应性。数字伺服系统的控制律参数及故障监控均由软件代码实现,避免了模拟伺服中各种由硬件温漂产生的问题。

(4) 便于与飞控计算机(FLCC)进行高可靠数字传输,是电传飞控向光传飞控发展的基础。采用数字伺服控制,可以利用总线接口(如ARINC-659、IEEE 1394B、MIL-STD-1553等)使作动器与飞控计算机的双向信息传递能力大大增强。

(5) 提高伺服系统故障监控及诊断逻辑的余度管理能力,实现伺服控制系统节点的智能化。随着芯片运算速度和存储器容量的不断提高,为性能优异但算法复杂的控制策略提供了实现的基础。

但是，世界上不存在只有优点没有缺点的事物。任何事情都是一分为二的，数字伺服系统也存在自身的缺陷。

（1）由于数字伺服系统采用软件控制，替代以往的模拟硬件控制，如果不采用非相似余度，存在软件共模故障的问题；

（2）当采用数字伺服系统时，位置反馈信号是经过量化处理后的数字量，由于 A/D 采样字节精度限制，使位置反馈采样信号与实际位置存在差异，在一些条件下，这种量化效应将引起系统振荡，即产生“量化极限环”；

（3）采用模拟量多路器的 A/D-D/A 数据采集与指令输出，由于 A/D 及 D/A 的滞后，数字伺服系统动态特性相比对应的模拟系统有所下降，同时数字伺服噪声干扰问题比模拟伺服更为突出。

美国在 F-18 的第二代灵巧作动器（该作动器也是 DDV 式作动器）中采用了数字伺服系统。该系统的控制模块有两个主要功能：指令处理和伺服回路闭环，次要功能包括 BIT、监控 LVDT 次级线圈完好性和要求的遥测数据反馈。控制功能决定了伺服作动系统的基本性能，指令是用 1553 总线通过光纤输入来接收的，指令由一个接收字和两个数据字组成。两个数据字包含一个 12 位分辨率的作动器位置指令和一个遥测要求信息，并紧跟一个发送指令，还包括 SOV 指令和机轮承载离散量的 BIT 标识。在软件中数字位置输入信号被限制为最大可用值（12bit）的±85%，作动器位置遥测值与这个指令相匹配。伺服系统有 5 个动态控制反馈回路，包括 DDV 马达电流回路、阀芯加速度反馈回路、阀芯速度反馈回路、阀芯位置反馈回路及作动筒输出位置反馈回路。除 DDV 马达电流回路外，其余四个回路均用数字伺服。DDV 式作动器的应用如图 5-1 所示。

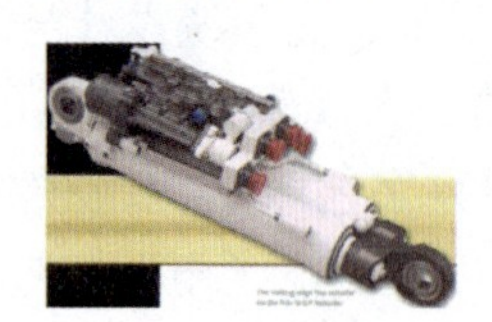

F-18 E/F作动器
(单级DDV)Par ker公司研发

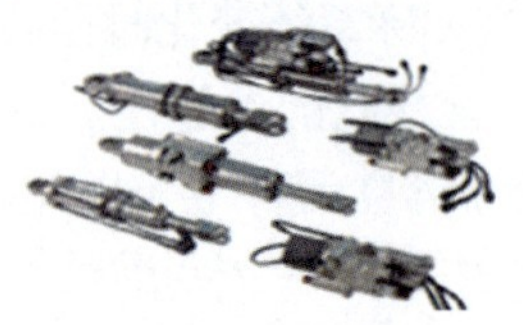

JSA-39主控舵面作动器
(单级DDV)MOOG公司研发

M346平尾作动器
(单级DDV)SMI TH公司研发

IDF主控舵面作动器
(单级DDV)MOOG公司研发

图 5-1 DDV 式作动器的应用

美国的 F-22 战机,作为典型四代机的代表,成功应用了直接驱动阀式余度作动器。它的平尾作动器采用电气三余度、液压二余度的直接驱动阀式伺服作动器,由 Parker 公司研制。适应四代机作动器的大载荷、高速度、高频响的要求,考虑到单级直接驱动阀的流量及阀芯剪切力的限制,它采用了双级 DDV 的结构。其工作压力为 28MPa、单系统最大流量 114L/min。同时,该作动器还采用了壁孔式(Hole in the Wall)液压回中方案,作动筒的设计也采用了非对称设计,这些都进一步简化了作动器的结构,减少了作动器的体积与重量。另外,Parker 公司还为 F18 E/F 研制了单级 DDV 作动器。它采用了电气四余度、机械液压两余度的结构。钛合金的壳体及壁孔式液压回中的设计,进一步减轻了作动器的体积和重量。

随着数字技术的不断发展,以智能化的软件及高性能 DSP 控制为核心的余度数字伺服技术,将成为先进伺服作动系统的发展方向。采用数字伺服技术,使智能控制、智能补偿、智能故障诊断及健康管理系统的实现成为可能。针对不同作动器的性能要求,在软件中进行内、外回路的参数匹配,可以实现控制器的模块化结构,模块化的余度数字伺服控制器是实现智能作动器的工程基础。

5.2　DDV 式作动器余度数字伺服系统

5.2.1　余度设计

为有效提高系统的任务和安全可靠性,数字电传飞控系统必须采用余度技术。考虑到飞行安全、任务需求和控制舵面的布局因素,必须避免单点故障导致飞机损失。对于主控舵面作动器,军用飞机大多采用串列双余度,以便与飞机油源数相适应,而民用飞机为了满足结构完整性需求,大多要求 3 个以上的作动器来驱动操纵面;对于电子故障,一般要求满足二次故障仍能工作,以保证飞控系统丧失控制功能的概率小于 1×10^{-7}。根据目前的技术水平,采用三重余度或四重电气余度的伺服系统能满足其要求。但是,采用余度会带来许多新问题,除了增加体积、重量和复杂性,还包括通道间干扰、故障影响、故障后性能降低、故障检测、通道切换与隔离等。余度管理是余度设计的核心,余度管理算法策略的优劣对系统的性能、可靠性与维护性、重量、体积及研制成本有着决定性的影响,判定余度管理效果的主要标准是监控覆盖率及系统的故障瞬态。余度管理是系统逻辑和控制的一部分,它的工作主要包括信号选择、故障检测与故障隔离、系统重构、故障申报、故障记录与系统状态确定等。

作动器的余度设计主要包括机械余度、液压余度、电气余度 3 部分。

1. 机械余度

飞机安全、任务可靠性要求和控制舵面的布局，决定了作动系统的机械余度结构。一般来说，飞行安全要求“不允许单点故障损失飞机”。飞机的多操纵面布局，分离的液压管路和组合余度作动器可以改善系统的生存性。例如，当串联双腔作动筒其中一腔破裂时，止裂结构（制造两个独立筒体，然后再组合在一起）可以防止故障蔓延。

2. 液压余度

用于战斗机主操纵面的液压余度作动器设计通常采用液压双系统。用双余度有两个原因，一方面可以防止液压故障时的飞机颤振；另一方面在一个液压系统故障后仍可以保证作动器继续工作。由于单个液压系统故障不允许产生飞机颤振或导致飞机损失，液压余度配置直接关系飞控系统的任务失效率。

3. 电气余度

作动系统的任务失效率要求在控制伺服电子中采用多通道电气余度，通常采用三重或四重余度来满足飞控系统对作动器的安全可靠性要求，原因在于三重或四重余度配置均可以满足电子通道二次故障工作的要求。显然，三余度与四余度系统比较，具有成本低、硬件少、可维护性好、基本可靠性高等优点。但要满足二次故障工作，三余度系统的本通道故障自检测率与隔离率必须达到很高的要求。考虑到目前外场可更换模块化（Line Replaceable Module，LRM）计算机的故障自检测率与隔离率的现状，磁通综合方案的 DDV 式作动器在伺服电子两通道工作时应用阀芯位置模型比较监控困难，以及 DDV 阀芯的剪切力较传统的电液伺服阀作动器偏低的特点，DDV 式作动器大多采用了电气四余度的结构设计。

5.2.2 量化效应

数字伺服控制系统，量化处理后的位置反馈信号，由于 A/D 采样精度的限制，位置反馈信号与实际位置存在差异，这个差异就是量化误差，这种量化误差对系统产生一系列不良影响，称为量化效应。量化效应的分析方法主要有确定性分析法、统计分析法及非线性分析法。量化误差只有在动态过程中才可以用白噪声表示，它只影响信噪比。在稳态的情况下，量化效应可以用非线性模型进行分析。量化的非线性效应可以引起系统的极限环。对于高阶系统的极限环特性分析较复杂，可以将系统假定为二阶环节进行分析，简图见图 5-2。

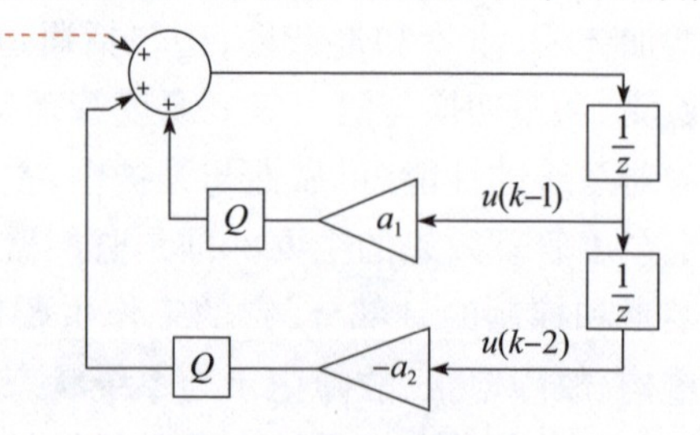

图 5-2　二阶环节量化简图

$$D(z)=\frac{1}{1-a_1z^{-1}+a_2z^{-2}} \tag{5-1}$$

当二阶环节的极点为单位圆内的共轭极点，$u(k-2)$在一定的数值范围内，如果满足 $Q[a_2u(k-2)]=u(k-2)$的条件，极点便迁移到单位圆上，于是在该数值范围内产生极限环振荡。可以推出极限环振荡幅值为

$$|Q[a_2u(k-2)]|-|a_2u(k-2)|\leqslant q/2$$

$$Q[a_2u(k-2)]=u(k-2)$$

可以得出：

$$|u(k-2)|\leqslant\frac{q}{2(1-|a_2|)} \tag{5-2}$$

二阶环节分析结果表明，a_2 决定极限环的幅值，a_1 决定极限环的频率。a_2 越接近 1，振荡幅值越大。当 $a_2<0.5$ 时，极限环将不存在。

在数字式 DDV 系统中存在多种非线性，上述单独研究量化效应所得到的结论并不能完全适用于多非线性并存的情况。例如，在 DDV 式作动器位置伺服系统中，阀芯摩擦力产生的死区非线性影响最为严重。考虑摩擦力死区非线性和量化非线性的 DDV 式作动器伺服系统简图见图 5-3。

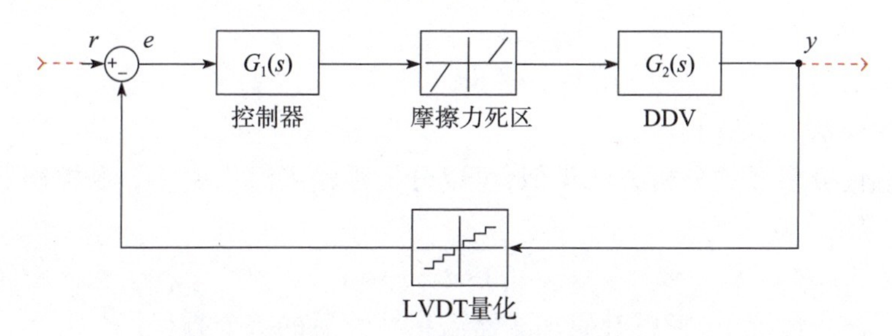

图 5-3　量化非线性的 DDV 式作动器伺服系统简图

设由于摩擦力产生 DDV 的死区的大小为 d_0，Q 表示 LVDT 的解调后电压的量化作用。设量化阶为 q，则

$$Q(y)=\begin{cases}[y/q]q & (y\geqslant[y/q-0.5]q+q/2)\\ [y/q]q & (y<[y/q-0.5]q+q/2)\end{cases}$$

实际位置 y 经量化后得到的反馈量 y_q 与指令不相等，存在位置误差 e。令 $2r/q=2k+1$，有

$$e=r-Q(y)=\begin{cases}q/2 & (y\geqslant[y/q-0.5]q+q/2)\\ -q/2 & (y<[y/q-0.5]q+q/2)\end{cases}$$

因此，LVDT 的解调后电压的量化非线性可以转换为带有继电器的非线性问题。DDV 式作动器伺服系统简图转化为图 5-4。

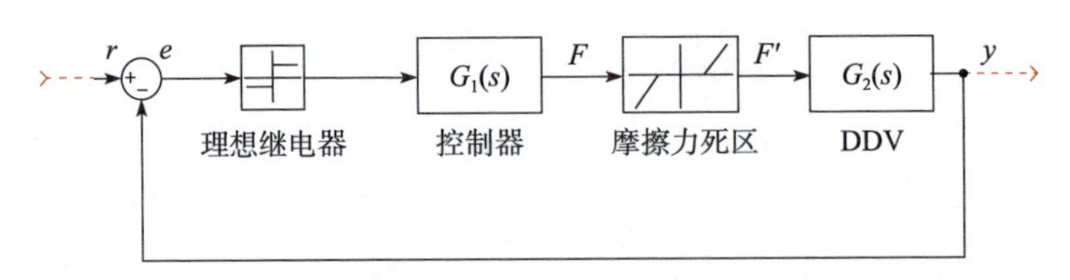

图 5-4　DDV 式作动器伺服系统简图

如果系统稳态时没有极限环振荡，则理想继电器的输出必然处于上下阶的一端，设其值为 $q/2$。这时，$G_1(s)$ 的稳态输出为

$$F=qG_1(0)/2=qK_0/2$$

设 F 为正，若 F 大于摩擦力引起的死区，即 $F>d_0$，这时由于阀芯受力，将在 $G_2(s)$ 的作用下，产生正向输出，在综合口取反后便为负值，即继电器取值应为 $-q/2$，这与前面的假设矛盾。因此，回路稳定的必要条件为

$$d_0 \geqslant qK_0/2$$

即为了保证系统稳定，量化阶 q 必须小于 $2d_0/K_0$。

采用数字控制，伺服控制律在解算过程中，由于定点小数补码求和运算会产生溢出，溢出特性也是非线性特性。它可以表示为

$$\begin{aligned} f[A\pm(2m-1)] &= -(1-A) \\ f[A\pm 2m] &= A \end{aligned} \tag{5-3}$$

式中：$m=1,2,\cdots$；$|A|<1$。

与量化极限环的分析方法类似，可以分析零输入溢出振荡。令控制器为

$$D(z)=\frac{1}{1+a_1z^{-1}+a_2z^{-2}} \tag{5-4}$$

在零输入情况下，考虑补码加法器溢出特性后的差分方程：

$$u(k)=f[-a_1u(k-1)-a_2u(k-2)] \tag{5-5}$$

如 $|-a_1u(k-1)-a_2u(k-2)|<1$，数据不溢出。

当 $|u(k-1)|<1$，$|u(k-2)|<1$ 不产生溢出振荡的条件为

$$|a_1|+|a_2|<1$$

如 $a_1+a_2>1$，则加法器存在溢出。在零输入时，$D(z)$ 存在固定输出值 A，即

$$\begin{aligned} &u(k)=u(k-1)=u(k-2)=A \\ &A=\frac{2}{1+a_1+a_2}(0<A<1) \end{aligned} \tag{5-6}$$

5.2.3　采样频率

根据采样定理，只有当采样频率 ω_s 大于或等于连续信号频率上限 ω_m 的 2

倍时，采样信号才能表征原连续信号不失真，因此采样频率 f 越高越好。对于数字伺服系统，采样频率越高，越接近连续系统的性能，可以满足 DDV 越高的作动器动态特性要求。采样频率直接影响 D/A 和 A/D 的传输特性、连续模型的离散化结果模型保真程度及伺服控制规律计算过程中的量化效应等。但采样频率 f 也不是越高越好，过高的采样频率对硬件的采样及运算速度要求高，对软件的单周期运算量要求严格，提高了软/硬件的设计难度及成本。采用多采样频率的控制策略，可以缓解上述矛盾。此时，对于 DDV 回路，由于频带要求较高，采用高采样频率以减少控制器离散化带来的动态误差，而对于作动筒回路（简称 DDA 回路），由于频带要求较低，采用低采样频率足以减少低频补偿器的量化误差、死区及门限。

采样频率在工程上的选取的经验准则如下。

（1）若系统阶跃响应是非振荡，一般要求在阶跃响应上升时间 T_r 内采样点数 $N_r=\dfrac{T_r}{T}\geqslant(5\sim10)$；

（2）若系统阶跃响应是振荡的，振荡周期内采样点数 $N_r\geqslant(10\sim20)$；

（3）当被控对象的主导极点的时间常数为 T_d 时，要求 $T\leqslant T_d/10$；

（4）采样频率 ω_s 越高，丢失的信息越少，常取 $\omega_s=10\omega_c$，ω_c 为开环截止频率。

因此，采样频率必须根据系统的要求合理选择，并通过仿真及试验进行验证，证明该采样频率的选择是满足伺服作动系统设计要求的。

5.2.4　余度伺服系统的结构设计

DDV 式伺服作动系统的每个余度可以分为 3 个回路：电流回路、内回路（DDV 回路）和外回路（DDA 回路），如图 5-5 所示。根据系统余度配置的要求，整个伺服系统设计为四重余度的结构。其中作动器的内、外回路设计为数字伺服回路，由于电流回路高频响的要求，仍需采用模拟电路实现。由于不同的

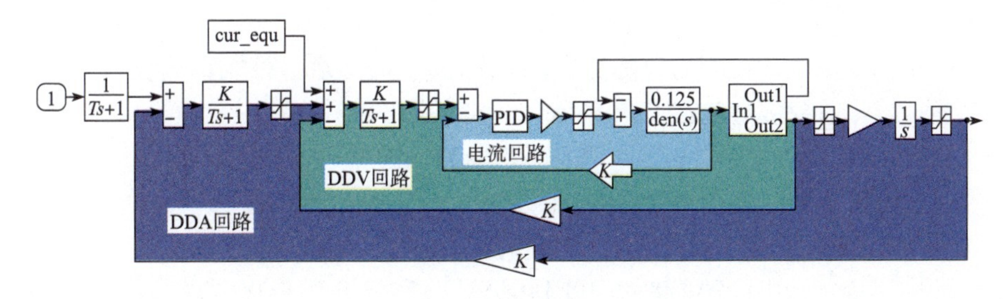

图 5-5　DDV 式作动器伺服回路控制结构

DDV 式作动器力马达线圈的参数区别不大,因此电流回路的模拟 PWM 控制板可以设计为标准模块。而针对不同作动器的性能要求,内、外回路的控制方案可以相同,仅在软件中进行内、外回路的参数匹配。不同作动器的控制器硬件部分可以设计成完全相同的标准模块,以提高余度伺服控制器的可靠性与维修性,也为作动器的智能容错控制奠定了基础。

5.2.4.1 电流回路设计

DDV 式作动器的电流回路采用脉宽调制(Pulse-Width Modulation,PWM)工作方式,以提高驱动系统的效率,降低功率电子器件上的热损耗。它采用低导通电阻,高工作电压,大电流输出的 H 桥驱动器。内置 4 个钳位二极管实现过压保护,同时采用电流检测电路、关断逻辑、过流保护及死区时间防直通等功能,提高 PWM 电路的可靠性。利用与力马达线圈串联的高精度采样电阻,将电流信号变为电压信号,形成电流反馈的闭环控制。在电流回路的前向通道中,采用了 PI 控制器,PI 控制器的参数取决于电流回路的设计频带与力马达线圈的参数。

5.2.4.2 内回路和外回路设计

DDV 式作动器的内、外回路设计为数字伺服回路,它以数字信号处理器(DSP)为核心,综合控制指令信号以及来自主控阀(MCV)和作动筒的线位移传感器(LVDT),经过解调放大后和 A/D 转换器输入的位置反馈信号。每个余度通道工作原理框图见图 5-6,图中表示了 DDV 式作动器可以接受来自 DFCS 和 EFCS 的控制指令。在 DFCS 工作情况下,数字伺服控制器从总线接收 FLCC 主处理器的控制律指令,经双口 RAM 与 DSP 进行数据交换;在 EFCS 情况下,数字伺服处理器从 A/D 转换器接收来自 EFCS 控制律输出的指令信号,通过 A/D 采集并完成 A/D 采集自身的监控;DSP 将伺服控制律计算出的数字指令通过总线送到 D/A 转换器,输出模拟量,再经过一个二阶低通滤波器,作为电流回路的输入控制指令,经 A/D 采集后送 DSP 进行指令回绕监控。通常作动器内回路频带高于外回路,内回路的采样频率设计为外回路的 5 倍。

5.2.4.3 硬件组成

数字伺服系统的控制与故障监控以 DSP 为核心实现。控制部分设计上面已经描述。故障监控部分包括 DSP 的看门狗监控及总线接口监控、信号 D/A-A/D 回绕监控、作动筒和 DDV 阀芯的 LVDT 和值监控、力马达电流模型监控、DDV 阀芯位置模型监控。数字伺服系统根据各个监控状态,按照故障逻辑实现故障隔离,即切除 DDV 电流开关和电磁阀(SOV)的线圈电流。监控的模型及门限在 DSP 的软件中实现,利用现场可编程门阵列(FPGA)和复杂可编程逻辑器件(CPLD)完成工作模态的转换和控制逻辑,并进行必要的延时及采样平滑处理。

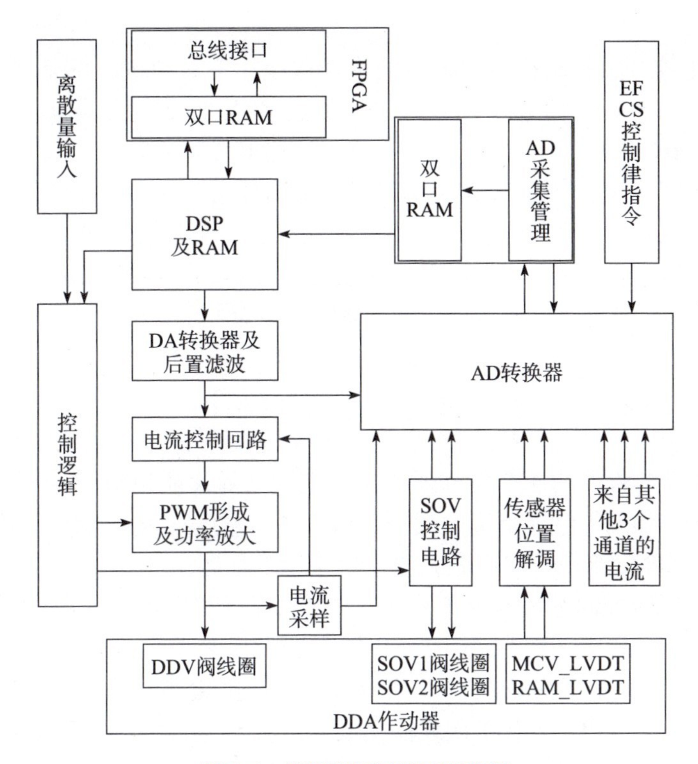

图 5-6　单通道数字伺服原理框图

余度数字伺服系统由功能完全相同的四重余度部分组成,其中每一部分的硬件包含下述主要模块电路。

(1) 总线接口电路;

(2) DSP 及监控电路;

(3) A/D 采集控制与 A/D 转换电路;

(4) D/A 转换器和后置滤波器;

(5) 传感器位置解调电路;

(6) 电流控制回路;

(7) PWM 形成及功率放大电路;

(8) 控制逻辑电路。

5.2.5　伺服系统余度管理

DDV 式作动器余度伺服系统的通道故障逻辑包括 DDV 电流开关控制逻辑及 SOV 控制逻辑。其中,DDV 电流开关控制逻辑根据伺服回路电气余度管理要求控制 DDV 工作线圈,SOV 控制逻辑根据液压余度管理要求控制作动器液压余度逻辑。

DDV 电流开关控制逻辑根据本通道伺服电子有效(CSE)的信号进行接通与断开控制。当 CSE 信号有效时,接通本通道 DDV 电流开关,当 CSE 信号失效时,断开本通道 DDV 电流开关。同时,为了补偿电气通道失效对 DDV 性能的影响,采取了增益补偿措施。即通过提高工作通道的增益,弥补故障通道被切除后带来的伺服系统增益下降的问题。由于采用了数字伺服技术,增益补偿算法可以方便地在数字伺服控制律解算软件中实现。具体补偿逻辑如下。

(1) 当 4 个通道的 CSE 均有效时,补偿增益为 1;

(2) 当 3 个通道的 CSE 均有效时,补偿增益为 1.33;

(3) 当 2 个通道的 CSE 均有效时,补偿增益为 2。

由于采用了增益补偿技术,可以保证作动器在 3 个电气通道及 2 个电气通道工作模式下的性能与 4 个电气通道工作模式下的性能相同,不会产生由电气通道故障带来作动器性能下降的问题。当然,由于力马达电流的饱和输出特性,在两通道工作时,会带来 DDV 阀芯剪切力下降的问题。

SOV 阀线圈控制逻辑输出 3 种状态:复位、保持和断开。当通道故障逻辑发出通道复位信号以及 BIT 状态下 DSP 控制器发出复位信号时,SOV 阀将被复位;当本通道伺服电子失效即 CSE 失效及液压故障检测器检测报故时,本通道 SOV 阀线圈将被断开;当 SOV 阀线圈完成复位后 SOV 阀线圈处于保持状态。

故障监控就是监控本通道工作的正确性及有效性,通过交叉通道数据链 CCDL,向远程通道报告本通道的健康状态;并通过 CCDL 接收远程通道健康状态,故障逻辑综合隔离故障通道。数字伺服控制可以方便地用软件来实现监控功能。由于软件模型与硬件实物的差异,难以在整个工作范围内保持模型与硬件特性的一致性,必须恰当地设计监控门限与切换时间,在满足故障瞬态要求的前提下,尽量放宽门限值,防止误报故障;同时,根据监控回路的动态特性正确定义切换时间。模型的确定、监控门限及切换时间的选取必须以大量的仿真分析与试验验证为基础。这里,重点描述 LVDT 和值监控、力马达电流监控、阀芯位置监控和伺服模型监控。

1. LVDT 和值监控

LVDT 和值监控包括 DDA 位置传感器及 DDV 位置传感器的和值监控。具体和值监控的算法如图 5-7 所示。

2. 力马达电流监控

力马达电流监控原理是将指令电流与实测的马达电流相比较,监测电流回路的工作情况。算法思想是选取适当的低通滤波器和偏置电压,模拟马达电流特性及实际电路产生的电气偏置。力马达电流监控的算法见图 5-8。

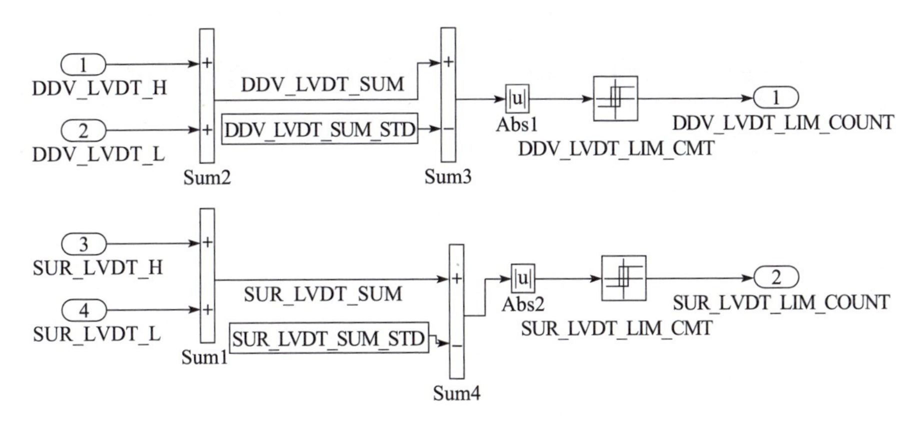

图 5-7 LVDT 和值监控的算法

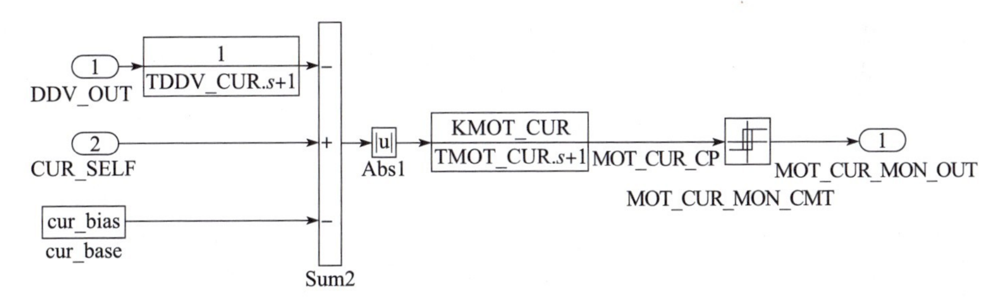

图 5-8 力马达电流监控的算法

3. 阀芯位置监控

根据阀芯位置与马达电流呈比例的关系,设计阀芯位置监控。将阀芯位置测量值与阀芯位置模型相比较,其误差通过低通滤波器滤掉高频噪声后用于阀芯位置监控。阀芯位置模型针对力马达电流选择合适的增益和一阶滤波器,模拟直接驱动阀的动态特性。阀芯位置监控算法框图见图 5-9。

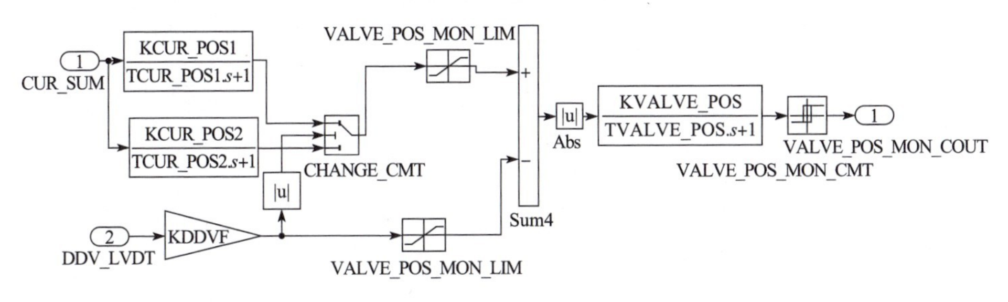

图 5-9 阀芯位置监控的算法

4. 伺服模型监控

伺服模型监控是对平尾、副翼、方向舵等操纵舵面的伺服系统建立数学模型,把实际的舵面位置反馈与其模型输出比较,在规定的门限范围之内判定为正常;否则判定为故障。伺服模型监控如图5-10所示,显然,伺服模型是相应舵机的一种解析余度,伺服模型监控是一种解析余度的监控方式。

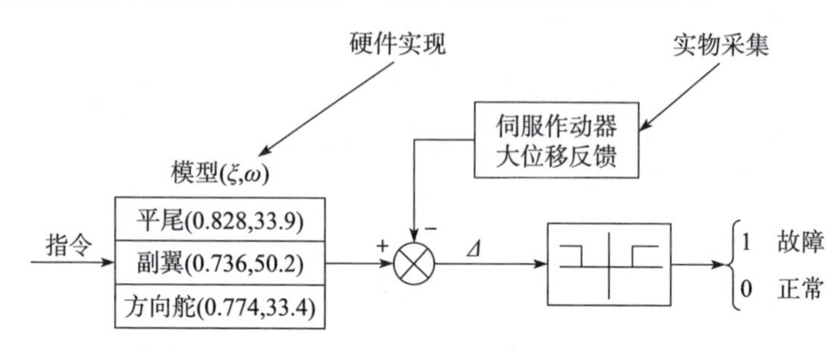

图5-10 伺服模型监控

5.2.6 电流均衡设计

在高性能的力综合余度伺服系统中,输入信号或通道增益不一致会严重影响系统性能,甚至无法正常工作。另外,在确定监控方案时,上述不一致性往往使监控门限设计得很高,甚至无法接受。为了解决上述问题,对输入信号采用均值选择或中值选择进行处理,对通道增益的不一致性采用均衡技术。均衡技术的本质以多余度通道的表决值为标准,对增益小的通道增加输入,对增益大的通道减少输入,所有通道输出尽量接近表决值,达到多通道增益相一致的目的。但均衡能力太强,掩盖故障;均衡能力太弱,解决不了通道不一致性问题。所以,要选择合适的均衡设计算法逻辑,既不掩盖故障,又解决通道不一致性问题。

DDV式作动器伺服回路采用电流均衡方法可以减小由正常零偏及闭环伺服电子位置反馈的增益误差引起的通道间电流的巨大差异。由于伺服回路前向通道高增益,这种正常零偏与反馈误差经高增益放大器放大后,将引起不同通道间力马达线圈电流差异巨大,从而增加系统功耗,降低DDV性能,还将导致力马达线圈电流监控无法设计。

线圈电流均衡工作原理是使各个通道的电流趋于均值电流。它可通过利用各自通道电流与均值电流之差产生的修正信号来实现。如图5-11所示,修正信号沿阀反馈通道可以加入DDV回路。

DDV式作动器的电流均衡可以同时补偿稳态与动态的电流不同步性。其中,静态不同步是由伺服电子及反馈通道中的纯零偏产生的。动态电流不同步是由通道间的增益误差,以及回路伺服放大器的动态品质差异引起的。

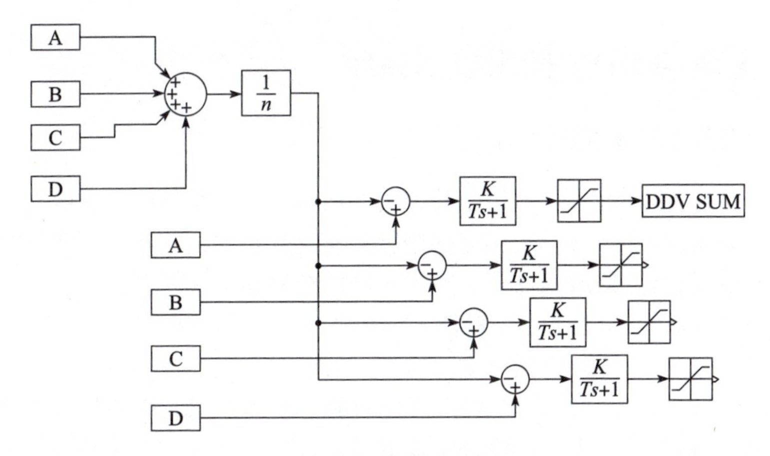

图 5-11　电流均衡结构

采用均衡技术时,有两个方面因素需要考虑:其一,一方面,必须保证均衡回路的稳定性;另一方面,必须验证采用电流均衡后,不能掩盖真正的故障。因此,在设计均衡回路时,均衡增益不宜太大,对均衡的权限应该进行限制。其二,需要对均衡信号进行监控,比如次大与次小的差值与门限比较,超过门限说明均衡信号离散度大有故障,断开均衡;离散度在门限范围内时,采用变限幅且限幅最大不超过故障监控门限的均衡方案。

系统余度管理 2.8 节采样信号的均衡分析,其中通道公差计算方块图,与本章的电流均衡设计方法一致。过去受模拟电路实现复杂的逻辑运算和数学解算条件的限制,信号的表决只能求均值,故障监控只能是跨表决器监控,即判断信号故障只能是信号值与表决值比较,同时超过幅值门限与时间门限判定为故障。这种方法天然地认为算数平均值是标准的正常信号,但事实上,按照稳健统计推断理论,衡量通道间信号离散度程度,样本的中位数才是 1 范数距离误差最小的好信号,即样本中位数才是最好的表决值。各通道信号与其中位数的距离误差的绝对值之和是最小的,也就是说,以余度信号的中位数为标准参考的均衡,均衡后通道间信号的离散度最小。

从概率统计意义上讲,算术平均值有很大的概率包含了故障信号的贡献量,所以均衡原则上不能以算术平均值为参考靠近的标准。但采用模拟电路均衡或者是 FPGA 可编程门阵列芯片均衡,由于缺乏 DSP 等数字信号处理器强大的 CPU 运算能力,有时工程上仍采用算数平均值均衡方案。随着数字技术的迅速发展,数字伺服 CPU 算力功能足够强大,可以支持跟踪通道号相关属性参数的排序跨通道监控,能够承担选取样本中位数以及中位数计算等复杂计算的任务,可以采用 2.8 节的方法进行信号均衡。

5.3 全数字 DDV 伺服控制系统

5.3.1 TMS320F2812 简介

随着数字技术的发展,采用微处理器的数字控制系统目前主流的发展趋势。数字控制系统存在诸多优点,如能够用软件实现复杂的控制算法,不需要采用复杂的模拟电路设计;修改软件代码实现不同的控制功能,而不需要更改硬件电路设计;其有较高的可靠性,且易于维修与测试。DSP 是设计数字控制系统常用的微处理器之一,采用 DSP 有低成本、高运算性能、易开发,且能适用复杂的控制算法等优点。如图 5-12 所示,以选用 TI 公司的一款高性能 DSP-TMS320F2812 为例,说明数字伺服控制系统的设计实现方法。

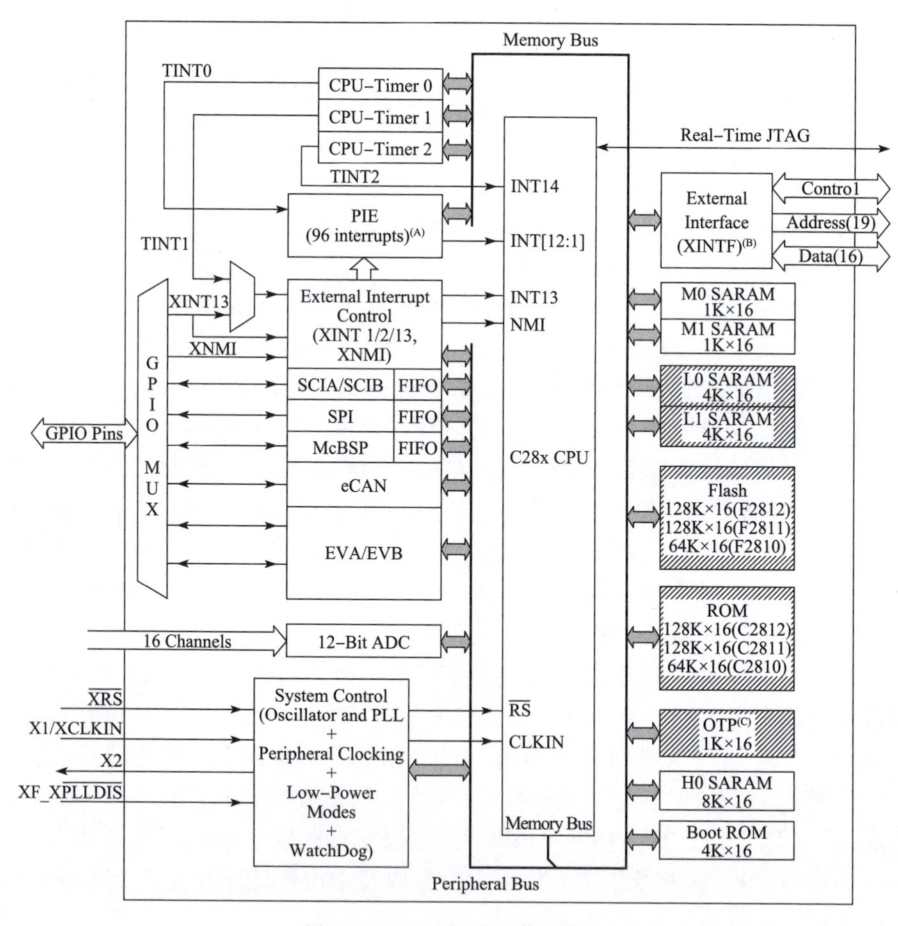

图 5-12 TMS320F2812 体系结构

TMS320F2812 是 TI 公司推出的一款数字信号处理器，该处理器是基于 TMS320C2xx 内核的定点数字信号处理器。TMS320F2812 上集成了多种先进的外设，片上整合了 FLASH 存储器、快速的 A/D 转换器、增强的 CAN 模块、事件管理器、正交编码电路接口、多通道缓冲串口等外设，这些功能丰富的接口整合使用户可以方便地开发高性能数字控制系统。

TMS320F2812 数字信号处理器的运算精度达到 32 位，系统的处理能力可达到 15MIPs。TMS320F2812 芯片的内核是基于 C/C++高效 32 位 TMS320C2xx 内核，并提供浮点数学函数库，从而可以在定点处理器上方便地实现浮点运算。TMS320F2812 数字信号处理器有以下特点。

（1）采用高性能的静态 CMOS 技术。最高主频可达 150M（时钟周期 6.67ns）、低功耗。

（2）高性能 32 位 CPU。16×16 位和 32×32 位的乘法累加操作、16×16 位的双乘法累加器、哈佛总线结构、快速中断响应和处理能力、统一寻址模式。

（3）丰富的片上存储资源。128K×16 位 Flash 存储器、18K×16 位 SARAM 存储器。

（4）灵活的启动引导模式。

（5）方便的外部存储器扩展接口。可达 1MB 的寻址空间，可编程等待周期，3 个独立的块区域片选信号。

（6）时钟和系统控制。支持动态改变锁相环的倍频系数，看门狗定时模块。

（7）3 个外部中断。

（8）外设中断扩展模块（PIE）支持 45 个外设中断。

（9）3 个 32 位 CPU 定时器。

（10）串口通信外设。SP 串行外设接口，两个 UART 接口模块（SCI），增强的 eCAN2.0B，接口模块，多通道缓冲串口（McBSP）。

（11）高达 56 个可配置通用 I/O 引脚。

（12）先进的仿真调试功能。

支持 JTAG 边界扫描分析和断点功能，支持硬件实时仿真功能。

5.3.2 DDV 数字伺服系统

在实际应用中数字伺服系统通常由数字信号处理器 DSP2812、可编程门阵列逻辑芯片 FPGA 和伺服放大电路、输入输出驱动电路组成。DSP 实现伺服系统输入/输出处理、余度管理、伺服回路控制律解算和故障综合告警。FPGA 实现电流指令均衡、力马达电流闭环控制及控制逻辑综合等。数字伺服软/硬件功能结构如图 5-13 所示。

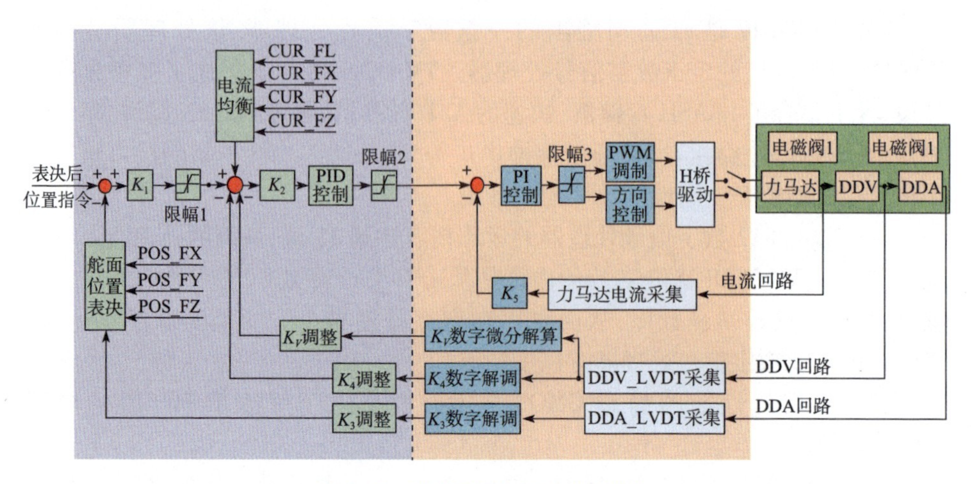

图 5-13 数字伺服软/硬件功能结构

全数字 DDV 伺服的硬件主要包括模拟接口、ADC 模数转换、SOV 电流驱动、DDV 电流驱动及数字信号驱动与隔离部分。其中,模拟接口完成对 DDV 作动器传感器信号进行解调处理以及和值解算、测试指令差分处理等功能。ADC 模数转换硬件由 FPGA 控制,完成对模拟信号转换成数字信号,并将数字信号送 FPGA 进行伺服回路解算。SOV 电流驱动硬件完成对电磁阀 SOV 的恒流控制,根据伺服逻辑控制状态,向电磁阀 SOV 输出恒定的电流。DDV 电流驱动根据 FPGA 输出的 DIR 电流方向信号和 PWM 占空比信号,以 H 桥驱动形式向 DDV 作动器力马达输出电流。DDV 伺服硬件功能组成如图 5-14 所示。

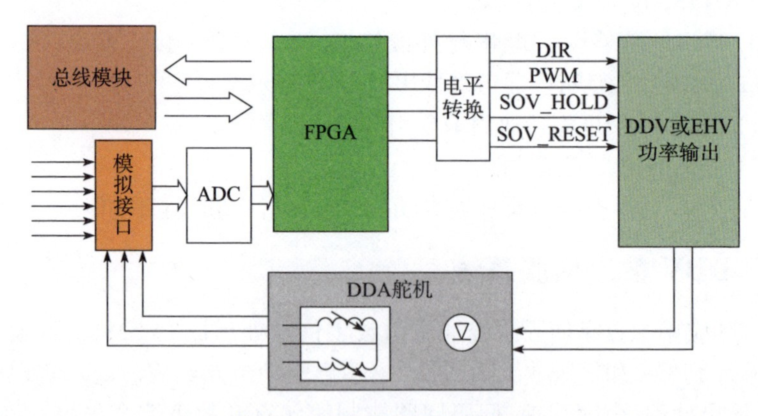

图 5-14 DDV 伺服硬件功能组成

全数字 DDA 伺服完成外回路、内回路、电流环回路的闭环伺服控制及其

SOV、电流开关 CSE 逻辑等伺服逻辑。图 5-14 中舵机传感器及其电流反馈采用 A/D 转换成数字量,回路控制直接输出电流方向信号 DIR 及其电流指令 PWM 信号,完成对力马达的电流的方向和大小控制,另外,FPGA 完成电磁阀 SOV 的逻辑控制,并输出 SOV_HOLD 离散控制信号,SOV_RESET 信号,完成对 SOV 的电流开关的控制。

5.4 伺服回路控制

SA 板 FPGA 芯片主要完成 4 个功能单元的伺服逻辑控制,包括外回路控制、内回路控制、电流环控制、伺服逻辑控制、AD/DA 控制、基于 DSP2812 的 APB 桥控制,所有功能模块均为同步时钟设计。

DSP/CPU 软件功能:VMC 指令表决、舵面位置表决、和值监控、阀芯模型监控、SOV 电流监控力马达电流监控。

FPGA 逻辑功能:伺服逻辑综合、电流指令均衡、力马达电流闭环、ADC 采集控制、电流指令交叉传输。

5.4.1 外回路控制

外回路控制功能主要完成作动筒 LVDT 解调值增益调整、外回路闭环综合、外回路增益 K_1 计算、结构滤波器处理、通道误差均衡处理,限幅处理等功能。图 5-15 所示为外回路功能。

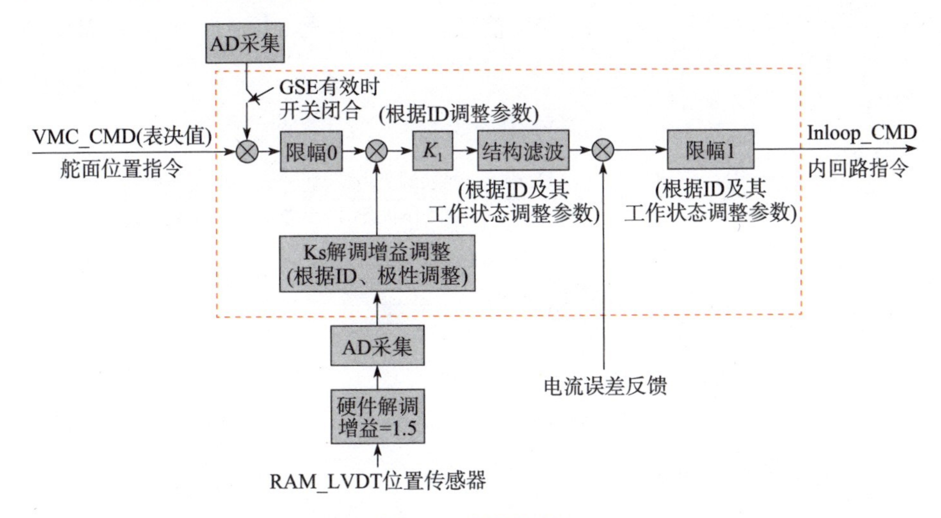

图 5-15 外回路功能

5.4.2 内回路控制

内回路控制完成 DDV 伺服内回路计算与控制，主要功能包括内回路综合与 K_2 增益计算、MCV 主控阀速率计算、相位校正 PID 计算、电流指令限幅控制等功能。内回路控制框图如图 5-16 所示。

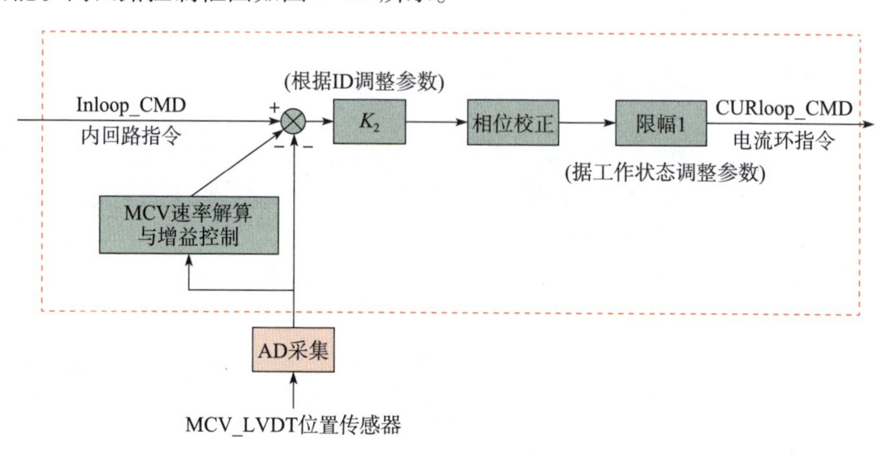

图 5-16　内回路控制框图

5.4.3 电流环控制

电流环闭环控制主要完成电流指令与电流反馈的闭环综合处理、增益处理、PI 处理、输出 H 桥驱动器所需要的 DIR 信号和 PWM 信号，由硬件 H 桥 LDM18200 完成功率驱动。图 5-17 所示为电流环回路框图。

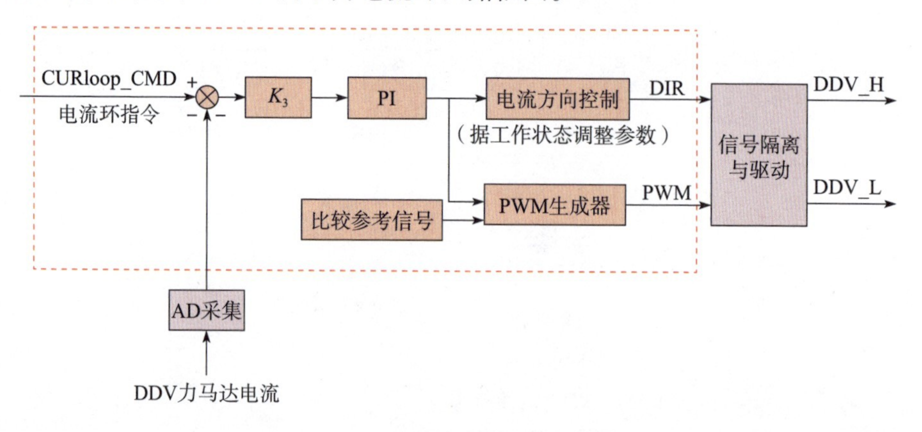

图 5-17　电流环回路框图

5.5　DDV 式作动器的智能控制

5.5.1　传统经典控制

经典控制理论是建立在精确数学模型基础上的，由于作动器的精确数学模型难以建立，控制参数（如流量增益、摩擦力、重叠量等）又随环境发生变化，运用现代控制理论分析综合要耗费很大代价进行模型辨识，往往不能得到预期的效果。因此，传统上采用经典的 PI 控制并根据经验进行在线参数整定，以得到较为满意的控制效果。但传统的 PI 控制器难以协调快速性和稳定性之间的矛盾，在具有参数变化和外干扰的情况下，难以保证系统具有较好的鲁棒性。

5.5.2　现代非线性控制

应用现代控制理论，可以采用多种控制方法解决电液作动器由非线性不确定因素对系统带来的影响，主要包括自适应控制、非线性反馈线性化控制、非线性 H_∞ 控制等。这些方法可以单独使用，也可以综合应用。因为自适应控制算法能自动辨识时变系统的参数，相应地改变控制作用，使系统的性能达到最优或次最优。因此，在电液控制系统中自适应控制的应用非常广泛。当前应用最成熟的自适应控制算法主要有两类：一是自校正控制；二是模型参考自适应控制。自校正控制一般适用于慢时变的对象调节，而具有参数突变和突加外负载干扰的电液伺服系统往往不能满足要求。因此，液压系统中应用的自适应控制，大多为自适应控制及其变型的模型参考。尽管自适应控制极大地改善了系统性能，但在使用过程中仍带来了一些问题。对于模型参考自适应，主要的困难是选择一个合适的参考模型及要按李亚普诺夫稳定理论或波波夫超稳定理论来设计自适应律。根据已知参数设计电液位置伺服系统，然后针对系统中参数或外界干扰的变化引起系统的误差，使用两种模型参考自适应控制：一是通过构建目标函数，使被控对象趋近于参考模型的以局部参数为最优的自适应控制；二是采用状态观测器，通过构建状态观测器，并利用 Matlab 函数求解状态观测器的反馈矩阵，根据少量的输入输出变量由状态观测器构造系统的全部变量。针对电液伺服系统的跟踪控制问题，在系统模型不确定性参数的界未知时，给出一个自适应滑模控制方案。基于滑模原理，通过自适应方法来消除系统不确定性对系统控制性能的影响。该方案在确保闭环系统稳定的前提下，在线对系统模型不确定性参数进行估计，从而达到良好的跟踪性能和鲁棒性。设计全状态反馈自适应控制器，保证多参数时变电液伺服系统高频响的要求。

采用微分几何的方法来研究非线性系统，特别是通过非线性坐标变换来实现仿射非线性系统的精确线性化,已成为非线性控制的最佳方案之一。通过非线性反馈对系统线性化的方法与以前的小扰动线性化有着质的区别。后者是在额定工作点附近的一种线性近似。前者是一种对非线性系统的“改造”,对于得出的伪线性系统只要表达式是精确的,就能得到一个精确的线性系统,而且它与原系统完全不同。因此,更好的说法是通过反馈改造,将非线性系统变为一个线性能控的系统。在考虑非线性因素的电液伺服作动器中,采用非线性反馈将其线性化后,可以方便地进行极点配置及最优控制等现代控制理论进行控制设计。

H_∞ 控制是 Zame 首先提出,当利用研究对象的数学模型 $G(s)$ 设计控制器时,由于模型的不确定性及干扰信号的不确定性,与人们所推导的数学模型存在误差。为使系统渐近稳定,消除干扰信号的影响,利用增广对象模型来设计控制器 $K(s)$,$K(s)$ 在稳定被控对象的同时,使干扰信号 W 到观测输出 Z 函数矩阵 $\boldsymbol{T}_{zw}(s)$ 的 H_∞ 范数最小,从而使系统对干扰具有鲁棒性。

5.5.3 智能控制

智能控制突破了传统控制理论中必须基于数学模型的框架,它基本上按实际效果进行控制,不依赖或不完全依赖控制对象的数学模型,又继承了人类思维的非线性特性。按智能控制系统构成的原理来分可分为以下几种。

(1) 基于规则的智能控制系统,包括基于专家系统的智能控制和基于模糊集合与模糊逻辑的智能控制。

(2) 基于神经网络构成的智能控制系统。

(3) 基于模糊逻辑(或专家系统)与神经网络相结合的智能控制系统。

(4) 基于行为的智能控制系统。

电液伺服作动器由存在摩擦力、死区、饱和滞环等多种硬性非线性因素,难以用一般的线性控制方法进行补偿。虽然可以采用基于非线性模型的多种非线性现代控制方法解决电液作动器由非线性不确定因素对系统带来的影响,但控制精度、鲁棒性很大程度上取决于模型的精度,过于复杂精确的模型及控制策略,又将带来控制实时性等一系列问题。因此,近年来随着智能控制理论与实际应用的飞速发展,大量智能控制逐渐应用于电液伺服系统。

结合 DDV 式作动器的特点,针对 DDV 回路,重点从下面几个方面研究智能控制在 DDV 式作动器中应用。

(1) DDV 的智能 PID 控制。

(2) 基于 CMAC 神经网络的 DDV 式作动器自适应逆控制。

第6章 软件设计

6.1 概述

软件是数据、文档和程序代码的总称，随着数字信息技术的迅速发展，软件是实现用户功能需求的重要方式，机器、设备和运动体因软件的差别而不同，所以，常说软件定义一切（software define X，SDX）。数字飞行控制系统是实现控制增稳管理逻辑及控制律的根本方法，在飞机气动结构布局没有改变的情况下，飞控系统因软件而不同，飞机的操稳特性、运动特性发生了根本性的改变，飞机变成了一架全新的飞机。飞行控制系统软件作为飞行控制系统功能、性能实现的核心，承担着系统控制律计算、余度管理、机内自检测等任务，同时指挥协调整个系统协调有序地工作，管理系统硬件、设备资源，是系统功能实现和保证飞行安全的关键。

一般来说，飞行控制软件可分为操作系统软件、应用软件和支持软件。操作系统软件的作用是管理协调飞行控制计算机的硬件资源，合理调度各速率组任务，它可分为接口驱动程序和任务调度程序两个层次，为应用软件提供运行平台。应用软件是飞行控制系统功能的集中体现，它用于实现飞行控制系统各种控制功能、系统 BIT 功能和余度系统的余度管理功能等。支持软件包括开发应用软件、操作软件所必需的工具软件，诸如编辑、编译、连接、定位、宿主机到目标机下载软件、固化软件及计算机公司配置的底层监控程序等，都属支持软件。飞行控制软件功能层次关系，如图6-1所示。

6.1.1 操作系统

操作系统为应用软件提供安全、有效和健康的运行平台。它负责协调管理计算机硬件、外设资源，进行自身正确性监控，保证计算机正确、可靠的运行，担负着系统的加电引导、硬件初始化、各种信号输入输出管理、中断管理、各速率组任务实时调度控制。其内容涉及模拟量、离散量数据采集、余度系统的交叉通道数据链通信、同步与同步监控、总线通信、定时器控制、中断控制、输出处理等。操作软件的功能结构如图6-2所示。

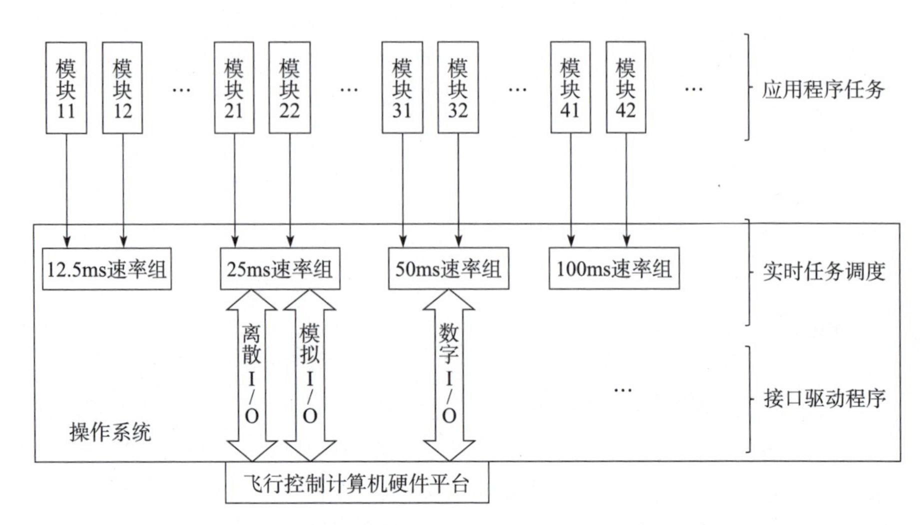

图 6-1 飞行控制软件功能层次关系图

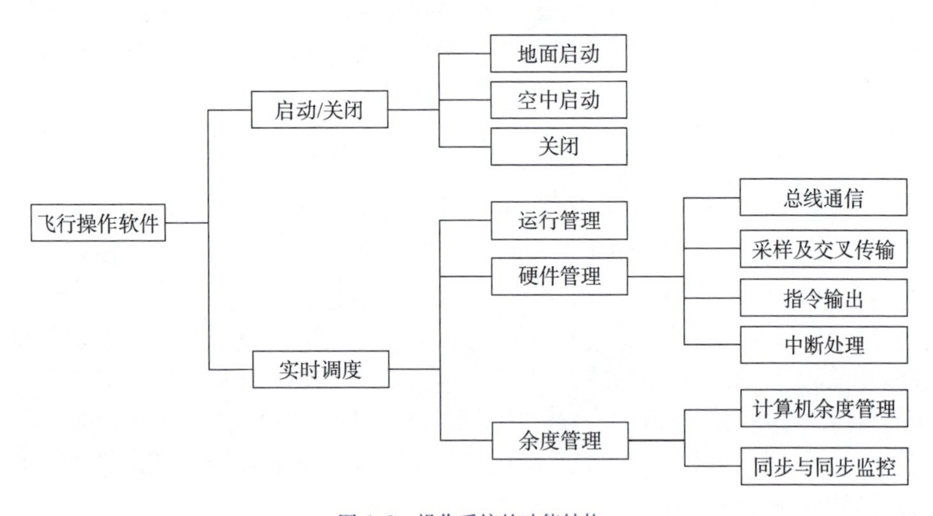

图 6-2 操作系统的功能结构

操作系统分为以下模块。

1. 启动/关闭软件

启动软件是指飞行控制计算机“上电”后进入实时任务运行前的引导软件，当系统供电正常后，启动软件使 CPU 指令计数器从规定的物理地址访问程序的“入口”地址，程序自动跳到软件“入口”点引导程序执行。当然，在进入实时任务软件运行前，启动程序还应完成所有硬件单元的初始化，它们分别是串口、并口、定时器、中断控制器、中断矢量表、看门狗监控器、总线控制器等。只有在正常的硬件芯片初始化基础上，才能实现软件的实时任务运行，关闭软件的功能是在当系统由于电源波动“掉电”或者系统正常“下电”时，程序自动记录当前程序的指令执行地址、堆栈栈顶、寄存器状态，最大可能地保护现场，以便系统“上电”后软件实现热启动或者飞行后分析维护。

2. 实时多任务调度软件

根据任务组在飞控系统中的作用、重要程度和其本身信号变化的快慢，可以分成各种不同速率组任务调度执行。通常，操作系统将所有应用程序划分为3类，即固定速率任务组、动态任务组和后台任务组。一般来说，固定速率任务组可分为多种不同的固定速率，如某机飞控系统软件分4种不同速率，每个速率组时间分配为12.5ms、25ms、50ms、100ms。根据软件模块所承担任务的重要性，还可以对个别模块实施变速率设计，如某机飞控系统监控器模块设计，当某一模拟信号发生二次故障后，系统软件对其监控速率进行调整，加快调度速率，使之与表决器速率相同，提高监控器敏感度，改善并提高表决信号品质。

动态任务在所有被调用的固定速率组任务执行完毕后执行。后台任务优先级是最低的，它在固定任务组和动态任务组执行完毕后剩余时间内执行，它被RTC中断挂起，通常规定这些任务必须在1s内完成一次，任务调度控制流程如图6-3所示，各速率组激活调用顺序示意图如图6-4所示。

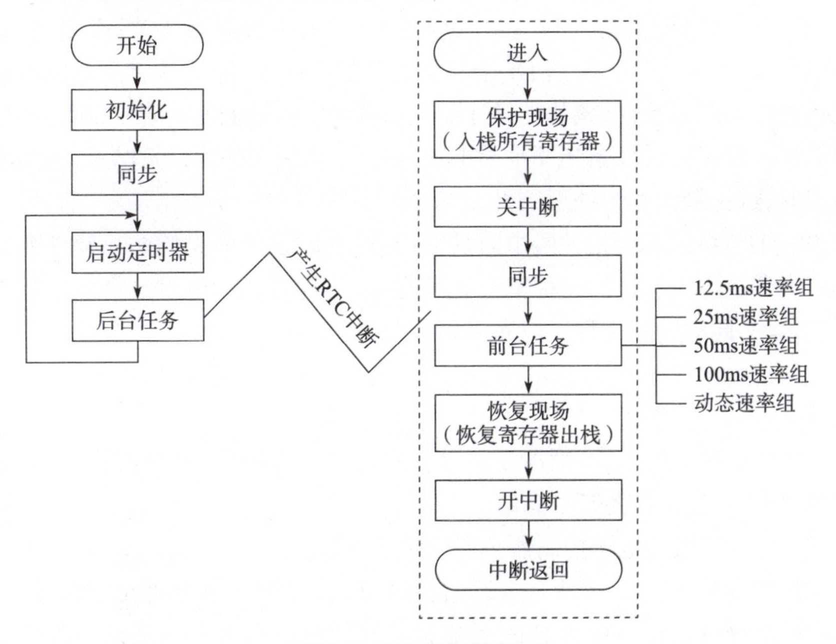

图6-3 任务调度控制流程

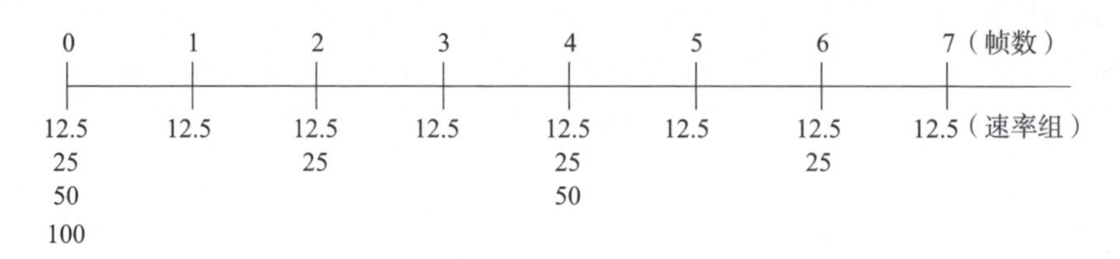

图 6-4　各速率组激活调用顺序示意图

3. 中断管理

任何一种 CPU 处理器都留有由用户填写的中断矢量表，用户根据实际情况通过程序指令填写相应中断的连接指针和服务指针。中断分外部中断和内部 CPU 中断，外部中断是计算机硬件触发的中断，如非屏蔽中断、矢量中断、看门狗中断等。中断通过设置或清除中断控制寄存器上相应的位来开启或关闭中断。

在机载飞行控制软件设计中，与控制系统运算相关的有两个中断，即周期运行的定时中断和运算溢出中断。定时中断服务程序编程有两种方法：一是将整个周期任务都作为中断服务程序。二是中断服务程序仅写一个“定时中断时间到”标志，周期任务置于中断服务之外，当周期任务完成后，判断“定时中断时间到”标志，如果该标志为真，则跳到周期任务头，去执行周期任务；否则，一直访问“定时中断时间到”标志。溢出中断是处理加、减、乘、除等数字运算发生溢出而设计的中断服务软件，该软件设计要根据系统实际最低安全要求，设计相应的处理算法。常规的设计是当发生了正溢出时，送负最大作为运算结果；当发生了负溢出时，送正最大作为处理结果。

另一个与系统安全相关的中断是看门狗中断，该中断是为防止软件死循环或者定时器故障而设计的一种安全处理程序，它通常作为触发非屏蔽中断 NMI 的条件之一，此中断服务程序应完成如下操作。

（1）初始化硬件芯片、定时器、中断控制器、串行通信、并行通信、总线通信协议等。

（2）如果是余度系统，则需要从远程通道复制监控器，表决器输出，通道故障逻辑离散量，控制律各环节参数。

（3）设置伺服器电子控制器必要的状态参数。

NMI 触发的另一个条件是电源监控结果，若监控电路检测到电源失效，则 NMI 中断处理将选择下电处理的系统关闭软件包执行。来自不确定源的 NMI 中断处理流程如图 6-5 所示。

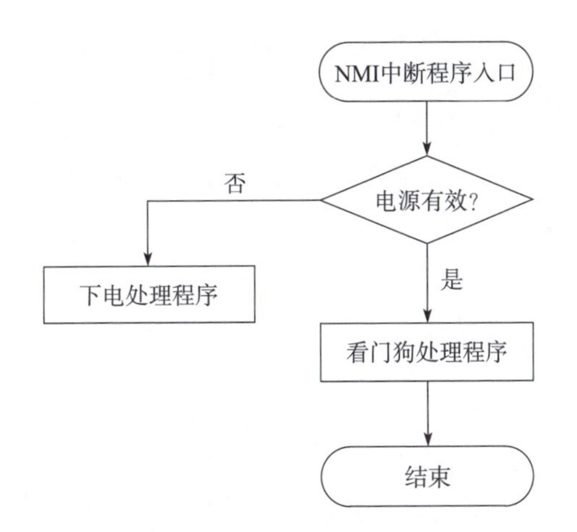

图 6-5　NMI 中断处理流程

4. 余度计算机同步与同步监控

多余度计算机操作系统应创建安全、可靠的余度系统应用软件运行平台。多余度数字式控制系统在进行实时周期任务前必须建立同一时间启动点,同一时间启动点通过同步程序完成,通过同步监控程序完成计算机各通道间一致性差异的状态监控,以保证各通道计算机工作在有效状态。

计算机同步与同步监控在硬件方面是靠硬件同步指示器,在软件上是通过设置逻辑高或逻辑低的两次握手完成的。具体地说,双握手的算法可以描述为:第一次握手,每个通道输出一个逻辑高,本通道在预定时间内等待其他远程通道也设置逻辑高,如果在规定时间内所有通道的同步指示器都响应逻辑高,则多机第一次握手同步全正常,否则登记未响应逻辑高的计算机通道;第二次握手,每个通道的同步指示器都设置逻辑低,如果在规定时间内所有通道的同步指示器都响应逻辑低,则多机第二次握手同步全正常,否则登记未响应逻辑低的计算机通道。最后,软件综合两次键手的同步模式字结果,识别同步通道与异步通道,当异步时间延迟到一定阈值时,认定该通道为故障通道,同时在系统传感器、离散量、伺服器等余度管理的重构逻辑中剔除该通道,使有效通道参与信号选择。

5. 输入/输出驱动函数

这里的输入/输出包括了模拟量、离散量、总线信号数字量及余度系统各通道的输入/输出,常规的模拟量采集算法是:启动 A/D 口、选择通道地址、延时和读取结果。离散量采集一般是通过输入指令直接选通地址完成的,软件对总线信号的拾取算法为请求总线控制器中断和读取地址数据。

余度计算机系统的交叉通道数据链(CCDL)数据发送与接收,常常是通过输入/输出指令完成的,输出驱动函数一般是由输出写指令直接实现的。

6.1.2 应用软件

应用软件是飞行控制系统具体功能的实现。它在操作软件调度下以不同优先级,不同速率分前台与后台实时运行。其内容包括飞控系统传感器、计算机、作动器余度管理(同步、总线通信、数据采集、表决器、监控器、信号均衡,故障恢复等),控制律计算(控制功能的外回路驾驶仪、内回路三轴控制增稳等),以及系统机内自检 BIT(加电 BIT、飞行前 BIT、飞行中 BIT、维护 BIT)等。

6.1.3 支持软件

常用的支持软件是开发、综合和调试软件所使用的软件工具,这些工具软件包括编译、连接、定位、EPROM 固化、宿主机到目标机的 DIF 加载软件、目标机监控程序和 Debug 调试器等。除此之外,它还包括计算机公司配置的核心监控程序,开发控制律软件使用的 Matrix 或 Matlab 等数学仿真工具箱中的代码自动生成工具等。

特别指出,飞行控制系统软件标准库函数是飞控系统软件开发的核心支持软件,软件工程师开发软件时可以直接"插入引用",融入飞控系统软件工具箱,这是软件重用技术在飞行控制领域具体应用的范例,大大提高了软件开发效率和软件设计的可靠性。飞控软件标准库函数如下。

1. 硬件接口驱动函数

硬件设口驱动函数包括模拟量数据采集、离散量数据采集、模拟输出、离散输出、串行通信、并行通信、429 总线信号输入/输出、1553B 总线信号的输入/输出。

2. 系统调用函数

系统调用函数有定时器控制、中断矢量控制、溢出保护、掉电处理、浮点转定点、定点转浮点等。

3. 控制律环节库函数

控制律线性环节库函数包括惯性、洗出、结构陷波、超前/滞后(滞后/超前)、积分等。

控制律非线性环节有死区、继电特性、间隙,迟滞等。

4. 余度管理库函数

飞行控制系统余度管理库函数有表决器、监控器、均衡器、门限计算、故障恢复、多故障逻辑等。

6.2 飞控软件工程化设计

飞行控制系统软件是飞机飞行安全关键软件,它的可靠性直接关系到飞行任务的完成和驾驶员与飞机的安全。作为数字电传飞行控制系统的神经中枢——飞行控制系统软件,只有严格按照软件工程设计规范开发生产,有效控制设计、编程、测试、试验、试飞,维护,加强每个节点的考核评审,建立完整的文档,提高软件的易读、易理解性,才能获得软件的高可靠性和强鲁棒性。

6.2.1 基本考虑

6.2.1.1 程序语言

随着计算机技术的迅速发展,现代计算机实时控制系统已从机器码、汇编语言、汇编语言与高级语言混合编程,逐步发展成高级语言编程,正在向面向图形界面的可视化建模、可视化超语言编程方向发展。

机器码编程,采用二进制或十六进制代码编程,要求软件工程师熟练掌握计算机机器指令代码,以机器可识别的二进制代码表达软件的功能逻辑,人脑模拟计算机芯片运行程序的功能。这种编程风格对软件工程师要求相当严格与苛刻,因为任何程序必须事先在工程师大脑中执行一遍。然而,随着应用软件功能的不断庞大,人脑几乎不可能胜任这项烦琐复杂的工作。工程界、学术界不断研究新的软件代码表示方式,这时汇编语言便应运而生了。

汇编语言的出现,大大地“解放”了软件工程师,软件工程师编程可以摆脱机器码,而直接通过“助记符”的方式来表达软件的“思想”,以实现要求的功能。但汇编语言同机器码一样,需要程序员安排存储器、存储器地址,无论如何都要求软件工程师对计算机资源、存储器、硬件芯片、中断、堆栈、接口通信等机理性技术非常精通,否则无法编程。这又限制了它的应用与发展,到20世纪80年代中期,以C语言为代表的中、高级语言编程顺应历史潮流,理所当然地替代了汇编语言。

高级语言是目前多数飞控系统的软件编程语言,与汇编语言相比,不但将许多相关的机器指令合并成单条指令,而且去掉了与机器操作有关但与完成系统功能、性能无关的细节,如存储器地址、寄存器、堆栈、硬件端口等,这样大大简化了程序指令设计,省略了很多计算机专业内部运行细节,编程者不需要太多的专业知识。但高级语言程序不能直接被计算机识别,必须经过转换才能被计算机执行,转换方式有两类,分别是解释方式和编译方式。解释方式是指源程序进入计算机后,解释程序边扫描边解释,逐句输入逐句翻译,计算机一句句地执行指令,不产生目标程序,如 BASIC 语言就是解释方式执行;编译方式是指高级语言源程序输入计算机后,编译器把源程序编译成机器语言的目标程序,存储在计算机内存里,计算机执行该目标程序,如 PASCAL、FORTRAN、C 等高级语言执行编译方式。

高级语言在实时控制系统中的应用,以其代码的编译效率高、实时性强等特点而大显身手。例如,由于 C 语言具有位操作、指针操作、地址操作等能力,计算机硬件管理也可由 C 语言实现。因此,从 20 世纪 80 年代中期至今,C 语言在我国工程界一直独领风骚。目前,在飞控计算机上采用的高级语言主要有 PASCAL、JOVIAL 等,20 世纪 80 年代初出现的 Ada 语言,已被美国国防部确定为一种军用标准语言。

需要特别说明的是,在机载嵌入式飞控软件开发研制中,高级语言程序经编译器编译的目标代码存储在存储器芯片里,具体中断条件、中断算法及中断位置等,完全取决于编译器编译的机器代码,这一点在数字飞控系统设计中,必须被系统总体、计算机硬件和软件三大专业工程师给予高度重视,中断的安全性设计要有切实可行的处理策略。

由于软件是思维的、逻辑的、运算的、高复杂度的产品,软件设计对人的要求很高。它要求软件设计人员既要具有系统总体知识,又要具备专门的计算机知识。不满足这种高要求,软件设计很容易出错。因此,人们在不断寻求一种使人从复杂的程序中“解放”出来的软件设计方式,用来减少软件设计错误的可能,降低编程成本,提高软件设计可靠性。随着计算机技术的快速发展,一种面向对象、面向任务的可视化软件编程技术日益成熟,它将同 MATLAB. Simulink 等代码自动生成工具,以及机载飞行控制软件标准件库函数一起,构成新的软件编程语言,引起软件设计技术的一大飞跃,从根本上改变软件的生产方式,提高机载飞控软件的开发质量。

6.2.1.2 字长的确定

在一般的控制系统中,其 A/D、D/A 转换器满字长 16 位,有效位为 12 位。除去符号位,其真正的数字表示精度仅为 11 位。尽管如此,对于常规的逻辑运算、管理控制,16 位单字长运算能够满足系统运算精度要求。

但对于控制律中的有些运算,如根据飞行状态(大气数据)变化而进行的增益变换、求解积分值等运算,为保证足够的精度,其运算往往需采用双字长计算,以减少计算的截断误差。但是,双字长运算比单字长运算几乎要多出一倍的计算时间,所以双字长运算的选择,只能用于对系统产生重大影响的少数关键点上,不宜过多选用。

6.2.1.3 前/后台任务速率组

飞行控制计算机的计算速率,可以根据飞行控制系统功能的作用和重要程度,以及被控飞机运动参量本身变化率的快慢,分为多种不同的执行速率。速率组划分原则是:小帧的基本时间确定后,其他速率应分别为小帧时间的几何指数倍(2^1,2^2,…)。例如,数据采集是以最快速率(12.5ms)执行,而前台任务的子表决器/子监控器、增益调参、迎角/侧滑角修正、伺服器/传感器故障恢复就可以确定为12.5ms、25ms、50ms或100ms速率组工作。另外,有些功能也可以采用变速率结构,如某信号发生二次故障后,加快监控速率,为表决器提供有效正常信号,改善表决信号质量,从而提高系统生存能力。

下面给出的动态速率组及实时任务软件调度逻辑实例,是一种可供参考的选择。

1. 多速率组结构划分

子模块划分不能太细或太粗,过细模块太多,主帧安排不完;过粗模块任务太重,小帧计算负荷太大。子模块不应过分集中在某一小帧,应适当均衡平分到每一小帧。有因果关系的子模块,应分配在同一小帧;否则,后一个模块需要上一个模块的结果数据,只能使用其上一拍的值,产生附加的时间延迟。

1) 固定速率

例如,可将飞行控制软件划分为4个速率任务组,它们分别是12.5ms、25ms、50ms、100ms为间隔。定义一小帧为12.5ms、主帧为100ms。每主帧,所有固定速率任务组任务必须全部执行一次。

2) 动态速率

该速率组任务只有当被调用的固定速率组任务执行完成之后才执行。不同于固定速率任务组,动态速率组不受速率约束,但需要在规定的时间内完成。在整个一次飞行过程中,它会以随机的、不确定的时间速率在规定时间完成任务。

3) 前台任务

把产生当前输出必须的计算放在前台,如三轴角速率、三轴加速度计的数据采集、表决、控制律计算及其控制律指令输出,这些系统优先用于控制飞机运动的模块任务安排在前台。这些系统要求以确定的速率尽快完成的关键重要任务速率组,是高优先级的任务模块。

4) 后台任务

把对时间要求不是很高的任务放在后台,在所有被调用的固定速率组任务和动态任务已经执行完毕后的剩余时间内执行。例如,飞行中BIT、参数记录等,这些相对于前台任务,有时间多做些,时间紧张少做些,但只要在规定的时间内完成即可的模块安排在后台执行。后台任务的优先级最低,它是在RTC中断服务程序之外的循环等待时间中运行,并可随时被 RTC 中断挂起。

2. 实时多任务调度控制

其流程如图 6-6 所示。

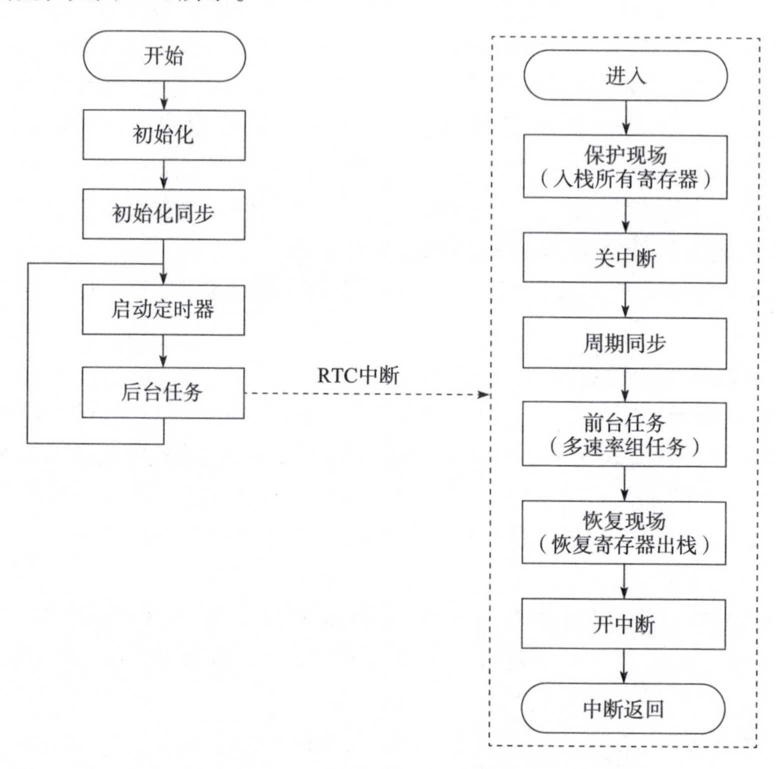

图 6-6 实时多任务调度控制流程

6.2.1.4 软件安全可靠性设计

飞控软件担负着系统的工作模态设置与转换、余度管理,控制律计算、故障综合与申报、BIT 等与飞行安全紧密相关的功能任务。软件的设计质量与可靠性直接影响着飞机的安全和飞行员的生命,因此软件的安全可靠性正日益受到工程界的高度重视。

提高软件可靠性的主要途径有两条:第一条途径是从管理的角度出发,执行严密的工程管理规范,这样可以消除很大一部分设计差错。工程管理规范,就是要从项目技术组织体系上执行软件工程化开发程序,采用结构化、面向对象等软件开发方法,对软件进行需求分析、概要设计、详细设计、编码、软件综合测试,确认测试,验证测试。但由于软件的复杂性、开发人员的技术能力差异性和人员理解用户需求的偏差性及不完整性,即使实施了软件工程化管理也难以消除差错。

因而,虽然它是行之有效的途径,但仍属于消极被动的手段。第二条途径是采用容错技术,即赋予软件以容错能力,提高软件的可靠性。这是一种积极主动的手段,容错技术的基本思想是容忍故障的存在,在系统某个功能模块发生故障时,采取积极的保护与重构措施包容故障,使系统仍能正常运行或降级运行。

软件可靠性与硬件可靠性不同,随着产品/设备的使用,硬件由于器件、材料的性能变化,可靠性呈下降趋势;而软件是"逻辑的、算法的"思想的产品,飞控软件交付前研制单位利用静态工具与动态工具的各种测试,例如:模块测试、系统测试、软/硬件综合和软件的双 V 测试;军方指定有资质的软件第三方测试;交付主机后的铁鸟试验、机上地面试验;试飞院的科研试飞与鉴定试飞;交付部队后的训练飞行使用等。其各个阶段都围绕系统需求定义,不断地排错、纠错,软件的可靠性随着交付后各种用户的使用呈上升趋势。

提高软件安全可靠性的管理措施,可参考 6.2.2 节;提高软件安全可靠性的技术措施,可参考 6.4 节、6.5 节和 6.6 节;软件测试和软件的验证与确认等,这些都是提高数字飞控软件可靠性的有效方法,软件工程师对此必须充分考虑和精心设计。另外,从计算机应用的角度,直接影响软件设计安全性的因素,系统总体与软件设计者都应予以高度关注。这些安全策略涉及的因素分别是中断矢量控制、平衡堆栈、溢出保护、非法数及非法指令的处理、限幅器、淡化器、比例尺标定、EPROM 空地址代码、看门狗(WD)中断服务程序和可重用代码设计等。

6.2.1.5　主/从处理机的功能分配

主/从处理机由于其优越的并行工作机制,广泛应用于数字飞控计算机系统设计中,在工程项目的具体实现中,即使不是严格意义上的主-从对等功能分配的处理器结构,至少也是输入/输出微控制器 IOC 和控制律处理器 CLP 结构的双处理器形式。某电传飞行控制系统的计算机构型设计,是按双处理机(IOP/CLP)主/从形式配置的。主处理机(IOP)驻留操作系统软件和部分应用软件,从处理机(CLP)驻留飞控系统应用软件。这种双处理机结构,实现了数据流的并行处理机制,减轻了单一处理机方案,对处理器的存储容量和计算时间要求的压力。与现在分布式飞控系统相比较,其中 IOP 输入/输出处理机相当于飞行员接口装置 PIU,CLP 控制律处理机相当于飞行器管理计算机 VMC,ART 属于数字伺服系统,本节主从处理机方案不涉及。以下分配细则中涉及的主表决器、主监控器是指速率组 12.5ms 的快变信号处理,子表决器、子监控器是指速率组 25ms、50ms、100ms 的慢变信号处理。现以某三轴四余数字电传飞行控制系统的飞行控制计算机为例,列出其主/从处理机的功能与项目分配细则。

1) 输入/输出处理机(IOP)

(1) 前台任务(按执行顺序排列):前台故障恢复,舵面指令交叉通道信息交换:模拟量/离散量采集与通道信息传输(CCDL),舵面指令监控,遥测数据发送,控制指令输出,伺服器余度管理,离散量余度管理,系统故障综合,伺服作动器数据采集。

(2) 后台任务:传感器故障恢复计算机故障恢复,伺服器故障恢复,离散量故障恢复。

2) 控制律处理机(CLP)

(1) 前台任务:主表决器、控制律计算、主监控器、子表决器、子监控器、控制律增益调节(增益、网络环节参数)、迎角修正与动静压修正、IFBIT、瞬态故障记录。

(2) 后台任务:飞控参数记录、故障记录、自检测(ILM)记录、模态/状态转换的事件记录。

6.2.2 软件工程化开发

应当正确地运用软件工程化的开发技术,按照软件工程化设计规范的要求,有效地实施和管理软件研制的全部过程。按软件系统的生命周期,可以把开发软件的全部活动分成 5 个阶段,即分析、设计、编写、测试、运行。每个阶段都有确定的技术工作,而且后一阶段的工作是以前一阶段工作的完成为条件的。下面仅就某数字电传飞行控制系统的软件开发是如何根据软件工程化设计规范,采用软件工程化的方法,从而完成系统软件的设计与开发,做简要介绍。

6.2.2.1 需求分析

需求分析,是数字电传飞行控制系统软件开发的第一步。首先,由用户(飞行控制系统设计者与软件需求的提出者)和软件开发者一起,从各自的专业侧面,进行充分的讨论交流。用户提出飞行控制系统需要实现的功能,以及应达到的性能。软件开发者应充分理解用户需求,并根据用户的要求,用完整、一致、精确、无二义性又易于读懂的语言,编写成《系统软件需求规格说明书》。它是开展后续各项工作的基础,是用户和软件设计者的协议,并作为以后用户验收软件是否合格,以及软件设计后期的测试是否通过的根据。

1) 飞行控制系统应用软件功能

以常见的数字式电传/主动控制系统为例,列写出相应的应用软件需求项目。

(1) 控制律计算:控制增稳、放宽静安定性、飞行边界控制、直接力控制、自动飞行控制、人工配平、自动增益调节。

(2) 余度管理:模拟量余度管理、数字量余度管理、离散量余度管理、频率量余度管理、计算机自检测与管理、伺服作动系统余度管理、故障综合与申报。

(3) 机内自检测(BIT):加电起动自检测(PUBIT)、飞行前自检测(PBIT)、飞行中自检测(IFBIT)、维护自检测(MBIT)。

2) 飞行控制系统的数据流图

数据流图是进行飞行控制系统需求分析的有力工具,是从数据传递的角度描述飞行控制系统的组成结构以及来往于各部分之间的数据流。

绘制飞行控制系统的数据流图,常常采用结构化分析的方法。首先,画出系统的输入数据流和输出数据流,这是最外层的数据流图,它决定了系统的工作范围。其次,考虑系统内部的组织结构,确定若干个单元。对每个加工来说,也是先画出它们的输入输出,再考虑这个加工的内部功能,这就是由外向里逐层分解的方法。

以某数字电传飞行控制系统为例,给出其实时任务内部的数据流图如图 6-7 所示,其中每个加工还应向下分解细化。该图只是给出了一个顶层的概要关系,用来说明该系统数据流图的基本结构。

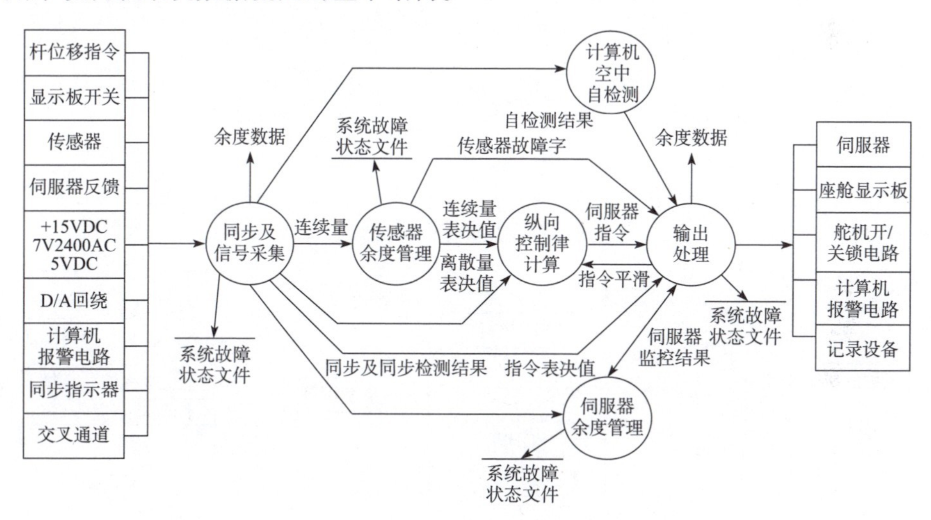

图 6-7 实时多任务内部的数据流图

6.2.2.2 概要设计

完成《需求分析规格说明书》以后,就可以根据用户要求进行基本模块的概要设计。概要设计也称初步设计,在此阶段,主要任务在于按功能设计模块,并确定模块间的数据传递关系。飞行控制软件的概要设计采用结构化设计方法,为确定软件系统的结构,首先要从工程实现的角度把复杂的功能逐步分解,仔细分析数据流图中的每个“处理”,如果一个处理的功能过于复杂,则可把这一功能适当地分解成一系列比较简单的功能。一般来说,经过分解之后,应该使每个功能对大多数程序编制人员而言,都是明确易懂的。功能分解,是数据流图的进一步细化。

通常,一个具有良好系统结构的软件模块组织,应当具备以下特点:模块与模块之间联系少,传递参数关系简单,接口界面清晰,模块的独立性强,每个模块完成一个具体的功能,与其他模块没有过多的交互作用。

模块的独立性强,具有以下两个特点。

(1) 易于开发。按功能分割,接口可以简化,当多个软件工程师分工合作开发一个飞行控制软件时,此点尤为重要。

(2) 易于测试和维护。修改设计需要的工作量小,错误传播范围小,便于插入新增的模块。

概要设计阶段,主要设计工作是进行飞控软件的总体设计、软件内部的结构设计、功能划分及接口数据结构与控制关系设计。按功能分割的功能树如图 6-8 所示,给出某数字电传飞行控制系统举例,可以说明概要设计的模式。

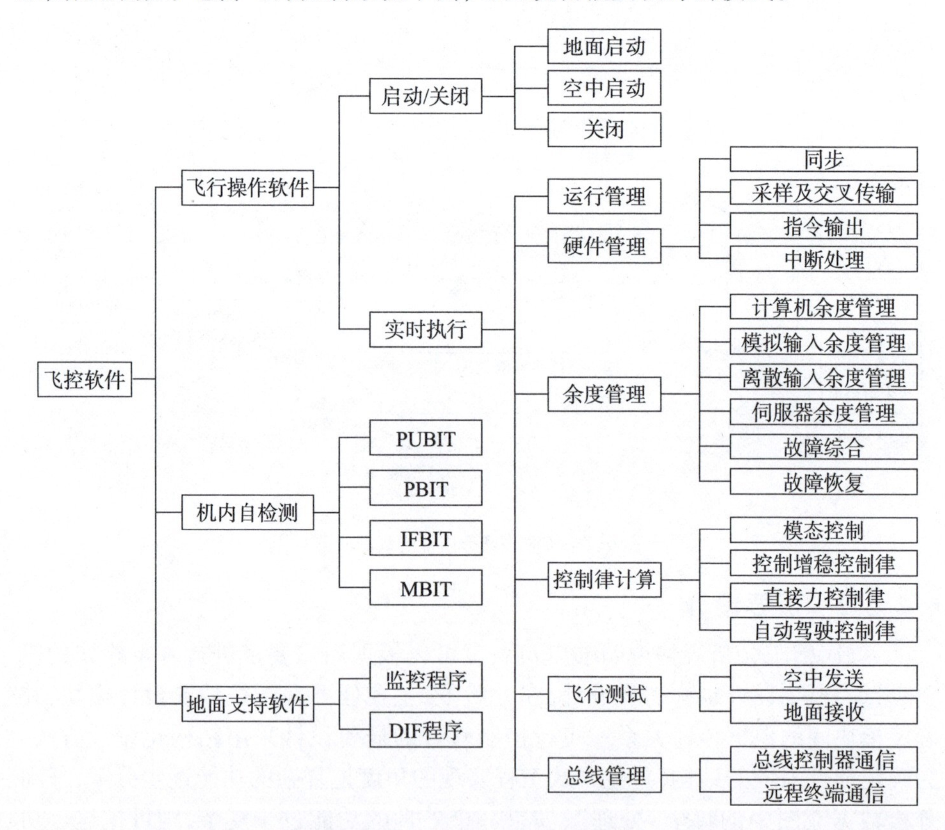

图 6-8　飞行控制软件功能(举例)

6.2.2.3　详细设计——结构化设计技术

详细设计,应具体考虑每个模块内部采用什么算法,它是对每个过程的具体处理。它指明系统需求分析的具体实现方法,由于详细设计得到的是对目标系统的精确描述,从而在随后的编码阶段,可以把这个描述直接翻译成某种语言所对应的程序。

详细设计决定代码的质量。衡量软件程序的质量,不仅要看它的逻辑是否正确和性能是否满足要求,还要看它是否容易阅读和理解。实现上述目标行之有效的方法是使用结构化程序设计技术。

结构化程序设计是设计阶段应采用的基本技术,它采用自顶向下逐步求精的设计方法和单入口单出口的程序设计结构。结构化程序设计方法,建立在 Bohm 和 Jacopin 所证明的数学定理的基础之上。该定理指出:任何程序逻辑都可用顺序、选择和循环 3 种基本结构来表示。与无限制地使用 GOTO 语句形成明显对比,结构化程序设计方法用这 3 种基本结构反复嵌套,构成结构化程序,可以实现单入口单出口的程序。

在飞行控制软件程序的设计中,除了使用顺序、选择和循环这 3 种基本控制结构外,还使用了 DO-CASE 多分支和 DO-UNTIL 型循环结构,它是扩展的结构化程序设计方法,如图 6-9 所示。

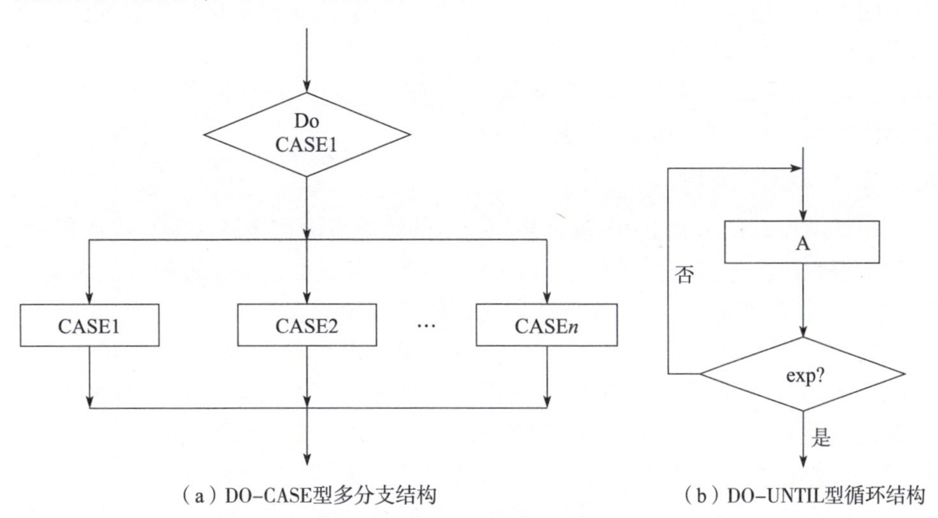

（a）DO-CASE型多分支结构　　（b）DO-UNTIL型循环结构

图 6-9　扩展结构化程序设计框图

使用结构化程序设计技术有以下好处。

(1) 自顶向下逐步求精的方法,符合人类解决复杂问题的思维规律。因此,可以显著提高软件开发的成功率和生产效率。

(2) 用先全局后局部、先整体后细节、先抽象后具体的方式逐步求精开发出的程序,有清晰的层次结构。因此,设计出的程序易阅读、易理解。

(3) 不使用 GOTO 语句设计,仅使用单入口多分支单出口的扩展结构化程序控制结构,使程序的静态结构和动态执行比较一致。因此,开发时容易保证程序的正确性,并易于测试。

(4) 程序的逻辑结构清晰和模块化。在修改或重新设计一个软件时,可以再用的代码量最大。

在模块化设计的基础上,尽可能采用信息隐蔽和局部化技术,使模块内的数据元素、控制运算参数和逻辑关系元素等各个元素彼此紧密结合,尽可能降低模块与模块之间的耦合程度,减少模块与模块之间相互访问的参量。这样,就可保证设计出来的模块相对独立,模块间联系少。

在飞行控制软件的详细设计中,信息隐蔽和局部化技术应用的典型例子是:控制律计算、传感器余度管理和伺服器余度管理等主要模块中对运算常数的处理。当一些运算常数(如门限值、增益调节的网格点)只在本模块内部使用,其他模块不需访问,则把这些常数集中在一起作为该模块内部的局部定义,而不把这些参数放在最顶层模块作为全局定义。这样一来,这些常数的使用权限,即可限于本模块局部使用,其他外部模块不能访问。飞行控制软件的详细设计,对需要说明的事项应带有详尽的文字说明,帮助系统设计、维护工程师理解设计方法和算法实现的具体细节,增强代码的易读性和易理解性。具体算法和流程图的软件文档、文字说明包括模块名、隶属关系、输入、输出、使用的寄存器、功能、具体算法的描述及对框图的注解等。

6.2.2.4 程序编码

在详细设计的基础上,应按照某种指定的计算机语言把算法编写成源程序,这就是编码阶段的任务。编码阶段的工作结果,应该是获得经过编译后没有语法、语义错误的程序,它也是编码阶段结束的里程碑标志。

程序的读者是计算机和人。因此,仅仅设计出逻辑正确、能被机器理解并依次执行的程序是远远不够的,这是因为一般的大型系统软件都具有规模大、复杂性高等特点。在软件的生命期中,程序经常要被人阅读,如设计测试用例、排错、修改扩充,都要由程序的作者或用户来阅读,而且读程序仍是目前发现错误的有效手段。因此,采用具有什么样特性的程序设计语言,使用什么样的程序设计技术,都会对程序的可读性、可测试性、可维护性和可靠性产生影响。

飞行控制软件的程序编写,是对详细设计的直接指令化翻译。例如,某型号飞行控制计算机选用 Z-8000 CPU,采用汇编语言编程,那么其详细设计就是把详细设计的方框图及其说明变成Z-8000汇编语言的指令和功能、算法等的英文注解说明。

6.2.2.5 软件测试

为了发现程序中的错误而执行程序的过程就是测试。好的测试方案,应当是具有极大可能发现尚未发现错误的测试方案。显然,测试的目的是检测已经建造好的软件系统,竭力证明程序实现有错误,而且无法按照预定要求正确工作。

测试,不是对程序进行正确性证明。即使经过了最严格的测试,程序也仍然可能有错。软件测试方法可分为黑箱测试(功能测试)和白箱测试(结构测试),黑箱测试是仅从软、硬件接口上测试软件实现的系统功能;白箱测试是按照软件结构进入程序设计分支细节,测试检查程序实现细节是否符合系统需求。有限集合的测试只能用于查找程序中的错误,通过等价类法、猜错法、边界测试和强化测试等,尽可能让测试覆盖率高,但不能证明程序中没有错误;无限集合的遍历测试实际上做不到,所以软件测试完成后软件可靠性达到什么量级水平很难确定。事实上,软件可靠性确实很难测量,具体牵扯系统需求、硬件资源和软件设计本身,经常发生的错误是系统任务需求传递、硬件产品指标符合性和软件对需求的理解问题,尤其是故障失效处理、飞行包线的安全边界及非法输入的安全处理策略,这些在设计测试用例时需要特别关注。

(1) 模块测试。由软件开发者把设计好的每个模块,用一系列合法的与非法的输入数据,检查各个模块能否正确运行。在这个阶段发现的错误,往往是编码和详细设计的错误。

(2) 子系统测试。由软件开发者和独立于开发者的测试小组成员一起,把经过测试的一批相关的下层模块,有机地装配成一个具有独立功能的子系统(如传感器余度管理子系统),然后对这个子系统进行测试。这个测试过程所发现的错误,常常是接口关系上的错误。

(3) 系统测试。由软件开发者和独立于开发者的测试小组成员一起,把经过测试的子系统装配成一个功能完整的系统,然后对其进行测试。这个测试过程不仅容易发现设计和编码错误,而且还可以发现软件设计不符合需求的错误,以及软件需求中存在的错误。

(4) 验收测试。它是在用户积极参与下,尽量使用实际外部数据,把软件系统作为单一实体所进行的测试。其目的是确认系统确实能够满足用户需求,在这个阶段所发现的错误,往往是软件需求分析中的错误。

6.2.2.6 软件的验证和确认(双V)

软件是抽象的逻辑产品,特点是逻辑、算法复杂,本质是“思考”的过程。软件开发者从需求分析开始，同用户一起分析用户需求，理解用户要“做什么”，把用户需求转化成软件需求分析，进而开展概要设计、详细设计、代码编程和软件测试各阶段工作，最终形成软件产品。其中，每个阶段都有相应的方法、工具，但不可避免地会疏忽、遗漏、考虑不周全，对问题的理解有偏差或者错误，即思维的错误导致设计缺陷，这些错误或者缺陷只有通过每个阶段的评审、自查，同行背靠背交叉互审、测试，以及按照系统要求在数字仿真、实物系统试验中验证与确认并予以改正完善。

软件验证（Verification）：确定软件开发周期中的一个阶段的输出是否达到上一阶段要求的过程。根据系统功能、性能设计要求，测试验证软件符合需求的符合性，证明软件实现的正确性。在软件工程化开发的各阶段，上一阶段的输出为下一阶段的输入，验证是依据上一阶段的要求对下一阶段的实现进行一致性、符合性检查。软件验证包括软件工程化开发各阶段评审及软件测试的各项活动，验证不仅是对程序代码、数据结构的分析验证，更重要的是对软件工程化各阶段设计文档的正确性、规范性和完整性的检查验证。

软件确认（Validation）：在软件开发过程结束时，对软件进行总体综合评价，以确认其与软件需求是否相一致的过程，即确认已验证系统的一致性、符合性，评价已验证软件与其设计相一致的过程。确认是证实软件、硬件和系统是否满足系统设计需求，飞控软件的确认是在模拟环境下，测试真实的飞控系统硬件和软件的功能，以证明系统功能达到了设计规范的要求。

下面是数字飞行控制系统软件测试活动案例，可供软件工程化开发参考。

1. 自审与互审

在飞行控制系统软件开发的每个阶段完成后，都应采用静态自审与互审的方法，对每个过程的工作进行认真校核。自审，是设计者自己检查。互审，则是开发小组成员之间交换各自设计的文本，交叉互查。当自审与互审完成后，进行专家评审。分析阶段的验证，是检验通过数学的、逻辑的、物理的抽象所生成的需求分析说明书。检查上述抽象是否正确，是否正确地反映了任务需求，与任务要求是否一致。设计阶段的验证，是检验模块的划分是否合理，接口关系、算法设计是否正确地实现了从输入到输出的映射。

2. 仿真测试

（1）伪闭环测试。此处定义的伪闭环测试，是指控制律设计工作在完成诸如传感器模型、舵机模型、飞机模型在回路中的离散化高级语言闭环仿真之后，按照系统实时工作周期（如每小帧 12.5ms），在每个周期内分别把反馈输入和控制律指令输出写到相应数据文件中去，并给出系统进入稳态的飞行时间段（5s 或 10s）的仿真数据。控制律测试软件通过读文件指令，读取每个工作周期的控制律输入，运行控制律目标机程序，通过输出文件写指令存储控制律计算结果。当软件的运行时间使系统进入稳态并达到控制律仿真给定的时间后，打开控制律计算输出结果文件，启动绘图软件，绘制系统离散域目标机软件控制律操纵性及稳定性仿真试验的响应曲线，以此与控制律高级语言离散化仿真结果对比。这种使用传感器、舵机、飞机等数学模型所进行的离线仿真，称为控制律伪闭环仿真。这是一项工程中常见的用于目标机软件测试的方法。

(2) 实时闭环测试。利用数学仿真技术，对软件进行实时仿真测试。例如，对起飞着陆控制律与空中控制律及两者之间的转换，进行模拟真实环境的仿真测试。它是用高级语言(如FOR-TRAN 77)编写飞机的纵向和横航向小扰动方程或全机六自由度全量方程，模拟飞机的运动；用汇编语言编写接口程序，实现高级语言和汇编语言中变量地址的相互沟通，以适应高级语言程序调用真正装机运行的飞行控制软件。在宿主计算机的两个用户终端对控制律进行仿真，其中一个终端不停地连续运行装机软件；另一个终端根据飞行控制系统的需要，实时地改变决定飞机状态的数据文件。当两个终端的数据通信完成，即运行装机软件的终端收到已修改过的数据文件后，运行终端将根据新的数据条件，进入一个新的飞行状态，以实现控制律在实时环境下的动态仿真。

3. 固化程序的正确性检验

由两个以上软件工程师以背靠背的工作方式，从连接、加载、定位到编程固化，完全平行地独立地进行，对生成的代码进行代码和的全同一致比较。

利用监控命令自动地把已写好芯片的代码读入内存，放到一个缓冲区。然后再把全套软件从头到尾重新连接、加载、定位，生成第二套目标代码，将其存入另一个缓冲区。把这两个缓冲区中的两套代码用监控命令进行一致性校验。

在目标单板机或仿真器上，对固化的程序代码进行试运行，并对飞行控制软件所应实现的主要功能、性能加以验证。

4. 台架试验

在系统仿真试验室，进行物理飞行控制系统的台架试验，逐项验证软件的功能及性能。同时，邀请有经验的驾驶员进行“驾驶员在回路中”的飞行体验，征询驾驶员对系统(包括软件)的意见。

5. 机上地面试验

这是软件验证试飞前的最后一关。它把经过地面台架试验考验的软件，装入真正待飞的飞机。在这样的环境中，全面考验飞行控制系统软件，并进行结构模态耦合试验、电磁兼容试验等。当这一阶段的试验通过后，即可进行飞行试验。

6.3 分区操作系统

在航空电子领域 AEEC(Airlines Electronic Engineering Committee)制定了 ARINC653 标准。ARINC653 中引入了分区概念,分区就是航空电子应用的一个功能划分(functional separation),这样做的目的通常是容错(防止一个分区的错误,影响其他分区导致其他分区发生错误),并且更易于对系统进行验证(verification)、确认(validation)和认证(certification)。分区基本上和单个应用环境中的一个程序相同,包括数据、上下文和配置属性等。GJB 5357 是与 ARINC 653 相类似的规范标准,同样提出了分区的概念。

分区技术虽然提高了系统的容错能力,便于多个配置项系统的综合开发,但是对系统的复杂性和实时性带来了新的挑战。数字飞行控制系统对软件的实时性、安全性具有更高的要求,通用的操作系统很难满足,需要软件与硬件平台和应用更密切的结合,针对具体的硬件平台和应用进行定制化的操作系统开发。

分区操作系统可以提供的优化和定制包括如下内容。

1. 分区隔离保护

分区的理想状况是能够实现应用间、应用与内核间、内核与驱动间完全的隔离和保护,但实际上不同程度的隔离保护需要付出的代价是不一样的,应该根据具体的应用需求进行定制。涉及的方面包括:参数是拷贝还是不拷贝,用户地址空间是否检查,驱动是用户级还是核心级、是安全调用还是非安全调用等。

2. 中断管理

通常情况下操作系统的中断管理都是统一模式,但是针对具体的应用,有可能造成中断延迟较大,中断响应不能够满足系统需求,可以根据应用的具体需求进行定制,使中断管理达到较为理想的状态。

3. 内存管理

不同的应用有不同内存管理需求,通用的内存管理一般不能达到最好的效果,因此需要根据应用的需求进行定制,使效率和灵活性都符合系统需求。

4. 调度算法

一般的分区操作系统都提供时间表调度、优先级调度、周期调度等,但在实际的应用系统,特别是基于分区的应用中,针对分区数据段、代码段、堆栈段的健康管理和不同分区间通信管理、异常处理等功能,如何使系统中的这些内容按照应用需要进行调度控制,需要对调度进行适应性调整。

5. 错误处理

由于从操作系统的角度很难明确对系统中的错误进行处理，特别是在安全级别非常高的飞控系统中，操作系统更不能擅自做主地对错误进行处理，而要根据具体应用的要求进行处理，与系统协调协同满足系统稳定性、操纵性和安全性要求，这样才能保证系统行为的确定性和安全性。

6. 驱动

对于不同的应用其驱动需求（功能性、实时性、资源可用性等）是不同的，因此对于具体应用应该适应性地修改和优化驱动，以满足具体应用的需求。

7. 时间管理

时间管理在操作系统中是比较重要的部分，涉及系统 tick 时间、日历时间等，缺省情况下系统 tick 时间能够提供毫秒级以上的精度。不同的应用有不同的需求，因此需要根据应用的需求对系统的时间管理进行定制或者优化。

8. 资源管理

资源主要是操作系统内核对象，包括任务、信号量、定时器等，涉及的定制包括是否是静态资源管理、资源是否是复用的等方面内容。

9. 调试和跟踪

由于应用的复杂度和环境不一样，很多时候需要根据应用的需求对调试和跟踪功能进行定制，包括调试功能、性能、影响、跟踪的内容和方式等。

10. 动态加载

由于引入了分区，应用和系统间、应用和应用间不是编译链接在一起的，因此必须使用动态加载来实现系统中的程序运行管理。由于动态加载的时机、接口引用方式、程序格式等方面可能会针对不同的应用有不同的需求，要达到系统比较理想的状态，涉及动态加载方面的定制。

6.3.1 分区及分区间数据交互

不同分区由于空间隔离，导致不能够使用全局变量的方式直接进行通信，因此分区间任务的通信需要使用操作系统提供的通信服务，如采样端口和队列端口等方式。其中，对各种通信资源的配置，需要在分区内的配置中完成，包括通信的对象、通信信息的大小，以及通信访问的读写权限等。

分区操作系统为任务间通信模块提供了两种通信模式，分别是采样端口模式和队列端口模式。其主要区别在于传输数据长度的确定性，采样端口模式传输的数据为确定长度数据包，每次发送和接收为一个完整的数据包，由操作系统内核保证接收数据的完整性，且保证收到的是最新的数据；队列端口模式发送数据任务和接收数据任务异步进行，操作系统内核负责将发送任务发出的数据无差别地发送到接收任务,且将产生的多份数据都传递给接收任务。在分区操作系统中每个采样端口或者队列端口通信通道具有唯一确定的标识。

在采样端口模式下,发送任务向接收任务发送多份消息的情况下,接收任务从采样端口收到最新消息。采样端口模式如图 6-10(a)所示。

在队列端口模式下,发送任务向队列端口中写入多份数据,接收任务从相应队列端口中能够读取到多份数据,队列模式如图 6-10(b)所示。

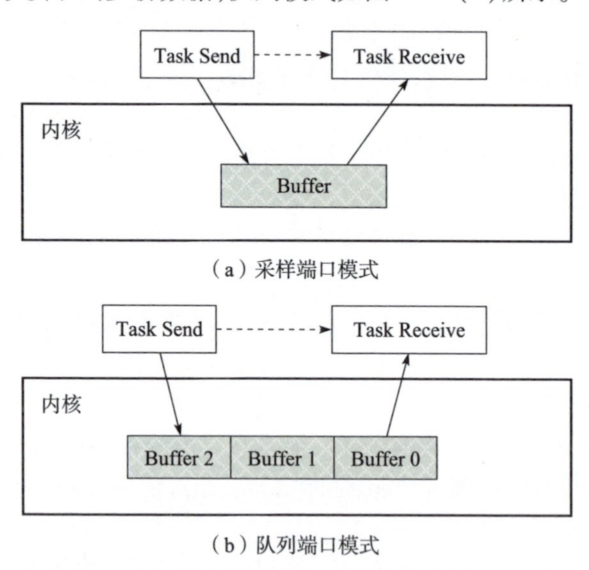

图 6-10　分区间数据交互模式分类

Task Send:任务发送,Task Receive:任务接收,Buffer:缓冲区

分区主要用来管理空间资源,位于一个分区内的任务,可以共享内存的方式使用分区内的各项资源。基于软件配置项的分区是资源的集合体,因此用户对其的使用集中在对资源的配置,以及故障的处理策略上。

分区的资源,包括分区内空间,以及分区内通信资源、分区内异常处理等。分区内空间,除了分区内运行的任务所使用的代码段、数据段空间,还包括任务的堆栈。其中,代码段、数据段等信息在用户程序编译链接时自动生成,而任务需要的堆栈大小由用户在配置界面配置完成。

分区内的通信端口的名称、大小和处理的异常等信息,都由用户在配置界面进行配置,之后自动生成相应代码。分区在执行中的创建过程,由操作系统在应用运行前,根据用户的配置自动形成模板来完成。每个分区有一个入口任务 main,其功能是用来创建分区内的其他任务,以及创建任务通信通道和挂接异常处理等。入口任务工作在用户态,具有缺省的堆栈空间大小,是由操作系统为了启动分区内的任务和通信端口、异常处理等而自动创建的,其运行在应用初始化阶段。分区的入口任务没有周期和最长执行时间等属性,完成后即结束其运行周期。

6.3.2 分时及分时管理

在时间触发任务运行时,每个任务在任务描述的时间表中开始运行的时刻被激活,获取 CPU 的计算资源,进入"运行态"执行任务,直到时间到中断或者被另一项任务抢占。如果执行完则转入"挂起"状态,等待下一执行时刻的到来;如果未执行完则进入"被抢占"状态,等待下一执行时刻的到来继续执行或进行错误处理。

任务执行时间为任务的两次激活间的间隔时间。实时系统任务的一个重要属性就是其死线(Dead Line),即完成任务执行的最长时间。在设计正确的情况下,一个任务必须在其死线到来之前完成,否则会触发死线监控报故,死线的监控由调度器实现,死线监控程序也是时间触发操作系统的健康管理和容错纠错的可重构机制之一。

任务是操作系统最基本的调度单元。使用时,用户需要首先在分区配置中定义应用任务的名称、执行周期、最长执行时间,以及需要堆栈大小和任务的入口函数等,由系统集成工具进行相应的时间规划,分区集成工具则根据用户配置,自动生成创建用户任务的分区入口任务模板,以及任务入口函数模板。在分区的入口任务中,建立的模板会根据分区配置,使用任务创建函数,定义某个名称任务的入口函数,以及需要堆栈的大小。在应用初始化之后,操作系统根据时间规划调度表对任务进行调度。

任务的执行严格遵循时间规划表的内容,因此在任务的执行过程中,需要对任务实际的执行时间进行监控,确认其运行时间没有超过规划表的计划。在任务的每次调度时刻点,操作系统内核会对任务的执行过程进行记录,包括记录任务的起始运行点、终止运行点等,将其记录到专门的数据结构中,用户可以通过系统调用的方式进行查看。

6.3.3 健康监控异常报告

根据异常产生的源头,对异常进行分类,包括内存管理单元(Memory Management Unit,MMU)、处理器等硬件检测的异常、操作系统运行时监控的异常及应用上报的异常等。异常报告列表如表 6-1 所示。

表 6-1 健康监控的异常种类

序号	异常名称	异常描述	异常来源
1	非法空间访问	在 MMU 保护的硬件中,访问了不允许访问的空间	硬件异常
2	非法指令执行	执行了无效指令,或者无权限的指令	
3	浮点处理异常	浮点操作上溢、下溢	
4	对齐异常	对非对齐的地址执行对齐操作	
5	除零异常	系统中发生除零操作	
6	硬件故障	硬件运行发生故障	
7	电源故障	电源发生故障	
8	堆栈溢出	堆栈超出系统分配空间	操作系统检测的故障
9	任务死限超时	任务执行超过规划时间	
10	系统初始化异常	系统在初始化过程中,部分环节失败,导致系统重启,挂起或者部分任务无法执行	
11	用户上报异常	用户根据需要进行异常上报	用户上报故障

6.3.4 TTOS 时间触发分区操作系统

时间触发分区操作系统(Time Trigger Operation System,TTOS)是安全关键嵌入式分区操作系统。具有确定性内核调度、空间保护和任务通信等功能,通过构建全局统一的时钟机制,为飞行安全关键系统提供协同一致的运行环境。TTOS 已广泛应用于新一代飞行器管理系统(VMS)、飞行管理系统(FMS),以及轨道交通的高铁列控等安全关键系统。可以与时间触发的计算机架构(659 背板总线计算机、TTE/TTP 总线计算机)一体,形成基于时间触发计算机体系架构的系统解决方案。

分区管理主要是指系统中同时可以运行多个不同类型的应用,同时各个任务在空间上互不影响、互相隔离。分区管理主要实现操作系统内核与应用、应用与应用之间的隔离。操作系统内核工作在系统态,可以直接访问硬件资源,应用程序工作在用户态,不能直接访问硬件资源,各应用程序拥有自己的数据区、堆栈等,不能越权访问,实现故障隔离。

分时管理主要是指每个应用程序只在自己的时间窗口内执行,不允许越界,如果一个程序在执行过程中出现故障,则导致一直占有 CPU 时间,在该时间窗口结束的地方,系统会强制进行切换,保证了应用程序之间执行在时间上的独立性。

分区管理的工作原理如图 6-11 所示,分时管理的工作原理如图 6-12 所示。

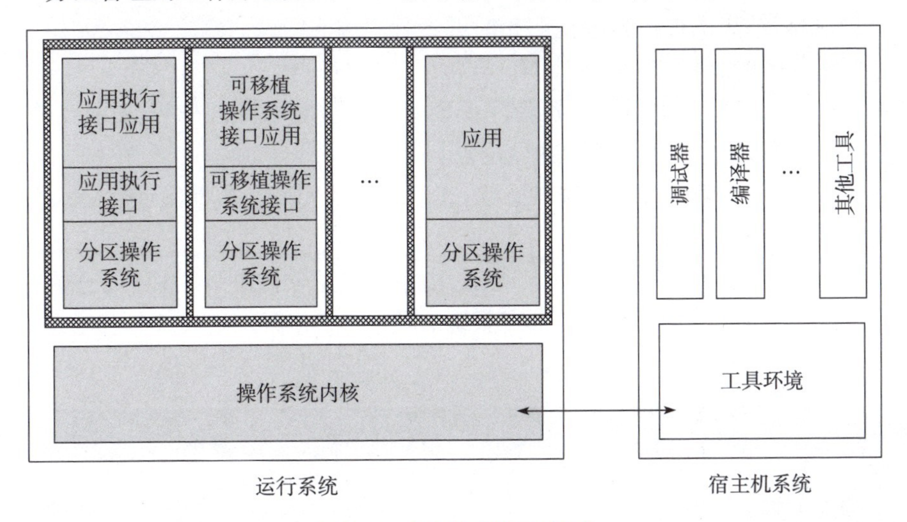

图 6-11 分区管理的工作原理

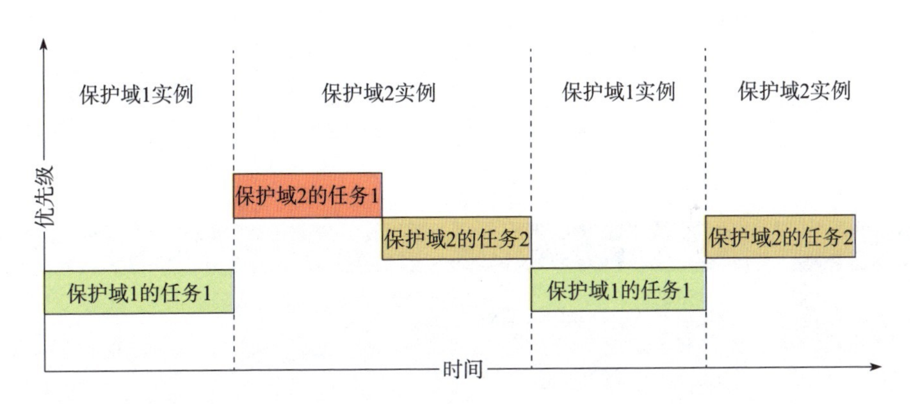

图 6-12 分时管理的工作原理

蓝图配置(Blue Print Configuration)文件根据系统需求,确定不同状态下系统的配置数据。蓝图配置文件包括系统分区的划分信息(如对分区模块的"数据段、堆栈段、代码段"配置分区参数,同时对分区模块的运行时间配置执行时间参数等)、时间规划表及系统运行故障处置策略的配置(如超时处理、越界访问的处理)等,其分时分区的时间规划如表 6-2 所示,空间分区属性参数如表 6-3 所示。

(1) 分区原则:同一速率、功能独立、连续调度。

(2) 分区的超时是通过定时器设定分区的执行时间到触发定时中断,中断服务程序通过该分区入口打卡和出口打卡,通过控制流打卡"入/出"的配对性检测来判定是否超时，通过控制流打卡成对匹配来判定为未超时，只有进入打卡，没有执行结束的退出打卡说明超时或者程序跑飞。

(3) 分区的越界监控是在 MMU 异常中断中处理的，如果分区运行时越界，MMU 触发异常中断，中断服务器程序识别就会定位哪个分区越界，并详细报告“数据段、堆栈段、代码段”具体越界位置。

(4) TTOS 的输出分区健康状态字，表明分区的“超时、数据段、堆栈段、代码段”故障状态。

(5) 分区超时或者越界切不切通道，由系统应用软件决策，通常只记录不切通道，因为切通道很大概率导致余度系统的共模故障。

表 6-2 分时分区时间规划

内容	含义
任务名称	调度的任务名称
保留字段	扩展预留
执行时间	时间段分配的执行时间
当前规划点是否为待执行任务的起始执行点	若不是任务的起始执行点则为任务的恢复执行点或重构分时分区任务的起始执行点

表 6-3 空间分区属性参数

序号	属性		意义
1	分区规模		根据系统功能性能要求合理规划分区数量
2	分区空间属性	代码段空间	该段的逻辑地址、运行物理地址和加载物理地址
		数据段空间	该段的逻辑地址、运行物理地址和加载物理地址
		BSS 段空间	该段的逻辑地址、运行物理地址和加载物理地址
		堆栈段空间	该段的逻辑地址、运行物理地址和加载物理地址
		外设段空间	该段的逻辑地址、运行物理地址和加载物理地址
		分区运行模式	支持调试模式与发布运行模式两种状态
		分区名称	分区的字符串名称，最多支持 12 个字符
		保留属性	扩展预留
		保留属性	扩展预留

6.3.5　分时分区

在实际的科研生产项目研制中，遵循"主机牵头，专业主战，分工协作，优势联合"的原则，飞控系统的软件分工按产品承研单位的生产关系分配，这样也就确定了软件配置项隶属关系。为了支持这种分工协作、联合开发的生产方式，飞控系统软件的分时分区应运而生，各承研单位之间以数据传输协议为桥梁建立联系，在功能相对独立，耦合度低的基础上，独立并行开发软件。具体的分时分区优缺点分析如下。

(1) 功能独立，并行开发。

①协作开发。

②独立验证。

③独立维护。

(2) 分区故障监控。

①分区越界监控。

②分区超时监控。

(3) 分区的优势。

①时间保护。

②空间保护。

③故障重构、安全性 & 可靠性提升。

④故障工作/故障安全(FO/FS)。

通过上面讨论可知，分时分区带来的问题如下。

(1) 分区间的数据通信，共享 RAM，I/O 端口通信，时间开销大。

(2) 分区间数据通信 I/O 与数据段的关系，存在重复建设的问题，I/O 实际上还是以变量形式定义的数据段。两两分区都要建立分区间数据通信 I/O，如果有 n 个分区，理论上需要建立 $n\times(n-1)/2$ 个数据通信 I/O，时间开销巨大。

(3) 分区的越界/超时通过异常中断处理，状态寄存器标志位描述，没有精准定位到"非法指令、32 位对齐、CPU 内部异常中断…"。

(4) 飞控软件分区内多个任务拆分调度，其数据段、堆栈段、代码段、时间段的参数配置，按多个任务综合设计。也就是说，在按生产关系的配置项分区中，其内部的多个任务按分时调度执行，即分区和分时不是针对同一个"单元模块"，所以，超时监控只是任务超时，越界监控只是配置项分区越界。

(5) 分区的参数设计，基于"静态分析、动态运行"的仿真分析、试验测试和工程经验，与具体的嵌入式机载环境的实际运行有出入，需要根据实际环境适应性调整。

6.3.6 分时分区监控

项目总师系统决策确定软件生产关系后，软件配置项随之确定，一般按配置项分区，在分区配置表中设计分配该分区的数据段、堆栈段、代码段参数，MMU按这些段参数管理监控分区的运行健康情况，当软件实际执行该分区配置项程序代码时，MMU 实时监测程序指针是不是越界？超出配置表参数设计范围，视为越界，MMU 触发异常中断。

软件配置项一般是一个相对较大的功能分区，包含多个任务模块，各任务模块在不同的速率组运行，所以，通常按任务分时，即对每个任务模块分配运行时间，并留有余量，以满足国军标时间余量的要求；分时监控是程序进程进入该任务模块时"打卡设置标志"，任务模块执行结束"打卡清除标志"，如果任务模块的进、出标志配对出现，则说明该任务模块没超时；否则，判定该任务模块运行超时。所以，只有同一速率组连续运行的任务模块，分时才有意义。

下面以飞行工作软件（OFP）为例，如图 6-13 和图 6-14 所示，说明示意嵌入式机载实时控制系统软件的分时分区及多速率组调度控制。

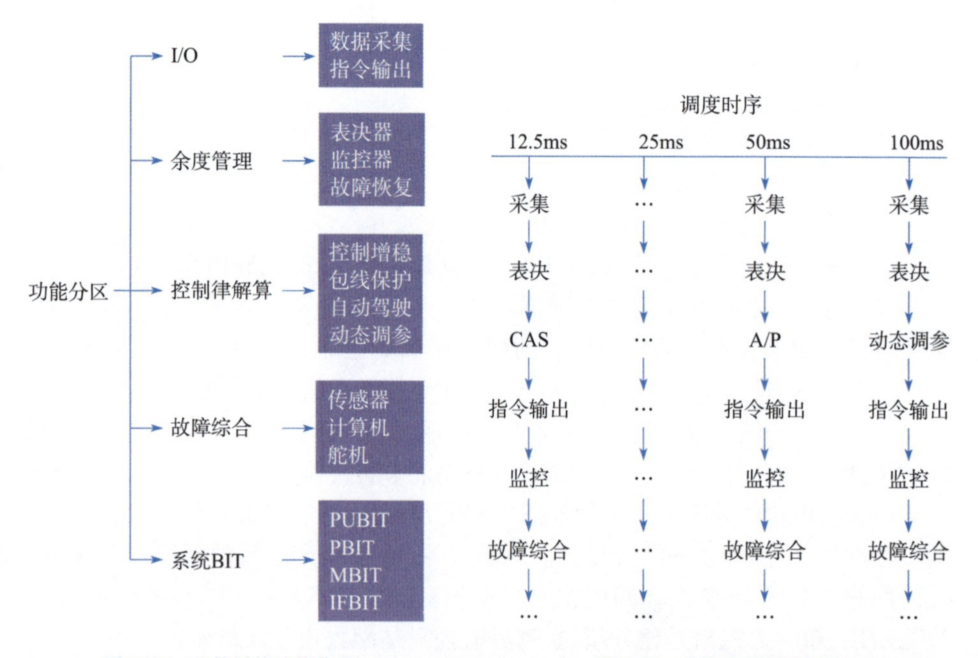

图 6-13　飞控系统功能分区　　图 6-14　多速率组调度时序

例如，自动飞控 A/P 是 50ms 速率组任务，所以其任务等分成 4 份，每 12.5ms 执行其中一份，4 个 12.5ms 执行完 A/P；同样控制律动态调参是 100ms

速率组任务，所以其任务可以等分8份调度执行，每12.5ms执行其中的一份任务，8个12.5ms执行完控制律调参任务。

基于配置项的功能分区，按飞控系统对操稳特性和飞行品质的要求功能拆分并分时调度，即同一功能分区的若干任务是分开调度执行的。所以，目前的现实是：任务有超时监控，无越界监控；分区无超时监控，有越界监控；分区内多个任务，任务间无越界监控。由于分区是按配置项的分区，越界监控是该分区所在的配置项的越界监控。

6.3.7 VMC 飞管计算机的分时分区

VMC飞行器管理计算机主要承担：数据采集、输入信号表决、控制律解算、飞行包线的边界限制、输出指令监控、故障综合等空中实时任务，以及地面状态的加电BIT、飞行前BIT和维护BIT等非周期任务。按功能及连续执行的分时分区原则，VMC分时分区设计如图6-15和图6-16所示。

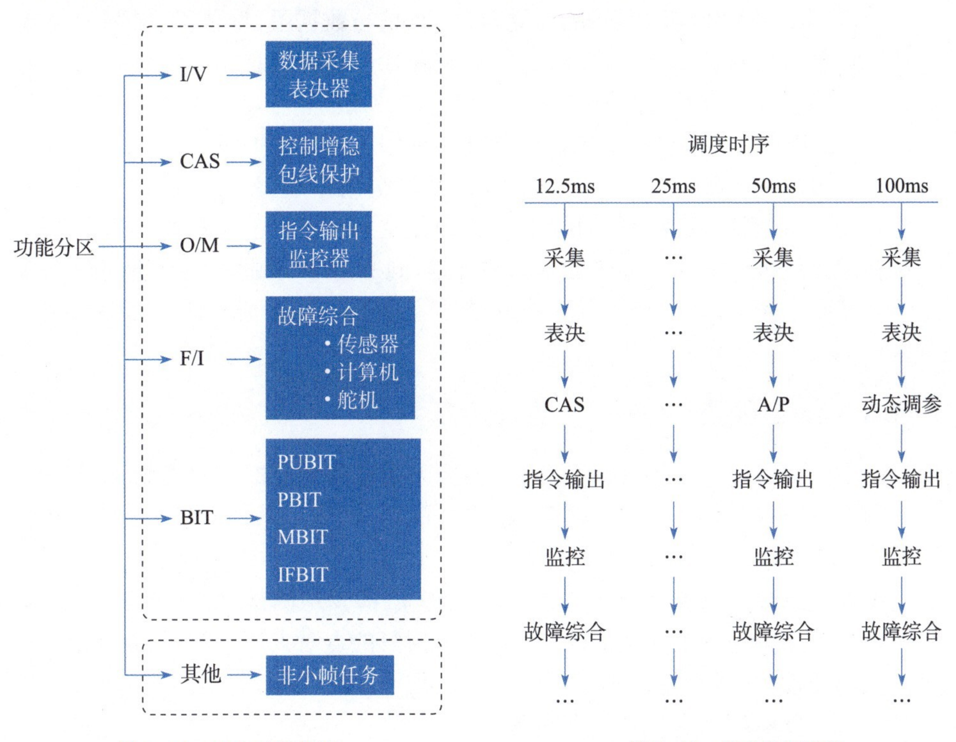

图6-15 VMC功能分区　　图6-16 多速率组调度

根据输入、加工、输出控制流时序，系统任务分时调度，在12.5ms基本小帧内，按功能相对独立分时分区。

其他多速率组任务，需要按 25ms、50ms、100ms 对应 2、4、8 等分功能模块，每个 12.5ms 调度“等分模块”的其中之一，2 等分模块在 2 个 12.5ms 完成执行；4 等分模块在 4 个 12.5ms 完成执行；8 等分模块在 8 个 12.5ms 完成执行。其他非 12.5ms 任务规划在一个分区。

6.3.8 分区原则

为了对分区进行健康状态监控，同一个分区的功能模块不能隔开运行，隔开运行其时间监控和分区的越界监控将无法实施。例如，如果把余度管理和控制律计算设计配置成一个分区，在 12.5ms 速率组的控制增稳 CAS 或 50ms 速率组的自动飞控 A/P 控制律解算模块越界或者超时时，是判定余度管理分区越界或超时还是控制律解算分区越界或超时？由于余度管理和控制律同属一个分区，但其表决、监控中间插入控制律分开调度运算，越界或超时监控指向不清。

分区不仅仅是代码段空间的独立分区，而是与数据段、堆栈段、时间段集成一体、成组配置，数据段、堆栈段和对应的时间片是该代码段基本属性信息。所以，分区一定是这四段一体的分区，根据代码段使用的常数和变量长度确定数据段范围；根据子程序模块嵌套的深度确定堆栈段栈底、栈顶；根据任务功能需求确定代码段的执行时间。分时分区操作系统的健康管理，就是根据这些段参数的配置设计，在实际软件运行时，MMU 实时监控是否超出了这些段参数的设计范围？超出就报告故障。分区的基本原则是：同一速率、功能独立和不间断连续运行。基本小帧 12.5ms 按任务功能分时分区，其他剩下的所有任务集中在一个分区。

6.3.9 结果处理

分区的超时或者越界，根本原因是人为因素在规划分时分区参数的设计问题，或者软件设计有 bug，而不是计算机自身问题，原则上不切除通道，但输出报告操作系统健康状态字。

像 659 总线不更新、1394b 总线 STOF 包（广播发送测试，所有节点可见）或 ASYN 包（异步流包一般是定时发送，不要求回复的点对点通信测试）故障，以及软件代码和检测故障等，这些多数是环境干扰问题都不是计算机自身有问题，也不是多数比较监控判定本通道有问题。

如果系统设计确定需要切除通道，则应该由故障综合模块把它与计算机失步、输出指令监控故障等，通过故障综合模块的通道故障逻辑 CFL 切除通道，分区监控和处理如图 6-17 所示。

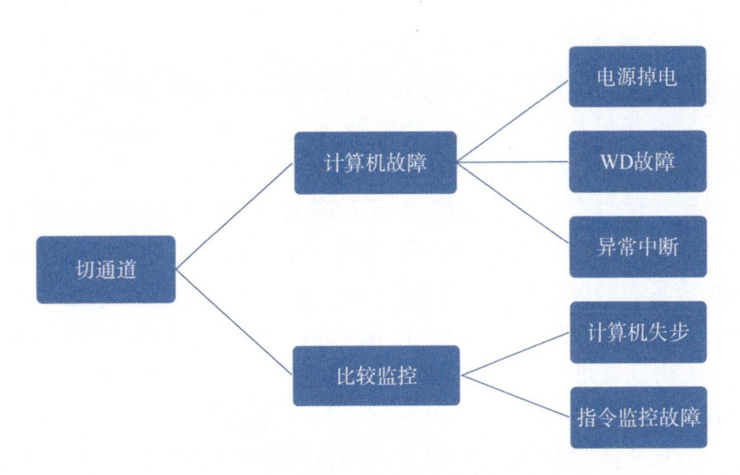

图 6-17 分区监控和处理

6.3.10 可重构时间触发分区操作系统

高安全可重构的时间触发分区操作系统,具有被抢占(Preempted)、被挂起(Suspended)、可重构(Reconfigurable)和运行(Running)四种状态,时区任务间的状态转换如图 6-18 所示。

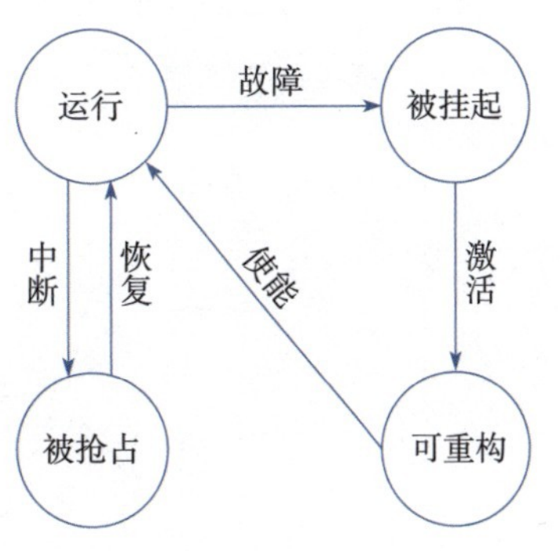

图 6-18 时间触发分区操作系统状态转换

每个时区的任务模块在时间规划表程序中,启动执行时被激活使能,获得 CPU 计算资源,进入“运行态”执行任务,直到执行完成等待定时中断,或者被下一高优先级的任务抢占,或者时区监控器异常中断挂起,传统的 TTOS 到此结束。对于这种时、区任务执行异常故障,只记录不处理,避免处理不当导致飞控系统失效。基于时间触发的“高安全可重构操作系统”,为关键分区提供了备份机制,对关键数据进行重构分区的备份。当关键分区故障时,可通过重构分区实现故障分区功能,系统无转换瞬态或转换瞬态可容忍,这种高安全可重构操作系统提高了系统的故障工作/故障安全(FO/FS)的能力。

高安全可重构时间触发分区操作系统,具体实施方法如下。

(1) 设计分割分时分区任务模块,使用分时分区集成工具,填写数据段、堆栈段、代码段、时间段参数,建立任务模块的分时分区关系模型。

(2) 为每个分时分区任务模块,使用分时分区集成工具,设计配置对应重构分时分区适配参数,即重构设计数据段、堆栈段、代码段、时间段的适配参数,建立任务模块的重构分时分区关系模型。

(3) 时间触发分区操作系统,在每个正常工作周期内(操作系统未报故障),完成任务后实时拷贝数据段系统工作变量到重构数据段,保证重构数据段为最新数据,抑制操作系统从原型态转移到重构态的转换瞬态。

(4) 操作系统具有两种运行模式,无故障时运行原型态操作系统模式,以及当原型态操作系统故障情况下,重构态操作系统运行模式,这种可重构时间触发分区操作系统具有故障工作/重构安全(FO/FS)的高安全高可靠性水平。

这种可重构操作系统设计方法,可在PowerPC(75X、83X、56XX)、ARM(A8、A9)等类似架构计算机系统平台上实施应用,满足实时POSIX接口标准运行库,满足ARINC653标准PART1的APEX接口等规范要求。

各用户分区下的逻辑地址空间,一般通过处理器提供的查表方式MMU进行管理,不同处理器使用不同的查表管理方式。逻辑空间与物理空间的分区映射关系如图6-19所示。

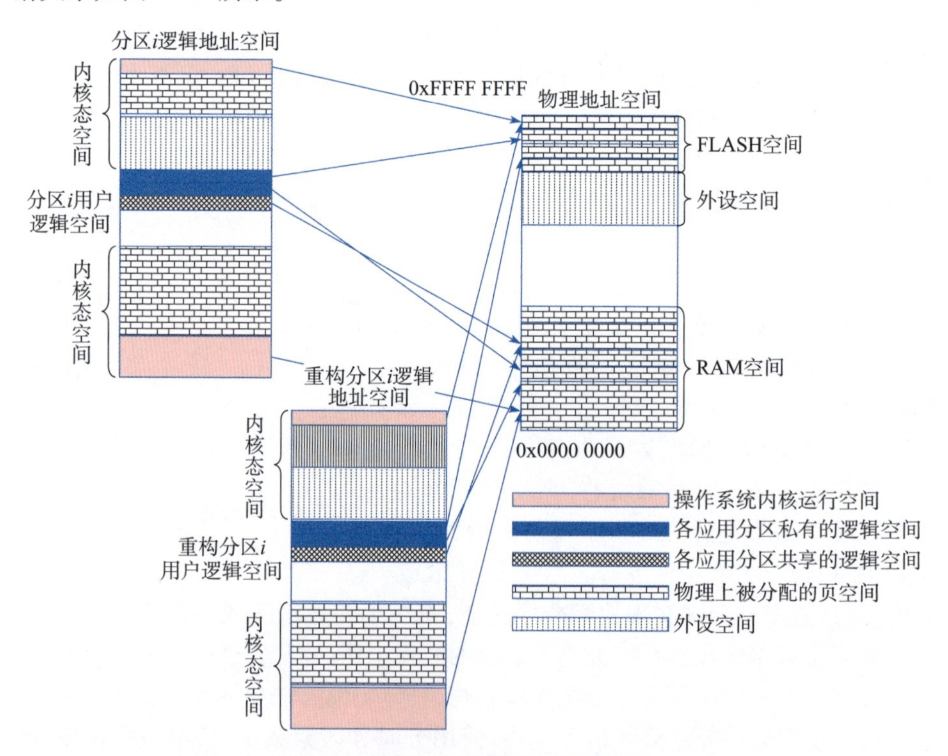

图6-19 可重构分区空间分区映射关系

如果MMU不能为每个“数据段、堆栈段、代码段”越界/超时提供区别报告,分区只报告一个异常,不知道哪个段异常,系统就无法有的放矢分别处理。数据段、堆栈段、代码段、时间段参数重构配置,每个运行周期备份数据段数据,实时变量重构到数据段,抑制系统转入重构模式时的转换瞬态。当时区 i 故障后,切换到相应可重构的分区,分区操作系统管理调度系统重构运行,操作系统具有故障工作(FO/FS)的高安全高可靠能力。

6.4 应用软件

为提高软件开发效率和增强软件可靠性,把经过大量试验、试飞验证过的软件模块,整理成通用的库函数,形成软件标准固件。在飞行控制软件开发过程中要用到这些模块时,直接插入或调用即可。这样,可以大大地提高软件标准件代码的可重复使用性(重用性),这种做法无疑提高了机载软件的开发效率,减轻了软件开发者的劳动强度,避免了重复劳动,免测试免维护,从而极大地增强了所开发软件的可靠性。

飞控系统标准软件单元包括控制律、余度管理和 BIT 等功能模块设计的标准、常用的软件基本模块单元,并生成可供软件开发者直接使用的通用软件库函数。此处给出若干实例,供读者参考。

6.4.1 控制律库函数

1. 积分器

连续域表达式:$\dfrac{y(s)}{x(s)}=\dfrac{k}{s}$

离散域表达式:$\dfrac{y(z)}{x(z)}=k_i\times(\dfrac{1}{1-z^{-1}}-0.5)$

离散化软件实施:$k_i=k\cdot T$

在 Z 域的差分方程:$y_n=y_{n-1}+c_n\times(x_{n-1}+x_n)$,$c_n=k\times T/2$

式中:k 为积分器增益;T 为采样周期。积分器离散化结构如图 6-20 所示。

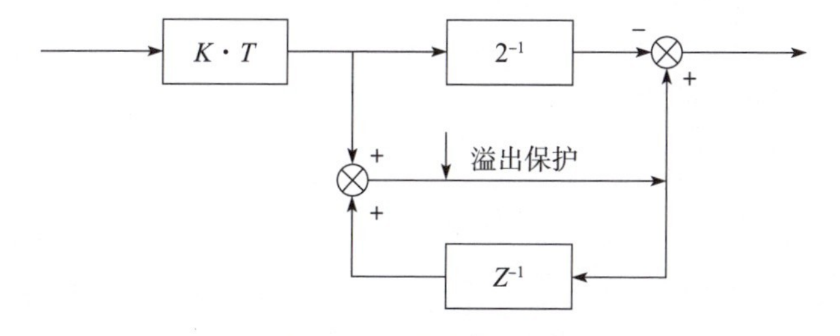

图 6-20 积分离散化结构

2. 非周期环节(一阶滞后滤波器)

连续域表达式:$\dfrac{y(s)}{x(s)}=\dfrac{\omega}{s+\omega}$

离散域表达式:$\dfrac{y(z)}{x(z)}=\dfrac{\omega\,\$\left(\dfrac{1}{1-z^{-1}}-0.5\right)}{1+\omega\,\$\left(\dfrac{z^{-1}}{1-z^{-1}}\right)}$

式中:$\omega\,\$=\dfrac{\omega}{\dfrac{1}{T}+\dfrac{\omega}{2}}$。

离散化软件实施:

在 Z 域的差分方程描述:$y_n=c_d\times y_{n-1}+c_n\times(x_{n-1}+x_n)$

式中:$c_d=\dfrac{\dfrac{2}{T}-\omega}{\dfrac{2}{T}+\omega}$;$c_n=(\omega\times T)/(2+\omega\times T)$。

一阶滞后滤波器离散化结构如图 6-21 所示。

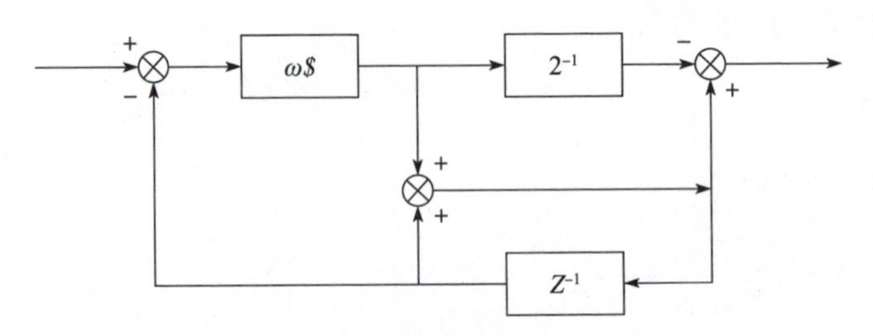

图 6-21　一阶滞后滤波器离散化结构

3. 超前/滞后环节(超前/滞后滤波器)

连续域表达式:$\dfrac{y(s)}{x(s)}=\dfrac{s+\omega_a}{s+\omega_b}$

式中:ω_a 为超前频率;ω_b 为滞后频率。

离散域表达式:$\dfrac{y(z)}{x(z)}=\dfrac{\omega\,\$_a+\omega\,\$_{a1}z^{-1}}{\omega\,\$_b+\omega\,\$_{b1}z^{-1}}$

式中:$\omega\,\$_a=\dfrac{2}{T}+\omega_a$;$\omega\,\$_{a1}=\omega_a-\dfrac{2}{T}$;$\omega\,\$_b=\dfrac{2}{T}+\omega_b$;$\omega\,\$_a=\omega_b-\dfrac{2}{T}$。

离散化软件实施:

在 Z 域的差分方程：$y_n = c_d y_{n-1} + (c_{n0} x_n + c_{n1} x_{n-1})$

式中：$c_{n0} = (2+\omega_a T)/N$；$c_{n1} = c_{n0} - 4/N$；$c_d = \dfrac{4}{N} - 1$，$N = 2+\omega_b T$。

超前/滞后滤波器离散化结构如图 6-22 所示。

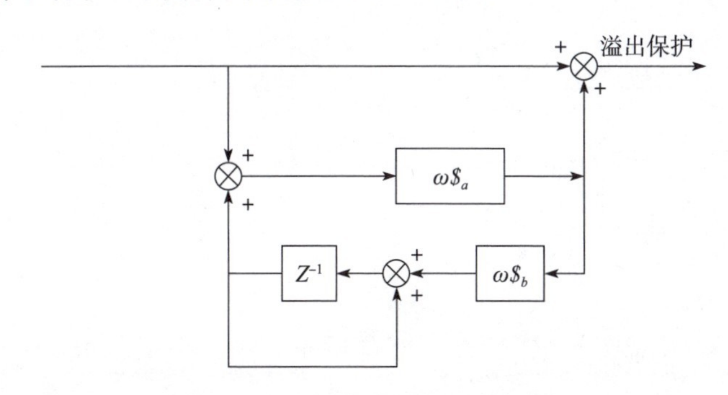

图 6-22 超前/滞后滤波器离散化结构

4. 高通滤波器(洗出网络)

连续域表达式：$\dfrac{y(s)}{x(s)} = \dfrac{s}{s+\omega}$

式中：ω 为高通滤波器频率。

离散域表达式：$\dfrac{y(z)}{x(z)} = \dfrac{\omega\ \$_1}{1+\omega\ \$_2\left(\dfrac{z^{-1}}{1-z^{-1}}\right)} + 1$

式中：$\omega\ \$_1 = \dfrac{\omega T}{1+\dfrac{\omega T}{2}}$；$\omega\ \$_2 = \dfrac{1}{1+\dfrac{\omega T}{2}}$。

高通滤波器离散化结构如图 6-23 所示。

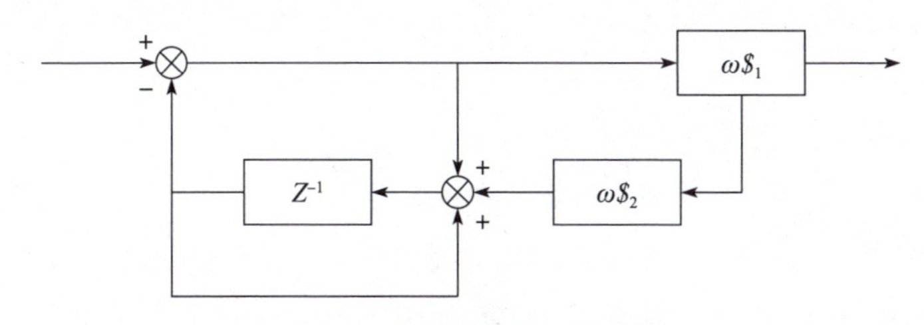

图 6-23 高通滤波器离散化结构

离散化软件实施：$y_n = c_d y_{n-1} + c_n (x_n - x_{n-1})$

式中：$c_n = 2/(2+\omega T)$；$c_d = 2c_n - 1$。

5. 限波滤波器

连续域传递函数表达式：$\dfrac{y(s)}{x(s)}=\dfrac{T_1^2 s^2+2\xi_0\omega s+\omega^2}{s^2+2\xi\omega s+\omega^2}$

式中：T_1 为常数。

离散域传递函数表达式：$\dfrac{y(z)}{x(z)}=\dfrac{a_0+a_1 z^{-1}+a_2 z^{-2}}{1+b_1 z^{-1}+b_2 z^{-2}}$

或者 $\dfrac{y(z)}{x(z)}=1+\dfrac{k_1+k_4 z^{-1}}{1+k_2 z^{-1}+k_3\left(\dfrac{z^{-1}}{1-z^{-1}}\right)}$

令 $N=4+4\xi\omega T+\omega^2 T^2$

式中：$a_0=\dfrac{4T_1^2+4\xi_0\omega T+\omega^2 T^2}{N}$；$a_1=\dfrac{-8T_1^2+2\omega^2 T^2}{N}$；$a_2=\dfrac{4T_1^2-4\xi_0\omega T+\omega^2 T^2}{N}$；$b_1=\dfrac{-8+2\omega^2 T^2}{N}$；$b_2=\dfrac{4-4\xi\omega T+\omega^2 T^2}{N}$，$T$ 为离散化时间步长。

限波滤波器离散化结构如图 6-24 所示。

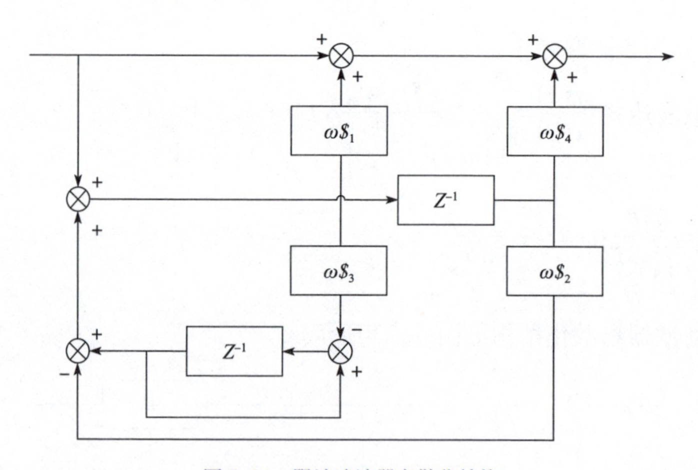

图 6-24 限波滤波器离散化结构

离散化软件实施：

如果使用预畸修正，则系数计算中用 $\omega=\dfrac{2}{T}\tan\left(\dfrac{\omega T}{2}\right)$ 代替原式中的 ω 即可。

在 Z 域的差分方程：$y_n=c_{n0}x_n+c_{n1}x_{n-1}+c_{n2}x_{n-2}+c_{d1}y_{n-1}+c_{d2}y_{n-2}$

式中：$c_{n0}=\dfrac{4T_1^2+4\xi_0\omega T+\omega^2T^2}{N}$；$c_{n1}=\dfrac{2(\omega^2T^2-4T_1^2)}{N}$；$c_{n2}=\dfrac{4T_1^2-4\xi_0\omega T+\omega^2T^2}{N}$；$c_{d1}=\dfrac{8-2\omega^2T^2}{N}$；$c_{d2}=\dfrac{-(4-4\xi\omega T+\omega^2T^2)}{N}$；$N=4+4\xi\omega T+\omega^2T^2$。

6. 死区环节

死区环节结构如图 6-25 所示。

算法：$y_n=\begin{cases}x_n-a & (x_n>a)\\ 0 & (b\leqslant x_n\leqslant a)\\ x_n-b & (x_n<b)\end{cases}$

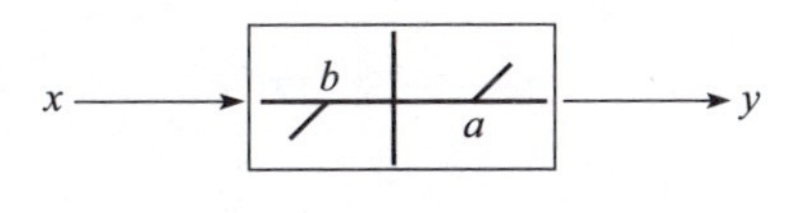

图 6-25　死区环节结构

7. 正向二极管(正半波)

正向二极管结构如图 6-26 所示。

正半波：该功能用于模拟正的二极管特性，仅使大于零的信号通过。

算法：$y_n=\begin{cases}x_n & (x_n>0)\\ 0 & (x_n\leqslant 0)\end{cases}$

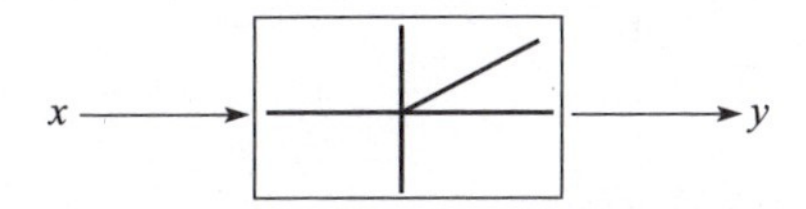

图 6-26　正向二极管结构

8. 继电器特性

继电器特性结构如图 6-27 所示。

算法：$y_n=\begin{cases}1 & (x_n>a)\\ 0 & (-a\leqslant x_n\leqslant a)\\ -1 & (x_n<-a)\end{cases}$

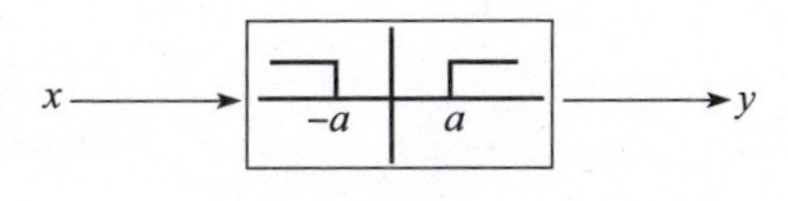

图 6-27　继电器特性结构

9. 间隙环节

间隙环节结构如图 6-28 所示。

算法：$y_n=\begin{cases}x_n-a & (x_n>\max(x_{n-1},y_{n-1}+a))\\ y_{n-1} & (x_n<x_{n-1})\\ x_n+a & (x_n<\min(x_{n-1},y_{n-1}-a))\end{cases}$

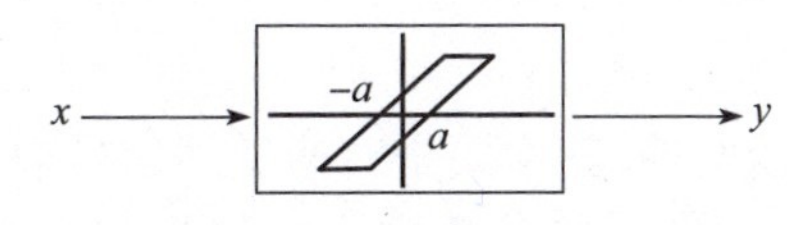

图 6-28　间隙环节结构

10. 迟滞环节

迟滞环节结构如图 6-29 所示。

$$\text{算法}:y_n=\begin{cases}1 & (x_n>b, a\leqslant x_n\leqslant b \wedge x_n<x_{n-1})\\0 & (-a\leqslant x_n\leqslant a, -b\leqslant x_n\leqslant -a \wedge x_n<x_{n-1})\\-1 & (x_n<-b, -b\leqslant x_n\leqslant -a \wedge x_n>x_{n-1})\end{cases}$$

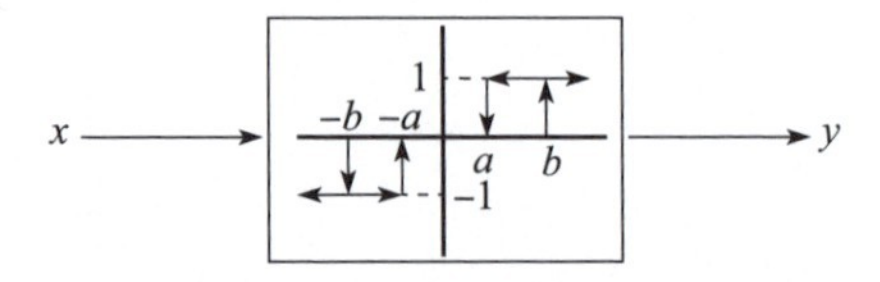

图 6-29 迟滞环节结构

11. 限幅器

限幅器结构如图 6-30 所示。

$$\text{算法}:y_n=\begin{cases}\text{up} & (x_n>L_1)\\x_n & (L_2<x_n<L_1)\\\text{dow} & (x_n\leqslant L_2)\end{cases}$$

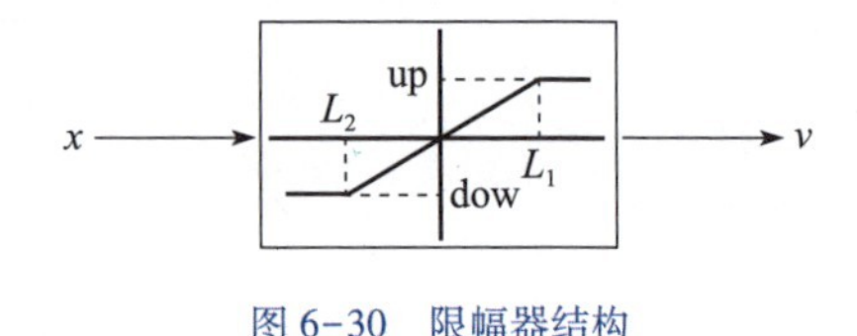

图 6-30 限幅器结构

12. 速率限幅

速率限幅结构如图 6-31 所示。

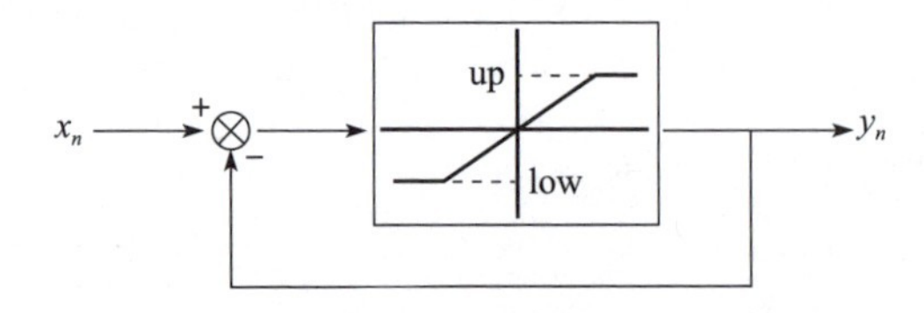

图 6-31 速率限幅结构

该环节完成对输入信号与输出信号的差值进行限幅的功能。

$$\text{算法}:y_n=\begin{cases}y_{n-1}+\text{low} & (x_n<y_{n-1}+\text{low})\\x_n & (y_{n-1}+\text{up}<x_n<y_{n-1}+\text{low})\\y_{n-1}+\text{up} & (x_n>y_{n-1}+\text{up})\end{cases}$$

6.4.2 余度管理库函数

1. 幅值门限

余度管理多通道比较监控,其本质是对通道间信号输出一致性的检测,根据构成余度信号设备特性,如果系统工作在小幅值小信号区,门限(阈值,工程上余度管理中习惯称其为门限)选择不能比信号本身还大,这样就容易漏检故障。

如果系统工作在大幅值大信号区，门限选择不能比小信号本身还小，这样就容易误报故障。所以，设计一种根据表决值大小变化的可变门限，解决常值门限小信号漏检、大信号误报的问题。具体软件实施见 2.12.1 节。

2. 时间门限

四信号一次故障、2∶2 不确定故障、二次故障、三次故障等，其时间延迟根据余度管理的信号在系统中的变化率和重要度，以及系统降级对安全性影响情况是不一样的，而且在瞬态故障期间，根据监控器确定的故障模式，增加该模式故障计数器，切记同时清除其他模式故障计数器，以保证瞬态到永久是连续累计的，而不是间隔累计。具体实施见 2.12.2 节。

3. 四信号排序

在四信号排序比较大小过程中，一种程序设计，当前者不大于后者（小于）时，需要进行信号本身及其关联的通道号、一次故障计数器和 2∶2 不确定故障计数器等连带信息的同步跟踪；或者，另一种程序设计是上一种排序的逆排序，比较大小时，当前者大于后者时，交换信号连带信息，保持信号的基本信息属性不因排序而发生混乱。这样当排序结束后，才能准确地知道最大、次大、次小、最小对应的通道号、各种故障计数器，准确地定位故障。

这里，特别强调的是排序时除跟踪通道号外，排序过程中故障计数器一定要紧密跟踪信号，即交换信号时，通道号、一次故障计数器、2∶2 不确定故障计数器等，凡是与该信号关联关系的连带信息，也一定要跟着信号一起交换；否则，在故障瞬态期间，判断永久故障的时间延迟是乱的，会出现错误。四信号排序算法流程如图 6-32 所示。

4. 四信号排序监控

(1) 四信号从大到小排序，求出最大、次大、次小、最小。

(2) 大概率事件是系统无故障状态，所以先求最大与最小的差值，若最大与最小之差小于门限，则四余度信号均为有效。

(3) 若最大与最小之差超出门限，按四信号排序结果，计算相邻两信号的差值：

$$\Delta_1 = 最大 - 次大$$

$$\Delta_2 = 次大 - 次小$$

$$\Delta_3 = 次小 - 最小$$

将这 3 个差值再与门限相比较（ε 表示门限），其监控结果如表 6-4 所示，共有 8 种状态。

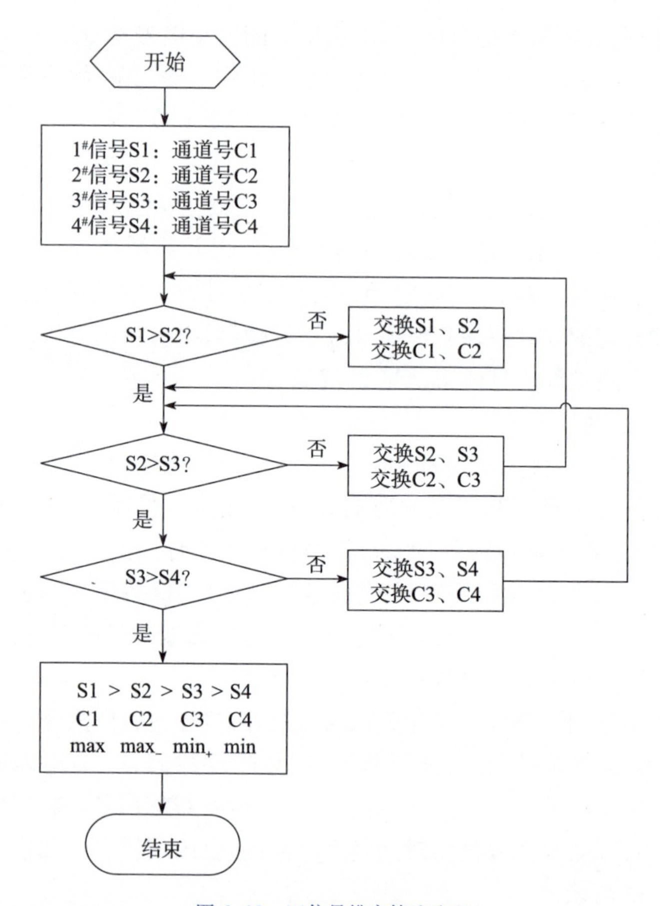

图 6-32　四信号排序算法流程

表 6-4　四余度模拟量信号监控结果

$\Delta_1<\varepsilon,\Delta_2<\varepsilon,\Delta_3<\varepsilon$	四余度信号全部正常
$\Delta_1>\varepsilon,\Delta_2<\varepsilon,\Delta_3<\varepsilon$	最大信号故障
$\Delta_1<\varepsilon,\Delta_2>\varepsilon,\Delta_3<\varepsilon$	2∶2 故障只有“(最大、次大)∶(最小、次小)”一种成对性模式
$\Delta_1<\varepsilon,\Delta_2<\varepsilon,\Delta_3>\varepsilon$	最小信号故障
$\Delta_1>\varepsilon,\Delta_2>\varepsilon,\Delta_3<\varepsilon$	最大信号、次大信号故障
$\Delta_1>\varepsilon,\Delta_2<\varepsilon,\Delta_3>\varepsilon$	最大信号、最小信号故障
$\Delta_1<\varepsilon,\Delta_2>\varepsilon,\Delta_3>\varepsilon$	最小信号、次小信号故障
$\Delta_1>\varepsilon,\Delta_2>\varepsilon,\Delta_3>\varepsilon$	四信号 1∶1∶1∶1 故障

如表6-4所示,故障检测为一次监控迭代(1帧)结果,若检测出故障,则认为是瞬态故障,相应故障模式计数器递增(加1),其他模式故障计数器清零,当上述瞬态故障持续时间达到永久故障时间门限时,则判定相应模拟量发生永久故障。若在一次监控迭代内信号恢复正常,则应刷新相应故障计数器。当出现四信号2∶2不确定故障,或四信号1∶1∶1∶1故障等奇异故障时,可参考2.4.3节奇异故障的变化量记忆、余度重构判据或对应模拟量的自监控ilm,进一步判定信号故障。

5. 四信号降阶排序(三信号选中排序)

四信号降阶排序就是把四信号分成两组三信号,进行两组三信号的选中值排序。具体做法如下。

(1) 第一组三信号选中值。在4个信号中任意选3个信号,在这3个信号中按三信号选中值排序算法逻辑进行三信号选中值。

(2) 第二组三信号选中值。在4个信号中剔除第一组三信号的中值信号,剩下3个信号组成新的第二组三信号,对第二组三信号,按三信号选中值排序算法逻辑再进行三信号选中值。

(3) 两组三信号选中值排序结果。不难看出,第一组三信号中值和第二组三信号中值,其中一个肯定是次大,另一个肯定是次小,哪个是次大,哪个是次小,需要进一步比较。但从均值表决或者范数监控和矩阵监控的角度讲,无须比较大、小,因为均值表决是次大、次小的算术平均值,范数监控和矩阵监控不用排序;除这两个中值外,四信号剩下的两个信号,一个是最大,另一个是最小,哪个是最大,哪个是最小,还得继续比较,但从故障监控意义上没有必要再比较大小,识别哪个是最大、哪个是最小。因为这对于故障监控足够了,这样节省时间效率高。

三信号选中排序算法逻辑框图如图6-33所示。

可以看出,这种三信号选中值排序算法,共6条分支路线,每条分支对应的通道号唯一确定,不用交换通道号和各种故障计数器,是一种简单省时的好方法。

6. 四信号降阶监控

四信号降阶排序完成后,就知道了4个信号中,哪两个是次大、次小,哪两个是最大、最小,就可以进行最大与最小差值、最大与次大差值、次大与次小差值和次小与最小差值运算,参考2.7.1节的理论描述,以及上面四信号监控库函数算法,进行四信号降阶监控。

7. 四信号范数监控

根据故障的量化定义,把各种故障模式的定性定义转化成矩阵行和(或者

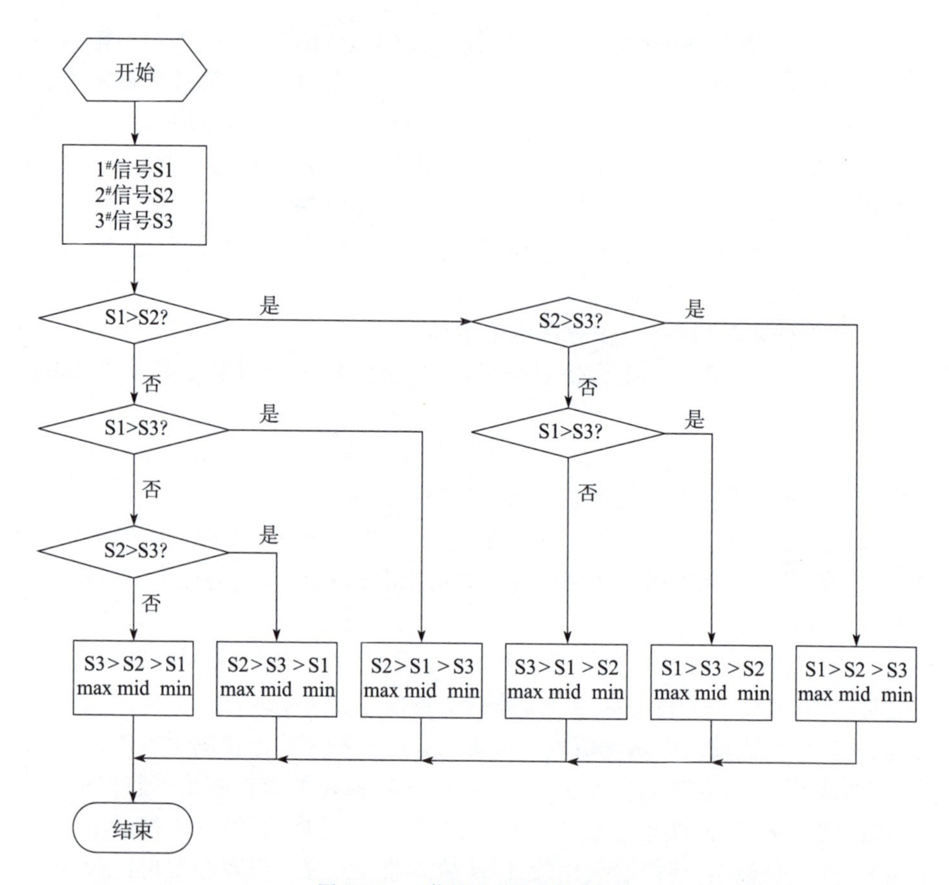

图 6-33 三信号选中排序算法框图

列和)范数,进行四信号故障的范数监控(参见 2.9.2 节)。可以将矩阵行和范数或者列和范数,根据计算机 0/1 二进制特点,转化成二进制位按字节位设计的故障特征值,利用汇编语言变址寻址的散转分支,或者 C 语言 Switch Case 多分支选择,将极大地提高编程与程序执行效率。

8. 四信号矩阵监控

四信号矩阵监控是依据 2.9 节的矩阵理论,设计的矩阵监控算法,具体实现是针对飞控系统余度管理的故障监控,采用多数表决原则的概念定义,即在四余度信号中,有 3 个余度通道的信号与某通道的信号比较都超差,就认为该通道故障。如果 4 个信号中,有两个通道信号离得近(比较未超差),另外两个通道信号离得近(比较未超差),但这两对之间离得远(比较超差),则将这种故障定义为 2 : 2 不确定故障。矩阵监控的详细算法见 2.9.3 节及 2.9.4 节。

需要特别说明的是,无论是排序监控、降阶排序监控还是范数监控、矩阵监控,其结果都是一样的,监控器一旦判定确定是哪一种故障模式,这时增加该模式故障计数器,同时刷新清除其他模式故障计数器,保证故障时延的连续性。

9. 三信号排序监控

三余度信号,是指当4个余度的信号发生过一次永久故障,由四余度降级为三余度,或者某些信号本身配置就是三余度的情况。

三余度信号监控算法为:从三余度信号中选中值作为基准,如果非中值信号与中值之差在监控门限之内,则该非中值信号为正常;否则,该非中值信号为故障;若两个非中值信号均与中值之差均超出门限,则形成1:1:1形式的奇异故障,这时需参考2.4.3节的变化量记忆与余度重构判据,或者访问该信号自监控ilm,进行余度管理。

10. 三信号范数监控

根据故障的量化定义,按照其行和范数或者列和范数对故障的定量定义,如果其范数值为2就是故障,否则是正常的。进而把行和范数或者列和范数为2的信号通道,转化成二进制字节对应位置“1”,这个字节所对应的十进制数值就是三信号余度通道的故障特征值,利用汇编语言变址寻址的散转分支,或者C语言 Switch Case 多分支选择,进行三信号故障的范数监控。

11. 三信号矩阵监控

在三信号矩阵监控理论基础上的三信号矩阵监控(详见2.9.8节),利用“(1#、2#)通道信号差、(1#、3#)通道信号差和(2#、3#)通道信号差”与门限比较结果的监控矩阵,把其矩阵元素对应设置到监控字节的D0位、D1位、D2位,按其故障特征值实现三信号矩阵监控。

12. 二信号监控

二余度信号,是指当四余度模拟信号发生过二次永久性故障,或三余度模拟信号发生过一次永久性故障,或该信号本身就是二余度配置。

二余度信号的监控算法为:两信号直接求差,并与监控门限比较,若其差超出门限,则根据奇异故障的变化量记忆判据、余度重构或访问自监控ilm,确定两信号的故障情况,具体参见2.7.3节。

13. 四信号表决器

四信号有效时,四信号表决值是次大、次小值的均值,或者基于次大、次小变化率的加权平均,具体算法参见2.10.1节。

14. 三信号表决器

当四余度信号发生一次故障或者其本身配置就是三余度信号,三信号有效时,三信号表决值是三信号的中值。

15. 二信号表决器

当四余度信号发生两次故障,或者三余度信号发生一次故障,或者其本身配置就是两余度时,二信号有效时,二信号表决值是两个信号的均值,或者基于两信号变化率的加权平均,具体算法参见 2.10.5 节。

16. 离散信号余度管理

对于仅有“1/0”两态性的离散输入信号,其监控方法是从离散输入口读取多余度配置的余度信号,多数表决监控,与离散输入表决器输出一致者判为正常;否则判为故障。

17. 故障安全值设计

当模拟量余度通道全部失效,离散量余度通道全部失效,或呈现出确定的奇异故障状态时,为了最大限度地减小故障可能带来的影响,此时,相应表决器应输出预先设定的故障安全值。

对于离散信号,它的两态性决定了选用全同一致或多数表决算法最为适宜。多数是“0/1”,表决器即选择“0/1”;而对于 2∶2 偶数分离的情况,应根据系统需求,选用使系统处于安全状态的表决器输出:故障安全值。

18. 故障综合与申报

故障综合与申报,用于系统故障状态的处理,并在座舱显示装置上,进行相应的申报(状态和咨询信息),以使驾驶员及时了解系统的状态。

故障综合是把计算机、传感器、离散开关量、伺服作动器等子系统的故障情况,根据系统设计原则,综合出系统最高报警信息。对重要的、影响系统安全的物理信息量如实申报;对于对飞行安全影响较小的信息量,亦可合理地隐瞒申报。故障申报采用累进原则,即一旦某一等级的申报已经发生,比此等级低的故障显示也应申报。表 6-5 给出了一种可能的告警方式举例。

表 6-5　故障综合逻辑

序号	部件名称	正常工作状态 (状态Ⅰ)	一次故障 (状态Ⅱ)	二次故障 (状态Ⅲ)	三次故障 (状态Ⅳ)
1	飞行控制计算机	0	1	2/2∶2	3
2	俯仰速率陀螺	0	1	2	3
3	横滚速率陀螺	0	1	2	3
4	偏航速率陀螺	0	1	2	3
5	俯仰杆指令	0	1	2	3
6	横滚杆指令	0	1	2	3

续表

序号	部件名称	正常工作状态（状态Ⅰ）	一次故障（状态Ⅱ）	二次故障（状态Ⅲ）	三次故障（状态Ⅳ）
7	脚蹬位移指令	0	1	2/3	—
8	法向过载	0	1	2	3
9	侧向过载	0	1	2/3	—
10	直接力指令	0	1/2/3	—	—
11	迎角	0	1	2/3	—
12	动/静压	0	1	2/3	—
13	平尾作动器	0	1	2	3
14	副翼作动器	0	1	2	3
15	襟翼作动器	0	1	2	—
16	方向舵作动器	0	1	2	—
17	起落架收放开关	0	1/2	2：2/3	—
18	机轮承载开关	0	1/2	2：2/3	—
19	D/E 转换开关	0	1/2/3	—	—
20	人工故障恢复开关	0	1/2/3	—	—
21	重心选择开关	0	1/2	2：2/3	—
22	襟翼收放开关	0	1/2	2：2/3	—

注：表格中的数字定义为：0—无故障，1—一次故障，2—二次故障，3—三次故障。

6.4.3 飞控系统软件仿真

飞行控制系统软件是一种嵌入式多余度实时控制机载飞行软件。在工程实践中，软件和硬件是并行开发研制，同时开始同时结束。这一特点要求在系统顶层设计阶段，应同时对软件、硬件提出设计需求，并以此作为设计开发基线，进行嵌入式机载软件开发。为了提高软件设计的可靠性，软件开发必须遵守软件工程化设计技术的一系列规范，按照需求分析、概要设计、详细设计、编码测试、软件综合、软/硬件综合等工作流程完成软件开发，实现系统设计要求。

因为软件、硬件是在同一规范约束下协同工作的，所以，软件编码完成后的软件仿真测试，通常需要建立一套虚拟目标机的仿真环境。虚拟仿真环境的交联关系如图6-34所示。

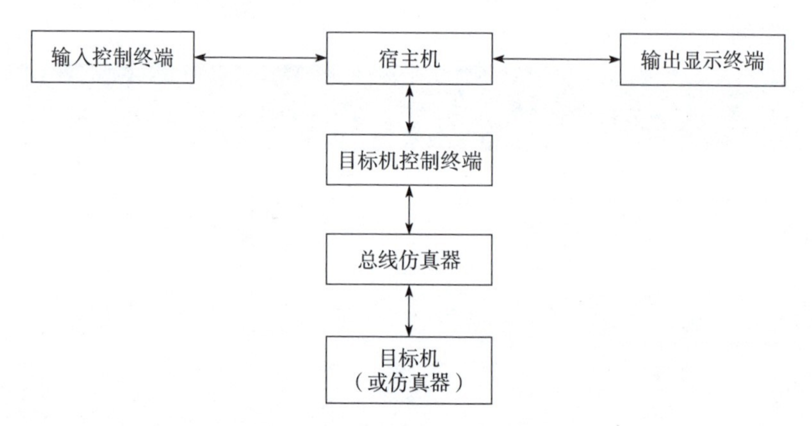

图 6-34 虚拟仿真环境的交联关系

飞控软件仿真环境的配置结构是:用一台 PC 机作为飞机模型仿真机,运行小扰动方程或六自由度全量方程、传感器模型、作动器模型;目标机仿真器运行机载实时控制软件;再用一台 PC 机作为飞行状态,逻辑条件、总线仿真器控制计算机,用来设置飞行状态、状态参数、模拟飞行控制系统总线通信。仿真测试环境配置结构如图 6-35 所示。

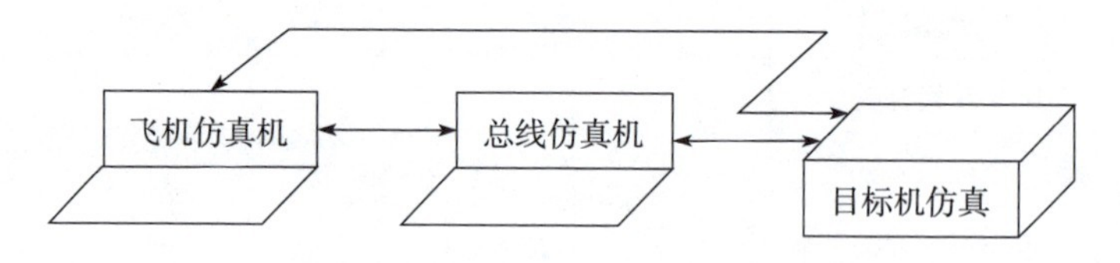

图 6-35 仿真测试环境配置结构

各计算机承担的功能任务如下。

(1) 飞机模型仿真机。实现包括飞机运动方程、传感器模型、伺服作动器模型在内的数学运算。

(2) 总线仿真计算机。429 总线通信,完成惯导系统、大气数据系统与飞行控制计算机之间的信息交换;1553B 总线:完成航空电子系统、雷达、遥测设备与飞行控制计算机之间的信息交换;完成飞行状态参数与飞机仿真机参数之间的双向通信;飞行状态选择,通过人-机交互对话的系统操作界面,用来选择系统仿真运行的工作模式(如起飞/着陆控制律、空中控制律、自动驾驶仪模态、直接力模态),以及用于设置余度管理功能判定的故障,启动故障恢复功能,为飞机设置风干扰等。

(3) 目标机仿真器。目标机仿真器是一个和机载目标机具有相同 CPU 及存储器、总线控制器、接口电路等,并可实时全代码运行机载目标代码程序的一台计算机。该计算机可以不具备模拟量、离散量输入/出接口,所需的模拟量、离散量信号由飞机仿真机或总线仿真器提供。

一般来说,用户常常以此方式构成机载软件的动态实时仿真开发环境,作为软件仿真测试平台,进行设计软件的仿真。当然,这里的宿主机、终端可以是 VAX 机,仿真器可以是专用目标机仿真器;宿主机、终端、仿真器也可以是 PC 机。后一种情况通常要通过计算机联网,为了尽量接近实际情况,目标机应是与装机飞控计算机产品类型、特性一致的嵌入式计算机。

6.5 安全性设计

飞控系统是飞行安全关键系统,现在的飞行事故除发动机外第一个想到的就是飞控系统,即使实际情况不是飞控系统问题,飞控系统也必须从信号处理逻辑的流程关系上,分析定位是哪个环节信号处理出现了问题。因此,飞控系统安全性设计关系到飞机能否安全可靠地完成任务,是保证飞机飞行不出事故的关键系统,其安全性设计必须细致周到、万无一失。从技术角度上说:飞控系统的分布式系统架构克服集中式控制单点故障的缺陷、非相似余度消除相似余度的软件共模故障、余度体系架构及余度管理、计算机通道故障逻辑剔除故障通道参与系统运算,多智能节点的资源重构、模拟备份系统和数字备份系统重构,稳健统计推断的中位数计算与表决、信号的均衡与滤波、控制律设计的过载/迎角边界限制、比例尺标定、增益分配、限幅器、淡化器、动态调参和控制律重构,伺服作动系统的故障回中、舵机故障重构,软件的结构化设计、单入口/单出口的非必要不使用 GOTO 语句、尽可能避免除法运算、溢出保护和溢出处理、非法数及非法指令中断、解析余度和故障安全值等,这些都是飞控系统安全性设计内容。

数字飞行控制软件是实现飞行控制系统功能的核心,其安全可靠性、正确健壮性直接影响着系统功能的实现、任务的完成和飞机的飞行安全。对此,系统设计师和软件工程师必须给予相应的安全性设计,并把安全性设计方案落实到软件程序代码中,确保数字飞控系统的安全可靠性满足系统设计规范要求。

数字飞控系统的安全性设计,在体系架构、功能原理、数据结构、算法优化、模态逻辑、重构策略等方面,可以参考本书各章节的设计思想和方案方法。对于数字计算机的操作系统、应用软件的数字运算与管理的安全性设计,重点可从以下几个方面考虑:平衡堆栈、溢出保护、限幅器、淡化器、比例因子选择、看门狗中断、存储器空地址代码填写、掉电处理、恢复管理、软件重构等,都是为保证飞行控制软件安全运行而设计的技术保护及处理措施。

6.5.1 操作系统的安全保护

操作系统直接关系到飞行控制系统运行功能的调度控制,是应用软件的指挥管理中心。因此,只有从技术上保证操作系统安全有效,才能保证飞行控制系统功能的正确实现。

1. 堆栈平衡

在实时调度程序的开始,为保证软件的安全运行,应写一段初始化堆栈程序,以防程序调度过程中,由于程序嵌套调用太多或者在规定时间内未完成系统规定任务,被多次中断并发生堆栈溢出。在进入中断服务程序时,需进行压栈保护所有临时使用的寄存器,在退出中断服务程序前,弹栈弹出所有压入堆栈时的寄存器值,以便中断服务程序执行完毕后,被挂起的程序无缝衔接,继续执行。

2. 中断矢量控制

计算机出现未知中断或系统不希望发生的中断,是导致系统灾难性故障的祸根,所以对中断矢量的管理,必须认真谨慎。飞行控制软件经常使用的中断,一般是定时、溢出和非法 3 种中断。因此,实际工程应用中,可以设计一个非预期的中断服务程序,在除去定时、溢出和非法中断矢量表外的其他中断矢量表中,填写"该非预期中断服务程序入口地址",同时,通过软件指令禁止其他中断,仅开放"定时、溢出和非法"中断。确保当发生飞控系统不希望的中断时,飞控软件能够登记非预期中断标志,中断返回后执行飞控系统任务。

6.5.2 溢出保护与溢出处理

1. 溢出保护

溢出保护是计算机在进行加、减、乘、除等指令运算时,根据系统设计参数的最大量程,参与运算的参数及运算结果不能超出计算机所能表示的最大范围(如 16 位计算机数值表示范围:[-32768,+32767])。所以,根据运算操作和参与运算的参数最大或最小量程特性,运算前进行比例尺标定、限幅,防止除法分母太小或者为 0 等保护性措施,防止出现溢出事件;另外,如果发现除法分母为 0 的除 0,计算机通常触发一个"除 0 中断"。实际应用中为了减少或者尽可能地不用"除法",常常使用乘法来替代除法,如求两个信号的均值,可以把$(s_1+s_2)/2$写成$0.5s_1+0.5s_2$,看似结构形式上小小的变化,却有效地预防了加法、除法运算溢出及除 0 中断的产生。

在有溢出保护的地方,计算机指令运行结束后进入下一个环节指令运算前,根据需要决策是否恢复上一次运算前参数的当量关系和比例尺,该比例尺有前向调整和后向恢复的考虑,以保证后续运算比例关系协调正确,满足系统控制功能、性能和精度等系统规范要求。

2. 溢出处理

一般计算机加、减、乘、除运算,如果发生计算溢出 CPU 会触发一个"异常或者例外中断”,从系统应用的要求上说,无论是加、减、乘、除哪种运算的溢出结果,都应该统一存放到一个结果寄存器,这样溢出中断服务程序,根据系统要求仅对这个结果寄存器重新赋值(系统确定的安全值),这就是溢出处理。

然而,这就要求进行加、减、乘、除运算时使用规定的寄存器,结果寄存器必须使用同一个指定寄存器,这样增加了应用软件设计的复杂性并很大程度影响指令运算效率。所以,通常计算机加、减、乘、除运算溢出统一触发一个相同的CPU异常中断,设计上并不知道加、减、乘、除哪个溢出了,要想知道哪个运算溢出,就得在机载程序代码的所有运算操作指令下,插装一段判断识别代码,实际上这样做难度很大;通常如果发生溢出,并不知道是哪个运算操作发生了溢出,就谈不上溢出处理。一种可行的溢出处理策略是:根据系统设计方案的运算估计,在最大可能溢出的地方运算前,通过限幅或比例尺标定等进行溢出保护;运算指令执行后判断溢出标志位,如果有溢出按系统设计策略就实施溢出处理。

在工程实际中溢出保护很重要,就是从设计上尽可能地加强预防保护,最大可能地不发生溢出。一旦发生溢出,实际的情况是在异常中断服务程序,登记溢出中断标志,记录溢出发生的位置,中断返回,结束溢出中断处理。如果溢出信号有重构方案,则可以对溢出信号进行溢出重构处理。

3. 溢出处理案例

机载软件往往都采用高级语言(如C语言)与汇编语言(Power PC755、1750A,80X86、TMS320/31等)混合编程方式实现。而汇编语言一般都使用定点运算,因此在计算机进行加,减、乘、除四则运算时,要认真仔细地分析,在每个可能发生溢出的地方,实施溢出保护。溢出处理的逻辑流程如图6-36所示。

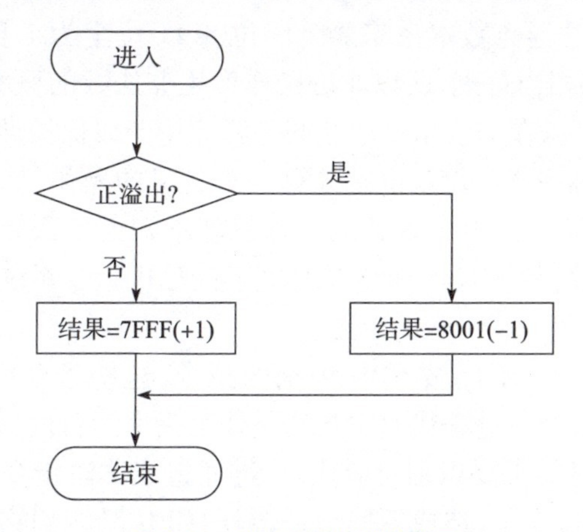

图6-36 溢出处理的逻辑流程

溢出有两种形式,即正溢出或负溢出。既然是溢出,肯定是计算结果发生了符号上的“相反”。所以,可根据系统安全性要求,设计不同综合点、环节点溢出的结果处理,通常对于数值范围在[-1,1]的定点运算,在输出点的溢出处理结果是:正溢出送“-1”作为计算结果,负溢出送“+1”作为计算结果。

6.5.3 非法数及非法指令

程序运行中遇到 Inf(Infinite)超出浮点数的表示范围(溢出,即阶码部分超过其能表示的最大值),例如:float y[5]={log(0.0),1.0/1.0e-50,exp(1000.0),2.0*FLT_MAX,FLT_MAX*FLT_MAX},该变量与其他浮点数进行比较运算或其他运算时,就如同数学中的无穷数一样。而非法数 Nan 一般是因为对浮点数进行了未定义的操作,如对-1 开方、对-1 求对数等。关于浮点未定义的操作 Nan(Not a number),可以参考下面例子理解。例如,在 intel80486 系统中,浮点数使用 IEEE 754 标准,单精度 32 位浮点数表示方式是最高位符号位、紧接着次 8 位为阶码位、后 23 位为尾数位,如果阶码位(D23-D30 位)全为 1 且尾数位(D0-D22 位)不全为 0,就是单精度非法数 Nan 。双精度 64 位浮点数表示方式是最高位符号位、紧接着次 11 位为阶码位、后 52 位为尾数位,同样如果阶码位(D52-D62 位)全为 1 且尾数位(D0-D51 位)不全为 0,就是双精度非法数 Nan 。再如,float y[5]={sqrt(-1.0),acos(1.0006),asin(-1.001),pow(-1,0.25),log(-1.0)};同样,0.0/0.0、0.0*inf、inf/inf、inf-inf 等,这些操作也会得到非法数 Nan。在程序处理中,得到 Inf 时查看是否有溢出或者除 0,得到 Nan 时查看是否有非法操作。出于安全性设计的考虑,一般对于参与系统运算的参数或变量都有保护性设计,如限制分母太小做除法,比例尺标定防溢出等;而单/双精度非法浮点数本身需要阶码位 8/11 位全为 1 且 23/52 位尾数位不全为 0,这个条件相当苛刻,所以非法操作产生非法数的概率远高于数值本身是非法数的概率,可以在非法指令中断服务程序中予以保护性处理。

对于定点数和整型数而言,也有计算机未定义的操作,如 16 位计算机的正 0(0000)和负 0(8000),这两个数相减计算机就不知道怎么减,其结果可能是溢出,也可能是非法数,具体是什么结果取决于计算机指令系统及编译器规范、芯片协议的具体设计。

某个进程中某一句不能被 CPU 识别的指令,这些指令可能是一些形式错误、未知或者特权指令。进程代码中数据是作为指令运行的,如果不小心代码段被错误覆盖,CPU 可能无法识别对应代码,进而造成非法指令 Illegal Instruction;如果堆栈不小心被覆盖了,造成返回地址错误,CPU 跳转到错误地址,执行没有意义的内存数据,则同样造成非法指令结果。

计算机指令系统应该具有识别非法数及非法指令的能力,根据指令系统与系统运算物理量的设计定义,不在定义范围的运算参数和操作指令就是非法数或非法指令,原则上计算机会触发一个非法中断。根据系统安全性设计要求,在非法中断服务程序中进行相应处理,如果是非法数,该运算结果应该保持上一拍的值。这就需要仔细分析非法数出现的时机和位置,在可能出现非法数运算的地方,记录上周期参与该运算的参数及其结果;通过判断非法中断具体的状态标志位,识别是不是非法数,根据中断点的位置确定使用"该运算"上一拍的参数运算或保持上一拍运算结果;这种情况需要记录所有运算变量上一拍值,数据变量的存储加倍。事实上使用上一拍参数参与运算的功能几乎无法实现,因为根本就不知道中断点所在位置参与运算的参数是什么。在汇编语言或机器码程序中,非法中断是解决非法指令或非法数问题的根本方法,无论是非法数还是非法指令,根据系统需求设计 CPUV 状态标志,运算结果寄存器内容不向数据变量赋值,中断返回执行下一条指令,不执行中断点的当前运算,就做到了保持上一拍运算结果。

大家知道,现在飞控软件基本上都是 C 语言编程,在计算机上执行 C 语言程序需要经过预处理、编译、汇编、链接和运行等环节,预处理器根据字符#开头的命令,修改 C 语言程序;编译器将 C 语言程序翻译成汇编语言程序;汇编器将汇编程序翻译成机器码指令,形成目标文件 obj;链接器处理合并目标代码,生成可执行代码的目标文件,目标文件被加载到内存中,由操作系统管理执行。

简单地说,就是 C 程序要经过编译器编译变成机器代码,控制硬件执行相应的逻辑算法。所以,除 0 中断或者非法中断的处理方案,要看具体计算机触发中断前后的机器码程序,如果机器码程序的算法策略是先检查分母是不是 0 或者是不是非法数、非法指令等,没有生成运算结果,C 语言程序的数据变量没有被赋值刷新,中断服务程序中断返回就做到了保持上一拍值。否则,当计算机触发中断时已形成运算结果,中断返回后结果寄存器会改变数据变量的值,这时,C 语言程序必须记录数据变量的上一拍值,中断服务程序需要设计异常标志,中断返回后,应用程序根据异常标志,确定需要保持上一拍值的参数变量,以使用该参数变量的上一拍值覆盖本拍值,以达到保持上一拍值的目的。

无论如何,在余度系统中只要计算机触发并进入非法中断,就登记非法中断一次瞬态故障,如果连续 N 拍或者超出系统规定的时间门限都进入非法中断,设置本通道 CPU 失效状态,报告非法中断永久故障,通过计算机通道故障逻辑切除该计算机通道,防止故障通道的信号参与其他正常通道的运算,引起故障蔓延。

在多余度数字飞行控制系统中,需要对非法数进行主动保护设计,防止非法数交叉传输到远程通道,参与运算引发飞行安全事故。例如,数据交叉传输前进行非法浮点数 Nan 的识别判断,如果是非法浮点数 Nan,程序不进行发送/接收的交叉传输,利用上一拍数据交叉传输并执行后续程序代码;这种情况下,各通道对同一个浮点数，判断是不是非法数的结果可能出现不一样的情况。四余度通道中的每个通道，判断非法数可能出现的情况是：无非法数（1 种情况）、1 个非法数（4 种情况）、2 个非法数（6 种情况）、3 个非法数（4 种情况）、4 个非法数（1 种情况），共计 16 种情况；4 个通道根据自身判断非法数的情况，极可能出现运行不同非法数个数分支程序的运算，需要考虑 4 个通道程序运算量不一致的差异影响，必须采取措施减小或者消除通道间运算量差异的影响。

在工程应用的实际中，一种简单的非法数主动保护设计方法是：多余度通道的每个通道，只在本通道数据采集的入口对所有输入数据进行非法数判断识别，如果是非法数就不更新该输入数据，该数据保持上一拍值；否则，本周期新的采集数据覆盖该数据变量上一拍值，即更新该输入数据为本拍值。而后按系统控制流程进行余度通道间数据的交叉传输，执行后续模块的运算任务；这样保证了非法数不会传递到本通道后续程序模块，也不会交叉传输到远程通道参与运算，而且余度通道的程序代码执行是一致的，原理上保证了非法数保护的余度通道之间软件安全性处理的一致性。再者对于精度要求不高的余度管理的监控表决，可采用整型变量或者定点运算等，尽可能地防止非法浮点数运算导致系统崩溃性故障，危及飞行安全。

6.5.4 限幅器

限幅器结构参见 6.4.1 节图 6-30，设置限幅器的目的在于：使该运算参量的取值，不超出规定的最大值（上限）与最小值（下限）。其算法是：在规定的区间内，限幅器的输出取输入量的本值；而如果输入量大于最大值或小于最小值，则输出值取限幅值（最大值或最小值）。

6.5.5 淡化器

（1）淡化器结构如图 6-37 所示。

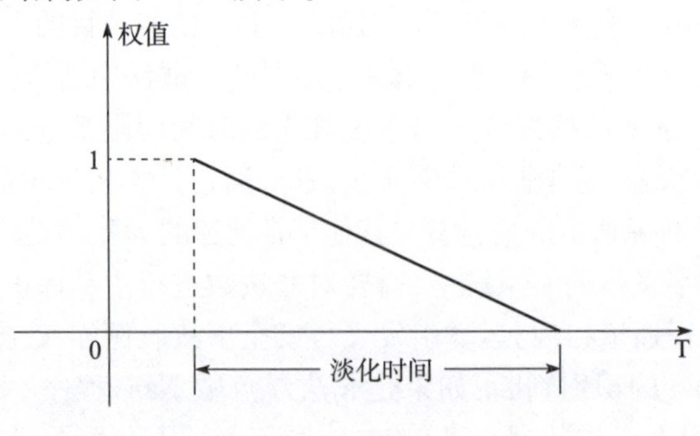

图 6-37 淡化器

(2) 算法。

一种可行的淡化器函数为

$$u=\left(1-\frac{n}{N}\right)u_0+\frac{n}{N}u_n$$

式中:u_0 为转换时刻旧模态指令,在转换过程中为常值;u_n 为当前新模态指令,在淡化过程中为变值,是本周期新模态指令;n 为淡化器启动的时间周期数;N 为淡化器总的时间周期数;u 为淡化输出指令。

设置淡化器的目的在于:抑制控制律模态转换时可能引起转换过程中伺服机构的较大抖跳。淡化器可使转换前原模态指令的加权系数在规定时间内从1衰减到0,同时使转换后新模态指令的加权系数从0渐升至1,完成新旧模态指令控制权的平滑交接。

对于飞行控制系统而言,全动平尾,副翼、方向舵、襟翼等操纵面指令的淡化规则,均可选用上述函数,只是淡化时间因系统要求的不同而异。通常,淡化器也可以采用一个惯性环节来实现,即通过$\frac{1}{Ts+1}$实现模态转换过程的淡化,并可根据淡化时间 $t_s=3T$(5%的稳态误差)来确定惯性环节的时间常数 T。

6.5.6 比例因子选择

控制律离散化标定后,应保持连续系统控制律的传动比不变。由于I/O接口各种信号梯度不同,A/D变换器允许的最大输入值也不同。为保持连续系统的传动比以及在输入信号梯度更改时,不改变离散化后的控制律参数,应当在A/D口之后和离散的控制律之间设置前置调整因子,在离散的控制律和D/A之间设置后置调整因子。在离散化控制律各环节的中间过程,应根据运算的溢出保护及系统的其他要求,设置合适的比例尺。与A/D-D/A一样,这些比例尺也应有前向调整和后向恢复的考虑。

调整因子按下式确定:

$$K=\frac{I_{max}\times10}{VI_{max}\times N_1}$$

式中:I_{max} 为传感器量程;VI_{max} 为A/D输入的最大电压;N_1 为离散化标定的最大值;K 为调整因子。

例如:Wx 传感器量程为±180°/s,A/D最大输入电压7.5V,标定值为200°/s,

所以:$K=\frac{180\times10}{7.5\times200}=1.2$

控制算法各支路的比例因子尽量采用 $2^{\pm n}$,即用2的正负幂来放大或衰减信号幅值,避免由于引入比例因子而增添量化误差。数字信号的比例因子是无量纲的,各环节、各支路配置比例因子 $2^{\pm n}$ 后,应在相应节点配置反比例因子 $2^{\mp n}$,以使各支路增益和传递特性不变。

6.5.7 控制器增益分配

在一般控制系统中,控制器增益往往大于 1。在单位阶跃输入作用下控制器输出有可能进入深饱和段,执行机构将以最大速度跟踪并迅速减小误差,只有在误差信号很小时才进入线性段工作。

在这种情况下,数字控制系统有两种增益分配方式:一是令控制器的增益小于等于 1,而控制器增益的另一部分由模拟放大器实现;二是令控制器的增益大于等于 1,将大于 1 的增益设置在控制器的最后段,并在增益之前设置数字限幅。这样可避免误差信号 $e(k)=1$ 时,数字输出信号 $u(k)$ 溢出。

在飞行控制系统中,控制器增益常常大于 1,而且多数是条件稳定系统。它不允许信号进入饱和段,否则系统等效增益下降,稳定性降低,严重时产生大幅振荡。因此,输入阶跃信号必须通过滞后滤波器进行软化处理,使误差信号保持在较小的状态。

6.5.8 看门狗中断

当计算机某通道因软件故障(如死循环),未在规定的时间复位看门狗,定时器监控器将报故障;或该计算机在空中瞬态掉电(断电),而且这个瞬时时间又超过了看门狗定时器规定的时间,上述两种情况都会引起看门狗中断。这时,为保证飞行安全,最大限度地挽回故障通道,使故障通道的计算机有机会再次与其他通道一起同步工作,需对看门狗中断服务程序谨慎处理。主要的处理策略是:从远程通道复制监控器和表决器参数、通道故障逻辑离散量、控制律各环节参数,重新初始化本通道硬件芯片:定时器、中断控制器、串行通信、并行通信、总线协议,设置伺服器电子控制器必要的状态参数。

其他处理应与系统总体设计者共同讨论,以最大限度保证安全性和减小对系统的影响为目标,制定出本系统的看门狗中断辅助程序方案。

6.5.9 存储器覆盖

一般来说,计算机硬件提供的 EPROM 或 E^2PROM 容量较大,实际运行的代码仅占总容量的 60%~70%。因此,对剩余的 30%~40%存储器,需要填上合适的代码,以确保由于瞬时干扰,程序指针指向该区域时,软件能自动将系统引向正常工作。通常,在芯片出厂时保留的中断矢量表中填写“上电入口地址”,在中断连接地址填写“中断返回”,在其他空地址填写“跳转到程序头”等存储器覆盖即可。如此,可以最大限度地保证飞行安全。

6.6　可重用性设计

6.6.1　标准固件

我国数字电传飞控系统从 20 世纪 70 年代末发展到今天,经历了模拟电传、数模混合电传、数字电传逐步发展的过程,飞控系统技术也发生了颠覆性的巨大变化,目前正在从传统的飞行控制向飞机平台的飞行器管理、智能自主决策与控制方向发展。在功能上从增稳、有限控制增稳到全权全时控制增稳和主动控制的几个发展阶段,期间余度管理、控制律、BIT 和健康管理技术在多个型号的应用中,积累完善不断成熟;其中余度管理表决器/监控器,控制律常用的线性、非线性环节算法,这些设计算法的稳定性、实时性、正确性和可重用性不断提高,而且经过了 40 多年长时间、多种飞机飞行试验的验证,把这些规范标准的算法单元写入硬件芯片,形成飞控协处理器或标准固件,建立飞控系统的片上系统 SOC,即插即用。系统、控制律和软件设计者把精力集中到飞控系统总体架构,有变化的功能部分和工程技术的创新上去,大大节省了飞控系统的运行时间、软件的开发成本,提高了飞控软件的安全可靠性。而且,这些技术成熟度水平高的开源软件免开发、免测试;或者使用高安全飞行关键软件的自动代码生成 SCADE 工具开发的软件,满足国际标准 DO-178B,即这一飞控软件生产方式的创新,改变了传统的软件开发模式,由传统的 V 模型升级为新的 Y 模型,或者部分软件开发的 V/Y 模型。传统的 V 模型如图 6-38 所示,新的 Y 模型如图 6-39 所示。

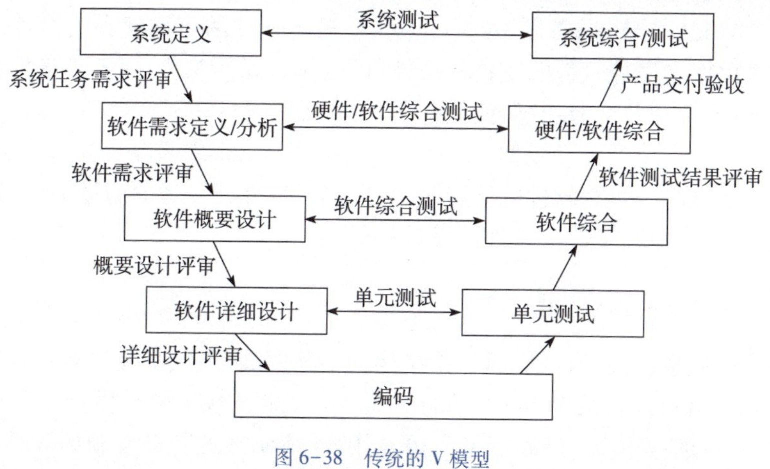

图 6-38　传统的 V 模型

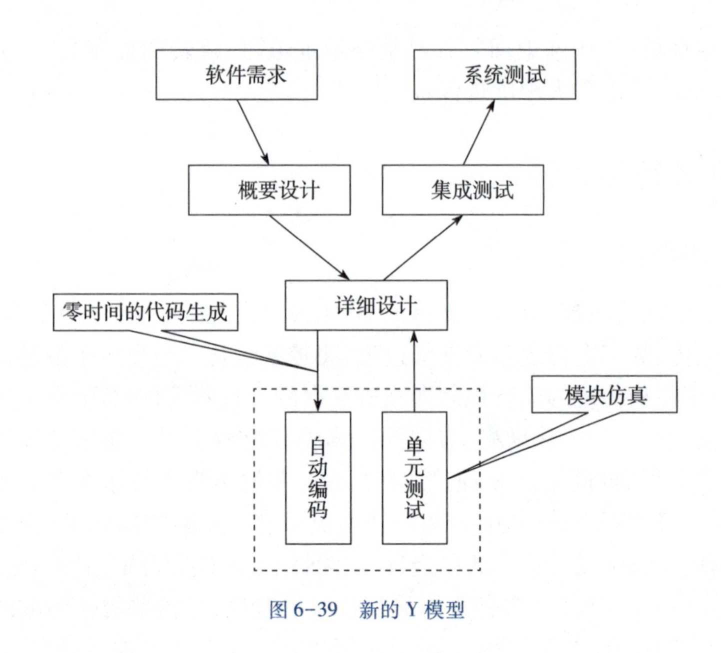

图 6-39 新的 Y 模型

6.6.2 标准库函数

飞控系统软件算法标准库函数的建立,是把经过试验、试飞验证好的算法模块打包封装,形成标准库函数,在飞控系统软件设计中包含引用,与标准固件的差别:仅在于一个是硬件,一个是软件,即思想方法一样,实现的载体不同,所以标准固件有的优点,标准库函数同样拥有。

为提高机载飞控软件的可靠性,有必要将经过试验、试飞验证,证明是正确、简单、省时、省空间的标准软件模块,设计成规范通用的软件模型库,具体参见6.4.1 节和 6.4.2 节,提高代码的可重用性,提高软件的可靠性和安全性。这些模型库可以作为飞控软件的支持标准件,可以作为硬件芯片,嵌入于飞控计算机插件板上,也可以作为标准模型库函数,软件开发时只需要像使用 SCADE 模型一样直接将节点拖到开发模型的节点中,或者像 C 语言库函数一样包含引用,无疑这种做法提高了机载软件的开发效率,减轻了软件开发者的劳动强度,避免了重复劳动,大大提高了飞控软件的设计质量。

6.6.3 软件开发模型

随着飞控系统技术、计算机体系结构的不断发展,飞控系统软件开发从全系统"自顶向下设计、自低向上综合"的 V 模型,过渡到基于图形模型工具的系统开发、免测试的 Y 模型,最终到基于可重用件/库函数的免开发新的 V/Y 模型,新的 V/Y 模型如图 6-40 所示。这种软件开发模型的变化,极大地解放了飞控系统研制的生产力,使飞控系统及软件工程师集中精力解决适应新飞机平台——六代机、舰载机、大飞机、远程战略轰炸机、无人作战飞机、重型直升机、高速直升机、多介质飞行器、跨域飞行器、民机等新布局新构型飞控系统的新功能、总线分布式计算机体系结构和各子系统间接口适配的新问题,提高数字飞控产品的技术成熟度水平。

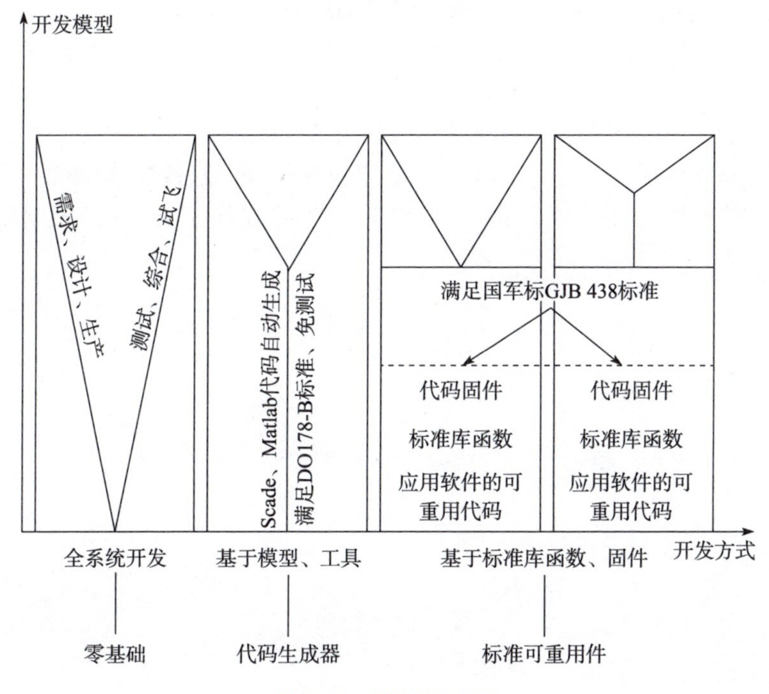

图 6-40 新的 V/Y 模型

数字飞控系统应在以下几方面开展深入研究。

1. 基于串行背板总线的分布式体系结构的多节点资源重构

(1) 串行背板总线使一个通道可以拥有更多通道更多节点信息,余度资源和形式大幅增加。

(2) 一个通道的 VMC 计算机 CPU 故障,只隔离该通道的 CPU,除该通道 CPU 以外的传感器、作动器等节点余度资源不降级。VMC 失效时可以转入 PIU 传感器计算机或 ART 作动器计算机重构。

2. 非相似余度系统的余度管理

(1) 一般的非相似系统结构是:同一种硬件,同一种编程语言,不同的编译器。

(2) 表决/监控点的选取需要慎重考虑,由于每个环节都是由不同的软件代码实现,其通道间的异步度大,选择较多的表决/监控面,消除通道间的不一致性。但表决/监控面太多,运算量大、执行时间长,还需交叉通道数据链传输CCDL,系统开销太大。

3. 标准库函数与固件开发

(1) 监控器标准件:四信号监控器、三信号监控器、二信号监控器、模型监控、同步与同步监控、自适应变门限、故障恢复等。

(2) 表决器标准件:中位数计算、四信号表决器、三信号表决器、二信号表决器。

(3) 线性环节:惯性、洗出、高通、超前/滞后、积分。

(4) 非线性环节:死区、正向二极管、继电特性、间隙、迟滞、限幅。

(5) 信号均衡、积分器均衡、信号滤波、结构陷波器、过载/迎角限制器、增益动态调参等。

第7章 分系统简介

数字电传飞控系统的传感器有质点性质也有非质点性质的信息种类，飞机的位置、高度、三轴速度和过载等传感器具有质点属性；而飞机的姿态、三轴角速度、迎角和侧滑角等传感器具有非质点属性。由于飞机结构是弹性体而非纯刚体，传感器安装在飞机机体结构上敏感飞机各种运动参数，传感器输出包含了飞机结构弹性运动信息，特别是角速率传感器和线加速度传感器，其敏感测量的信息既包括飞机刚体运动信息，又包括飞机结构弹性机体运动信息，这些信息同时传递给控制增稳（CAS）控制律，使电传飞控系统易出现结构模态耦合振荡。

传感器原理和方法不同，同一运动参数使用不同传感器其结果不同。例如，测量飞机高度信号，有惯导、大气机、无线电高度表和 GPS 等多种传感器测量系统。另外，一种传感器可以同时测量多种信息。例如，惯导系统测量参数有经纬度、三轴角速率和三轴加速度，GPS 也有位置和姿态信息；再如，姿态可以被惯导、垂直陀螺和航姿系统测量；速度可以被惯导、GPS 和大气数据系统测量等。因此，在传感器选择时要考虑不同传感器测量原理、方法，在此基础上采取数据融合算法优势互补，信息融合，提高信号动、静态指标品质。

实际系统应用要根据系统静态和动态指标要求，在结构耦合振荡特性、余度配置、余度管理算法、BIT 检测、安装位置、维修性和保障性等方面综合考虑选择合适的传感器。大型飞机一般选用独立的三轴角速率和三轴线加速度传感器，这是由于不同安装位置的要求和 BIT 检测和保障性的要求。小型飞机可以采用集成的惯性测量组件 IMU 或惯导的三轴角速率和三轴加速度信号。

7.1 传感器的指标特性

传感器的基本特性是输入输出关系特性，根据传感器感知测量信号是否随时间变化，其特性分为静态特性和动态特性，不同的传感器结构原理，呈现出不同的特点。传感器所测量的非电量信号是不断变化的，传感器能否将这些非电量变化不失真地变换成相应的电量，取决于传感器的输入-输出特性，这一特性可用静态特性和动态特性来描述。

7.1.1 静态特性

传感器静态特性是指被测量值处于稳态时的输出-输入关系,输入量与输出量之间的关系中不含时间关系,衡量静态特性的重要指标是精度、线性度、灵敏度、迟滞、分辨率、漂移和重复性等。

1. 精度

精度是指测量结果的可信度,是测量中各种误差的综合反映,测量误差越小,传感器精度越高。传感器精度用其量程范围的最大绝对误差与满量程输出之比的百分数表示,其最大绝对误差是在正常工作条件下传感器的测量误差,由系统误差和随机误差两部分组成,用 S 表示传感器的精度、Δ 表示测量范围内最大绝对误差、Y_{FS} 表示满量程输出,精度可表示为

$$S=\frac{\Delta}{Y_{FS}}\times 100\% \tag{7-1}$$

2. 线性度

线性度是指传感器输出量与输入量之间的关系曲线偏离理想直线的程度,线性关系是研究传感器输出-输入关系理想的直线关系。但实际的传感器大多为非线性关系,如不考虑摩擦、迟滞和间隙等非线性因素,传感器的输出与输入关系可用一个多项式表示:

$$y=a_0+a_1x+a_2x^2+\cdots+a_nx^n \tag{7-2}$$

一般的线性特性是:$y=a_0+a_1x$,当 $a_0=0$ 时,$y=a_1x$,这是理想的线性特性,理想线性特性如图 7-1 所示,这时传感器的输出与输入的关系就是 100%的线性的直线关系。在实际使用中,为了标定和数据处理方便,希望把非线性传感器按线性关系处理,为此引入了各种非线性补偿环节,如采用非线性补偿电路或数字软件进行线性化处理,从而使传感器的输出与输入关系逼近线性关系。在工程应用中,也常常选择若干个点(n 个点),施加输入 x_i 测量传感器输出 y_i,计算传感器理想的线性特性输出 $y_i=a_0+a_1x_i$,使得 $\sum_{i=0}^{n}(y_i-(a_0+a_1x_i))^2=\min$,解方程组求 a_0、a_1,这就是最小二乘法曲线的线性拟合。

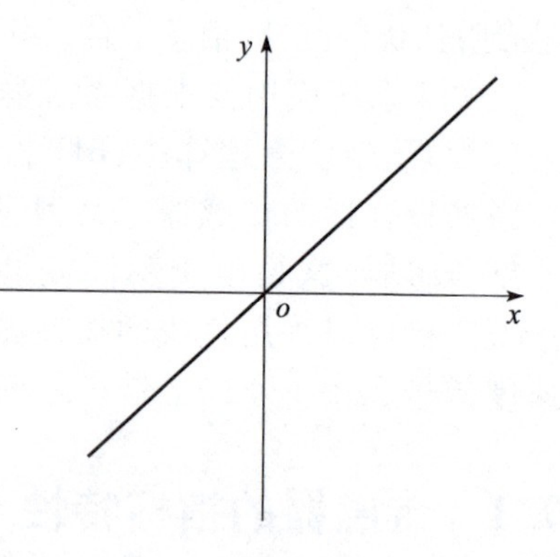

图 7-1 理想线性特性

线性度定义:在一定精度条件下,传感器输出曲线与拟合直线间最大偏差与满量程输出值的百分比,即

$$\delta_L = \frac{\Delta L_{\max}}{y_{FS}} \times 100\% \tag{7-3}$$

3. 灵敏度

灵敏度是指传感器的输出量增量 ΔY 与引起输出量增量变化的输入量增量 ΔX 的比值,即

$$S = \frac{\Delta Y}{\Delta X} \times 100\% \tag{7-4}$$

显然,对于线性传感器来说,它的灵敏度就是其静态特性斜率,而非线性传感器的灵敏度是该传感器输出与输入函数关系的一阶导数。

4. 迟滞

传感器在正(输入量增大)和反(输入量减小)行程期间,其输出-输入特性曲线不重合的现象称为迟滞。也就是说,对于同一大小的输入信号,传感器的正反行程输出信号的大小不相等,迟滞特性如图 7-2 所示。产生这种现象的主要原因是由传感器敏感元件材料的物理性质和机械零部件的缺陷所致。例如,弹性敏感元件的弹性滞后、运动部件的摩擦、传动机构的间隙、紧固件的松动等。迟滞误差可由下式计算:

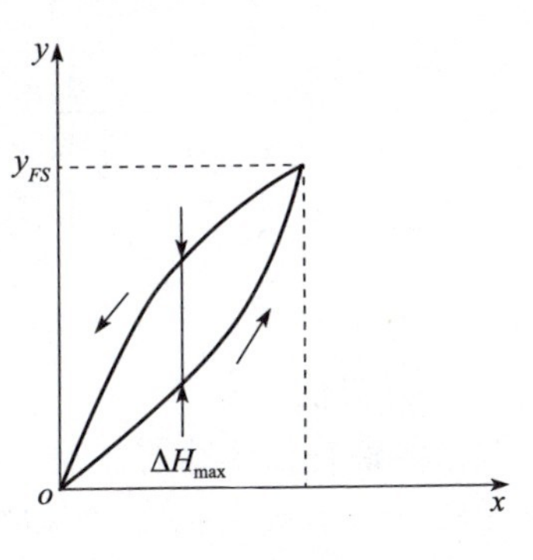

图 7-2　迟滞特性

$$\gamma_H = \pm \frac{1}{2} \frac{\Delta H_{\max}}{y_{FS}} \times 100\% \tag{7-5}$$

式中:$\Delta H_{\max}$ 为正反行程输出值间的最大差值。

5. 分辨率

传感器能检测到被测量参数的最小变化量的能力称为分辨力。对于数字仪表来说,分辨率就是仪表指示数值的最后一位数字,当被测参数值小于分辨率时,数字仪表的最后一位数值不变。对于电位器式传感器,当输入量连续变化时,输出量是阶梯变化的,分辨力就是输出量的每个“阶梯台阶”所代表数值的大小。当分辨力以满量程输出的百分数表示时,称其为分辨率。

6. 漂移

传感器的漂移是指在外界的干扰下,在一定时间间隔内,传感器输出量发生与输入量无关的、不需要的变化。漂移量的大小也是衡量传感器稳定性的

重要性能指标,传感器的漂移有时会导致整个测量或控制系统处于瘫痪,漂移包括零点漂移和灵敏度漂移等,漂移特性如图 7-3 所示。零点漂移和灵敏度漂移又可分为时间漂移和温度漂移。时间漂移是指在规定的条件下,零点或灵敏度随时间缓慢变化;温度漂移则是由环境温度变化引起的零点或灵敏度的漂移。

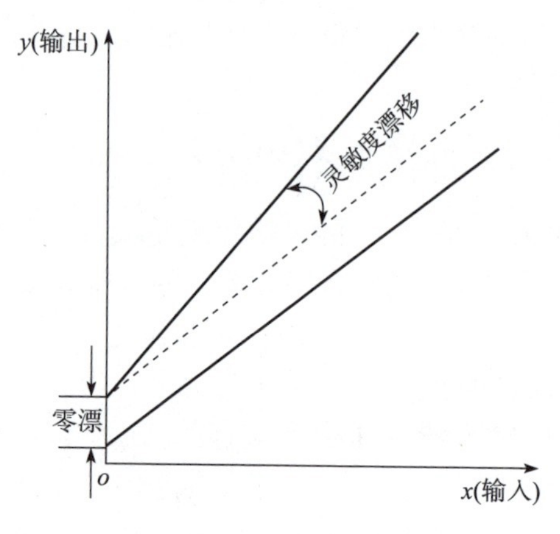

图 7-3　漂移特性

7. 重复性

重复性是指传感器在输入量按同一方向做全量程连续多次变化时,所得特性曲线不一致的程度,各条特性曲线越靠近,说明重复性就越好。图 7-4 所示为输出特性曲线的重复特性,正行程的最大重复性偏差 $\Delta R_{\max1}$,反行程的最大重复性偏差 $\Delta R_{\max2}$。重复性偏差取这两个最大偏差中之较大者为 $\Delta R_{\max}$,再用满量程输出的百分数表示,这就是重复误差。重复性误差属于随机误差,常用标准偏差 σ 表示,也可用正反行程中的最大偏差表示,即

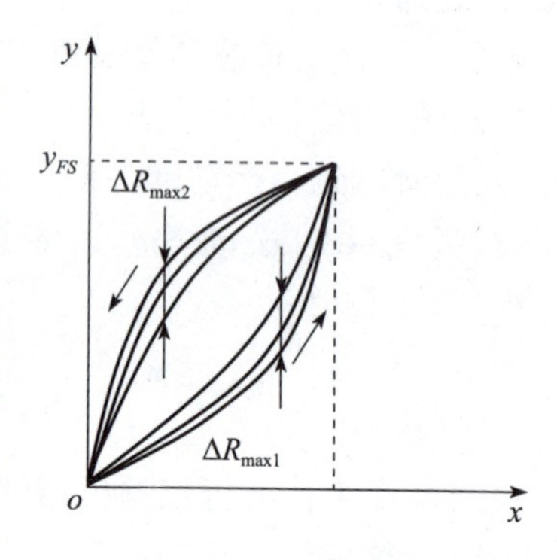

图 7-4　重复性特性

$$\gamma_R = \pm\frac{(2\sim3)\sigma}{Y_{FS}}\times100\% \quad 或 \quad \gamma_R = \pm\frac{\Delta R_{\max}}{Y_{FS}}\times100\% \tag{7-6}$$

7.1.2　动态特性

传感器动态特性是指传感器的输出对输入随时间变化的响应特性。当被测量的物理量随时间变化是时间的函数时,传感器的输出量也是时间的函数,由于

传感器自身存在“惯性”,输出信号与输入信号不会具有相同的时间函数,输出与输入之间随时间的变化关系就表征了传感器的动态特性,输出与输入之间的差异就是所谓的动态误差。动态特性好的传感器,其输出能够快速跟踪输入,动态误差小。

以热电偶测量水温的过程为例说明动态特性的含义:如把一支热电偶从温度为 T_0 环境中迅速插入一个温度为 T 的恒温水槽中(插入时间忽略不计),这时热电偶测量的介质温度从 T_0 突然上升到 T,而热电偶反映出来的温度从 T_0 变化到 T 需要经历一段时间,即有一段过渡过程,这一过渡过程称为动态过程,热电偶反映出来的温度与介质温度的差值称为动态误差。

传感器的动态特性有其固有特性,传感器的动态特性指标通常用时域响应或频域响应特性参数来描述。虽然传感器系统种类和形式有多种,但它们都可简化或等效为一阶或二阶系统特性,因此传感器的动态特性可以通过一阶或二阶系统模型来研究。

在时域内采用传感器的阶跃输入信号的时域响应参数描述其动态特性,常用时间常数 τ、上升时间 t_r、稳定时间 t_s 和超调量 σ 等参数来综合描述,如图 7-5 所示。

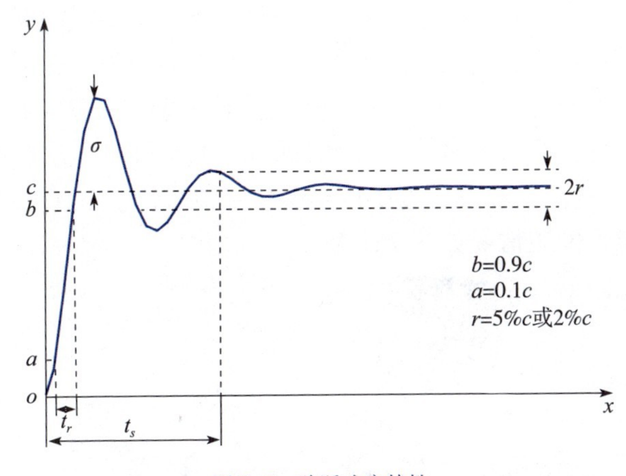

图 7-5 阶跃响应特性

在频域内采用一阶或二阶系统传递函数来描述传感器的动态特性,使用传递函数的幅频特性和相频特性来表征动态特性,常用时间常数 τ(一阶系统)、阻尼比、自然频率和带宽(包括幅值和相位带宽,通常采用幅值带宽作为传感器带宽的要求),工程中一般使用频域指标来规定传感器的动态性能,如图 7-6 所示。

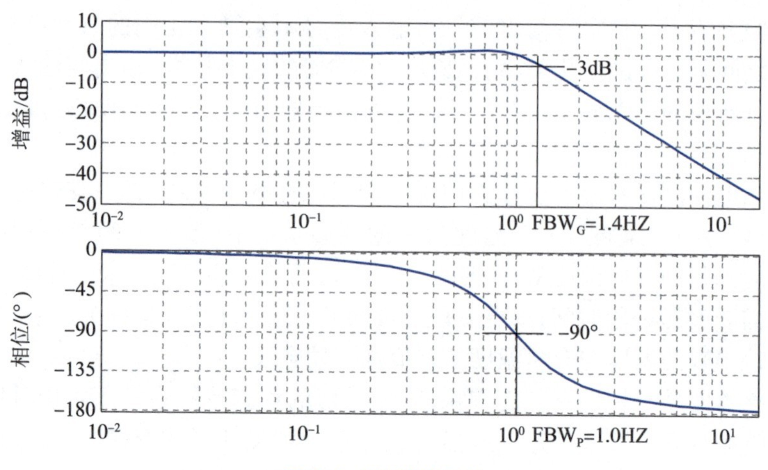

图 7-6 带宽指标定义

7.2 杆位移传感器

在数字电传飞控系统中,驾驶员杆位移传感器用于把驾驶员施加于驾驶杆/盘和脚蹬上的位移指令转换为电信号。由于驾驶员杆位移传感器的结构和工艺实现相对简单,对惯性力和无意识接触不敏感,信号平稳性好,较少出现错误指令,以及安装位置选择灵活等,驾驶员指令传感器一般采用杆位移传感器。

驾驶员杆位移传感器为电传飞控系统的俯仰、滚转和偏航控制提供操纵指令,驾驶员杆位移传感器在飞机驾驶员操纵装置中的位置布局如图 7-7 所示,驾驶员杆位移传感器安装情况如图 7-8 所示。

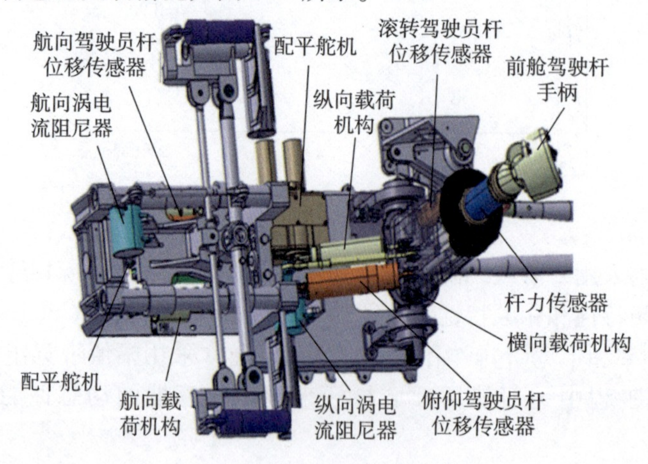

图 7-7 中央杆驾驶员操纵装置

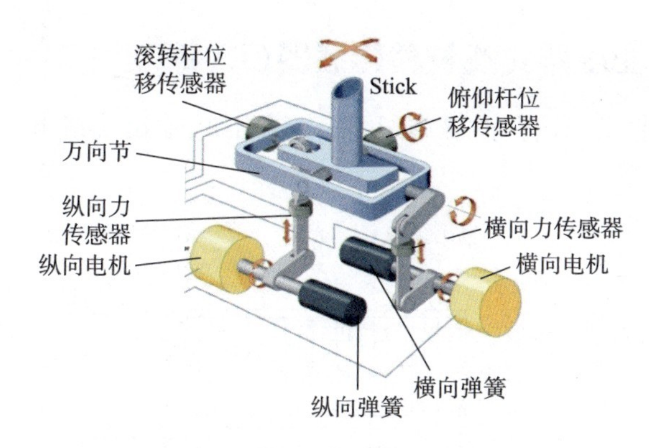

图 7-8 驾驶员杆位移传感器安装情况

驾驶员杆位移传感器大体可以分为直线位移式和旋转位移式两类,当前多采用余度驾驶员杆位移传感器配置,如图 7-9 所示。

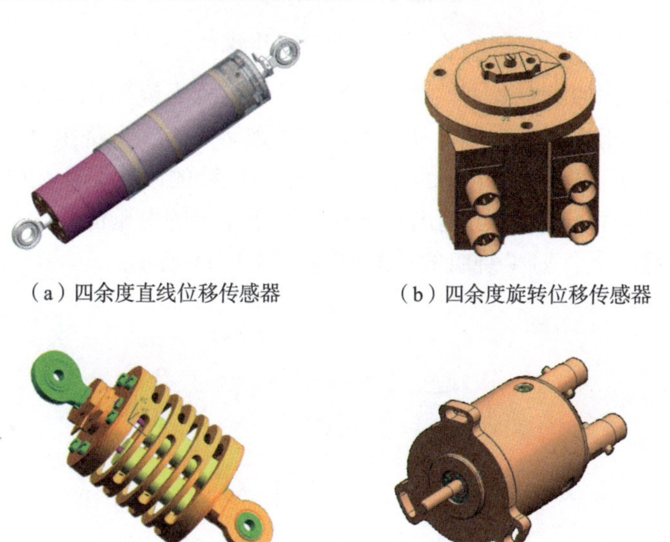

(a) 四余度直线位移传感器　(b) 四余度旋转位移传感器

(c) 双余度驾驶杆力传感器　(d) 双余度变栅距光栅角位移传感器

图 7-9 驾驶员杆位移传感器类型

驾驶员杆位移传感器大多使用差动变压器式位移传感器,差动变压器式位移传感器是一种互感变磁阻式传感器,通过传感器中磁路磁阻的变化,把被测位移转换为传感器绕组的互感变化量,以实现位移的测量。该类传感器具有结构简单、灵敏度高、测量范围广、可靠性高等优点。

7.2.1 差动变压器式线位移传感器(LVDT)

LVDT 由动铁芯、连杆、激磁绕组、输出绕组 A、输出绕组 B 和壳体等组成，如图 7-10 所示。

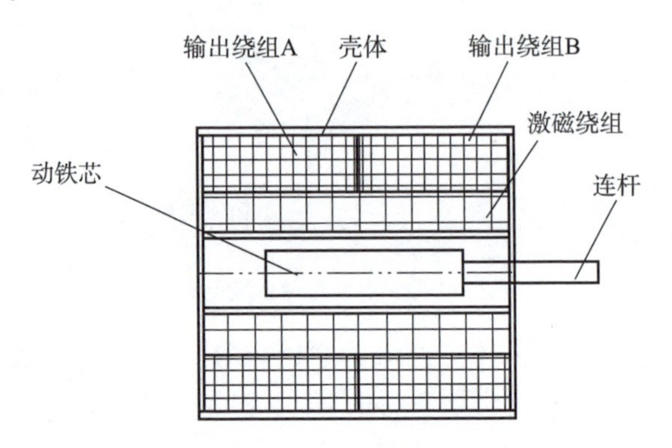

图 7-10 LVDT 结构组成

LVDT 的工作原理是把被测位移量的变化变换为绕组间互感的变化。在 LVDT 的激磁绕组中输入交流电压，两相互对称反接的输出绕组 A 和输出绕组 B 感应出电动势，当输出绕组间的互感因动铁芯位移的改变而变化时，其感应电动势也随之发生相应的变化，输出与直线位移成比例的电压信号。

在理想情况下，LVDT 绕组的等效电路如图 7-11 所示。

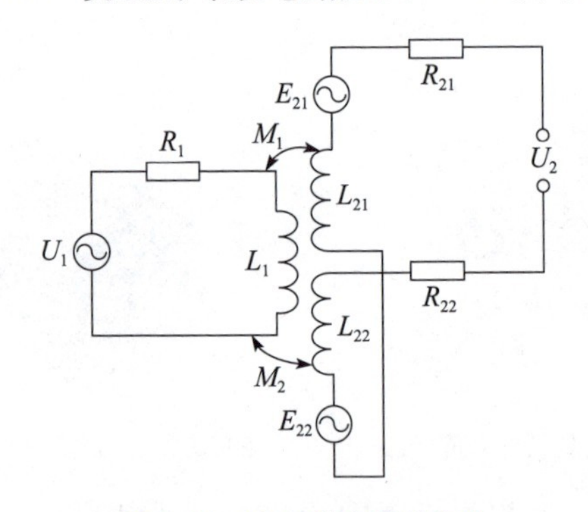

图 7-11 LVDT 绕组等效电路

式中：U_1 为激磁绕组激磁电压；L_1 为激磁绕组自感；R_1 为激磁绕组损耗电阻；M_1、M_2 分别为激磁绕组与两输出绕组之间的互感；L_{21}、L_{22} 分别为两输出绕组自感；E_{21}、E_{22} 分别为两输出绕组感应电势；R_{21}、R_{22} 分别为两输出绕组电阻；U_2 为空载输出电压。

7.2.2 差动变压器式角位移传感器(RVDT)

RVDT 由外壳、定子铁芯、转子、激磁绕组、输出绕组 A 和输出绕组 B 组成,如图 7-12 所示。

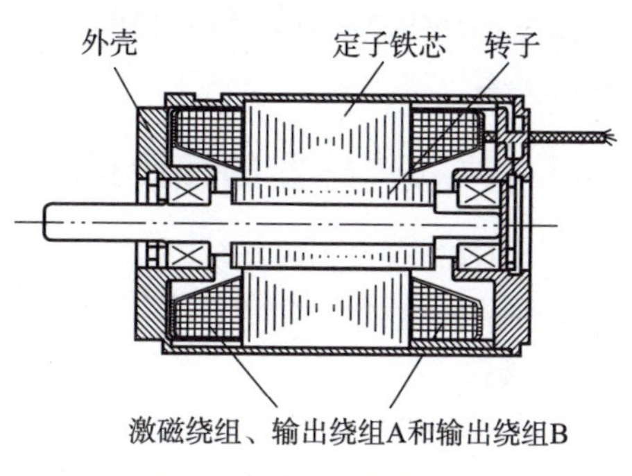

图 7-12 RVDT 结构组成

RVDT 的激磁绕组输入交流电压,在定子铁芯和转子之间的气隙中产生交变磁场。因为激磁绕组和输出绕组 A、输出绕组 B 之间存在互感,并且互感是转子位置的函数,所以在输出绕组 A 和输出绕组 B 中感应出一个与转子旋转角度成比例的电信号。

7.2.3 变栅距光栅位移传感器

面向下一代光传飞行控制系统的需求,已研制出提供驾驶员指令信号的光位移传感器。该传感器是一种新型波长编码位移传感器,利用变栅距光栅对宽带光的带通滤波功能实现位移的波长编码。变栅距光栅位移传感器由光源、变栅距光栅位移传感器本体和传感器信号解调与信号处理单元组成,如图 7-13 所示。

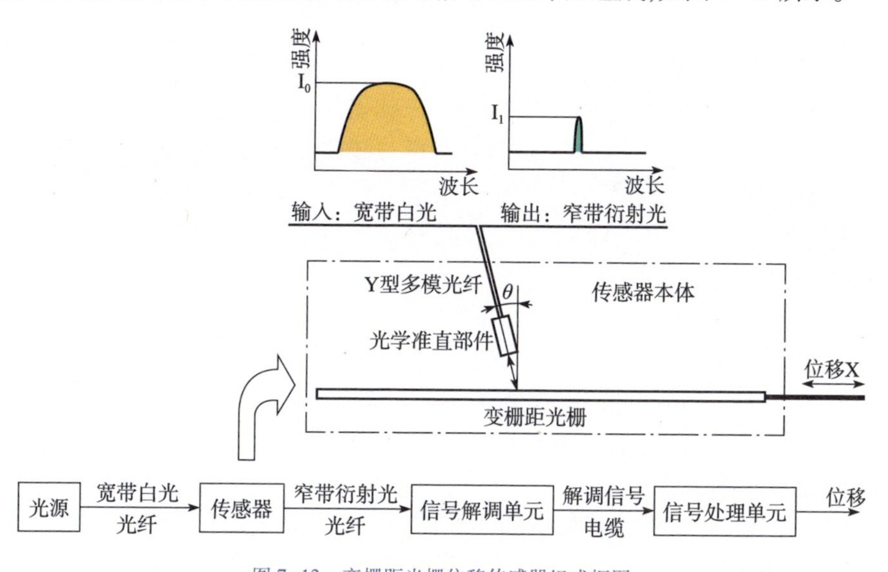

图 7-13 变栅距光栅位移传感器组成框图

宽带白光经 Y 型光纤的一端进入传感器,在传感器内部以恒定的衍射角θ

射向变栅距光栅，光栅窄带衍射光按原光路返回并由波长信号解调单元接收，设传感器的位移量为 x，且栅距 $d(x)$ 随位移量 x 线性变化，由于衍射角 θ 恒定，根据光栅方程 $2d(x)\sin\theta=\lambda(x)$ 可知，输出衍射光的波长 $\lambda(x)$ 与位移量 x 保持线性对应关系。

7.2.4 位移传感器的性能指标

参考 GJB 2349—1995《飞机驾驶员操纵传感器通用规范》，驾驶员杆位移传感器的性能特性如下。

1. 接口

传感器的接口设备是驾驶杆、脚蹬和飞控计算机。传感器的输入、输出关系如图 7-14 所示。

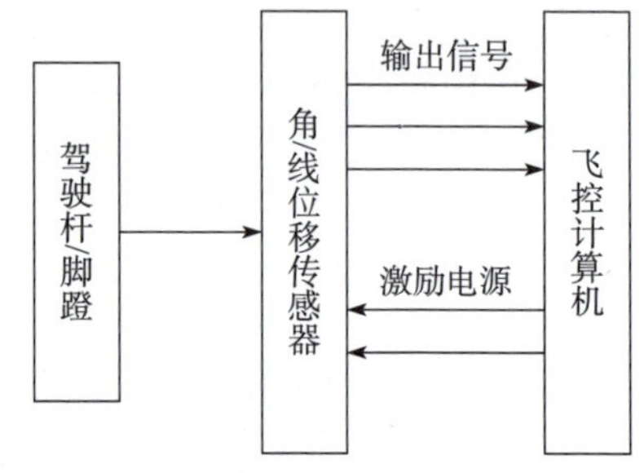

图 7-14 驾驶员杆位移传感器接口框图

2. 比例因子(输出斜率)和误差

传感器在额定激励电压下，单位工作行程或转角的输出电压按详细规范规定，比例因子误差应小于 1%。

3. 线性度

传感器在工作行程范围内，其输出电压应是线性的，线性度在全范围内应小于 0.5%。

4. 零位电压和零位标记

传感器的零位电压应不大于 40mV。传感器的零位应在传感器的壳体和转轴(工作杆)上标有永久的零位标记，并且电气零位和机械零位应基本一致。

5. 相位移

传感器的输出电压与激励电压之间的相位移在全范围内应不大于 8°。

6. 交叉干扰

余度传感器通道间的交叉干扰在全范围内应小于 0.5%。

7. 通道跟踪误差

余度传感器通道间的跟踪误差在室温下全范围内应不大于 1%，在使用温度范围内受温度影响的附加误差不大于 0.7%。

8. 温度影响误差

传感器输出电压受温度影响的误差在全范围内应不大于 0.015%。

9. 和值电压

传感器两相输出电压之和为(8±0.8)V。

针对未来多频率信号互扰的电磁频谱战环境，下一代光传飞行控制系统的发展需求,驾驶员指令信号的光位移传感器,其性能指标如表7-1所示。

表7-1 驾驶员指令光位移传感器性能指标

名称	样机	达到的性能指标
双余度变栅距光栅角位移传感器		(1) 工作行程:±120° (2) 精度:0.15%F.S (3) 分辨率:2′
双余度变栅距光栅线位移传感器		(1) 工作行程:±32mm (2) 精度:0.12%F.S (3) 分辨率:0.01mm
三余度变栅距光栅线位移传感器		(1) 工作行程:±16mm (2) 精度:0.15%F.S (3) 分辨率:0.01mm

驾驶员指令光位移传感器须通过低温、高温、温度冲击、湿热、霉菌、盐雾、振动、冲击、加速度和电磁兼容等环境试验验证。

7.3 主动侧杆

未来作战飞机大机动、高过载座舱的作战使用要求,侧杆应运而生。例如,在20世纪70年代F-16战斗机研制时,为了减小高过载机动飞行时作用在飞行员心脏和大脑血液循环系统的加速度,使飞行员能够承受较大的过载,需要安装高过载座舱,飞行员座椅要向后倾斜45°~65°,中央杆已不再适用,侧杆控制表现出很大的优越性。侧杆控制适用于大机动、高过载跟踪,它可以使仪表板可用面积增加,飞行员观测仪表非常方便;而且操纵方便灵活,使飞行员的臂和肩对俯仰和滚转控制都处于较好的位置,有利于减轻飞行员驾驶疲劳,有良好的应用前景。这些优点在美国F-16飞机力敏感型侧杆控制器已经得到证实,先进战斗机广泛采用侧杆操纵,如F-16、F-22、F-35战机等,民机如空客A320、A380等先进客机也采用了侧杆操纵。对于未来像直接力控制、过失速机动、推力矢量控制等非常规机动,侧杆控制器更为有利,俄罗斯SU-37飞机也应用了侧杆控制。

主动侧杆作为下一代先进飞机的驾驶操纵杆,通过控制电动机构实现对飞行员的动静态力感反馈,结合飞机状态信息,使飞行员在原有视觉感知的基础上增强触觉感知,实现临近飞行边界的触觉提示告警、接近失速状态下自动推杆保护、驾驶员诱发振荡抑制等功能,在增强情景意识的同时,提升飞机操纵的安全性。

除此之外,主动侧杆通过总线数据通信实现双驾驶杆的“电气”联动,解决被动侧杆难以联动的问题，能够实现控制所属权的快速感知及无瞬态的控制权交接，主动侧杆应用示意如图 7-15 所示。

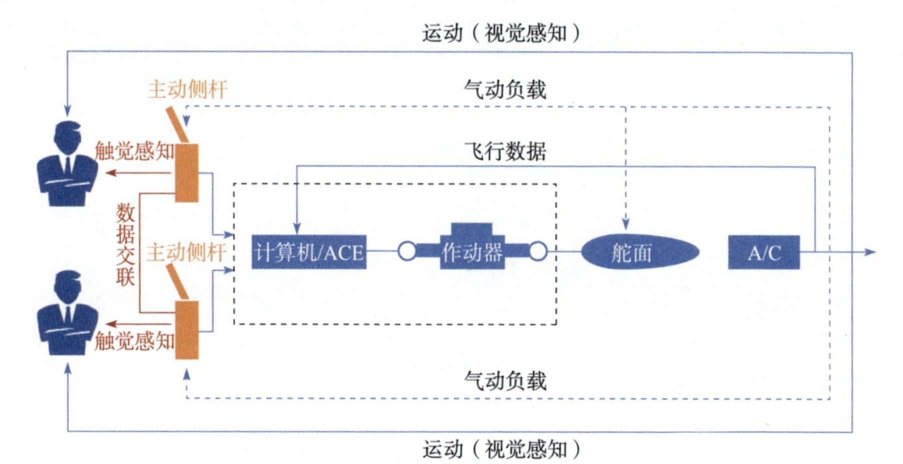

图 7-15 主动侧杆应用示意

与经典的被动侧杆相比，主动侧杆具备的功能更齐全，对飞机操纵的安全性提升具有较大优势，详见表 7-2。

表 7-2 功能对比

序号	功能	被动侧杆	主动侧杆
1	将飞行员的操纵输入反馈至副驾驶——监控能力	不具备	具备
2	自动驾驶接通时的自动驾驶视觉反馈——监控能力	不具备	具备
3	双驾驶输入的触觉反馈——监控和机组态势感知	不具备	具备
4	模拟气动载荷并反馈至飞行员	不具备	具备
5	改善主显示器和导航显示器的视界，不受遮挡	是	是
6	舒适的飞行员工作场所，便于进出	是	是
7	一侧操纵系统物理卡阻后仍有全权控制能力	是	是
8	基于接近飞行边界状态实现不同幅值振杆的可能性	不具备	具备
9	在飞行中实现可变力感、脱开的可能性	不具备	具备
10	实现杆力传感器信号输入到飞行控制律的可能性	不具备	具备
11	在安装、空间、重量方面提高收益	是	是
12	提高现场维护性及故障定位能力	是	是
13	改善因左右操纵互连而带来的培训和机组资源管理	否	是
14	改善侧杆操纵品质	是	是

7.3.1　工作原理

主动侧杆依据杆力传感器测量的飞行员的操纵力对驾驶手柄的位置进行控制。将飞行员施加的操纵力转换为伺服控制器的位置指令,与位移传感器测量的实际位置进行综合,进而转换成电动机构所需的驱动信号,驱动主动侧杆装置的驾驶手柄移动,直到驾驶手柄的实际控制位置等于指令位置。此时,飞行员感知到的返驱力符合当前的“力-位移”特性关系。

主动侧杆能够依据飞行状态实时调节杆力、阻尼等特性,为飞行员提供操纵力感觉,同时将杆位移指令、开关指令传送给飞控计算机,用于飞机的飞行控制,主动侧杆原理框图如图7-16所示。

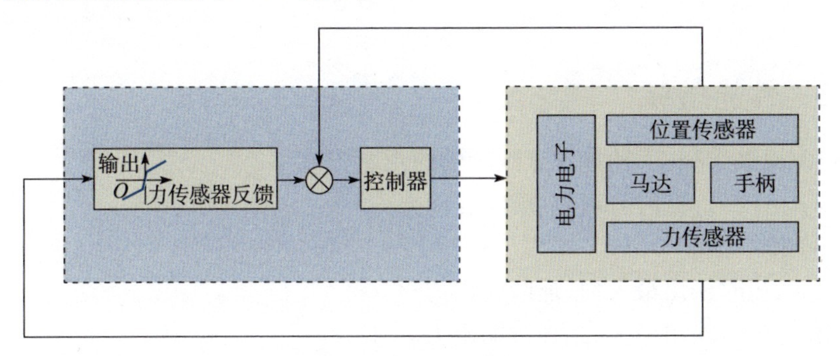

图7-16　主动侧杆原理框图

7.3.2　结构组成

如图7-17所示,主动侧杆由主动侧杆装置和主动侧杆控制器组成。主动侧杆装置由驾驶手柄、杆力传感器、减速器、驱动电机、位移传感器、支撑架等零部件组成。主动侧杆控制器采用层叠结构,由电源板、数字伺服控制板和驱动板等单板组合而成。主动侧杆部件如图7-18所示。

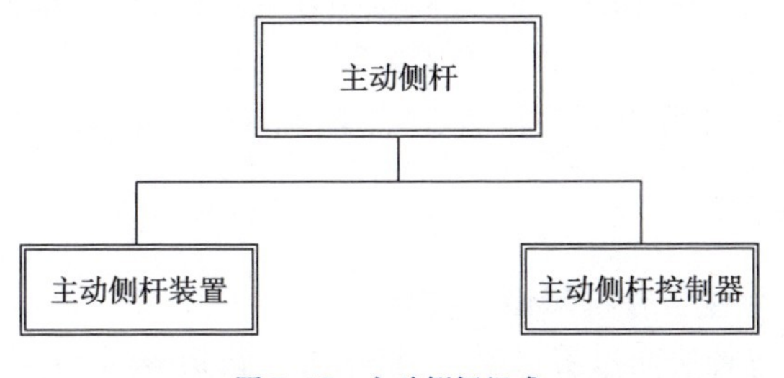

图7-17　主动侧杆组成

（a）主动侧杆

（b）主动侧杆控制器

图 7-18　主动侧杆部件

7.3.3　性能指标

（1）操纵半径：手柄参考点到转轴的距离。

（2）启动力：纵向启动力、横向启动力。

（3）操纵力。

纵向：短时输出最大力、连续输出力；

横向：短时输出最大力、连续输出力。

（4）操纵行程。

纵向：前推、后拉操纵位移；

横向：左压、右压操纵位移。

（5）杆力-杆位移梯度：纵向前推或后拉的杆力-杆位移梯度范围；横向左压或后拉的杆力-杆位移梯度范围。

（6）阻尼比：主动侧杆的阻尼比可调节范围。

（7）双杆联动误差：双杆联动时两个驾驶手柄之间的位置误差。

（8）频率响应：任意操纵方向上主动侧杆空载时，输入幅值为±10%额定行程的正弦指令时，主动侧杆的频率响应≥5Hz。

（9）抖杆频率：主动侧杆抖杆告警时，最大抖杆频率≮20Hz。

7.3.4　关键技术

1. 飞行边界触感告警提示设计技术

当飞机迎角或者法向过载过大，飞机接近飞行边界时，主动侧杆根据获取的飞机状态信息，自动进行高频抖动告警，通过触觉感知提示飞行员安全风险，即将达到失速边界时,自动或及时地进行推杆操纵,避免飞机失速尾旋。

2. 多回路平滑与双杆联动伺服控制算法

传统的伺服作动控制回路仅包含位置和速度回路,主动侧杆的伺服控制除了经典的位置和速度回路,还包含了力和电流回路控制。主动侧杆的伺服控制不仅实现静态稳定精度,而且还满足主动侧杆操纵过程的平滑性、快速性和稳定性,具有良好的操纵品质。

3. 高力矩体积比、低转矩脉动电机设计技术

电机是主动侧杆重要的核心部件,其性能的优劣直接决定着主动侧杆的整体性能。主动侧杆为手感装置,电机输出力矩的平稳性直接决定着驾驶员手感的平滑性、柔顺性,而影响电机输出力矩脉动的重要因素之一为齿槽转矩,有效减小齿槽转矩、提高力矩体积比的电机设计,是影响主动侧杆性能精度的重要因素。

7.4 陀螺仪

陀螺仪是用于测量运动物体相对惯性空间旋转运动参数的装置,飞机转动的角运动定义为俯仰、滚转和偏航三轴转动,因此,陀螺仪常用于测量飞机三自由度转动时的角速率,对应的传感器称为俯仰速率陀螺、滚转和偏航速率陀螺,俯仰角传感器和滚转角传感器称为姿态陀螺。角速率传感器是飞控系统主反馈信号,特别是对于静不稳定或阻尼特性差的飞机,采用角速率反馈信号实现增稳和增阻功能。在高可靠性要求的电传飞控系统中,一般采用四余度角速率陀螺配置,原理上可以从机载惯导系统采集角速率信号供飞控系统使用,但遗憾的是,工程上的惯导系统都是无冗余配置的单套导航系统,为了保证电传飞控系统高可靠性要求,通常选用多余度角速率陀螺作为飞机三轴角速率信号,为控制律解算提供角速率反馈输入信号。

陀螺仪的工作原理是利用陀螺的定轴性与进动性实现对物体转速和转动角度的测量,陀螺的高速自转和进动是陀螺仪工作的基本条件,描述陀螺仪进动性的三个轴可以表示为旋转轴方向为高速旋转转子轴、输入轴方向垂直于转子的转轴、输出轴垂直于旋转轴和输入轴确定的平面,其方向符合右手定则。

陀螺仪分为以经典牛顿力学为基础的陀螺仪(动力调谐陀螺仪)和以非经典力学为基础的陀螺仪(激光陀螺仪、光纤陀螺仪)。如图7-19所示,动力调谐陀螺仪的特点:具有高速旋转的转子,从而具有一定的角动量。激光陀螺仪、光纤陀螺仪的特点:没有高速旋转的转子,但具有感测旋转的功能。

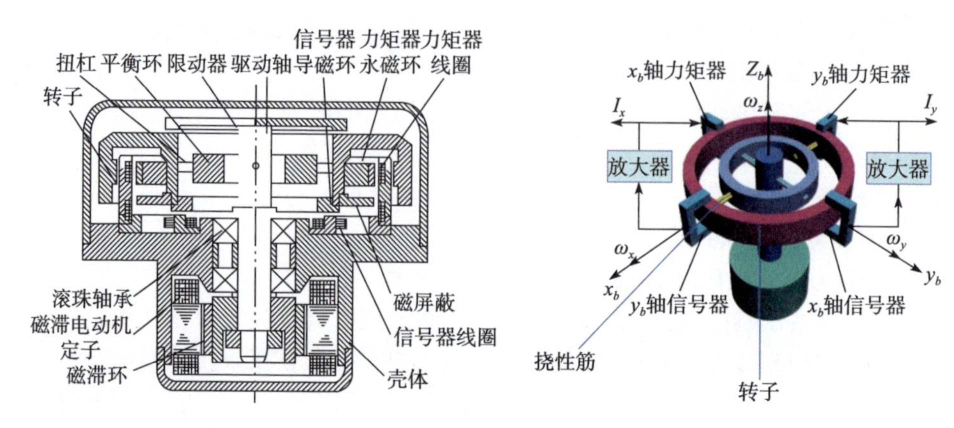

图 7-19　动力调谐陀螺仪

7.4.1　机械式陀螺

7.4.1.1　基本原理

机械式陀螺仪是一种将高速旋转的陀螺安装在支撑装置上，使陀螺主轴在空间具有一个或两个转动自由度的惯性仪表，如图 7-20 所示。利用支撑悬挂装置增加一个或两个自由度制作而成的陀螺仪具有特殊的性质：定轴性和进动性，利用这两个性质根据牛顿定律即可计算出某一方向的角速率。

1. 稳定性

当转子绕其主轴高速旋转时，转动如图 7-20 所示。陀螺仪主轴将在惯性空间保持初始方位不变。这一特性被称为陀螺仪的定轴性。陀螺仪的稳定性还表现在它能抵抗外界的冲击干扰作用。当转子高速旋转，且在陀螺仪上有瞬时脉冲力矩作用时，陀螺仪主轴将在原来位置附近做高频微幅振荡，主轴相对初始位置只有微小偏离。因此，陀螺仪的运动和一般刚体运动相比，具有良好的稳定性。

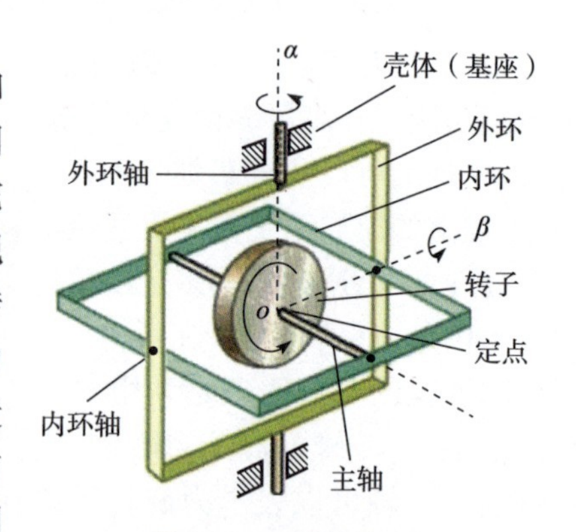

图 7-20　陀螺结构示意

2. 进动性

当转子高速旋转，陀螺仪沿主轴 ox 具有角动量 $\boldsymbol{H}$ 后，若沿陀螺仪外环轴 oz 上作用一个常值力矩 $\boldsymbol{M}_z$，可使陀螺仪绕 oz 轴转动，但实际上陀螺仪并不绕 oz 轴转动，而是以角速度 ω_y 绕与 oz 轴相互垂直的陀螺仪内环轴 oy 转动，转动方向如

图7-21(a)所示,使主轴 ox 以最短的途径向外力矩向量 $\boldsymbol{M}_z$ 靠拢。若沿陀螺仪内环轴的 oy 上作用一个常值力矩 $\boldsymbol{M}_y$,陀螺仪并不绕 oy 轴转动,而是以角速度 ω_z 绕与 oy 轴垂直的陀螺仪外环轴 oz 转动,转动方向如图7-21(b)所示,使主轴 ox 以最短的途径向外力矩向量 $\boldsymbol{M}_y$ 靠拢。在外力矩的作用下,陀螺仪主轴转动方向与外力矩向量方向不一致,而是与外力矩向量垂直,并使主轴以最短途径向外力矩向量靠拢的特征称为陀螺仪的进动性。

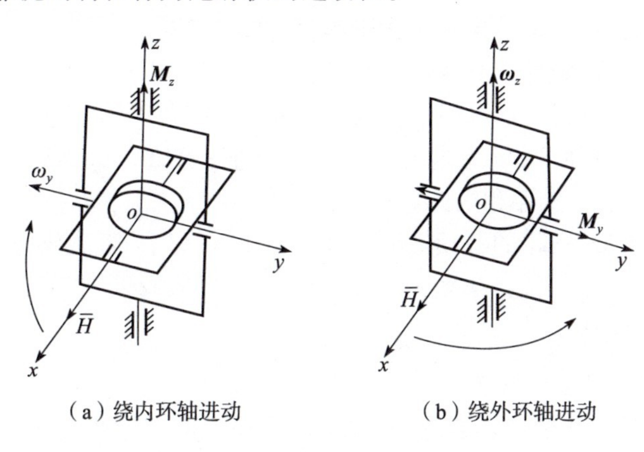

(a)绕内环轴进动　　(b)绕外环轴进动

图7-21 陀螺仪进动性示意图

3. 角速度测量原理

陀螺仪分为单自由度陀螺仪和双自由度陀螺仪,两种陀螺仪均可敏感角速度。图7-22所示为单自由度陀螺仪模型,x、y、z 分别为陀螺仪的3个轴,x 方向没有自由度。转子飞速转动的动量 $\boldsymbol{H}$ 沿 z 轴方向。当基座绕 z 轴转动或 y 轴转动时,由于内环具有隔离运动作用,转子不会随着基座的转动而转动。当基座绕 x 轴转动时,内环轴有一对力 $\boldsymbol{F}$ 作用在内环轴的两端,形成力矩 $\boldsymbol{M}_x$,力矩方向沿 x 轴方向。由于陀螺仪没有该方向的转动自由度,力矩 $\boldsymbol{M}_x$ 使陀螺仪绕内环沿 y 轴方向进动,单自由度陀螺仪可敏感缺少自由度方向的角速度。

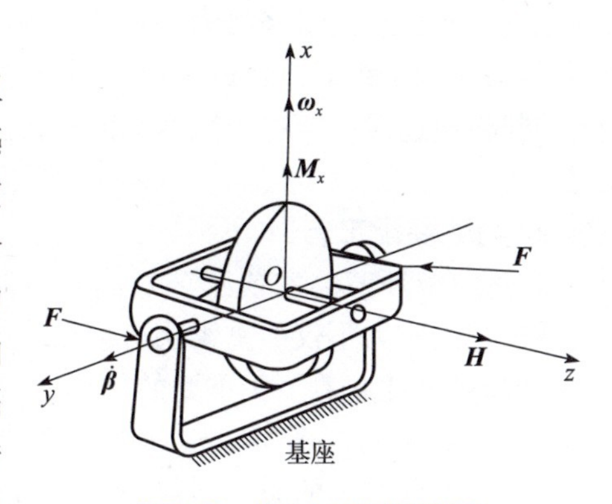

图7-22 单自由度陀螺仪模型

7.4.1.2 功能性能

机械式速率陀螺的角速度传感器属于飞机飞行控制系统传感器分系统配套

成品,为飞行控制系统传感器分系统提供正比于飞机角速度的直流电压信号。其主要性能指标如下。

(1) 测量范围:-300~+300°/s。

(2) 输出电压:±9V DC。

(3) 零位:常温直流电压绝对值≤30mA;高低温直流电压绝对值≤50mA。

(4) 阈值:不大于0.3°/s。

(5) 输出误差:全温范围内不大于满量程的2.7%。

(6) 动态特性:阻尼比0.4~0.8,固有频率大于40Hz。

(7) 准备工作时间:通电时间不大于50s完成准备工作。

(8) 抗电绝缘强度:承受电源为500V(峰值)、50Hz、0.5kV·A,时间持续1min的抗电试验,无击穿和电压短路。

(9) 消耗电流:三相的各相电流不大于0.20A,±15V直流供电消耗电流:不大于0.05A。

7.4.1.3 关键技术

1. 磁滞同步马达设计技术

陀螺马达是角速度传感器的核心部件,采用磁滞式同步电机提供敏感角速度所需要的角动量,其设计至关重要。陀螺马达主要由定子、转子、轴承、小轴、锁紧螺帽等组成,定子绕组为三相双层短距分布式单叠绕组,马达转子组件由磁滞环与马达转子组成。通过电磁场设计、磁路计算来确保电磁拖动力矩满足要求。同时,通过对固定在小轴两端的角接触轴承施加预载荷,保证马达工作的稳定性。

2. 马达装配工艺

马达装配环节的主要工艺对高精度陀螺仪制造起到至关重要的作用。其中,马达装配应力不仅严重影响机械系统的结构稳定性,而且还对机械系统的装配精度和可靠性起着至关重要的作用,正确的预紧力是保证装配结构性能的关键指标,因此采用可靠、有效的预紧力控制处理工艺是提高陀螺稳定性的关键。同时,浮子组件结构的质心与浮心的相对空间位置差异将在输出轴上产生干扰力矩,制约陀螺精度的提升,通过结构化设计协同装配工艺保证较小干扰力矩的产生,提高了陀螺在综合环境下稳定性。

3. 动平衡调节

在陀螺高转速转子运行中对动平衡精度的要求非常高,传统工艺中陀螺转子的动平衡调整多依靠人工技能和实际经验来完成,人工手动调整难以精确控制位移量,且对工人技能水平要求较高、调整效率低且难度大、稳定性差。结合陀螺仪结构特点及高精度、高可靠性要求采用陀螺仪动平衡调节设备代替人工调节,实现对调整精度和效率的提升。

4. 马达自检测技术

角速度传感器的 BIT 工作方式为地面外加激励自检测(飞行前自检测 PBIT、维护 BIT)和空中实时自监控(飞行中自检测 IFBIT)。通过在力矩器上设计自检测绕组,利用角速度传感器的闭环系统特性,实现外加直流激励信号地面自检测功能;通过马达转速检测线圈和马达转速检测电路,实现马达转速检测功能,使角速度传感器实时向飞行控制系统输出陀螺马达转速信号,监控陀螺马达工作状态,准确识别产品故障。

7.4.2 光纤陀螺

光纤陀螺仪基于 Sagnac 理论,当光束在一个环形的通道中行进时,若环形通道本身具有一个转动速度,那么光线沿着通道转动方向行进所需要的时间要比沿着这个通道转动相反的方向行进所需要的时间要多。也就是说,当光学环路转动时,在不同的行进方向上,光学环路的光程相对于环路在静止时的光程都会产生变化。利用光程的这种变化,检测出两条光路的相位差,就可以测出光路旋转角速度,光纤陀螺仪工作原理如图 7-23 所示。

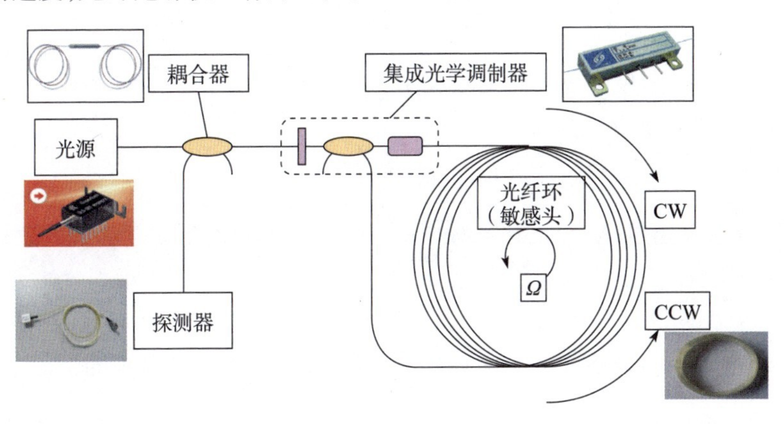

图 7-23 光纤陀螺仪工作原理

7.4.2.1 基本原理

光纤陀螺基于萨格奈克(Sagnac)效应工作,萨格奈克效应是指在一个任意几何形状的闭合光学环路中,从任意一点发出的沿相反方向传播的两束光,绕行一周返回该点时,如果闭合光路在其平面内相对惯性空间有旋转,则两束光波的相位将发生变化。

基于上述效应,干涉式光纤陀螺的基本原理光路如图 7-24 所示,由激光光源、探测器、分束器、准直透镜和光纤环构成。从激光光源发出的光被分束器分为两束,一束透射过分束器后经准直透镜Ⅰ耦合进光纤环后顺时针传播,由光纤环出射后经准直透镜Ⅱ准直后透射过分束器;另一束光被分束器反射后经准直透镜Ⅱ耦合进光纤环后逆时针传播,由光纤环出射后经准直透镜Ⅰ准直后被分束器反射。两束光通过分束器后会合产生干涉信号,干涉信号的强度随光纤环法向的输入角速度变化而变化,通过探测器检测干涉信号的强度变化,可以获得输入的角速度变化。

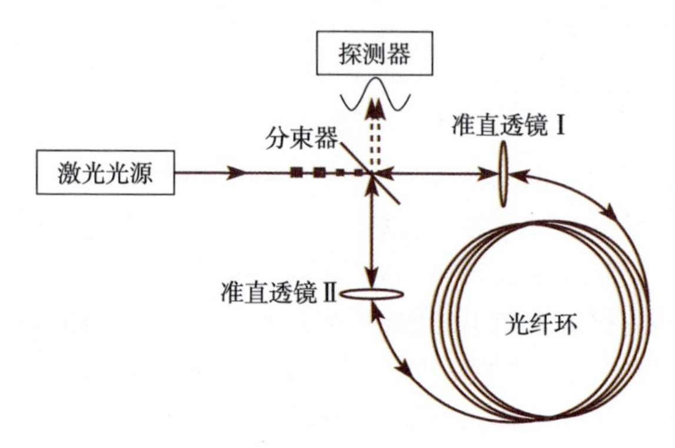

图 7-24　干涉式光纤陀螺基本原理光路

干涉式光纤陀螺的固有响应是一个余弦函数如图 7-25(a)所示,探测器检测到的光信号强度为

$$I_{out}=I_0(1+\cos\Delta\varphi_R) \tag{7-7}$$

式中:I_0 为输入光强;$\Delta\varphi_R=\omega\Delta t=2\pi\dfrac{c}{\lambda}\dfrac{LD}{c^2}=\dfrac{2\pi LD}{\lambda c}$为输入角速度引起的萨格奈克相位差。

当萨格奈克相位差 $\Delta\varphi_R=0$ 时,$\dfrac{\mathrm{d}I_{out}}{\mathrm{d}\Delta\varphi_R}=0$,即在旋转速率很小的情况下,光纤陀螺的输出灵敏度很差,接近于0;由于响应曲线(余弦函数)的对称性,所以无法直接确定光纤陀螺的旋转方向。为了获得最大的输出信号灵敏度,同时能够分辨角速度方向,必须对萨格奈克干涉信号进行$\dfrac{\pi}{2}$相位偏置,偏置后的响应如式(7-8)所示,曲线如图 7-25(b)所示。

$$I_{out}=I_0(1-\sin\Delta\varphi_R) \tag{7-8}$$

偏置后探测器接收到的光功率随萨格奈克相位差的变化为正弦函数,因此在零位输入附近具有最大的灵敏度,同时能够分辨输入角速度的方向。

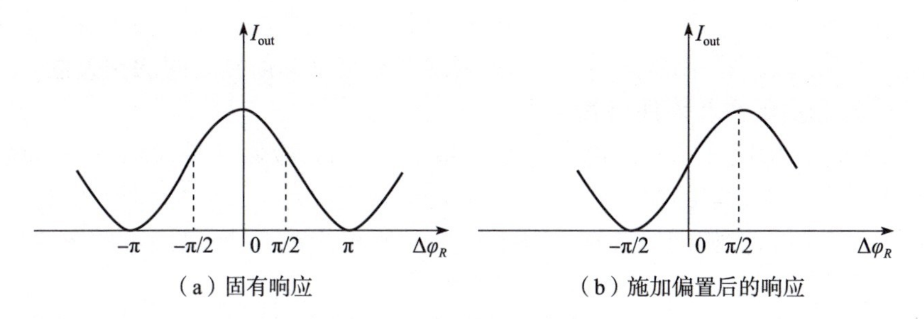

（a）固有响应　（b）施加偏置后的响应

图 7-25　光纤陀螺输出响应

7.4.2.2　功能性能

目前,飞控系统中所使用的光纤陀螺可实现的功能主要包括:

(1) 光纤陀螺可同时实现对飞机绕机体 X、Y、Z 3 轴转动的角速度的测量。

(2) 光纤陀螺具备地面受令自检测并反馈自检测结果的功能。

(3) 光纤陀螺具备空中实时自监控功能,并能上报工作状态和数据有效性。

光纤陀螺的主要性能包括:

①测量范围:-300～+300°/s。

②零位:常温≤0.3°/s;高低温≤0.6°/s。

③阈值:不大于 0.05°/s。

④分辨率:不大于 0.05°/s。

⑤综合误差:全温范围内不大于满量程的 1.5%。

⑥准备工作时间:全温范围内,产品从上电到稳定输出的时间不大于 3s。

⑦动态特性:阻尼比 0.5～0.7,固有频率大于 50Hz。

⑧功耗:用电均衡设计,全温范围内稳态功耗不大于 15W。

7.4.2.3　关键技术

1. 高精度信号检测技术

光纤陀螺干涉信号非常微弱,甚至会被噪声淹没,因此干涉信号的检测方法很大程度上影响了陀螺的性能。通过相位调制的方法可以提高测量信号的信噪比和灵敏度,采用闭环控制可以提高标度因数的线性度,使陀螺在整个测量范围内都具有较高的测量精度,同时提高环境适应性。

2. 数字闭环控制技术

中高精度光纤陀螺的信号检测一般采用基于闭环控制的信号检测方案。由于增加了反馈回路,可能会出现系统不稳定现象,闭环控制系统的各个部分参数都需要合理设置,以实现闭环系统最佳的动态特性及静态特性。

同时闭环回路的存在,以及电路之间存在的各种耦合途径,导致阶梯波调制信号与解调信号之间容易产生电子串扰,引起陀螺在小角速度下的非线性增加,因此需要采用数字调制解调方法,去除调制信号与解调信号之间的相关性。

3. 光源相干性及器件损耗均衡

光纤陀螺所使用的光源输出光波的相干性较弱,应保证最大相位差时两束光波之间仍具有一定的相干性。同时,光谱的宽度决定了光波的相干性,光谱的形状、平均波长、次相干峰直接影响干涉信号的相位差,受环境因素的影响导致光源光谱的不稳定。

在光路的传播过程中,光路强度及相干性会随着通过各类光学器件而发生不均匀的衰减,导致最终到达探测器的光信号强度不满足其探测器行程区间,输出超差,必须针对光源进行光谱控制,同时设计光路满足损耗均匀性的要求。

4. Y 波导等关键器件的影响

Y 波导的半波电压会随着温度发生较大的波动,引起光纤陀螺标度因数非线性误差及陀螺的噪声增大。同时,A/D 转换器、D/A 转换器及运算放大器等电子元器件性能及电路板的电磁兼容设计等都会对光纤陀螺的性能产生影响,因此需由电路设计消除关键器件引起的闭环控制误差。

7.4.3 激光陀螺

激光陀螺(Laser Gyroscope)是一种基于光速不变性和萨格奈克效应(Sagnac Effect),利用激光技术测量物体在惯性空间绝对旋转角速率的惯性仪表。激光陀螺仪没有旋转的转子部件,没有角动量,也不需要方向环框架、框架伺服机构、旋转轴承、导电环及力矩器和角度传感器等活动部件,因此没有机械转子陀螺存在的误差源。其结构简单,工作寿命长,维修方便,由于其力学环境的适应性好的特点,与传统机电陀螺相比具有可靠性高、启动快、对加速度不敏感、耐冲击和大过载及数字输出等优点,激光陀螺仪的平均无故障工作时间已达到 9 万小时。激光陀螺可靠性和精度高,大多应用于高精度导航系统中,已成为中等精度惯导系统和航姿系统的首选。

7.4.3.1 基本原理

激光陀螺是基于萨格奈克效应测量角速度,其工作原理为:在闭合光路中,由同一光源发出的沿顺时针方向和逆时针方向传输的两束光发生干涉,利用检测相位差或干涉条纹的变化,可以测量闭合光路法向旋转角速度。

激光陀螺采用 4 个反射镜组成环形谐振腔,即闭合环路,如图 7-26 所示,激光光源沿光轴传播的光子向两侧经过透镜射出,分别经过 M_1、M_2、M_3 反射回来,于是回路中有传播方向相反的两束光,对于每束光来说只有经过一圈返回原位置时相位差为 2π 整数倍的光子才能诱发出与之相应的第二代光子,并以此规律逐渐增强,对于相位差不满足 2π 整数倍的光子,则逐渐衰弱至消失,当增强的光子多于衰弱的光子,则闭合光路工作自谐振状态,保证谐振腔中的光都始终处于谐振状态。

当激光陀螺角速度为零时正负方向运动的两束光在腔体中形成驻波,干涉条纹静止不动;当激光陀螺以 ω 的角速度旋转时,基于萨格奈克效应,旋转角速度可表示为

$$\omega=\frac{\Delta f}{\dfrac{4A}{\lambda L}} \tag{7-9}$$

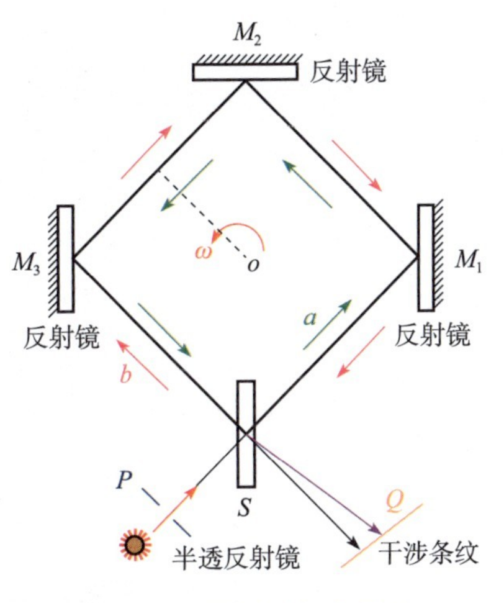

图 7-26 激光陀螺工作原理

式中:L 为谐振腔光程;λ 为激光光源波长;A 为谐振腔光路所围面积(三角形面积);Δf 为正反方向两束光频率差(拍频)。

其中,拍频 Δf 可以通过对单位时间内移动过的干涉条纹数进行计数获得。

典型激光陀螺结构原理及组成如下。

(1) 两片球面镜和两片平面镜与正方形微晶玻璃腔体构成激光谐振腔,腔内产生两束相向传播的激光。

(2) 激光谐振腔支撑在抖轮上,抖动偏频装置和激光谐振腔体封闭在铝罩内。

(3) 为消除朗缪尔流效应,采用双阳极结构。

(4) 配置高压稳流电路,其中高压部分为激光陀螺启辉提供 3kV 左右的高压,稳流部分用于稳定两臂的放电电流。

(5) 配置稳频控制电路,用于控制谐振腔腔长的稳定。

(6) 配置抖动控制电路,控制抖动机构,用于消除陀螺仪的闭锁效应。

(7) 配置信息处理电路,对陀螺输出拍频进行适当处理,以提取角速度信息。

如图 7-27 所示,激光陀螺的基本工作过程如下:对各类光学零件进行超精密加工,并装配成一个稳定的环形光学谐振腔;然后在腔内充入高纯氦氖气体,由对应的高压电路击穿与放电驱动,产生稳定的激光。压电式抖动机构与光学谐振腔连接,同时也安装在基座上,由对应的抖动电路对谐振腔进行抖动驱动和控制。腔长控制机构与谐振腔上的可形变镜片粘连,由对应的稳频控制电路进行光路长度的精密驱动和控制。谐振腔输出的激光经过频差输出机构后由光电

探测器转为差频电信号,通过处理电路进行转速解算和输出。

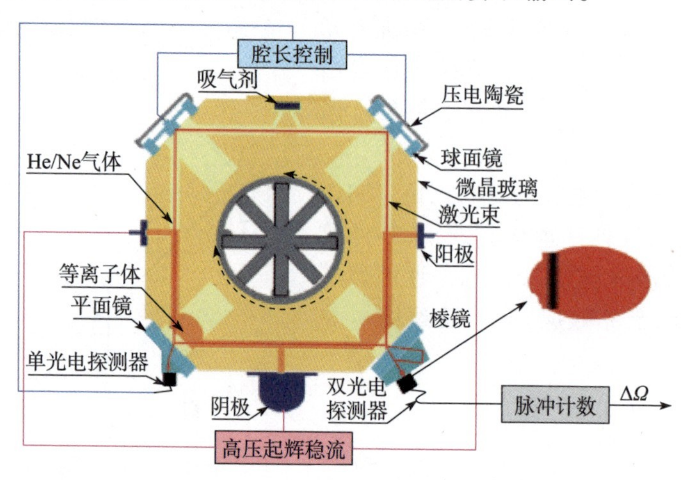

图 7-27 激光陀螺结构原理

7.4.3.2 功能性能

目前使用的激光陀螺既可作为速率陀螺,也可作为位置陀螺,应用范围灵活广泛,可实现对角速度和位置姿态角的测量。激光陀螺的主要性能包括:

(1) 零偏稳定性:0.001~0.01°/h。

(2) 可靠性:MTBF 高于 1×10^5h。

(3) 启动时间:启动 1~2min 可正常工作。

(4) 输出信号数字化。

(5) 性能稳定,抗干扰能力强,可承受很高加速度和强烈振动冲击,在恶劣环境条件下仍能稳定工作。

7.4.3.3 关键技术

1. 正交腔体加工技术

三轴激光陀螺三个光学敏感环路集成于一体,对精密光学加工工艺方法和精度控制提出了更高的要求。陀螺块体表面任意一个贴片面的加工误差会同时影响两个通道的激光谐振腔,加工过程随着工装和设备的变换存在误差累积,可能导致部分加工件 3 个敏感通道不能同时满足激光谐振的条件。

2. 气体放电防串扰技术

激光陀螺实现了高压电源和电极等气体放电相关电气和结构的高度集成,3 个敏感环路的气体激光器放电毛细管互相连接。在低气压工作气体直流高电压放电启动时,容易在非增益区出现异常放电,形成通道间放电串扰,导致陀螺工作异常。气体放电防串扰技术是空间三轴激光陀螺独有的关键技术，需要对各管路间的放电阻抗、电气匹配性、高压电源启动时序控制等进行设计，抑制放电串扰，实现可靠启动。

3. 稳频控制技术

稳频过程是通过压电伺服回路闭环控制精确调整激光谐振腔光学长度实现纵模锁定的，以确保陀螺在温度、力学等各种环境下保持标度因数的稳定性，通常每只单轴激光陀螺由一个或两个稳频执行组件及控制电路共同完成稳频控制。对于空间三轴激光陀螺，每只陀螺共有 3 个稳频执行组件，即任意一个稳频组件同时控制两个敏感环路，在对一个测量轴实施稳频控制的同时也影响着另外两个测量轴的腔长。设计稳频算法和调制解调控制软件，解决稳频控制过程快速启动问题。

7.4.4 MEMS 陀螺

微机电（Micro Electro Mechanical System，MEMS）陀螺仪采用微机电系统技术设计制作的陀螺，用于测量旋转角速度或旋转角。MEMS 是微电子和微机械元件传感与执行一体化的微系统，微机电陀螺是重要的惯性器件，具有重量轻、体积小、成本低、可靠性高、精度高、功耗低和稳定性好等诸多优点。主要采用微/纳米技术，将微机电系统装置与电子线路集成到微小的硅片衬底上，通过检测振动机械元件上的科氏加速度来实现对转动角速度的测量。MEMS 陀螺仪主要包括角振动式、线振动式、振动环式及悬浮转子式 4 种类型。

MEMS 陀螺实际上是振动陀螺，通过施加交变电压驱动陀螺，让陀螺运动起来达到稳定状态。MEMS 陀螺一般是音叉或电容式的，有固定齿和活动齿，对固定齿或活动齿施加电压，并交替改变电压，让一个质量块做振荡式来回运动，当旋转时，会产生科里奥利加速度，此时就可以对其进行测量。

7.4.4.1 基本原理

MEMS 陀螺仪基于科里奥利力（Coriolis）工作的。科里奥利力是旋转物体在有径向运动时所受到的切向力，其计算公式如下：

$$F=-2m\boldsymbol{w}\times\boldsymbol{v} \tag{7-10}$$

式中：F 为科里奥利力；m 为质点的质量；$\boldsymbol{v}$ 为相对于转动参考系质点的矢量运动速度；$\boldsymbol{w}$ 为旋转体系的向量加速度；×为两个向量的外积。

如果物体没有径向运动，科里奥利力就不会产生。因此，在 MEMS 陀螺仪的设计上，这个物体被驱动，不停地来回做径向运动或者振荡，与此对应的科里奥利力就是不停地在横向来回变化，并有可能使物体在横向做微小振荡，相位正好与驱动力差 90°。MEMS 陀螺仪通常有两个方向的可移动电容板。径向的电容板加振荡电压迫使物体作径向运动，横向的电容板测量由于横向科里奥利运动带来的电容变化。因为科里奥利力正比于角速度，所以由电容的变化可以计算出角速度。MEMS 陀螺仪原理如图 7-28 所示。

MEMS 陀螺依赖于由相互正交的振动和转动引起的交变科里奥利力。振动物体被柔软的弹性结构悬挂在基底之上。整体动力学系统是二维弹性阻尼系统，在这个系统中振动和转动诱导的科里奥利力把正比于角速度的能量转移到传感模式。

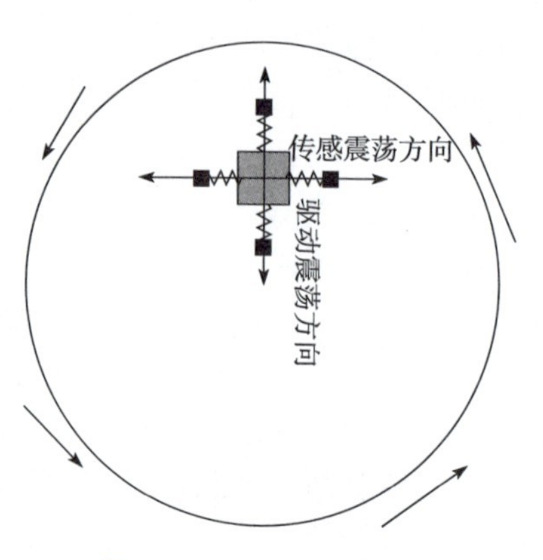

图 7-28　MEMS 陀螺仪原理

7.4.4.2　功能性能

（1）体积小、重量轻、适合对安装空间和重量都比较苛刻的场合。

（2）低成本、低功耗。

（3）高可靠性，内部无转动部件全固态装置，抗大过载冲击，工作寿命长。

（4）零点温度漂移：0.05°/s。

（5）启动时间：≤35ms。

MEMS 陀螺精度范围覆盖 0.01~500°/h，典型工程化产品如表 7-3 所示。

表 7-3　国外 MEMS 惯性测量单元典型产品

型号	HG4930CS36	SDN500-xE	STIM300
研制单位	Honeywell	SDI	SENSONOR
陀螺零偏重复性/(°/h 1σ)	7	—	3
陀螺零偏稳定性/(°/h)	0.25(1σ)	0.5(1σ)	30(-40~85℃，ΔT≤1℃/min，1s 平滑 1σ) 0.5(Allan 方差@25℃)
角度随机游走/(°/$\sqrt{h}$)	0.04	0.02	0.15(Allan 方差@25℃)
加速度计零偏重复性/mg 1σ	1.7	0.5	0.75(上电重复性)
加速度计零偏稳定性/mg 1σ	0.025	—	0.05(Allan 方差@25℃)
速度随机游走/(m/s·$\sqrt{h}$)	0.03	0.048	0.06(@25℃)

7.4.5　半球谐振陀螺

7.4.5.1　基本原理

半球谐振陀螺是典型的固态波陀螺，利用球壳径向振动产生的驻波沿环向的进动来敏感基座旋转的一种振动陀螺。图 7-29 所示为谐振子振型环向波数为 2 时的驻波在环向的进动示意。

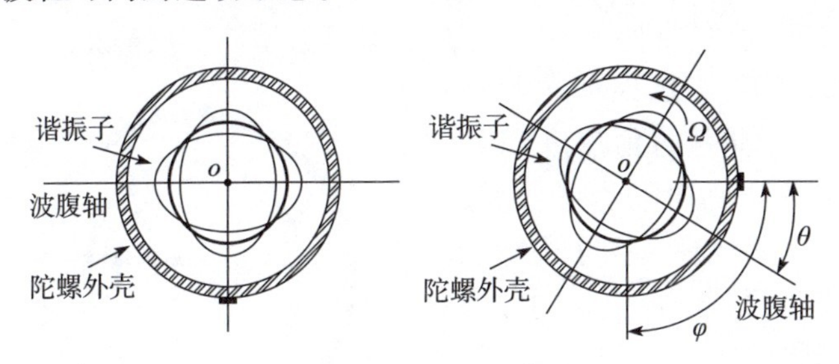

图 7-29　振型进动示意

半球谐振子在控制系统的作用下维持环向波数为 2 的四波腹振动，在这种振动模态下，半球谐振子唇缘的振型具有 4 个波腹和 4 个波节。当陀螺不旋转时，波腹点和波节点的位置保持不变；当陀螺旋转时，在科氏力的作用下，振型相对壳体产生环向进动。

当壳体逆时针绕中心轴旋转角度 ϕ 时，振型则相对半球壳顺时针旋转角度 θ，且有 $\theta=K\phi$，其中 K 为振型的进动因子。因此，只要精确测量出振型相对壳体旋转的角度 θ，就可以计算出壳体绕中心轴转过的角度 ϕ。

为了使半球谐振子产生驻波振动，必须对谐振子施加激励电场，通过控制激励电场，可使半球谐振陀螺工作在不同的模式。

半球谐振陀螺可以工作在力平衡模式，此时半球谐振陀螺是一种角速度陀螺。力平衡模式的激励电场为位置激励，位置激励是在位置相对的一对离散激励电极上（0°电极轴）输入激励电压，以维持驻波在此电极轴恒幅振动。

力平衡模式的电场激励和信号检测原理如图 7-30 所示。

力平衡模式的工作原理是当陀螺旋转使谐振子振型相对壳体在环向发生进动时，实时改变力平衡控制电极激励力的大小，使四波腹振型相对壳体不发生进动，即位于 0°电极轴处的信号检测器输出为零。力平衡控制电极激励力的大小与陀螺输入角速度成比例，由此可以计算出陀螺的输入角速度。

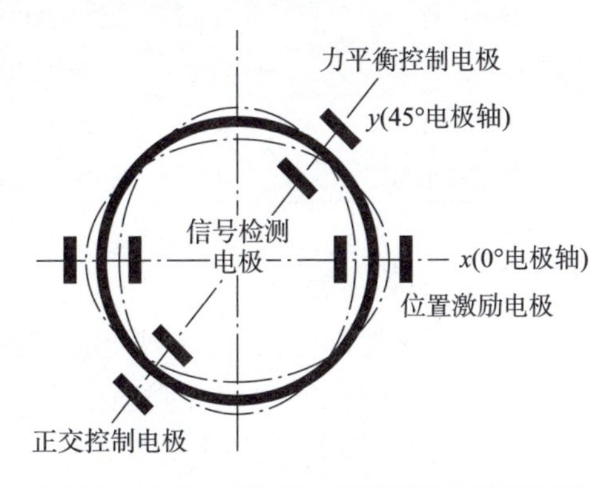

图 7-30　力平衡模式的电场激励和信号检测原理

在力平衡模式下，为了实现陀螺的正常工作，需要振幅控制、频率控制、正交控制和速率控制4个控制环节。频率控制用于跟踪半球谐振子的固有频率,振幅控制用于保持和控制驻波振动的幅度,正交控制用于修正谐振子的不平衡带来的误差,速率控制提供平衡力矩,保持振型波节点静止。

在全角模式下,半球谐振陀螺是一种具有全角记忆能力的角速度积分陀螺。全角模式的激励电场为参数激励。参数激励是利用围绕在谐振子边缘的环形激励电极实现的。全角模式的电场激励和信号检测原理如图7-31所示。

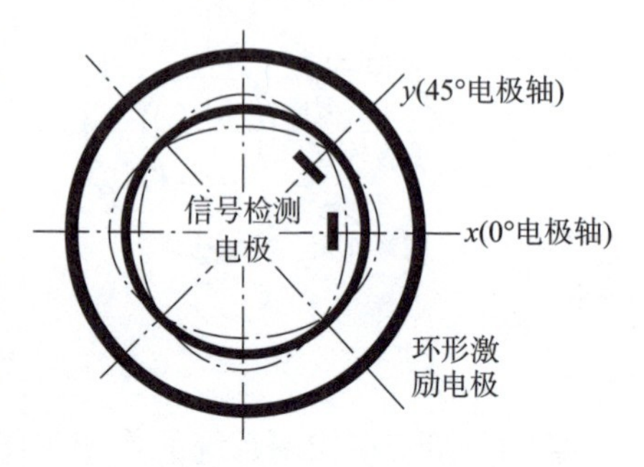

图7-31 全角模式的电场激励和信号检测原理

全角模式的工作原理是当陀螺旋转使振型在壳体环向自由进动时,可以通过互成45°的两组信号检测器(位于0°和45°电极轴)实时检测四波腹振型的位置。位于0°和45°电极轴信号检测器输出的比值与振型进动角的正切函数成比例关系,由此可以得到陀螺的输入角度。

在全角模式下,为了实现陀螺的正常工作,除速率控制以外,需要频率、振幅和正交3个控制环节。全角模式下的频率控制、振幅控制和正交控制已不是相对于固定的轴向,而是对整个谐振子的各个轴向,因而较力平衡模式的控制更为复杂。

半球谐振陀螺力平衡模式和全角模式控制环节的比较如表7-4所示。

表7-4 半球谐振陀螺力平衡模式和全角模式控制环节的比较

控制环节	工作模式	
	力平衡模式	全角模式
频率控制	只加于 x 轴的激励电极	加于环形激励电极
振幅控制	只加于 x 轴的激励电极	加于环形激励电极
正交控制	只加于 y 轴的激励电极	加于不同的离散电极组
速率控制	只加于 y 轴的激励电极	不加

7.4.5.2 功能性能

由于谐振子振动的惯性,半球谐振陀螺断电15min仍可以完成角速率的测量。半球谐振陀螺抗冲击能力强、长寿命,如果半球谐振陀螺的内部密闭性良好,就能够连续工作15年以上并满足所要求的性能。

半球谐振陀螺作为最具潜力的科式振动陀螺,最高精度可达0.0001°/h,当半球谐振陀螺作为角速率传感器时,其随机漂移在0.01°/h量级,而作为积分陀螺时,其随机漂移可达0.0001°/h量级。

半球谐振陀螺在同等精度陀螺中具有体积质量优势,国外新一代半球谐振陀螺精度已达0.0001°/h,随着半球谐振陀螺性能的提高和尺寸的减小,其应用范围不断扩展。

7.4.5.3 半球谐振子关键技术

1. 半球谐振子超声振动铣磨成型技术

超声振动辅助磨削加工技术非常适用于石英半球谐振子的精密成型加工。为避免薄壁件加工过程中局部材料崩裂,提高加工表面质量,减小表面破坏层深度,需进一步开展超声振动辅助磨削加工机理研究,优化工艺参数,抑制低刚度薄壁构件加工谐振,解决金刚石微粉砂轮在位修整等技术难题。

2. 半球谐振子超精密加工技术

具有薄壁、异形复杂结构的半球谐振子,尺寸精度、面形精度、球心位置精度、表面微观质量等要求高,加工难度大。研究小磨头精密保形磨削加工技术、范成法超精密磨削加工技术,以及磁流变、高能束等超精密研抛技术,形成满足半球谐振子设计要求的超精密加工技术和装备工艺成果。

3. 石英材料加工表面缺陷检测与消除技术

石英玻璃为典型硬脆难加工材料,机械加工产生的微裂纹等表面缺陷,对半球谐振子品质因数、陀螺仪精度和性能有很大影响。研究石英玻璃微裂纹、损伤等表面缺陷的无损检测技术,开展化学腐蚀液配方和工艺参数优化、微加工表面变质层缺陷的超精密研抛,提高半球谐振子微观表面质量。

7.4.6 原子陀螺

7.4.6.1 概述

原子陀螺仪(Atomic Gyroscopes)利用原子波包萨格奈克干涉效应和原子自旋效应敏感载体转动信息,具有精度高的特点。原子陀螺仪结构复杂,不易形成大面积的萨格奈克环,技术成熟度低,工程实用化目前尚存在一些技术难题。

7.4.6.2 基本原理

核磁共振陀螺仪利用原子核自旋磁矩在静磁场中Larmor进动频率的变化量测量载体转动信息,其工作原理如图7-32所示。当载体静止时,原子核自旋磁矩绕静磁场以固定的进动频率转动,当载体有角速度输入时,原子核自旋磁矩的进动磁场频率会附加载体的转动频率,通过动态调节驱动磁场频率直至检测到的核自旋进动磁场频率和幅度不再发生变化时,闭环反馈输出量即为载体的转动角速度。核磁共振陀螺具有精度高(理论精度为10^{-4}°/h)和体积小等特点,是实现芯片导航级陀螺仪的重要技术途径之一。

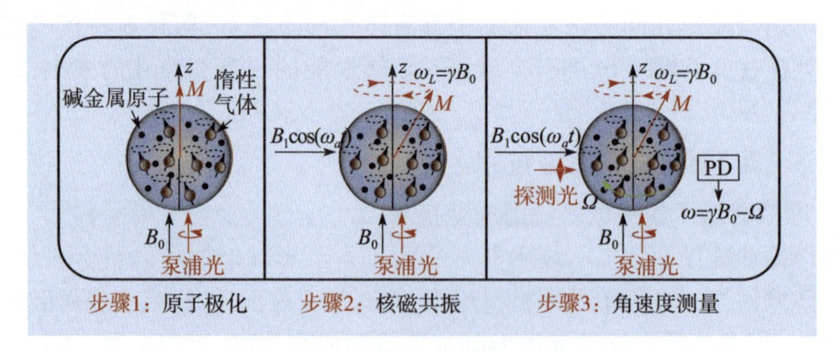

图 7-32　核磁共振陀螺仪工作原理

原子干涉陀螺仪（Atomic interference Gyroscopes）通过磁光冷却原理，如图 7-33 所示，将原子温度降低至接近绝对零度，原子速度非常小，再通过 3 束 Raman 光对原子团进行分束、反射和合束，形成萨格奈克环，在合束过程中两束物质波发生干涉，当载体有角速度输入时，通过测量转动前后的干涉相位就可以反演出载体的转动信息。原子干涉陀螺仪的理论精度达到 1×10^{-10}°/h，是实现超高精度惯性仪表的重要技术途径。

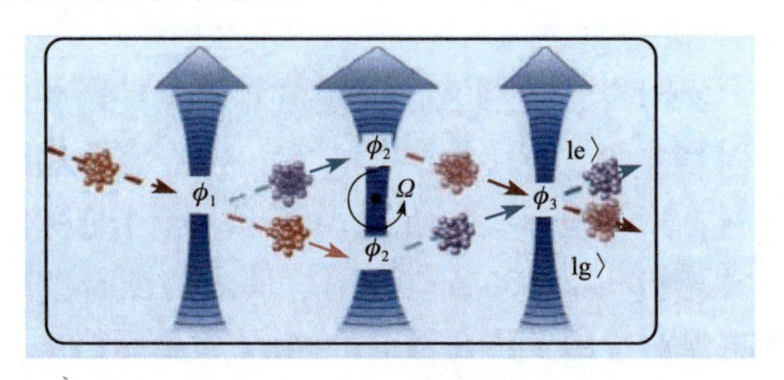

图 7-33　原子干涉陀螺仪工作原理

7.5　加速度计

飞机的俯仰、滚转和偏航 3 个轴向的线加速度需要线加速度传感器测量，为飞控系统控制律解算提供 3 个轴向的过载信号。与此同时，加速度计也是测量飞机线加速度的惯性仪表，将当前的线加速度（Apparent Acceleration）与引力加速度（Gravitational Acceleration）相加得到飞机相对惯性空间的运动加速度，对运动加速度进行一次积分得到飞机的速度，对运动加速度进行两次积分得到飞机的位置。

法向和侧向加速度计是电传飞控系统的反馈传感器，加速度计原理如图7-34所示，加速度计的动态特性通常可用二阶振荡环节表示，其阻尼比可取0.5~0.6，自然频率可达100rad/s，控制律使用加速度计信号时，通常采用惯性环节滤波器滤除高频噪声和高频振荡。

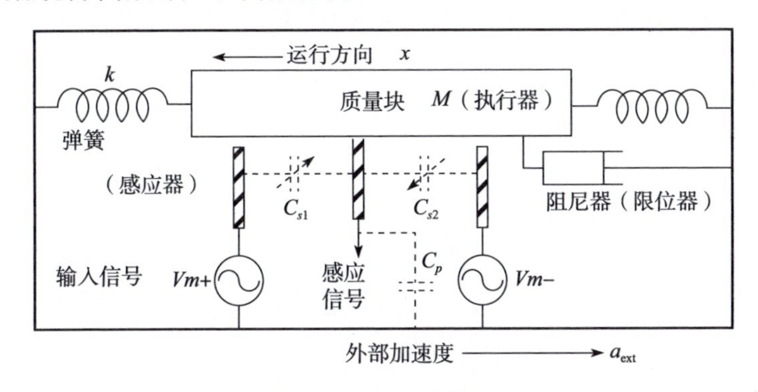

图7-34　加速度计原理

加速度计主要由挠性杆、摆、力矩器、信号器、放大器组成，用于测量载体加速度。当载体有加速度时，摆敏感到加速度而偏离平衡位置，因此只要测出偏离角度大小，就可算出载体的加速度。通常按照加速度计的原理和工作方式分类可分为轴承摆式加速度计、悬丝摆式加速度计、石英挠性摆式加速度计等。

7.5.1　轴承摆式加速度计

7.5.1.1　基本原理

摆式加速度计的基本原理可等效为“转动惯量—弹簧—阻尼”系统，其工作模型如图7-35所示，图中θ为摆在外界输入加速度时偏离平衡位置的摆动角度，J为敏感质量在加速度a作用下相对支点的转动惯量，C为系统的阻尼系数，k为摆子的弹性系数。将该系统简化为只由弹簧、阻尼器、质量块构成的“二阶单自由度振动系统”，根据牛顿定律，其力学平衡方程为

$$J\ddot{\theta}(t)+C\dot{\theta}(t)+K\theta(t)=Pa(t) \tag{7-11}$$

式中：J为敏感质量块的转动惯量；$J\ddot{\theta}(t)$为惯性力；C为阻尼系数；$C\dot{\theta}(t)$为阻尼力；K为系统的刚度；$K\theta(t)$为弹性力；P为惯性摆的摆性；$Pa(t)$为加速度产生的惯性力。

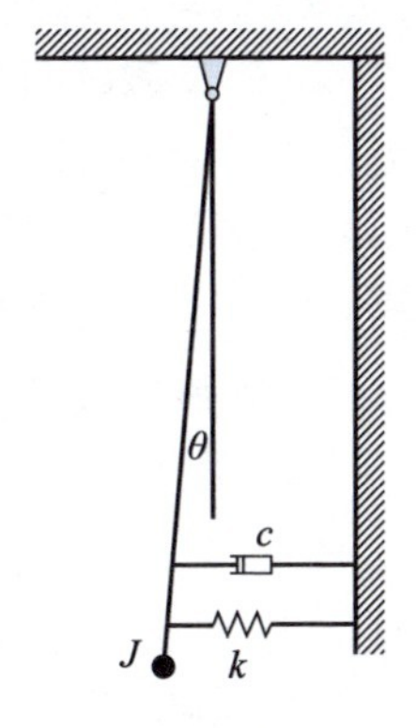

图7-35　摆式加速度计力学模型

如图 7-36 所示,轴承摆式加速度计是以偏心摆为敏感质量,通过轴承支撑偏心摆,摆组件感受到加速度 a 后产生偏转,角度传感器敏感此偏转角度 θ 并输出电压信号到放大电路,放大电路输出直流电流信号到力矩器线圈,力矩器接收到该信号产生一稳定的磁场,与摆组件上的磁铁相互作用,使摆组件运动至平衡位置。此时该电流信号在采样电阻两端产生一电压信号,将线加速度以电信号的形式输出。

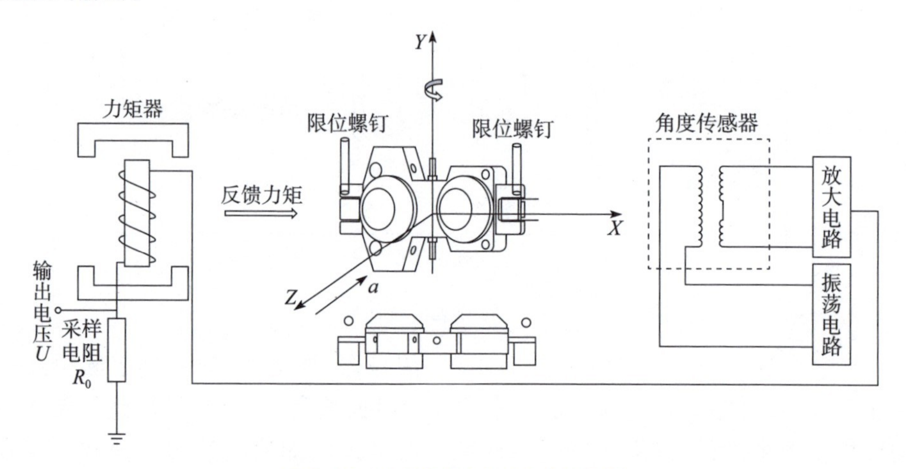

图 7-36　轴承摆式加速度计基本原理

7.5.1.2　功能性能

1. 具备线加速度测量功能

通过三轴正交安装,使加速度计的敏感方向分别与载体的 X、Y、Z 3 个正交轴向重合,即可测得各轴向的线加速度。

2. 外加激励自检测功能

加速度计内置自检测线圈,当有一定的电流流过自检测线圈时,将产生与摆组件上磁铁相互作用的磁场,使摆产生偏转,模拟有加速度输出的情形,达到检测加速度计功能是否正常的目的。

3. 轴承摆式加速度计的主要性能

(1) 测量范围:$-20g \sim +20g$。

(2) 工作电压:±(15±0.5)V DC。

(3) 输出电压:±5V DC。

(4) 零位误差:±30mV。

(5) 综合误差:不大于理论读数的 0.8%。

(6) 极性:敏感正向加速度输出负电压。

(7) 阈值:不大于测量范围的0.1%。

(8) 固有频率:大于35Hz。

(9) 阻尼比:0.45~0.7。

(10) 绝缘电阻:不小于20MΩ。

(11) 功耗:不大于2W。

(12) 质量:不大于0.12kg。

7.5.1.3 关键技术

1. 偏心摆设计技术

轴承摆式加速度计的敏感质量为偏心摆,摆的质量决定了摆性 P,有多种锡青铜和高密度钨基合金配重螺钉用于摆性的调节,并将摆及摆组件按重要件管控,满足不同测量范围的需求。

2. 精密轴承控制技术

精密轴承为偏心摆提供支撑,同时产生一定阻尼,轴承选型为深沟球轴承,严格的粘接工艺固定支撑轴与轴承的位置,保证满足载体在振动、冲击、加速度等机械应力环境要求。

3. 密封充氦技术

轴承摆式加速度计为密封充氦产品,严格的三抽三充工艺及焊接密封工艺保证了密封后的真空度,不会再引入空气阻尼,确保了产品性能稳定,满足了载体提出的寿命要求。

7.5.2 悬丝摆式加速度计

7.5.2.1 基本原理

如图7-37所示,悬丝摆式加速度计采用两段金属悬丝支撑敏感质量块(摆框架),在被测加速度 a 的作用下,摆框架绕悬丝产生偏转,使涡流片产生位移,涡流片的位移引起差动电涡流传感器部分差动电感的变化,而差动电感的变化通过解调电路和放大器转变为电信号,再经过力矩器平衡回路的电流反馈,激励涡流片始终处于平衡位置,反馈的电流信号同时作为输出,反映表征了输入加速

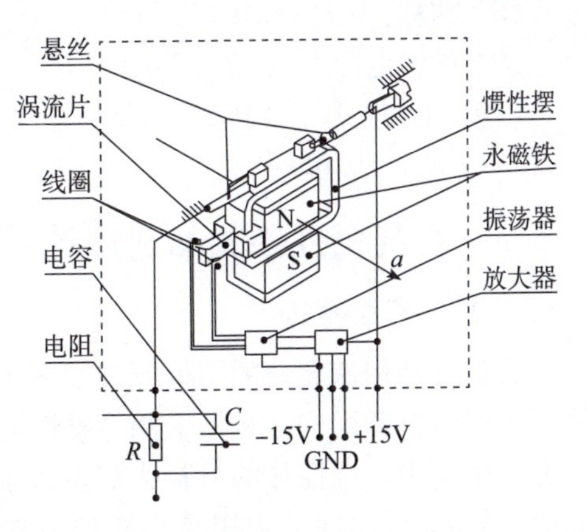

图7-37 悬丝摆式加速度计结构原理图

度的大小，悬丝加计闭环系统如图 7-38 所示。

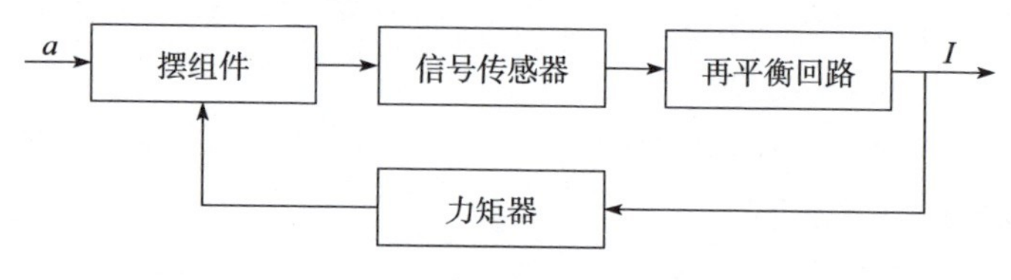

图 7-38 悬丝加计闭环系统

7.5.2.2 功能性能

1. 具备线加速度测功能

内容同 7.5.1.2 节的第 1 款。

2. 外加激励自检测功能

悬丝既是支撑轴也是良导体，悬丝连接了缠绕在摆框架上的力矩器线圈，当有一定的电流流过悬丝时，摆框架将产生偏转，模拟有加速度输出的情形，达到检测加速度计功能是否正常的目的。

3. 悬丝摆式加速度计的主要性能指标

（1）测量范围：$-50g \sim +50g$。

（2）零位：±24mV。

（3）标度因数：0.32mA/g。

（4）综合误差：不大于理论读数的 0.5%。

（5）阈值/分辨率：不大于 $10\times10^{-4}g$。

（6）固有频率：大于 50Hz。

（7）阻尼比：0.5~0.7。

（8）功耗：不大于 2W。

（9）绝缘电阻：不小于 60MΩ。

（10）工作电压：±(15±0.5)V。

（11）质量：0.05kg。

7.5.3 石英挠性摆式加速度计

7.5.3.1 基本原理

石英挠性加速度计的结构原理如图 7-39 所示。轭铁由温度系数低、导磁性能好的软磁材料组成。磁钢采用导磁性能比较良好的 AL-Ni-Co8 永磁材料，用无心磨床加工。挠性片的材料为温度性能极好的石英玻璃，外形采用超声加工而成，挠性元件的加工采用化学腐蚀方法；或采用离子蚀刻工艺加工整个挠性片，但造价很高。

将图 7-39 中的两磁钢轴向充磁后，在结构上强行磁极对顶固定，互为对方的反向磁片，在间隙间形成均匀磁场。当有加速度 a 输入时，由挠性片及力矩线圈组成的敏感质量块相对平衡位置运动而产生惯性力 F_a 或惯性力矩，然后通过差分电容位移检测传感器将此机械运动转换成电信号，再通过伺服放大器变成电流信号，电流信号被馈送到处于恒定磁场中的力矩器而产生反馈力 F_{oc} 或反馈力矩 M_{oc}，与输入加速度引起的惯性力 F_a 或惯性力矩相平衡，直到再次恢复到平衡位置。在平衡状态下，$F_{oc}=F_a$，由 $F_a=ma$，再根据恒定磁场内线圈流过电流而产生电磁力的公式 $F_a=Bil$，平衡时 $ma=Bil$，则

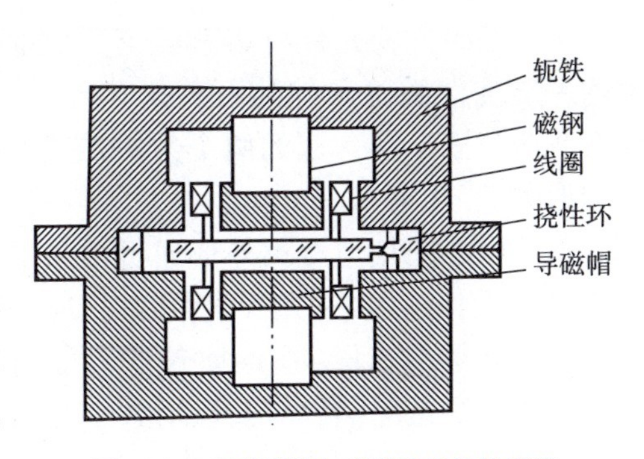

图 7-39　石英挠性加速度计的结构原理

$$i=\frac{m}{Bl}a=ka \tag{7-12}$$

式中：$k=m/(Bl)$ 为常数，其中 B 为恒定磁场的磁感应强度，l 为力矩线圈的总长度。由式 7-12 可知，反馈电流 i 正比于被测加速度 a。

石英挠性摆式加速度计主要是由表头部分和配套电路组成。表头部分由摆组件（带有力矩器线圈）、位置检测器、力矩器等组成。其结构如图 7-40 所示。

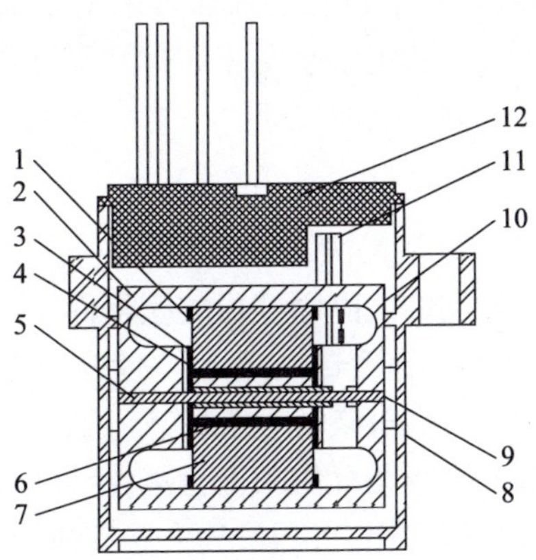

图 7-40　石英挠性摆式加速度计结构示意

1—补偿环；2—轭铁；3—骨架；4—漆包线；5—石英摆片；6—磁极片；7—磁钢；8—外壳；9—腹带；10—隔离环；11—接线柱；12—HB309 电路。

构成摆组件的元件有熔融石英平板加工形成的舌形挠性敏感元件的石英摆片部分，以及与石英摆片固接在一起的两个力矩器线圈。其结构如图7-41所示。

这一中心圆盘与石英外环通过两条平行的石英挠性梁相连接，采用了特种工艺加工这两条石英挠性梁，保证了惯性质量摆只能沿输入轴方向作直线运动（转角的范围极小，故可看成直线位移），而对其他轴方向的运动刚度很大，摆组件只有沿使挠性梁弯曲的一个方向的自由度，这样可使摆敏感轴保持稳定的方向。

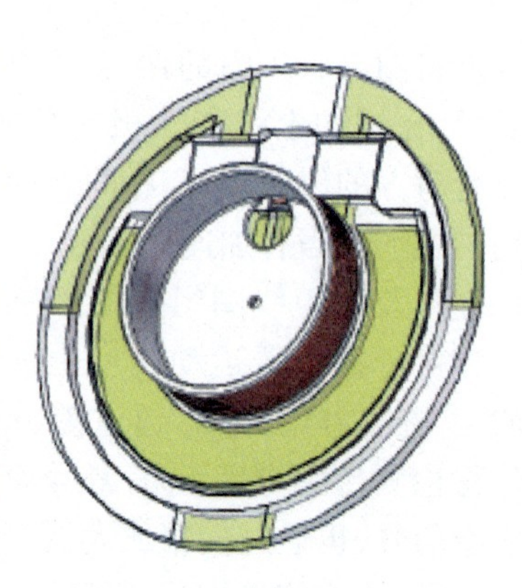

图7-41 石英挠性加速度计的摆组件结构

7.5.3.2 主要性能

20世纪80年代初，我国开始了石英挠性摆式加速度计的研制。在国内航空、航天、船舶、兵器等科研院所，以及国防科技大学、清华大学、哈尔滨工程大学、北京航空航天大学等单位都已对石英挠性摆式加速度计进行了一系列研究。其中，较高精度产品可达到偏值半年稳定性10μg，标度因数半年稳定性10ppm，但与国外先进水平仍有一定差距。

7.5.4 单晶硅挠性加速度计

单晶硅挠性加速度计属于力平衡式加速度计，其质量摆片通常采用一体式单晶硅加工而成，槽口、挠性平桥和动片通常采用光刻和刻蚀方法加工，单晶硅摆没有明显的迟滞特性，可以使加速度计具有很高的分辨率，并极大地减少加速度计的零位误差，仪表输出一致性较高。

7.5.4.1 基本原理

单晶硅挠性加速度计按常用的力再平衡原理进行工作。基于MEMS工艺制造的单晶硅整体摆片与力矩器的线圈固连形成摆组件，单晶硅整体摆片同时也是电容传感器的活动极板，当有加速度输入时，由挠性铰链支撑的电容器活动极板移动，电容器输出一个交流输出电压，该电压经调制、放大后反馈回力矩器线圈，从而产生一个与原惯性力引起的力矩相反的平衡力矩，使挠性铰链支撑的电容器活动极板和力矩器线圈回复并保持在原有位置，放大器反馈到力矩器线圈中的反馈电流可以准确地读出输入加速度的量值，单晶硅挠性加速度计结构如图7-42所示。

单晶硅挠性加速度计充分发挥了单晶硅材料的优异导热作用，容易在加速度计壳体内部实现热平衡，从而具有优良的快速启动性能，同时单晶硅挠性铰链

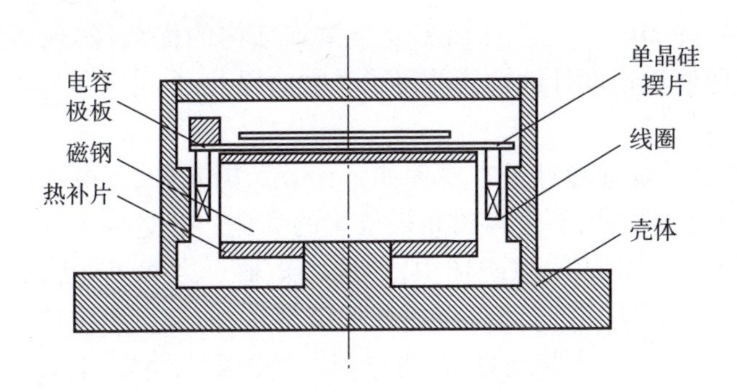

图7-42　单晶硅挠性加速度计结构示意图

不需要镀膜即可实现电气信号引出，避免了干扰力矩的影响，因此具有优良的长期稳定性，适用于航空机载与陆地导航。

7.5.4.2　主要性能

我国单晶硅挠性加速度计的研制始于20世纪90年代，特别是随着MEMS工艺技术的快速进步，近年取得了很大的发展，目前大量装备于航空机载领域。其中高精度产品可达到偏值半年稳定性10μg，标度因数半年稳定性10ppm，与石英挠性加速度计精度水平相当。主要技术指标如下。

(1) 量程：$-35g \sim +35g$。

(2) 阈值：不大于1μg。

(3) 偏值：不大于10mg。

(4) 标度因数：(1.3±0.2)mA/g。

(5) 月综合误差：不大于10μg。

(6) 启动时间：不大于10s。

(7) 温度系数：不大于10μg/℃。

7.5.5　硅摆光电挠性加速度计

硅摆光电挠性加速度计是单晶硅挠性加速度计的一种，采用光电传感器的位置检测方法，随着摆片的上下移动，光通量也随之发生变化，从而产生变化的电流，通过电流检测获得输入加速度。与常见的电容式加速度计相比，避免了摆片变形和导电游丝干扰所造成的影响，使仪表具有良好的稳定性。

7.5.5.1　基本原理

我国光电挠性加速度计的研制始于21世纪初，早期方案采用金属分立摆结构，随着近年来将金属分立摆替换为单晶硅整体摆，通过光学位移检测技术与单晶硅整体摆的融合实现了硅摆光电挠性加速度计，进一步提升了位移检测分辨率，同时充分发挥 MEMS 工艺可加工复杂微细结构的优势，实现了复杂的应力释放结构，从而使加速度计的性能获得了较大的提升，目前大量装备于航空机载及弹载领域。

硅摆光电挠性加速度计基本原理如下：光源、挡光板、光电二极管共同形成光电位移检测传感器，用于检测挡光板位置的变化。摆组件上固定有力矩器线圈，将线圈置于永磁体的气隙磁场中，形成力矩器。当摆组件感受外部加速度时，质量摆产生惯性力，使摆组件绕挠性关节旋转，前端产生位移，照射在上、下两个光电二极管的光强不再对称，产生电流。经伺服电路放大、解调、校正，输出至力矩线圈，线圈在磁场力的作用下，产生反向电磁力，抵消惯性力，将摆组件回复至初始平衡位置。此时，线圈中的电流正比于感受到的加速度。可以在采样电阻端测量到相应的电压信号。加速度计工作原理示意如图 7-43 所示，光电位移检测传感器示意如图 7-44 所示。

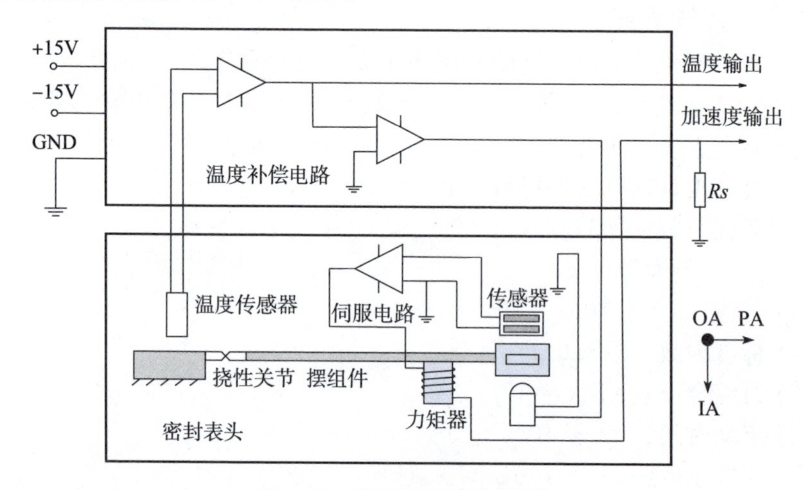

图 7-43　加速度计工作原理示意

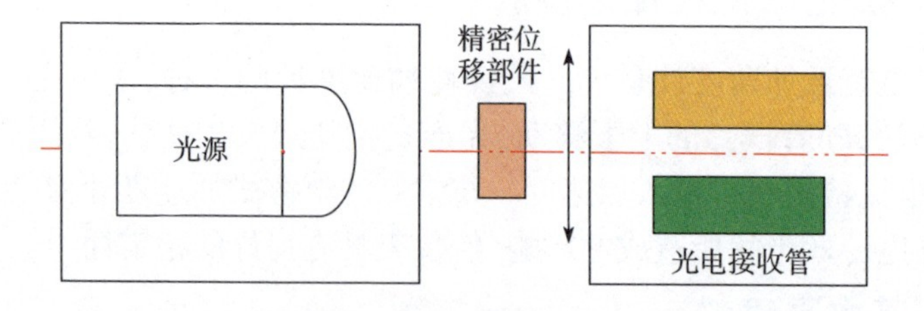

图 7-44　光电位移检测传感器示意

7.5.5.2　主要性能

目前，高精度硅摆光电挠性加速度计产品可达到偏值半年稳定性 5μg，标度因数半年稳定性5ppm,这些产品广泛应用于航空、航海等中高精度领域。主要技术指标如下。

(1) 量程:$-60g \sim +60g$。

(2) 阈值:不大于1μg。

(3) 偏值:不大于10mg。

(4) 标度因数:(1.3±0.2)mA/g。

(5) 月综合误差:不大于5μg。

(6) 启动时间:不大于10s。

(7) 温度系数:不大于10μg/℃。

7.5.6　微机电(MEMS)加速度计

7.5.6.1　基本原理

微加速度计原理示意如图7-45所示,它采用质量块-弹簧-阻尼器系统来感应加速度。它是利用比较成熟的硅加工工艺在硅片内形成的立体结构。图中的质量块是微加速度计的执行器,与质量块相连的是可动臂,与可动臂相对的是固定臂。可动臂和固定臂形成了电容结构,作为微加速度计的感应器。其中的弹簧是由硅材料经过立体加工形成的一种力学结构,它在加速度计中的作用相当于弹簧。

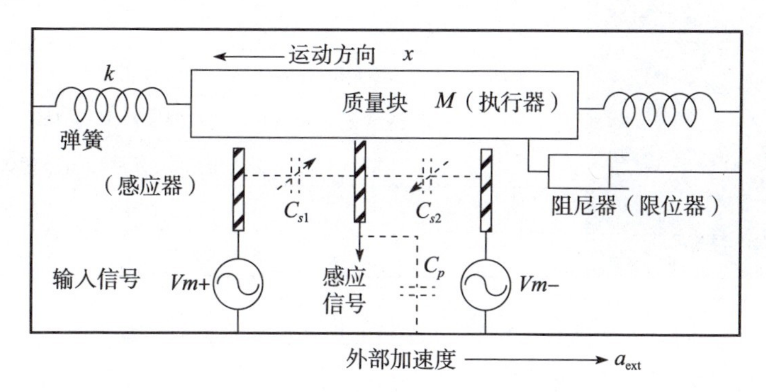

图7-45　微加速度计原理示意

当加速度计连同外界物体一起加速运动时,质量块就受到惯性力的作用向相反的方向运动。质量块发生的位移受到弹簧和阻尼器的限制,该位移与外界加速度具有一一对应的关系:外界加速度固定时,质量块具有确定的位移;外界加速度变化时,质量块的位移也发生相应的变化。另外,当质量块发生位移时,可动臂和固定臂(感应器)之间的电容就会发生相应的变化;感应器输出电压的变化,就是执行器(质量块)的位移,通过输出电压就能测得外界加速度。

7.5.6.2 功能性能

美国UTC航天系统公司（UTAS）研发了一系列高性能硅微机电系统（MEMS）开环加速度计“Gemini”，直至2019年11月，该产品系列技术条件参数为：工作温度-40~125℃，敏感加速度（±0. 85~±0. 96）g，工作寿命为12000h，规定储存寿命为15a，Gemini产品主要性能参数如表7-5所示。

表7-5 Gemini产品主要性能参数

产品规格	CAS211	CAS212	CAS213	CAS214	CAS215
	CAS291	CAS292	CAS293	CAS294	CAS295
敏感轴数	两轴				
动态范围	±0. 85g	±2. 5g	±10g	±30g	±96g
随温度变化的标度因数/%	1. 2（数字）1. 5（模拟）				
标度因数非线性度/%	0. 5	0. 5	2. 0	2. 0	2. 0
25℃时连续零偏/mg	0. 35	0. 75	0. 75	3. 0	8. 0
噪声谱密度/（μg/$\sqrt{Hz}$）	50	150	150	350	1000
振动整流（20~50Hz）	0. 15mg/g^2@0. 5gms	0. 15mg/g^2@2. 0gms	0. 15mg/g^2@8. 0gms	0. 1mg/g^2@12gms	0. 1mg/g^2@12gms
供电电压/V	2. 7~3. 6				
电流消耗/mA	3				
带宽/Hz	>170（数字） >250（模拟）				
温度/℃	工作温度：-40~+125 储存温度：-55~+150				
冲击	工作冲击：1000g 1ms 1/2正弦波：存活冲击：>6500g				
启动时间/ms	20				
质量	一般0. 4g				

MEMS加速度计在体积、重量、功耗和成本方面综合优势明显，未来的发展趋势是实现高精度加速度计芯片。

7.5.7 硅谐振加速度计

硅谐振加速度计是一种把力敏感振动梁作为敏感元件，可直接数字输出的加速度计。其输出频率信号可直接由数字电路处理，不再需要高精度模数转换电路，也就无相应的速度增量误差。采用力敏感晶体谐振器和晶控振动器电子线路代替力平衡式加速度计的力矩器相关线路，使加速度计的机械组装相对简单、成本低、功耗低、可靠性好，具有较高的性价比，使其在小型化、数字化、固态化方面具有较强潜力，是当前大力发展的一种加速度计。

7.5.7.1　基本原理

硅谐振加速度计（SOA）是近 20 年发展起来的新型加速度计，它利用双端固定音叉（DETF）力-频效应，间接测量加速度的传感装置。硅谐振加速度计微机械结构主要由质量块、杠杆放大机构、谐振梁、梳齿电容及支撑结构组成，其中质量块两侧设计了相同尺寸并沿加速度敏感方向对称放置的放大杠杆和谐振梁。当测量方向上存在加速度变化，质量块产生的惯性力，通过杠杆的放大效应，作用到谐振梁。质量块两侧的谐振梁分别受到拉力和压力，谐振频率分别增大和减小。当加速度在一定范围内时，谐振梁的频率差与加速度呈近似线性关系，通过检测谐振梁的谐振频率，就可得到加速度值，硅谐振加速度计结构原理如图 7-46 所示。

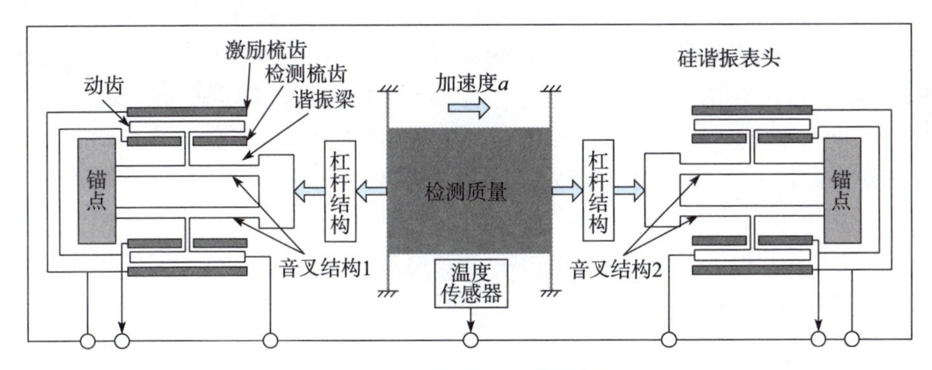

图 7-46　硅谐振加速度计结构原理

硅谐振加速度计是一种通过谐振梁频率差反映外界加速度的 MEMS 加速度计，具有 MEMS 传感器件的普遍优势。相比传统摆式加速度计，硅谐振加速度计体积小、功耗低、加工简单、适合大批量制造，准数字信号输出形式，使其使用上也更方便。低应力加工方式，普遍表现出更好的长期稳定性。随着武器装备的需求牵引和技术进步，硅微谐振式加速度计精度不断提升，目前已在航空器姿态控制、惯性导航、导弹制导等领域得到应用。

7.5.7.2　主要性能

硅谐振加速度计是以微电子机械技术工艺为基础，采用硅材料的谐振式加速度计，原理上具有较高精度、准数字量输出、重量体积小、功耗低等特点，易实现批量化生产，已成为新一代高精度微机电加速度计的重要发展方向，在航空航天等高技术领域具有广阔的应用前景。

（1）量程：$-100g \sim +100g$。

（2）阈值：不大于 1μg。

（3）偏值：不大于 100mg。
（4）标度因数：100Hz/g。
（5）年综合误差：不大于 50μg。
（6）启动时间：不大于 10s。
（7）温度系数：不大于 50μg/℃。

7.5.8 光纤加速度计

7.5.8.1 基本原理

光纤加速度计的基本原理是：由于受到被测加速度的调制，经透射、反射或偏振效应后，光纤感知接收到光强的变化，以此测量出加速度。相位调制型光纤加速度计的实质是传感光纤受质量块惯性力的作用，导致通过它的光产生相位变化，相位变化量即代表被测加速度值。相位调制型光纤加速度计可实现全光纤化，可以比光强调制型体积更小，动态范围更大，测试精度更高。通常采用 Michelson 干涉法、M-Z 干涉法和 F-P 干涉法来测量相位变化。波长调制型光纤加速度计的基本原理是：在惯性空间设置质量为 m 的质量块，将光纤布拉格光栅（FBG）植入其中或固定在其表面。当被测件由于加速运动而产生惯性力或位移时，将对 FBG 产生应力，从而可以对 FBG 的光的波长进行调制。用光探测装置探测出波长的变化量，即可获得所测加速度值。

光纤 F-P 传感器是利用 F-P 干涉仪原理发展而成，干涉仪原理示意如图 7-47 所示，F-P 干涉仪是由两块内表面镀以高反射膜、间距为 h、严格平行的光学平板组成的光学谐振腔（也称 F-P 腔）。

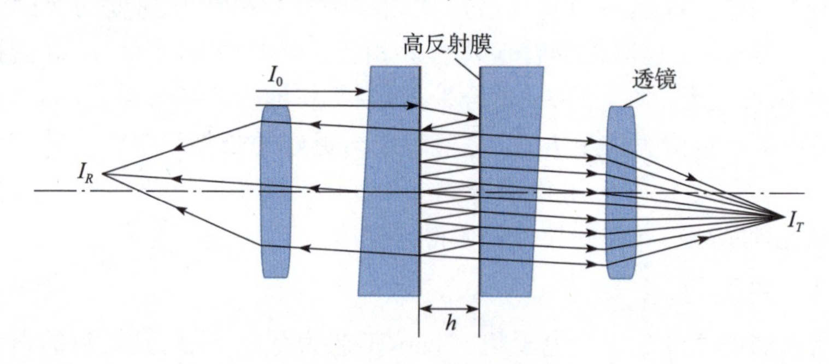

图 7-47　F-P 干涉仪原理示意

当一束波长为 λ、强度为 I_0 的单色光入射到 F-P 干涉仪后，在 F-P 腔表面将进行多次反射和折射，如此反复地反射，反射光束之间会产生多光束干涉效应，假设光束垂直入射且忽略光束的传输损耗的条件下，根据多光束干涉原理，光学 F-P 腔的反射输出光强 I_R 可表示为

$$I_R=\frac{F\sin^2(\delta/2)}{1+F\sin^2(\delta/2)}I_0 \tag{7-13}$$

透射输出光强 T 可表示为

$$I_T=I_0-I_R=\frac{1}{1+F\sin^2(\delta/2)}I_0 \tag{7-14}$$

式中：δ 为相邻光线的位相差(假定腔内材料为空气)，且表示为

$$\delta=\frac{4\pi}{\lambda}h \tag{7-15}$$

F 为 F-P 干涉仪的精细度系数，可表示为

$$F=\frac{4R}{(1-R)^2} \tag{7-16}$$

考虑到半波损失，归一化的 F-P 干涉仪反射输出光强公式可进一步表示成

$$I'_R=2R[1-\cos(4\pi h/\lambda+\pi)] \tag{7-17}$$

在入射光源确定不变的条件下光纤 F-P 加速度传感器传感机理可表示为：当环境中加速度加载到 F-P 腔结构上时，腔长 h 因加速度而改变，光谱信息会随着腔长 h 发生改变，通过解调系统解调出 F-P 腔长 h 的变化，再根据特定数学关系可推导出加速度信号值。

光纤加速度计的优点是结构比较简单，对光源、探测器等要求不高，容易实现。F-P 型光纤加速度传感系统结构简单，并且具有响应速度快，准确度、灵敏度高等优点。其主要由光源、耦合器、传感探头、信号解调单元等组成，系统结构如图 7-48 所示。

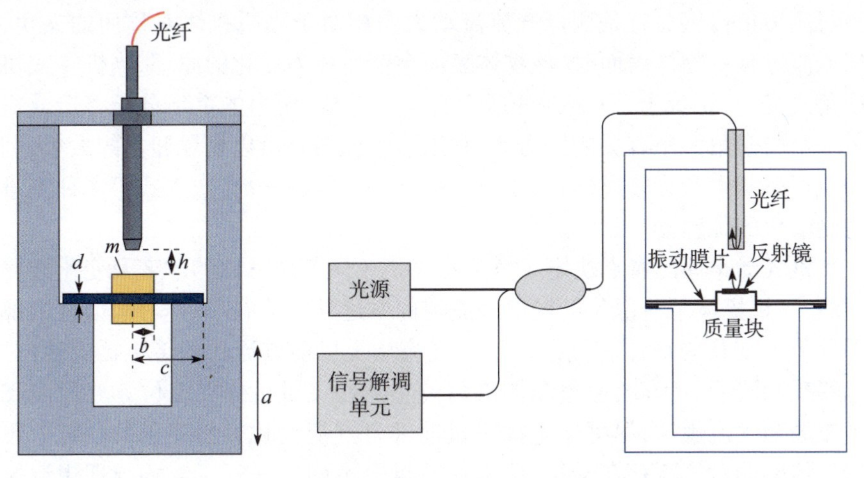

图 7-48　F-P 光纤加速度计结构示意

光源出射的光，在质量块一侧的反射镜发生反射，耦合进光纤后与光纤端面反射光发生干涉。当探头处于一定竖直方向加速度下时，振动膜片会发生形变，导致反射镜与光纤端面的光程差发生变化，从而引起干涉条纹的变化。通过探测干涉条纹的变化规律，即可解调出加速度与振动频率。

7.5.8.2 功能特点

光纤加速度计已经有成熟的产品，其功能特点如下。

（1）传感和传输信息量大。

（2）体积小、质量轻。

（3）动态范围宽。

（4）响应快、精度高，高于其他类型传感器1～3个量级的灵敏度和分辨率。

（5）可以将光源与敏感元件分离，传感部分结构和几何形状具有多样性。

（6）抗电磁干扰，不受电磁干扰影响。

（7）电绝缘性和耐腐蚀性好，可应用于高温高压、易燃易爆等恶劣环境。易复用和形成传感网络。

（8）易实现实时、在线、分布式传感等。

7.6 迎角与侧滑角传感器

飞机相对大气的飞行速度向量在飞机机体垂直对称平面上的投影与机体轴之间的夹角，定义为飞机的迎角（Angle of Attack）。飞机相对大气的飞行速度向量与飞机机体垂直对称平面之间的夹角，定义为侧滑角（Sideslip Angle）。可见，迎角与侧滑角传感器就是测量气流流动方向相对于飞机机体对称面的夹角，根据气流流过某一物体表面时，该物体表面会产生压力变化的原理，当机翼或机身的迎角改变时，机翼上、下表面的压力将发生变化，压力的重新分配将造成机翼产生一个与迎角大小有关的压力差，利用这个压力差可以衡量迎角的大小，利用这一原理研制生产旋转风标式、零压差式、压差管式和分布嵌入式等多种测量迎角与侧滑角的传感器。

飞机气动布局的特点决定了气流在飞机不同部位方向的改变及变化规律是不同的，飞机机体某些部位的局部气流与前方远处气流有一定规律，但有的部位局部气流的变化规律比较复杂，同时，气流从飞机前方流动到传感器安装位置，传感器感知滞后。因此，迎角和侧滑角传感器在飞机机体安装位置要适应飞机气动布局和气流规律，尽可能选择飞机前部且气流变化容易建模的位置。飞机和迎角传感器对气流存在干扰，使得在飞机上不同位置气流流场与理想流场存在差异，因此，迎角传感器只能测出传感器所在处的气流方向与飞机弦线间的夹角,即局部迎角。气流方向时常在变化,迎角、侧滑角传感器测得的迎角、侧滑角与真实的迎角、侧滑角有区别,实际应用时需要通过 CFD 设计计算,并且根据风洞吹风数据校核,由气动专业给出修正公式,飞控软件根据大气数据(动静压)实时修正,为数字飞控系统控制律计算提供准确有效的迎角、侧滑角信号。

7.6.1 基本原理

迎角/侧滑角传感器通过其外露探头(锥形探头或风标)跟随受感气流方向,通过传动机构带动内部角位移传感器转动,输出与探头转动角度成正比的电信号,测量出传感器所在位置的飞机局部攻角/侧滑角,迎角传感器原理结构如图 7-49 所示,迎角传感器分类如图 7-50 所示。

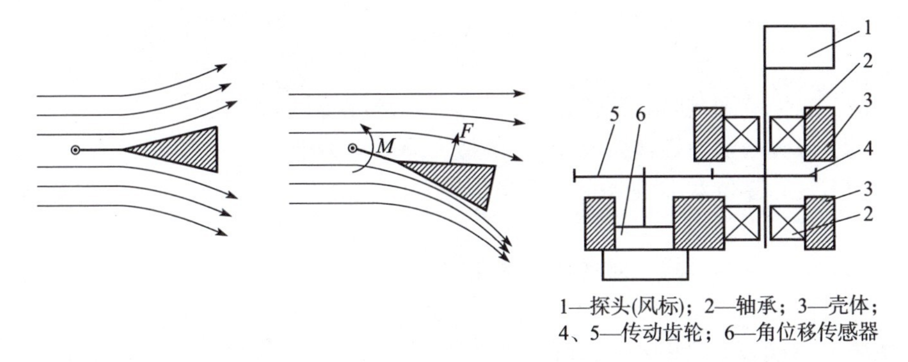

图 7-49 迎角传感器原理结构

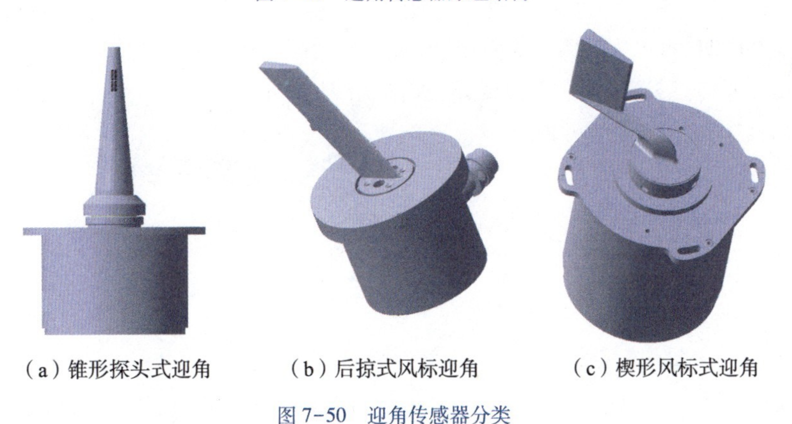

(a) 锥形探头式迎角 (b) 后掠式风标迎角 (c) 楔形风标式迎角

图 7-50 迎角传感器分类

7.6.2 功能与性能

1. 主要功能

迎角/侧滑角传感器为飞行控制系统(或大气数据系统)配套产品,用来测量飞机的局部迎角/侧滑角,并输出与这个角度成正比的电信号。为保证迎角/侧滑角传感器在各环境下工作正常和测量准确,迎角/侧滑角传感器一般还具有壳体加热功能、探头加热功能、探头偏转自检测功能和探头加温自检测功能。

壳体加热功能用于对内部进行加温,防止传感器内部水汽凝结或结冰导致的功能失效。探头加热功能用于在结冰条件下防止探头因结冰后气动外形改变,影响迎角/侧滑角传感器的测量精度。探头加温检测功能一般用于对探头加温功能是否正常进行检测反馈。探头偏转自检测功能一般用于地面对迎角/侧滑角传感器探头转动和输出是否正常进行检测。

2. 精度要求

迎角/侧滑角传感器主要精度指标包括测量范围、探头摩擦力矩、气动零位对准误差、摩擦误差、测量精度、带宽与阻尼比等,其各项精度指标要求的含义说明如下。

(1) 测量范围:迎角/侧滑角传感器的有效测量转角范围。

(2) 探头摩擦力矩:转动探头时的最大静摩擦力矩。

(3) 气动零位对准:迎角/侧滑角传感器的电气零位应与气动零位对准,误差应不大于规定值。

(4) 摩擦误差:迎角/侧滑角传感器因探头摩擦力矩而引起的测量误差。

探头(风标)是在气动力矩的作用下使其转动而跟随气流方向的。由于探头摩擦力矩的存在,当气动力矩大于摩擦力矩时,探头(风标)逐步向气流方向转动,同时气流在两型面间形成压差减小,气动力矩减小,当气动力矩不足以克服摩擦力矩时,探头(风标)停止转动,探头(风标)气动中心与气流方向存在角度差 $\Delta\alpha$,即传感器测量的摩擦误差,如图 7-51 所示。

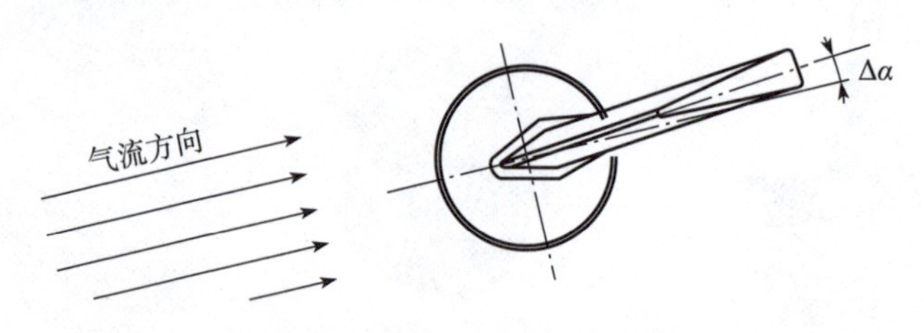

图 7-51 摩擦力矩引起的测量误差

(5) 测量精度:即迎角/侧滑角传感器在规定的气流速度下的测量精度。该精度包含了气动零位对准误差、摩擦误差和角位移传感器的误差等影响,是迎角/侧滑角传感器综合精度的体现。

(6) 带宽与阻尼比:反映迎角/侧滑角传感器动态响应特性,一般按技术协议或专用规范执行。

7.6.3 关键技术

1. 气动校准技术

气动校准技术是利用探头跟随气流方向的特性来受感气流方向，调试和使用时，其测量基准为探头的气动中心。迎角/侧滑角传感器的气动校准，使其电气零位与气动零位对准，对准误差应不大于规定值。若以探头的机械对称中心为基准进行调试、校准，迎角/侧滑角传感器测量精度引入了因零件的加工误差而带来的测量误差。

2. 高可靠性加热器设计技术

高可靠性加热器设计技术是利用探头气动外形跟随气流方向的特性来受感气流方向，探头气动外形因结冰而导致其外形的改变将影响其测量精度，且在使用中不易识别和判断，高可靠性加热器技术则是其在各环境下测量准确的保证。

3. 动态特性设计技术

动态特性设计技术是在飞机飞行中，迎角/侧滑角传感器受感的是其所在安装位置的气流方向，设计时应兼顾其测量的稳定性和及时性，并在仪表风洞下进行验证，其与迎角/侧滑角传感器探头组件的转动惯量、探头的气动灵敏度和阻尼系数相关。

迎角/侧滑角传感器未来以提高产品可靠性，与大气数据系统集成，降低外场可更换单元数量和维护复杂性；嵌入式迎角/侧滑角测量，利用测量的飞机表面的局部压力，解算出飞机的迎角/侧滑角，并提高其在各条件下的测量精度，以及激光雷达等新型原理的迎角和侧滑角测量技术。

7.7 大气数据传感器

大气数据测量系统通过布置于飞机蒙皮的大气数据受感器感知局部总压、静压、迎角、侧滑角、总温信号，通过传感器进行采集，并通过计算机进行大气参数计算，提供飞机飞行所需的高度、指示空速、马赫数、真空速、迎角、侧滑角等相关飞行参数。典型的大气数据测量系统的基本组成如图7-52所示。

大气参数的重要性在于其和飞机所受到的气动力有关，与飞机控制密切相关。以升力(Y)为例，其计算式为

$$Y = C_Y S q_c \tag{7-18}$$

式中：C_Y 为升力系数，与迎角参数有关；S 为机翼面积；q_c 为动压，也称速压，即飞机相对空气的速度产生的压力。

飞机的气动力与飞机迎角、动压等有直接关系，要实现对飞机的控制，必须

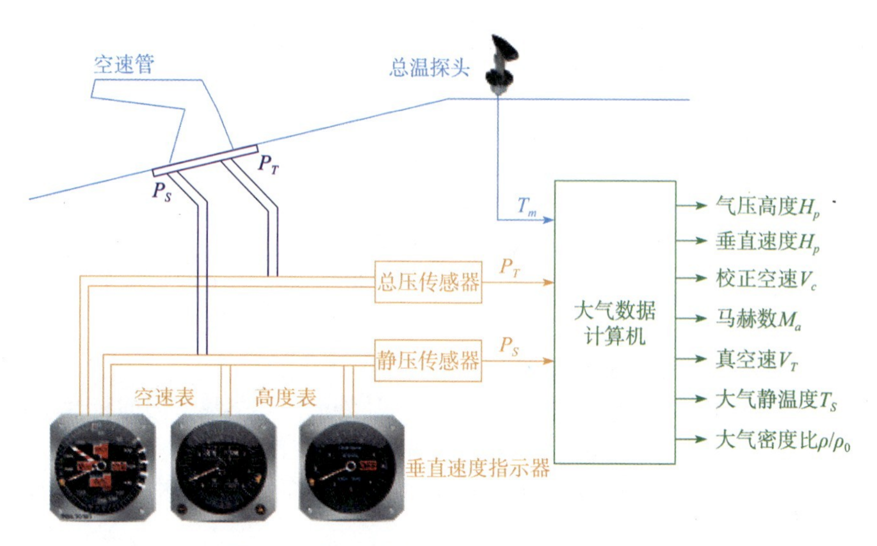

图 7-52 典型的大气数据测量系统的基本组成

得到上述参数的实时数据,而这些参数主要依靠大气数据测量系统来感知和测量。大气数据系统对其他机载系统也是关键数据来源之一。

(1) 飞行控制系统(FCS)——大气参数用于飞行控制系统的“大气数据增益调参”。对于电传飞控系统来说,必须保证系统具有足够的冗余度以确保飞机的故障生存能力,因此通常需要 3 套或者 4 套独立的大气数据传感器构成的系统。

(2) 自动驾驶仪系统——大气参数用于“高度截获/保持、马赫数截获/保持和空速截获/保持”功能(自动油门系统)。自动驾驶仪控制回路也需要大气数据增益调参。

(3) 导航系统——导航系统需要气压高度和真空速。垂直面的导航需要气压高度。通常综合大气数据信息和惯性导航系统的惯导信息可以得出优于它们单独提供的垂直速度和高度值(“气压/惯导融合”技术)。飞机的速度向量为气压/惯导提供的垂直速度和惯导系统提供的水平速度(地速)的向量和。速度向量信息通常应用于制导和控制,如平显、飞行指引系统、武器瞄准系统等。

(4) 飞行管理系统(FMS)——飞行管理系统需要大气数据信息,以保持飞机按最省油的航线实现 4D 飞行管理(3D 空间位置加时间)。

(5) 发动机控制系统——发动机控制系统需要高度、校正空速和马赫数 3 个大气数据用于发动机调参。

图 7-53 给出了大气数据系统为主要航空子系统提供大气数据信息的示意图。现代飞机系统使用多种数据总线传送大气数据信息,实现相互间的交联。

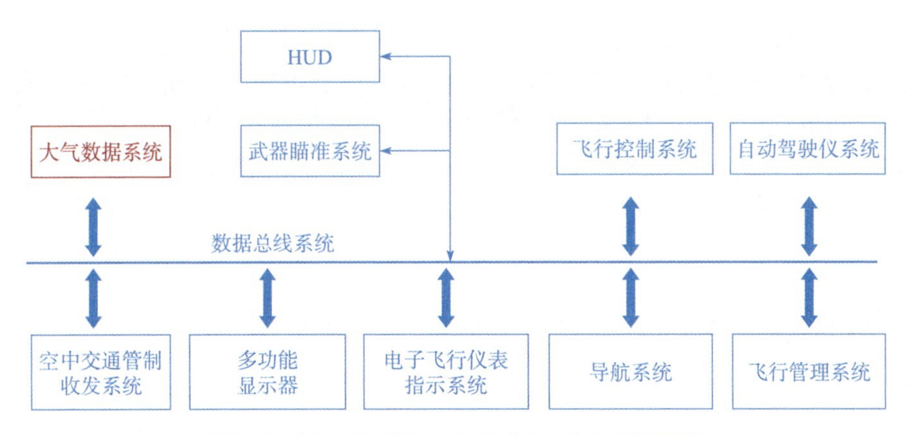

图7-53　大气数据系统与主要机载电子系统的信号交联

7.7.1　基本原理

大气数据子系统用于测量飞行器飞行时的气压高度、空速、马赫数、总温、迎角、侧滑角等飞行状态参数，是保证飞行器飞行安全的重要子系统。通常由感受空气压力的总静压受感器、感受迎角的迎角传感器、感受侧滑角的侧滑角传感器、感受总温的总温传感器、完成大气参数解算的大气数据计算机等组成，如图7-54所示。为了减少装机部件数量，系统中的压力受感器部件及传感器部件还可与大气数据计算机集成在一起。

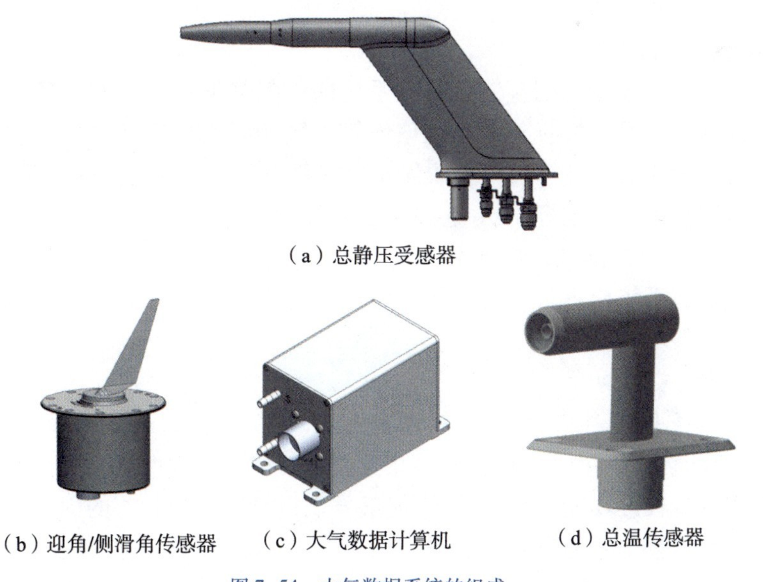

(a) 总静压受感器

(b) 迎角/侧滑角传感器　(c) 大气数据计算机　(d) 总温传感器

图7-54　大气数据系统的组成

大气数据子系统测量的基本原理为通过安装于飞行器表面的压力受感器感受飞行器飞行时的总压、静压，通过压差式或风标式迎角、侧滑角传感器感受迎角、侧滑角，通过总温传感器感受大气总温，由大气数据计算机依据标准大气参数计算公式解算出飞行器所需的飞行大气参数，必要时，需通过迎角、侧滑角及马赫数对气压高度、指示空速等大气参数进行剩余误差修正。

7.7.2 基本功能

大气数据系统的基本功能包括测量飞机飞行时的气压高度、指示空速、马赫数、真空速、静温、大气密度比、迎角、侧滑角等大气参数，并通过总线向相关系统发送大气参数和系统自检测结果。

1. 告警功能

大气数据系统应具备告警功能，通过装订飞机的速度限制曲线、临界迎角告警曲线等，并根据实时采集到的大气数据计算机参数计算限制条件，当超速或到达临界迎角时，通过总线和离散量接口对外发出极限告警信号。

2. 加温控制功能

大气数据系统应具备加温控制功能，包括大气数据计算机、总温传感器、静压传感器和迎角传感器均具有加温功能。系统有强制加温和自动加温两种方式。当飞机仪表板上的手动加温开关接通时，大气数据系统即开始强制加温。当大气数据系接通且满足相关条件时，可发出自动加温信号，由加温控制盒控制大气数据系统各部件加温。

3. 场压装订功能

驾驶舱显示控制与综合信息处理系统向大气数据计算机发送场压装订值。大气数据计算机通过接收到的场压值解算得到相对气压高度，并通过数字总线对外输出。大气数据计算机可接收修正海平面气压(QNH)装订值，通过接收到的场压值解算得到机场标高，并通过总线对外输出。

4. 曲线装订功能

大气数据系统应具备装订临界攻角告警数据、最大空速限制数据、静压源误差修正数据等功能。

5. 自检、校准功能

系统具备上电、维护、周期自检测功能，在维护自检状态下能够发出固定数据，用于检测自身系统工作情况及与相关设备交联的正确性。

系统具备校准功能，校准状态下能够发出区别于自检状态的固定数据，置所有故障等及告警信号为有效状态，用于检测告警信号在相关交联设备上显示的正确性。

7.7.3 关键技术

1. 气动布局设计技术

大气数据子系统的测量精度,与压力受感器、气动角传感器及总温传感器安装位置密切相关,因此需通过气动仿真分析,划定总压、静压、迎角、侧滑角和总温等受感器和传感器适宜的安装区域。在安装位置确定后,再次进行气动仿真,评估各种飞行状态下,大气参数感受的线性度和精度,确定初步参数解算模型。

传统的压力受感器和气动角传感器以飞行器局部外形为基础进行气动布局设计,而嵌入式的压力传感器需以整个飞行器的外形为基础进行气动布局设计。

2. 隐身性能设计技术

聚焦新一代战斗机、直升机及相关武器装备对大气数据子系统隐身性能的需求,通过开展低 RCS 外形设计、吸波材料及吸波结构的应用研究,兼顾气动及防除冰性能要求,进一步提升大气数据子系统受感器和传感器的雷达探测隐身性能。

3. 压力传感技术

对于大气数据子系统来说,压力传感器是大气参数解算的基础,压力传感器的精度、稳定性和可靠性直接影响着大气数据子系统的性能,因此压力传感技术是大气数据子系统的一项关键技术。特别对于空天飞行器,高精度微压力测量技术是近年来正在攻克的技术难关。

4. 参数融合技术

在飞行器跨声速飞行时,由于周围流场极其复杂,大气数据子系统测量精度会受到很大影响;在大迎角飞行时(如大于 60°),由于受测量原理限制,大气数据测量误差会增大;而惯导系统、卫星导航系统测量的速度、高度、姿态角等参数的精度不会受周围流场影响,通过接收惯导系统、卫星导航系统输出的参数在特定条件下开展大气参数融合计算,可提高大气数据子系统的测量精度和可靠性。

7.7.4 未来发展

大气数据子系统作为飞行控制系统、航电系统的重要子系统,自 20 世纪 50 年代以来,技术不断突破,经历了由分立机械部件构成的第一代大气数据子系统,以机电模拟式大气数据计算机为核心的第二代大气数据子系统,以系统数字式中央大气数据计算机为核心的第三代大气数据子系统,目前主流的第四代大气数据子系统包括由智能多功能大气数据探头组成的分布式大气数据系统和用于飞翼布局飞行器的嵌入式大气数据系统。

固定翼飞机分布式大气数据系统仍然是主流架构,分布式大气数据系统是为了提高系统动态特性和任务可靠性，是目前使用最为广泛的一种大气数据系统。分布式大气数据系统的构型较为复杂，一般为3~4余度的系统配置，系统功能多，系统内外数据高度交联，另外，战斗机、直升机等存在超低空突防的需求，因此，需要掌握大气参数多系统修正和融合、全空域和全气象参数修正，以及六性集成和一体化及高可靠性设计技术。

飞机的高机动性、多参数融合及高隐身的发展需求，对大气参数性能的要求进一步提高，飞翼布局飞行器嵌入式大气数据系统为不二选择，嵌入式大气数据系统不同于分布式大气数据系统，无法直接测量飞行总压、静压。针对飞翼布局轰炸机外形、升力体和乘波体两类跨大气层飞行器外形，需要突破多样化阵列式测压孔布局和大气参数状态矩阵实时解算、补偿技术，从而满足大气参数的测量需求和系统重构需求。为了满足战斗机、轰炸机的生存性能和隐蔽迎角的要求，需要突破系统尤其是外露大气数据探头多功能化设计技术，突破气动、隐身、强度、热、防除冰一体化设计技术，从而减少外露探头的数量，降低系统的RCS。

直升机受旋翼下洗气流的影响，小空速时大气参数精度和稳定性较差，采用传统的压力传感器测量原理，需寻求精度更高、稳定性更优的压力传感器，同时通过建立新的空速解算模型，提高低空速的测量精度及稳定性。采用光学测量原理，可以避免飞行器扰流的干扰，并通过反演算法解算出机体三轴向的真空速及迎角、侧滑角，为飞行器提供精确的大气参数。

空天飞行器需重点开展高超声速的气动/热特性研究、稀薄空气下动态特性的传递及验证、抗辐照和空间环境防护设计研究，同时开展收放机构设计、高可靠动密封设计及耐高温温度传感器、耐高温受感器、高精度微压力测量传感器等关键部件技术的设计研究。

7.8 惯性导航系统

7.8.1 导航原理

惯性是所有质量体的基本属性，在惯性原理基础上的惯性导航系统无须外来信息，可在全天候、全球范围和所有介质环境（空中、地面和水下等）内自主地、隐蔽地进行三维定位和三维定向。惯性导航是指借助惯性技术引导运载体从起始位置行驶至目标位置。可以将两位置之间关系看作一向量，既有方向又有距离长短，无论行驶的路径是直线还是曲线，只有在合适的方向和路径下才能到达目标位置。惯导的基本原理是以牛顿力学定律为基础，通过测量载体在惯性参考系中的加速度，将它对时间积分，并变换到导航坐标系中，得到在导航坐标系中的速度、偏航角和位置等信息。

依据牛顿定律,运动体的运动状态都可以用加速度来表征,加速度计测量示意如图7-55所示。

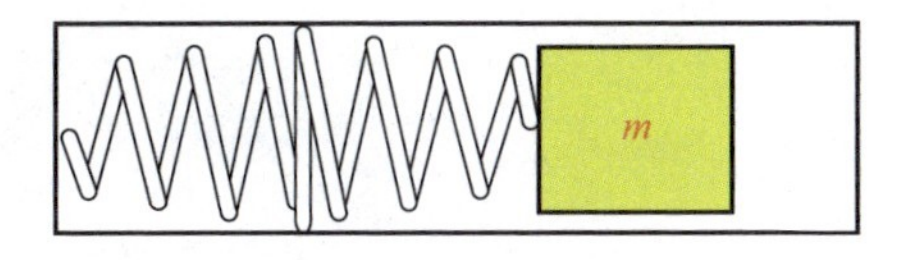

图7-55 加速度计测量示意

$$a=\frac{\mathrm{d}V}{\mathrm{d}t}=\frac{\mathrm{d}^2s}{\mathrm{d}t^2}$$

$$V=V_0+\int_0^t a\mathrm{d}t$$

$$S=S_0+\int_0^t V\mathrm{d}t$$

惯性导航是指以加速度测量为基础的导航定位方法,利用惯性测量元件(陀螺、加速度计)测量载体相对惯性空间的角运动参数和线运动参数,在给定运动初始条件下,经导航解算得到载体速度、位置及姿态和航向的一种导航方法。

具体实现惯性导航系统的功能,一般的方法是:通过陀螺仪建立一个坐标系,以便使运载体加速度和重力加速度的测量值能够在其上进行分解;通过加速度计惯性器件测量运动载体的加速度;通过休拉调谐以几何给定方式预先知道重力场的分布,以便从惯性元件测出的加速度中得出载体的惯性加速度;导航系统通过惯导计算机完成二重积分运算,获得载体的速度、姿态及位置。

惯导对准是指找水平、找方位(正北),就是给惯导计算机输入初始经度、纬度、高度,使 $N_y=1\mathrm{g}$、$N_z=N_x=0$,航向指向正北。惯导对准的精度直接影响导航系统参数的精度,惯导算法是速度参数计算和位置参数计算,速度参数计算示意如图7-56所示。

速度参数计算的公式为:

$$\begin{cases} V_E=V_{E_0}+\int_0^t a_E\mathrm{d}t \\ V_N=V_{N_0}+\int_0^t a_N\mathrm{d}t \\ V_U=V_{U_0}+\int_0^t a_U\mathrm{d}t \end{cases}$$

位置参数计算示意如图7-57所示。

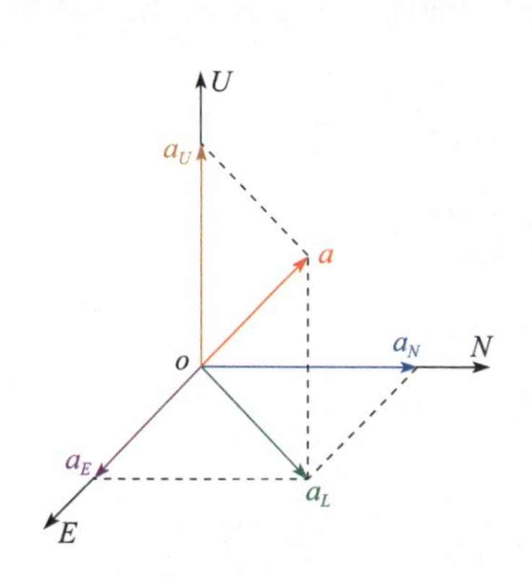

图 7-56 速度参数计算示意

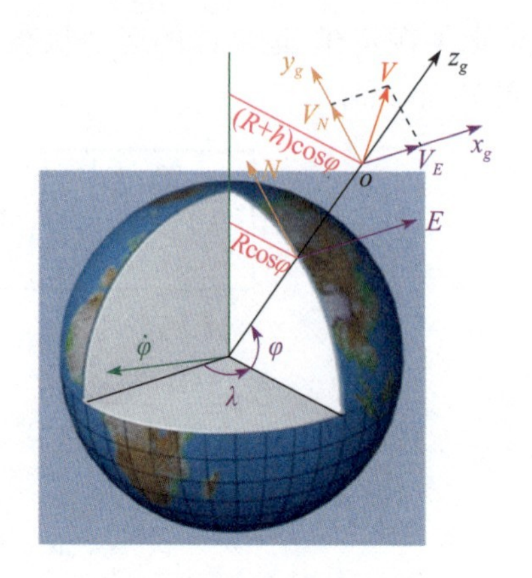

图 7-57 位置参数计算示意

位置参数计算如下：

$$
\begin{cases}
\lambda = \lambda_0 + \int_0^t \dfrac{V_E}{(R+h)\cos\varphi}\mathrm{d}t \\
\varphi = \varphi_0 + \int_0^t \dfrac{V_N}{(R+h)}\mathrm{d}t \\
h = h_0 + \int_0^t V_U \mathrm{d}t
\end{cases}
$$

7.8.2 平台惯导

平台惯导用机电控制方法建立物理实体平台，将惯性测量元件安装在惯性平台的台体上，由平台建立用于模拟所要求的导航坐标系，运载体的姿态角和航向角可直接从平台框架上拾取，或通过少量计算获得。惯性平台隔离了运动载体的角运动，加速度计和陀螺仪的工作条件好，一般惯性器件只需要对线加速度引起的静态误差进行补偿。由于导航坐标系的旋转实际上十分缓慢，平台式惯导系统中陀螺的动态范围可以很小，导航计算机解算负担较轻，在数字计算机发展起步时期，针对陀螺的施矩电流还不能太大的实际情况，适合采用平台惯导。平台惯导的缺点是体积大、重量重、结构复杂、可靠性差。

平台惯导陀螺安装在平台台体上，陀螺敏感台体偏离导航坐标系的偏差，平台通过稳定回路消除这种偏差，隔离运载体的角运动，使陀螺的工作环境不受运载体角运动的影响。同时，平台通过修正回路使陀螺按一定要求进动，控制平台跟踪导航坐标系的旋转运动。而导航坐标系的旋转仅由运载体相对地球的线运动及地球自转引起，其旋转角速度小，陀螺的指令施矩电流也比较小。所以，平台惯导陀螺的动态范围可设计得较小。平台惯导结构示意如图 7-58 所示，平台惯导功能结构如图7-59所示。

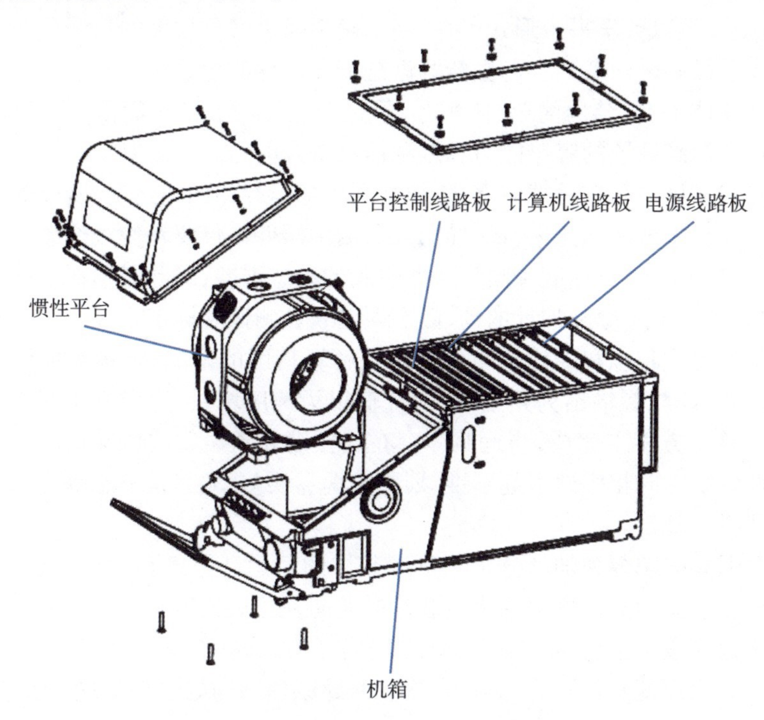

图7-58　平台惯导结构示意

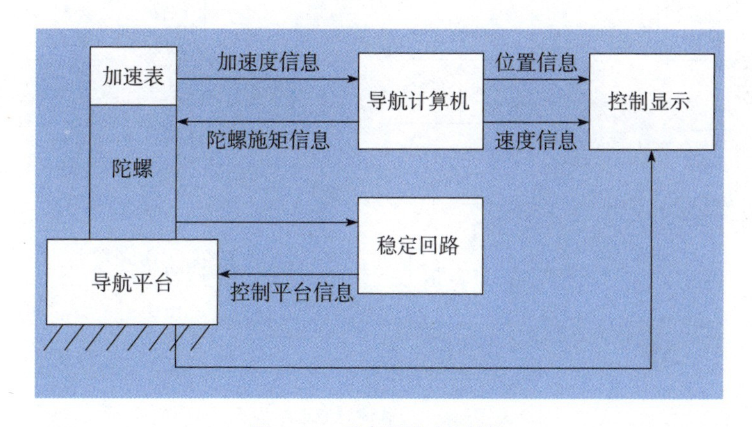

图7-59　平台惯导功能结构

7.8.3　捷联惯导

捷联式惯导系统将惯性元件直接安装在飞机上，没有机电装置的惯导平台，工作条件差,对惯性传感器的要求高。捷联惯导系统是依靠算法建立导航坐标系,平台坐标系以数学平台形式存在,基于避免噪声微分放大的角增量四元数算法及其多子样旋转向量的姿态更新解算是捷联惯导的核心关键。这样省去了复杂的物理实体平台,结构简单、体积小、重量轻、成本低、维护简便、可靠性高,采用余度技术提高系统的容错能力和多源信息融合能力。

陀螺和加计固联在运载体上,陀螺必须跟随运载体的角运动,所以捷联惯导所用陀螺的动态范围远比平台惯导的大。惯性器件不仅要补偿线加速度引起的静态误差,还要补偿角速度和角加速度引起的动态误差,因此必须在实验室条件下,对捷联惯导的陀螺和加计的动、静态误差系数测试和标定。

为降低捷联陀螺和加计的噪声对系统解算精度的影响,陀螺和加计输出采用增量形式,即陀螺输出为角增量,加计输出为速度增量,这样姿态解算和导航解算求解差分方程来完成,当运载体存在线振动和角振动或机动运动时,姿态、速度和位置解算时相应地引起圆锥、划桨和涡卷误差,尤其是姿态解算的圆锥误差需要严格的补偿。

捷联惯导的陀螺和加计分别测量运载体的角运动信息和线运动信息,导航计算机根据这些测量信息解算出运载体的航向、姿态、速度及位置。姿态矩阵解算相当于建立数学平台,ω_{ip}^{b} 相当于对数学平台的施矩指令,该指令根据导航坐标系和解算的速度和位置计算得出,捷联惯导原理结构如图 7-60 所示。

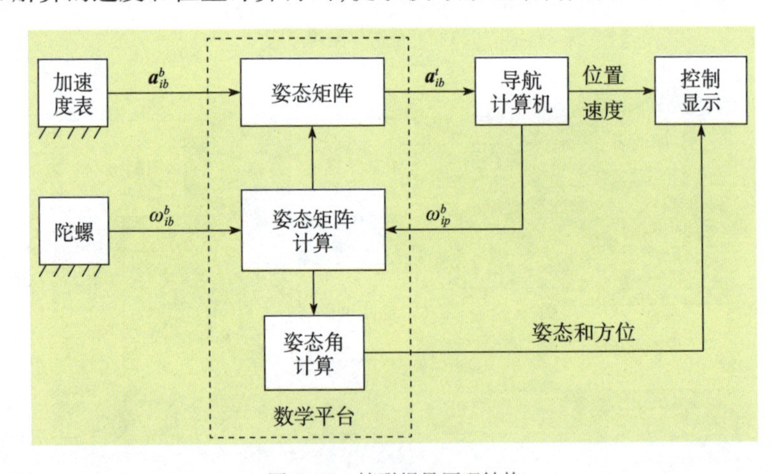

图 7-60　捷联惯导原理结构

惯性导航系统的优点是其自主性,但其定位误差随时间积累,在系统长时间工作后,产生积累误差。所以,纯惯导系统不能满足远程、长航时飞行的导航精度要求。提高惯导精度的技术路径有两条:一是提高惯性元件的制造精度,或研发新型惯性元件;二是采用组合导航技术,如全球定位系统(GPS)与惯导系统

(INS)组合、惯导系统与北斗系统组合(BD2、BD3)、惯导系统与地形匹配等,未来惯导系统将向着数字化、智能化的多源信息融合(甚至是大数据优化融合)的多功能惯性基准系统发展。

7.9 飞控计算机系统

三代机数字飞控计算机的系统布局多为集中式结构,以飞控计算机为核心,进行传感器信息采集、余度管理、多模态多速率组任务调度、控制逻辑决策和控制律计算,通过伺服作动系统控制飞机运动。飞行控制计算机集中控制了系统所有的资源,如果计算机故障直接导致对应通道的所有资源牵连不可用,那么在通道或系统的角度就是单点故障;这种各部件紧耦合的基于通道故障降级的模式,造成系统故障无资源利用的极大浪费。

基于高可靠总线网络的分布式飞控电子系统则进一步进行功能细分,依据不同的功能划分为不同的部件载体,这种多节点多层级的系统架构,形成了“谁故障隔离谁、其他节点来重构”的部件故障降级/重构模式,显著提升了系统的故障重构能力,克服了集中式控制器的单点故障,继而提高了飞控系统的可靠性、安全性和可扩展性。同时,由于分布式系统是基于任务需求、功能组织和资源状态来组织不同层级、不同要求和不同配置的分布式多处理机来完成系统任务,所以可在一定程度上降低各层级计算组件的复杂性。分布式架构是新一代军机和民机的一致选择。

7.9.1 分布式飞控计算机系统架构

基于不同带宽的飞控系统内总线将完成不同功能的飞控电子部件互联,构建了一个分层计算和控制结构体系,具有多级安全的非相似、分布式飞控计算机系统,其多数采用“FCM+ACE+REU”方式,完成系统功能及需求任务,总线分布式飞控电子体系架构如图7-61所示。

1. 飞行控制模块(FCM)

飞行控制模块是高完整性计算平台,承担系统余度管理、飞控系统正常模式和辅助模式控制律解算、系统工作模式的状态监控、计算和存储系统调零信息、飞控系统初始检测控制、总线通信与交叉数据通信、故障综合申报、REU和传感器电源逻辑控制,同时执行自动飞控系统控制律解算任务。

2. 作动器控制电子(ACE)

作动器控制电子主要任务是执行主飞控系统的直接模式控制律,实现正常模式/辅助模式控制指令与直接模式控制指令的选择逻辑、控制指令的发送与回

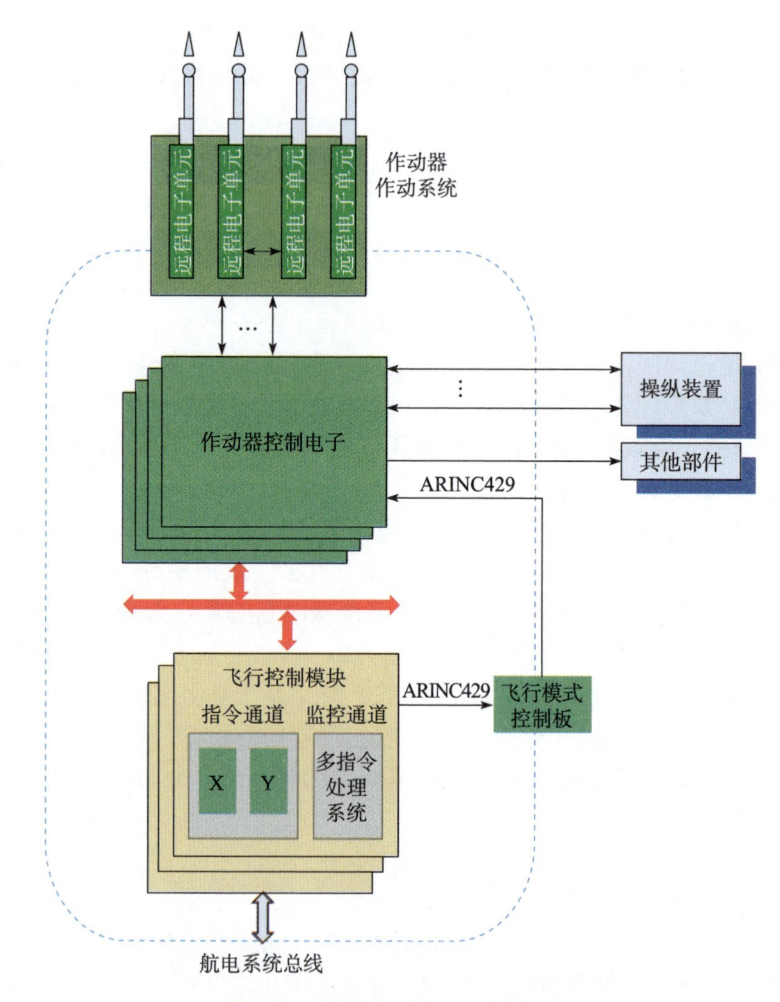

图 7-61　总线分布式飞控电子体系架构

绕监控，以及和外部交联系统的数据通信等功能。

3. 远程电子单元(REU)

远程电子单元是飞行控制系统中驱动操纵面作动器的关键电子设备。通过作动器数据总线 ADB 接收来自 ACE 的控制指令，进行伺服控制并驱动作动器运动。

高可靠、高安全长航时军机/民机电传控制系统多数采用分布式非相似体系结构，如三余度主飞控计算机(FCM)，每个通道内部也由 3 个支路构成并形成 3×3 架构。每通道包含独立的指令处理器模块、监控处理器模块和输入输出处理模块等。

主飞控计算机每个通道内部有指令支路和监控支路，指令支路内部由相似的处理器（X 支路+Y 支路）构成时钟锁步的自监控对，两个处理器进行位对位比较监控，指令支路内部发生的随机故障可以被及时、有效地检测出来，并采取相应的纠错和容错机制进行处理。监控支路采用与指令支路非相似的处理器，与指令支路形成任务级的自监控对，确保 FCM 的计算错误不会发送给飞控系统其他部件，如作动器控制器 ACE 等，避免了故障蔓延。

7.9.2　通道故障逻辑

根据系统余度及控制策略需要设计余度计算机输出控制权的转换交接，通常由逻辑上独立于处理器及其他接口模块的专用逻辑完成，这部分逻辑称为通道故障逻辑。通道故障逻辑是剔除故障通道、确保正常通道计算机参与系统工作的仲裁机构，它根据各通道提供的自身状态监控信息和其他通道健康信息来决定该通道是否应该拥有输出控制权。

通道故障逻辑是根据本通道自身状态信息及其他通道指示本通道状态信息进行综合判断，输出本通道是否有效的指示信号，当输出本通道无效时切断本通道工作，“切断”的通常做法是保持系统预先约定的故障安全值。

四余度计算机通道故障逻辑如图 7-62 所示，下面以“四余度数字机+两余度应急备份”的系统配置为例，说明计算机通道故障逻辑的机理和策略。

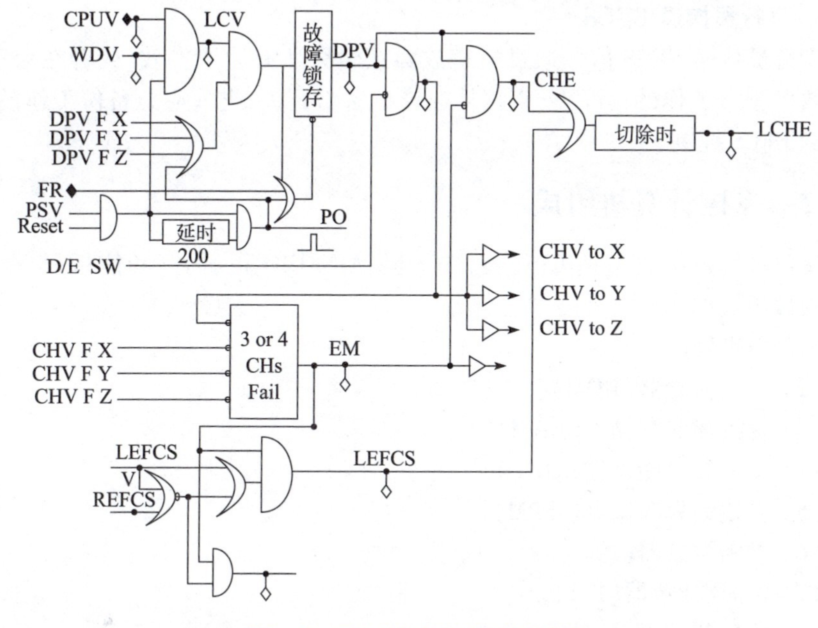

图 7-62　四余度计算机通道故障逻辑

1. 数字机表决(DPV 有效)

数字机表决部分主要实现本通道自检故障切断,其余三通道对本通道表决切断,以及大于或等于三通道故障告警及 EFCS 接入使能。数字机自检逻辑:看门狗有效 WDV、电源有效 PSV、处理器有效 CPUV,任意一个出现失效即锁存故障,输出本通道失效。其余三通道对本通道表决信号与电源上电脉冲信号相或产生表决结果,即本通道自检有效时,任意一个其他通道认为本通道有效本通道即有效。其中 WDV、PSV 是硬件信号,CPUV 是软件信号。CPUV 是四余度系统中下面几个重要环节节点有效标志综合“逻辑与”的结果:计算机同步有效 SYNV、控制律指令输出监控有效 OCMV,这几个有效标志“与综合”产生处理器有效标志 CPUV;其中有一个故障就报告计算机失效,即 CPU 不有效 $\overline{\text{CPUV}}$,通过计算机通道故障逻辑切除该通道,以防止计算机故障通道参与系统工作,危及系统安全。

2. EFCS 接入

EFCS 接入控制逻辑为主备选择逻辑。当本地通道 CHV 失效且本地 EFCS 有效时,输出本地 EFCS 允许,否则输出禁止;当本地通道 CHV 有效且本地 EFCS 有效且远程 EFCS 失效时,输出本地 EFCS 允许,否则输出禁止。总的来说,EFCS 接入逻辑为:当数字机三通道及四通道失效时,将两通道的 EFCS 以备份系统的方式接入工作。

3. 飞行员接通 EFCS

飞行员接通 EFCS 信号通过通道故障逻辑置所有通道失效,或者在数字机未失效可正常工作的情况下,直接接通模拟备份开关,进入应急备份工作模式,切换到 EFCS 控制。

7.9.3 飞控计算机组成

飞控计算机主要包括 CPU 板、MBI 板、AIN/DIO 板、伺服功能板、电源板。主要硬件组成如下。

(1) 中央处理单元。

(2) 只读存储器(ROM)。

(3) 随机存取存储器(RAM)。

(4) 非易失存储器(NovRAM)。

(5) 在线编程存储器(ISPM)。

(6) 中断控制器(PIC)。

(7) 定时/计数器(PIT)。

(8) 非屏蔽中断(NMI)。

(9) 看门狗(WatchDog)。
(10) 超时保护(TimeOut)。
(11) 掉电保护(PowerDone)。
(12) 开发调试接口(DIF)。
(13) 串行通信接口(SCI)。
(14) 串行背板总线接口单元(BIU)。
(15) 机内自检测逻辑(BIT)。
(16) 局部总线接口(LBus)。

7.9.4 模块化计算机

飞行控制计算机要求有极高的可靠性,因此冗余计算机(余度计算机)在航空系统中有非常广泛的应用,目前应用的余度计算机有以单套计算机(LRU)为余度单元构成多余度计算机,计算机的余度构型固定,不易扩展。单套计算机的处理器板或数据交叉通信板故障,该单套计算机将从余度体系结构中清除,则余度计算机功能降级,单套计算机的全部功能丧失,单套计算机中的其他功能板都将被切除,余度降级较快。也有双机箱四余度结构计算机架构,这种配置结构一个机箱两余度,两个机箱分别安装在飞机不同位置,与单机箱集中式构型和四机箱分散式构型相比,两机箱构型属于折中的分布式构型,权衡机上安装和克服单点故障的综合利弊,工程上常常采用双机箱四余度飞控计算机体系,其外形结构如图 7-63 所示。

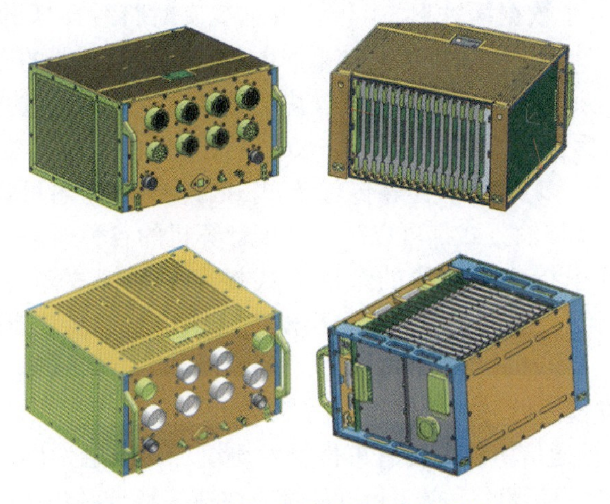

图 7-63 双机箱四余度飞控计算机外形结构

基于 ARINC-659 串行背板数据总线的模块化(LRM)、多余度计算机体系结构由于其自身体系结构的特点，具有高可靠性，余度降级缓慢，充分利用系统资源。计算机以总线为核心，而不以 CPU 为核心，各种类型的处理器仅以运算资源的方式挂接总线，因此极容易构成非相似余度计算机，下面对计算机体系结构做简要描述。

1. M+N 构型计算机体系结构

M+N 构型计算机，由可自由组合 mCPU+nI/O 体系结构，每个功能模块(LRM)为余度单元，以资源方式组成余度计算机，任意 LRM 发生故障，仅是该功能模块的功能丧失，该功能的余度降级，系统的其他功能余度保持不变，因此系统余度降级慢，可最大限度地利用系统资源，方便地实现系统余度重构。

计算机的机箱采用综合的模块化航空电子设备(IMA)机柜，现场可更换模块(LRM)等余度资源均插在机柜内，机柜以 ARINC-659 串行总线为背板总线，各功能模块以资源方式挂接总线，串行总线减少硬件资源，节省空间，增加系统的可靠性。各现场可更换模块(LRM)均为智能节点，计算机的各 I/O 功能板均为智能节点，含有微控制器，对功能板上的信号(模拟信号、离散信号、数字信号)进行调理和监控，全部以数字量的方式进行总线传输。

飞控计算机以 ARINC-659 总线为核心，各种现场可更换模块(LRM)均为运算资源或 I/O 资源等。传统的 CPU 功能板，现在是运算资源(如飞行控制律运算资源)。基本工作模式是，各个 I/O 功能模块由其上的微控制器实时将各种传感器的信号进行采集转化为数字量，放于数据缓冲区，串行背板总线实时将缓冲区的数据传送到运算功能模块(相当于存储器实时映射)，运算单元进行计算，将计算结果放于数据缓冲区，串行背板总线实时将缓冲区的数据传送到各 I/O 功能模块，I/O 功能模块将运算结果的数字量在微控制器的操纵下转换相应的 I/O 量输出。余度计算机的各运算模块会将其运算结果通过背板总线传输进行交叉比较仲裁后输出。因为 ARINC-659 串行背板总线有单点到单点、单点到多点、多点到单点、多点到多点等传输方式，因此数据传输可以有广播方式、主/从方式等，这些传输方式都可以满足余度计算机的各种通信要求。

ARINC-659 串行背板总线的余度方式提高了系统故障容忍能力。基于 ARINC-659 串行背板总线的现场可更换模块(LRM)的总线互连框图如图 7-64 所示。

2. 时间触发模式计算机体系结构

计算机的数据通信协议主要有事件触发协议和时间触发协议两种。事件触发协议具有较好的灵活性、适应性和事件响应快速等特点；但有一个缺点，即固有的不确定性。当多个外部事件同时发生时，它需要非常高的带宽同时通信，因此在某个时间点上其可靠性设计就很难保证，而且开发和测试的方法都很难设计。

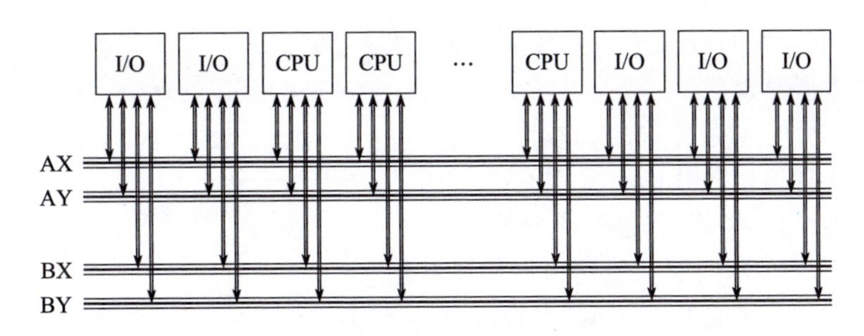

图7-64　现场可更换模块(LRM)的总线互连框图

时间触发协议有一个全局时钟,每个通信事件、计算事件都在静态表中预先定义,协议需要花费资源实现时钟同步,然而它具有确定性,不需要事件触发协议的高带宽,且具有稳定可靠的接口特性和可测试性。时间触发协议系统的设计要比事件触发协议系统难以设计,因为系统的行为需要预先计划,具有可预见性、确定性和稳定性。

7.9.5　跨机箱桥接交叉传输

659总线跨机箱桥接数据交叉传输路径监控及路径选择方法,对每条传输路径收发通信监控,在正常路径中优先选择直角边主路径,确定一条数据传输最优路径。双机箱四余度659背板总线计算机连接关系如图7-65所示。

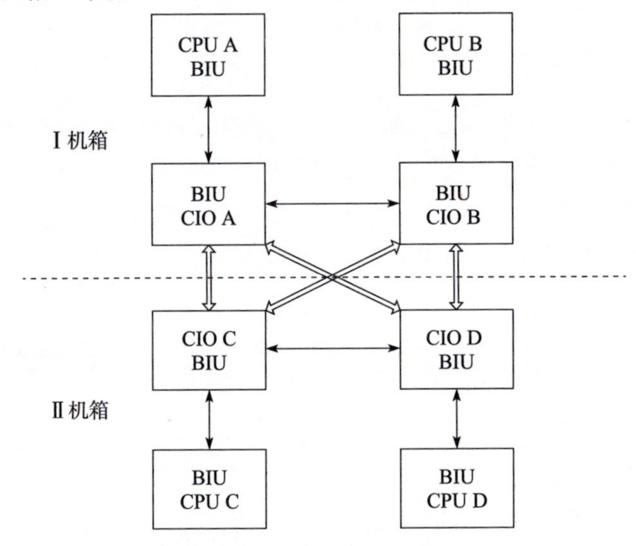

图7-65　双机箱四余度总线连接关系

注:BIU为总线接口单元;CIO A为A通道交叉传输处理器;⟷为双向单实线机箱内数据交换;⟺为双向双实线跨机箱桥接数据交换。

659 桥接数据交叉传输关系可简化为图 7-66。

具体步骤如下。

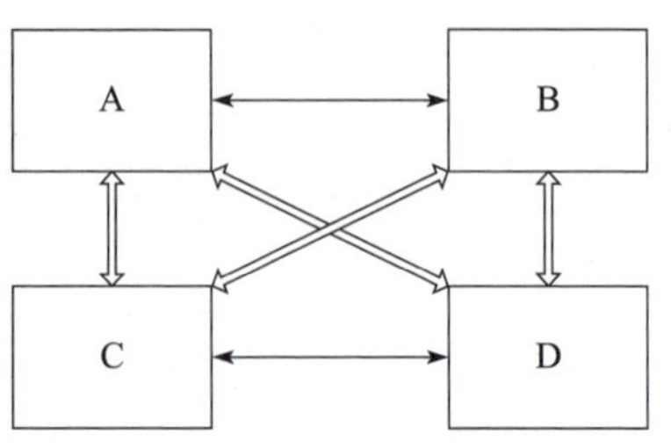

图 7-66 交叉通道数据传输关系图

(1) 桥接 4 条传输路径故障检测。以Ⅰ机箱 A 通道接收Ⅱ机箱 C、D 两个通道的数据为例,有 4 条传输路径分别为 CA、CBA、DBA、DA 双向双实线跨机箱桥接数据传输路径。定义直角边 CA、DBA 为 Master 主路径,CBA 为 CA 关联的备路径 Shadow,DA 为 DBA 关联的备路径 Shadow。直角边收发检测测试码 55AA,对角边收发检测测试码 AA55,C 通道发 55AA 经 CA 发送至 A 通道,C 通道发 AA55 经 CBA 发送至 A 通道;D 通道发 55AA 经 DBA 发送至 A 通道,D 通道发 AA55 经 DA 发送至 A 通道。A 通道收到 CA、CBA;DBA、DA 4 条路径测试码,进行路径可用性检测,与路径对应测试码比较,如果一致,则判定该路径可用;如果不一致,则判定该路径故障。生成路径可用性监控结果标志。

(2) 选择传输路径策略。根据路径可用性检测结果,选择数据传输最优路径。假设路径可用性监控结果标志字 Path,传输路径可用性定义如表 7-6 所示。

表 7-6 传输路径可用性定义

			D_3	D_2	D_1	D_0

注:D0 为 CA 路径"0"可用,"1"不可用;D1 为 CBA 路径"0"可用,"1"不可用;D2 为 DBA 路径"0"可用,"1"不可用;D3 为 DA 路径"0"可用,"1"不可用。

分析路径检测结果可能有 16 种情况,表 7-7 给出了Ⅱ机箱 C、D 通道向 A 发送数据的 4 条路径的选择策略,交叉传输路径选择真值的策略。

表 7-7 交叉传输路径选择真值的策略

Path 路径标志后 4 位真值/$D_3D_2D_1D_0$	最优传输路径选择策略
0000	CA
0001	CBA
0010	CA
0011	DBA
0100	CA
0101	CBA

续表

Path 路径标志后 4 位真值/$D_3D_2D_1D_0$	最优传输路径选择策略
0110	CA
0111	DA
1000	CA
1001	DBA
1010	CA
1011	DBA
1100	CA
1101	CBA
1110	CA
1111	C、D 两通道数据无可用桥接传输路径

(3) 桥接数据传输的通道故障逻辑。显然,远程两个通道数据桥接传输,在 4 条路径的 16 种可能情况中,15 种情况都是有可选可用的路径,只有一种即 4 条路径检测全故障的情况下,C、D 两通道数据无可用的传输路径,这种情况如果持续超过了系统规定的时间延迟,则通道故障逻辑设置 C、D 通道故障,这时四余度系统进入二次故障工作状态。这也是 659 总线桥接数据传输体系架构的重要特征。

工程应用中跨机箱桥接交叉数据传输,具体实现方式如下:

(1) 桥接路径故障检测。远程通道的 CIO 分别通过两对 Master、Shadow 路径向本地通道 CIO 发送约定的 55AA 或 AA55 测试码,本地通道接收测试码,并与约定的特征测试码比较,一致认为该路径正常可用,不一致认为该路径故障不可用,并在路径故障字约定位置"0"或者"1",其中"0"表示正常可用,"1"表示故障不可用。

(2) 确定最优传输路径。根据路径故障字标志参见表 7-7,确定的最优传输路径,以拾取远程机箱两通道发送的数据。即通过该路径发送各自通道的数据,本地通道接收远程两通道数据。如果 4 条桥接传输路径全故障不可用,则记录并延时等待,识别其是否为永久故障。

(3) 桥接传输的故障逻辑。如果 4 条桥接传输路径全故障不可用,如果延时超过系统规定的时间门限,则设置远程两通道的故障逻辑为"故障态",这时四余度系统工作在状态Ⅱ,处于二次故障工作状态。

(4) 资源完好性。659 模块化飞控计算机是以总线为核心的计算机体系架构,彻底改变了传统以 CPU 为核心的计算机体系结构,从根本上摆脱了飞控系统其他设备资源余度对 CPU 的关联依赖,即某通道计算机 CPU 故障,不影响该通道传感器、舵机等其他飞控设备资源的应用,可以用其他正常通道计算机 CPU 获得这些资源的信号参与系统工作。

多余度的串行背板总线采用选举输入,AX、AY、BX、BY 交叉比较检测的控制算法,机箱间通过桥接技术实现机箱间的交叉数据链通信 CCDL,659 背板总线/机箱间外总线结构如图 7-67 所示。

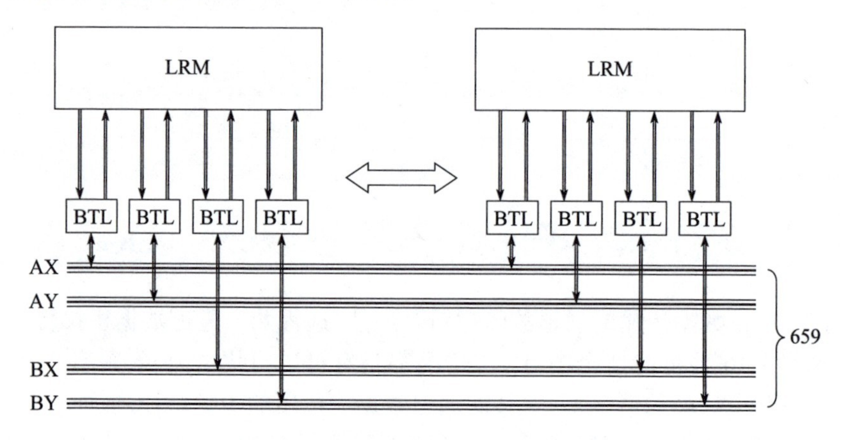

图 7-67　659 背板总线/机箱间外总线结构

在这种构型结构的计算机系统中,如果 X 通道的 CPU 故障,X 通道的传感器、舵机等信息的共享与控制权,其他通道的 CPU 始终拥有,彻底改变了原来以 CPU 为中心系统结构的缺陷,即只要第 X 通道的 CPU 故障,与之相连接的传感器、舵机就全部失去控制权。所以,以总线为中心的开放分布式系统结构的优点是:CPU 故障不影响传感器和伺服作动系统,因此 CPU 故障不会传递影响飞控系统其他部件,CPU 故障具有自封闭的绝缘性,从技术上保证了其他余度计算机通道内的传感器、伺服作动系统等的余度系统不降级。

7.10　伺服作动系统

伺服作动系统通过伺服阀把电信号转化为液压信号(流量),再通过主控阀进行液压功率放大,由作动筒输出力和速度。作动筒传感器反馈输出位移,与指令综合构成位置闭环,液压舵机原理如图 7-68 所示。衡量舵机的主要指标有力、速度、频带、灵敏度、控制精度、内漏、互漏等。

伺服作动系统是飞行控制系统的执行机构,是按照指令模型的要求驱动操纵面(如平尾、副翼、方向舵、鸭翼、襟翼等),实现飞机角运动或航迹运动。

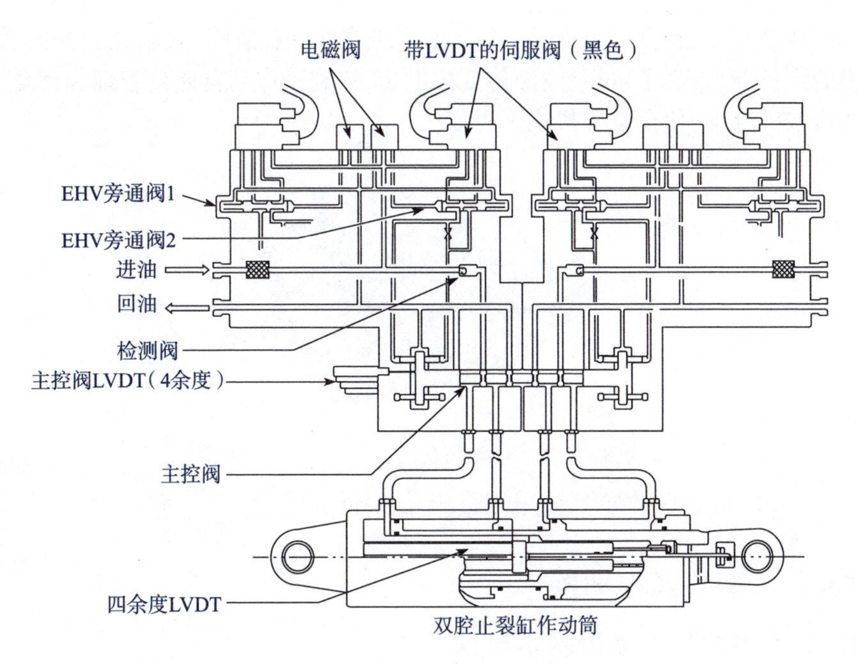

图 7-68 液压舵机原理

直接驱动阀式(DDV)作动器称为DDA取代传统的电液伺服阀,由力马达直接驱动主控阀芯,输出流量控制作动筒。DDV取消前置级伺服阀,消除了射流损失,减小了系统内漏(进油漏入回油);减少了伺服阀检测元件,提高了可靠性;消除了污染隐患,提高了抗污染能力。力马达直接驱动伺服阀阀芯,简化伺服阀监控结构,减重并提高了安全可靠性,DDV伺服作动器示意如图7-69所示。

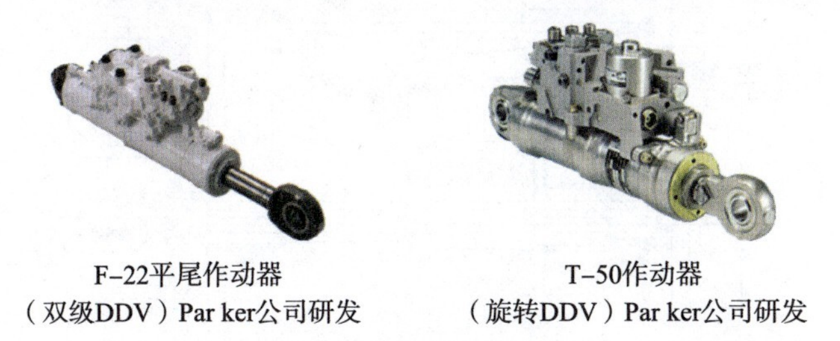

图 7-69 DDV 伺服作动器示意

F-35双串联襟副翼EHA作动器如图7-70所示,全电/多电飞机的功率电传作动器,取消了机上中央液压系统,大大减轻了全机重量。电机直接驱动双向泵,控制作动筒运动,节流调速变成容积调速,大幅提高了系统效率;取消了机上集中液压系统,消除了液压源(油箱、泵、软管等)单点故障,大幅减重并改善了飞机的维护性,提高了可靠性;液传变成电传,有利于作动器能量管理和优化,机上能量按需分配,使全电飞机成为可能。

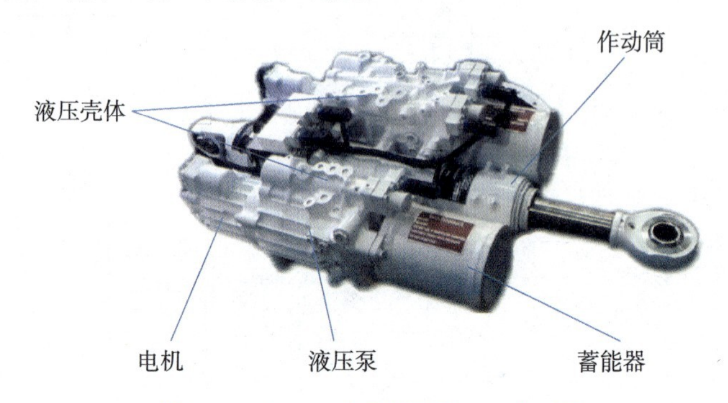

图 7-70　F-35 双串联襟副翼 EHA 作动器

7.10.1　DDV 式作动器

7.10.1.1　DDV 作动器基本原理

固定翼作动器常用直线 DDV,图 7-71 所示为力马达典型的结构形式,包括定子和动铁芯两部分。在导磁的外壳内,装有线圈、永磁体和对中弹簧构成定子。动铁芯由导磁材料制成,其一端支撑在轴承上。永磁体产生的磁场反方向通过两个工作气隙。由于结构的对称性,使动铁芯处于平衡点上。当线圈通过直流电流后,在工作气隙中产生方向相同的磁场。这样,在一个气隙中,永磁体

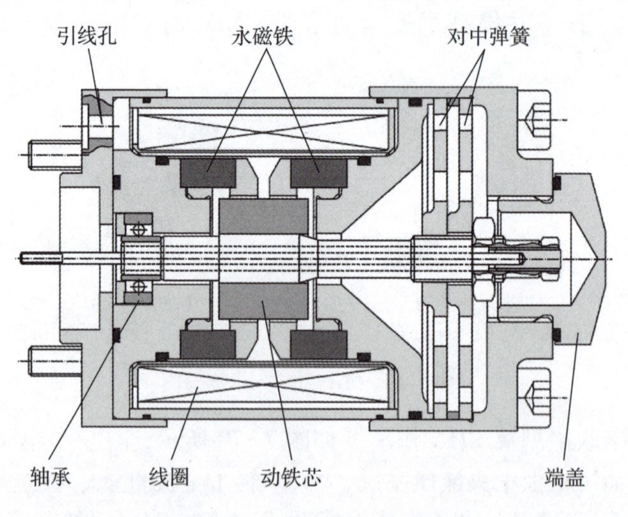

图 7-71　力马达典型的结构形式

产生的磁场与线圈产生的磁场相减；而在另一个气隙中，这两个磁场相加，动铁芯被吸向气隙磁场大的一方。当线圈电流的流向改变后，动铁芯被吸向另一边。对中弹簧的作用是当线圈的电流为零时，保证动铁芯回到中立位置。

直升机的作动器一般采用旋转RDDV，其结构原理图如图7-72所示。它以有限转角力矩电机作动力源，应用机械结构（偏心轴）将旋转电机输出的旋转运动转换为直线运动，驱动阀芯运动。这种结构的主要优点是有较高的电功率-输出力转换效率；主要缺点是结构略复杂，与前面所说的力马达结构相比，加工成本略高。

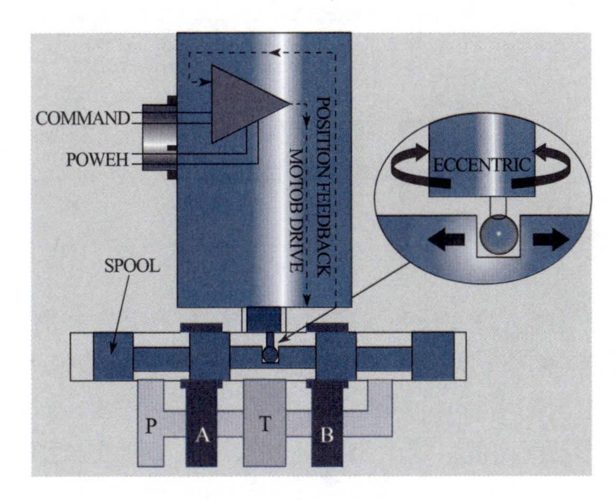

图7-72　旋转RDDV

美国的F-22、欧洲的EFA-2000、瑞典的JAS-39等多型战机的主控舵面，采用DDV方案的作动器。例如，在F-22平尾作动器采用电气三余度液压二余度的直接驱动阀式伺服作动器；在JAS-39的内、外升降副翼作动器、方向舵作动器及鸭翼作动器均采用电气三余度液压二余度的直接驱动阀式伺服作动器。

DDV式作动器直接由力马达驱动主控阀芯进而分配油液驱动作动筒运动的作动器。这种直接连接方式较EHV中依靠射流产生压差驱动阀芯而言，从原理上大大降低了静态泄漏。DDV式作动器中的力马达采用稀土永磁材料和小惯性的铁芯，能够提供很大的输出力，保证了高响应与高频带的要求。DDV式作动器原理简图如图7-73所示，这是一种典型的DDV式作动器。

当作动器正常工作时，在DDV控制下，2个负载腔的油通过2个系统的旁通转换阀进入作动筒，推动活塞运动。这时，由于无任何故障，2个系统的电磁阀（SOV1、SOV2）接通，驱动2个系统的旁通转换阀（FBP1、FBP2）处于正常工作

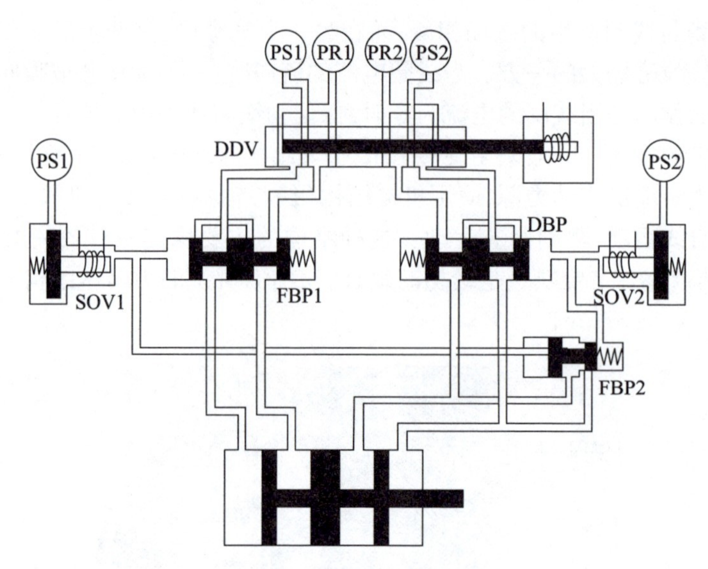

图 7-73 DDV 式作动器原理简图

位置。当单个液压系统故障时,旁通转换阀(FBP1、FBP2)分别旁通作动筒中相应故障系统的两腔,使作动器输出的铰链力矩减半,而空载速率只是稍有降低。当 2 个系统的电磁阀都切断时,系统 2 的阻尼旁通阀(DBP)通过 1 个节流孔,阻尼旁通系统 2 的作动筒两腔。这个节流孔的尺寸取决于飞机颤振阻尼特性及故障瞬态要求。

7.10.1.2 DDV 与 EHV 方案比较

对于伺服作动系统来说,DDV 式液压作动器完全可以达到电液伺服阀(EHV)式作动器的性能要求,同时对于电传飞行控制系统采用的液压余度作动器,它较 EHV 方案有明显的优越性。

EHV 式作动器依靠 EHV 作为电液转换元件,EHV 由于结构紧凑,动态响应高,在电液余度作动器中应用多年,一直无法替代。但 EHV 本身有两个明显的缺点:一是由于 EHV 原理上依靠射流产生压差驱动阀芯,内漏必然较大,给整个飞机增加了无功损耗;二是 EHV 耐污染能力差、故障率高,为此电液余度作动器不得不采用一系列的监控与转换方案,保证整个作动器的可靠性,这样就造成了作动器的方案很复杂,复杂的方案将会导致余度作动器的体积和重量增加,提高其加工成本,同时作动器的基本可靠性也随之降低。

DDV 式作动器由于采用直线位移力马达驱动阀芯,很大程度上解决了 EHV 方案的上述问题,具有明显的优点。两方案的优劣对比如表 7-8 所示。

表 7-8 DDV 方案与 EHV 方案优劣对比

指标类别	项目	
	DDV 方案	EHV 方案
复杂性	简单	复杂
费用	低	高
重量和体积	重量轻、体积小	重量重、体积大
内漏	小	大
阀芯驱动力	小	大
阀的电功耗	高	低
全部机上功耗	低	高
可靠性	高	低
BIT 检测	不需要液压源	需液压源

从表 7-8 中可见,EHV 式作动器仅在阀芯驱动力、阀的电功耗具有一些优势;而 DDV 式作动器以其方案简单、重量轻、体积小、费用低、内漏小、全部机上功耗低、可靠性高、BIT 检测容易等诸多优点,占据了明显优势。

7.10.1.3 DDV 式作动器的关键技术

1. 高剪切力余度式力马达技术

力马达是 DDV 的关键部件,其性能直接影响 DDV 的性能。作为安全关键部件,力马达余度设计成为必然,工程化中必须解决力马达多余度结构、磁场均匀性问题,保证余度通道间性能的一致性。另外,相比液压驱动的 EHV 阀,DDV 剪切力由力马达提供,其剪切力相对较低,必须提高力马达的高剪切力的能力,以避免 DDV 卡滞导致作动器失控。

2. 电流均衡技术

电流均衡是为了减小由正常零偏及位置反馈的增益误差引起的通道间电流的差异。伺服电子线路自身的零偏及位置反馈传感器的增益误差,经高增益放大器放大后,常常使线圈电流纷争很大,增加系统功耗,降低 DDV 性能,甚至导致整个系统无法正常工作。因此,在前向增益很高的 DDV 式作动器伺服回路中必须采用电流均衡。

线圈电流均衡工作原理是使各个通道的电流趋于均值电流,可以通过利用各自通道电流与均值电流之差产生的修正信号,再将修正信号沿阀反馈通道加入内回路。电流均衡可以同时补偿稳态与动态的电流不同步性,静态不同步是由于伺服放大器及反馈通道中的纯零偏产生,动态电流不同步是由通道间的增益误差，回路伺服放大器的动态品质（时域：上升时间、超调量；频域：幅值衰减、相位滞后等）引起的。为了说明电流均衡的有效性，进行了仿真分析。当系统 4 个通道工作时，如果不加入电流均衡，0.5V 阶跃，20%作动筒 LVDT 误差时，力马达线圈电流响应如图 7-74 所示。显然，由于 LVDT 的增益误差，使通道间电流差异巨大（1 个通道达到最大饱和电流：-1.5A，其余 3 个通道稳态电流 0.5A）。

如果加入电流均衡，则同样的工作条件，力马达线圈电流响应如图 7-75 所示。这时各个通道的稳态电流的幅值均小于 0.1A。通过仿真分析说明了电流均衡的必要性和有效性。

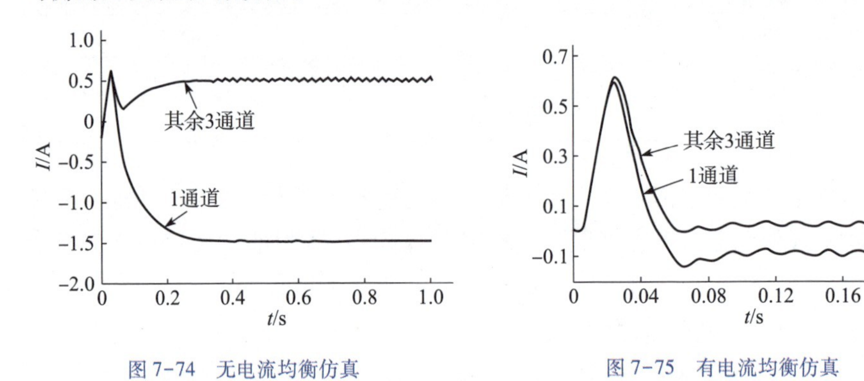

图 7-74　无电流均衡仿真

图 7-75　有电流均衡仿真

3. 自监控技术

机内自检测是指通过对自身状态的检测，监控产品故障状态，为故障隔离与重构创造条件，能够有效减少维修维护时间、降低维护费用，对保证武器装备的高作战效能具有重要意义。

力马达是 DDV 式作动器关键部件，其高度复杂非线性使 DDV 式作动器自检测监控模型复杂化。数字机内自检测技术采用了数字伺服回路，可以方便地利用软件来完成各项监控功能，提高作动器故障监控的覆盖率。

数字伺服控制技术，利用软件代码实现监控功能。对于 DDV 式作动器可采用以下 3 种最典型的监控方案。

（1）LVDT 和值电压监控。LVDT 和值电压监控读取 2 个次级线圈电压并求得解调输出电压的和，用来检查传感器、线圈和激磁电源工作是否正常。

（2）力马达电流监控。力马达电流监控方法是增益乘指令电流，通过低通滤波器来模拟马达线圈电气时间常数，同时增加偏置电压，抵消模拟电路产生的实际偏置，将指令电流与实测的马达电流相比较，根据是否超出给定的监控门限，判定是否故障。

(3) 阀芯位置监控。阀芯位置与马达电流呈比例,可以进行阀芯监控。阀芯位置解调值与测量的马达电流相比较,电流经过合适的增益和一阶滤波器,以接近阀的动态特性,比较误差通过一个低通滤波器来监控阀芯位置故障。

4. 壁孔回中技术

作动器是飞控系统的关键执行部件,它直接控制飞机舵面运动,是影响飞行安全的关键因素,舵面具备的回中功能是保障飞行安全的最后一道防线。当飞机主飞控作动器发生电气或液压机械故障时,一般要求作动器能够驱动舵面回到一个预定的固定位置(安全位置),以便稳定飞行姿态,保证飞行安全。

作动器增加回中功能需要付出体积与空间的代价。采用“摇臂机构回中”方案,其原理是当作动器故障后,通过一套摇臂机构连接于作动筒的活塞与独立控制回中的滑阀阀芯之间,组成机液反馈控制系统,控制作动器回到中立位置。该方案能够保证高精度的回中位置,但结构复杂、加工难度大、成本高、可靠性低,作动器控制模块的体积重量增加15%以上。资料显示,国外在四代机F-22及F-35中使用了“单系统无反馈壁孔式回中”方案,解决了摇臂机构回中结构复杂、可靠性及维修性差的问题。新一代高性能战机由于隐身和气动布局的要求对作动器体积空间要求极为苛刻,采用新型壁孔回中技术,既满足飞行安全,又满足安装空间要求。

壁孔型回中结构如图7-76所示,在作动筒的筒体上、与活塞回中位置对应处,设计贯通筒壁的出油口,出油口通过油路与转换阀的输出端连通。正常工作时,作动筒上的回中壁孔与转换阀输出端(正常工作时被封闭)连接,不起作用。作动筒在主控阀的控制下工作。

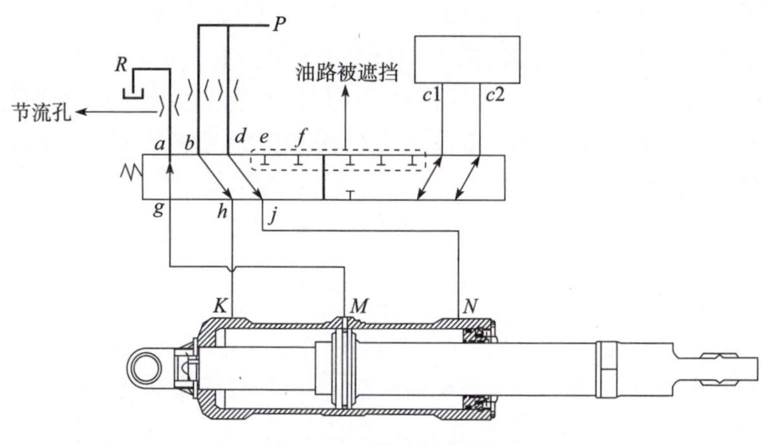

图7-76 壁孔型回中结构

故障回中时,作动筒的活塞偏离中立位置,作动筒上的回中壁孔通过节流孔与回油连通,该腔的压力降低,使作动筒活塞在液压力的作用下向中立位置运动。当作动筒的活塞运动到中立位置时,活塞上的密封装置将回中壁孔封闭,作动筒两个控制腔的压力相等,作动筒被锁定在中立位置。因此,无反馈壁孔型回中技术巧妙地利用在作动筒筒壁壁孔确定回中位置的设计,采用流体压力—节流原理特性实现作动器故障安全回中。

7.10.2 EHA 电静液作动器

电静液作动器(Electro-Hydrostatic Actuator,EHA)是由电机、液压泵、液压阀组、作动筒、传感器及控制器组成的分布式液压系统,飞行器主电源为高压大功率直流电机提供电力,电机驱动液压泵,控制泵输出的压力和流量,由泵输送到作动筒活塞,从而控制作动筒位移。EHA 具有电机控制灵活和液压输出压力大的优点。

液压泵是 EHA 的关键部件,其性能将对 EHA 作动器产生重大影响,选择合适的液压泵及其控制技术对解决电机的发热也起着十分重要的作用。自适应柱塞泵是一种变量柱塞泵,泵的排量和其输出压力呈一定的比例关系。在大负载和低速率的情况下,通过压力反馈控制,泵减小自身排量,以降低对电机输出转矩的需求,进而可有效降低 EHA 系统发热。

电机和泵的高度融合设计是 EHA 设计考虑的重要因素。一体化电机泵设计与传统电机-泵组相比,具有较小的体积和较高的功率质量比,同时一体化电机泵结构的高度集成,将泵的油液引入电机,用于散热,既降低了 EHA 系统复杂度,提高了可靠性,同时还大幅度提高了系统效率。

7.10.2.1 EHA 组成与工作原理

集成式电驱动液压作动器,用于驱动飞机舵面或其他运动机构。EHA 包含伺服控制器、双向旋转电机、双向液压泵、作动筒、蓄能器及液压阀组件等。

EHA 采用容积式调速原理,伺服控制器接收控制信号控制双向电机带动液压泵旋转,输出流量和压力,直接驱动作动筒运动,泵控电静液作动器方案原理如图 7-77 所示。液压泵输出压力跟随负载变化,无节流损失,效率高,维护性好。

电备份静液作动器(Electro Back-up Hydro-static Actuator,EBHA),采用电静液作动作为传统液压作动的备份工作模态,正常工况下,作动器由机上集中液压源提供压力,通过伺服阀控制作动筒运动,为阀控液压作动器。当液压部分故障后,转为电功率驱动,为电静液作动器,如图 7-78 所示。这种作动形式引入了非相似余度,使作动系统的安全性得到提升,其技术关键与电静液作动器相同,是目前多电飞机广泛采用的一种作动形式。

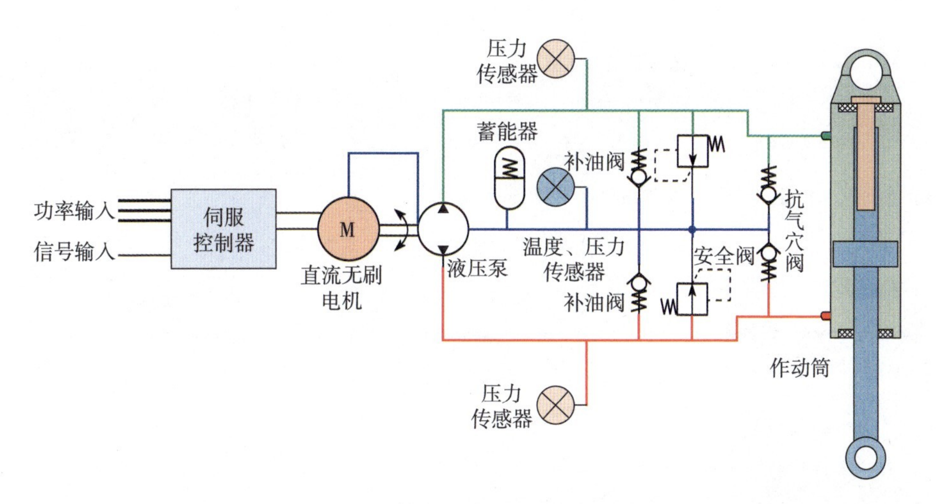

图7-77 泵控电静液作动器方案原理

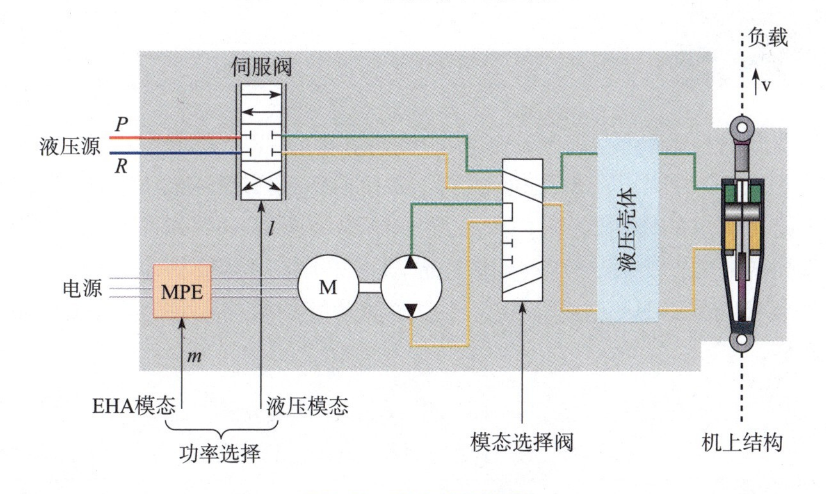

图7-78 EBHA原理构型

电静液作动器是功率电传作动系统的典型代表,其从飞机二次能源到作动系统的功率,是通过导线以电的形式传输的,取消了传统机载液压系统及遍布全机的液压系统管路和附件。电静液作动器能量的提取方式为按需提取,相比传统液压作动器效率更高。

电静液作动系统将集中式液压作动系统变为分布式液压作动系统,一方面保留了液压作动输出功率大,无卡死风险的优点;另一方面发挥了电功率作动能源传输和转化效率高、维护简易、环境污染性小的优点,使飞机的能量传输效率、可靠性、维护性以及战伤生存能力有了显著提高,是目前各国作动技术发展的重点。

7.10.2.2 主要性能指标对比

空客 A380 飞机的 EHA/EBHA 主要性能指标列在了如表 7-9 所示，副翼 EHA、升降舵 EHA 与传统液压作动器主要性能指标一致，方向舵、扰流板 EBHA 除速度外其他指标与传统液压作动器一致。

表 7-9 A380 飞机装备的 EHA 主要性能指标

工作特性	副翼 EHA	方向舵 EBHA	升降舵 EHA	扰流板 EBHA
液压油特性	阻燃磷酸酯液压油，额定工作压力:5000psi			
机载功率电源	115V 交流变频			
作动器输出力/N	135000	225000	180000	215000(伸) 145000(缩)
最大速度/(mm/s)	81	120(液压模态) 45(EHA 模态)	107	100/80(液压模态) 26(EHA 模态)
作动器行程/mm	115mm	186mm	149mm	116mm

随着多电技术的发展，越来越多的飞机在其主飞控系统中采用了 EHA 和 EBHA，表 7-10 说明了在役飞机飞行控制中 EHA 或 EBHA 的使用情况。F-35 战机不使用传统的作动器，采用单系统 EHA 作动器或双腔串联型 EHA 作动器驱动不同的舵面。另外，2015 年首飞的 KC-390 军用运输机也使用了 EHA 和 EBHA。EHA 或 EBHA 已经作为主飞控作动系统的重要部件，成为飞控系统的必然选择。

表 7-10 飞控使用 EHA 或 EBHA 作动器的在役飞机
（数字代表 HSA/EHA/EBHA 作动器）

项目	空客 A380	空客 A400M	空客 A350	湾流 G650	洛克希德-马丁 F-35
服役年限	2007	2013	2015	2012	2015
应用	商用	军用(运输)	商用	商用	军用(战斗机)
工作压力/bar	350	210	350	210	280
副翼	8/4/0	2/2/0	6/2/0	2/0/2	0/2*/0
升降舵	4/4/0	2/2/0	2/2/0	2/0/2	0/2*/0
方向舵	0/0/4	0/0/2	2/1/0	1/0/1	0/2/0
扰流板	12/0/4	8/0/2	8/0/4	4/0/2	
总数	24/8/8	12/4/4	18/5/4	9/0/7	0/6/0

7.10.2.3 EHA的关键技术

电静液作动系统采用高速湿式永磁同步电机驱动液压泵为作动筒提供流量和压力，通过模态转换阀实现作动器的模态转换，作动器输出功率大，其要求的驱动电流达到上百安，电机转速上万转，这些对电机、液压泵及控制器的设计提出了挑战，电静液作动系统的关键技术主要包括：

1. 高速大功率高功重比电机技术

电机是电静液作动系统的驱动部件，起着将电能转换为机械能从而驱动液压泵运动的作用，电机的功率重量比以及输出特性直接影响电静液作动系统的整体效能。目前，电静液作动器用电机多采用永磁同步电机，其最大的特点是没有换向器和电刷组成的机械接触机构，因此没有换向火花，转速不受机械换向的限制。因为采用永磁体为转子，没有励磁损耗，其发热的电枢绕组通常装在外面的定子上，热阻小，散热容易，永磁同步电机转子转动惯量小，因而在要求有良好的静态特性和高动态响应速度的伺服驱动系统，永磁同步电机比异步电动机和直流电动机具有更好的特性。

电静液作动器用永磁同步电机，由于安装结构限制及重量限制，对电机的功率重量比、高转速、热设计提出了更高的要求，是电静液作动系统设计的一项关键。

2. 高可靠高速液压泵设计技术

液压泵是如同“心脏”为作动器提供液压压力和流量，驱动作动筒及负载运动。EHA泵的工作环境比主液压回路中泵的工作环境恶劣，后者的工作范围相对狭窄，运行在单个的能源象限，总是在同一方向旋转，速度范围通常为最大速度的50%~100%，产生的恒定压力近似标准压力（根据飞机的不同，压力分别为21MPa、28MPa或35MPa）。而EHA泵为单个作动器供压，其排量较小，从0.5~10mL/r，工作转速和压力的变化范围大（0~35MPa）。在大幅值阶跃指令控制负载位置时，泵必须从准零速度加速到最大速度，并在十分之几秒内恢复到初始速度。因此，EHA液压泵是EHA研制的关键之一，这种泵应该在整个功率和温度范围内提供高效率和较长的使用寿命。

3. 高效大功率伺服控制器技术

电静液作动器通常输出功率大，其要求的驱动电流达到上百安，而结构要求又相对紧凑，安装空间狭小，周围环境中存在大电流电源线、电磁继电器、接触器、感性负载等，所以电静液作动器控制器电磁干扰严重，电磁环境复杂。大功率伺服控制器的自身热耗较大，在自然散热情况下，控制模块在高温环境下会很快失效。因此，EHA控制器电磁兼容技术、控制器热管理技术及功率逆变技术是其研制的关键。

4. 电静液作动系统伺服控制与故障监控技术

EHA 为容积控制系统,其原理与传统液压作动器不同。动态响应的快速性、稳态跟踪的高精度及系统的鲁棒性是该类传动系统在应用中必须满足的性能指标。这些指标的获得不仅需要系统硬件的高性能,更需要先进控制策略的应用。

电静液作动器的工作环境复杂多变,并且需要满足各种工况要求,对驱动电机的性能要求极高。为满足作动器故障监控和余度管理的需求,需要针对 EHA 作动器开发专用的故障监控策略,这些监控策略无法从现有的液压作动器中获得经验,因此电静液作动系统控制和故障监控技术是其研制的关键。

5. EHA 外漏控制与排气技术

EHA 为典型的封闭静液传动系统,内部油液容量有限,对外漏极为敏感,战机整个服役期内一般无法对 EHA 进行充油维护,若出现外漏将增大战机维护成本并影响作战效能,则需要采用高性能的密封产品,从材料、工艺等方面大大提升密封性能,突破 EHA 作动器的外漏控制技术。油液混入的气体不仅影响 EHA 刚度,还会使柱塞泵高速旋转时形成空吸,长期使用将造成气蚀,影响液压泵寿命。因此,需在作动器设计时设置合理的排气位置与充油排气结构,同时研究充油排气工艺,建设操作简便的专用 EHA 排气工艺设备,使 EHA 排气技术实现工程化应用。

6. EHA 热设计技术

EHA 为采用内嵌式静液传动机构的闭式系统,只能依靠自身与外部环境的热交换实现散热,热效应明显。而电气元件(电子元件、电机绕组)的工作温度直接影响其使用寿命和可靠性。所以,与传统液压作动器相比,EHA 需要进行专业的热设计和热管理。

7.10.3 EMA 电动舵机

EMA(Electro-Mechanical Actuator)由电动机、齿轮减速机构、滚珠丝杠和控制器等组成。EMA 完全取消了液压部分,直接将飞行器的电能转换为机械能,利用电动机驱动减速机构,通过滚珠丝杠将转动变为直线运动来直接驱动舵面,通过控制电动机的转速和方向来控制作动器伸缩快慢和方向。

随着作动器功率等级提升,EMA 电机体积重量增大,减速传动机构的尺寸和重量增大,必须提高大功率 EMA 的功率重量比。高压大功率直流无刷电机作为大功率机电作动子系统的驱动部件和重要组成部分,电机的输出特性直接影响到机电作动子系统输出载荷特性。电机本体设计中需要同时考虑散热、体积、重量等指标,并在功能性能和体积重量之间取得平衡。

大功率 EMA 伺服系统的机械结构造成舵机刚度偏低，同时受到大功率电机性能的限制，使大功率 EMA 伺服系统的频带与同功率等级的传统电液伺服相比偏低，为满足飞机控制系统所需的动态品质，必须提高大功率 EMA 伺服系统的频带。

高可靠性精密传动机构是机电作动子系统的关键部件，传动机构的功能、性能、可靠性对作动器有重大影响，因此必须研制一种效率高、回差小、运动精度高、刚度大的传动机构，同时为了保证传动机构的高可靠性还必须考虑传动机构的余度配置、离合等问题。

大功率数字伺服控制器是机电作动子系统的控制部件，控制器用于给电机和电磁离合器等部件提供驱动电流、伺服回路闭环、故障监控和控制逻辑实现等。随着电机驱动功率的增大，基于硬开关 PWM 技术的驱动控制带来了电应力大、电磁干扰严重等问题。大功率伺服驱动与控制技术研究必须解决伺服系统中低频抖动、提高作动器频带、解决功率反传对控制器的影响以确保电机控制回路稳定工作，使伺服系统的性能指标和运行寿命能够满足控制系统的要求。

第 8 章　飞行品质

飞行品质规范是国家或工业部门对飞机飞行品质的成文要求，是大量飞行试验和飞行经验的结晶，反映了飞机飞行品质要求的本质和共性特征，任何飞机飞控系统的设计，无疑都应该不折不扣地全面满足飞行品质规范要求。我国于1986 年出版发行了国家军用标准《有人驾驶飞机(固定翼)飞行品质》，飞行品质规范一般适用于军用飞机，而民用飞机则用适航性条例给出飞行品质成文的要求。

有人驾驶飞机的操纵品质可定义为：飞行员安全舒适地驾驶飞机，在整个飞行包线内较好地完成任务时飞机所呈现的特性。操纵品质是表征飞行员和飞机(包含飞控系统)作为一个系统的综合性能特征，研究飞行员动力学特性、包含飞控系统的飞机动力学特性、飞行员视觉与运动感知特性、任务与飞行管理特性等。简而言之，飞机的操纵品质就是飞行员驾驶飞机是否得心应手、工作负荷较轻、补偿较小和准确地完成飞行包线内的各种任务时飞机呈现出来的各种特性。随着主动控制技术发展，数字电传飞控系统技术深入应用，飞行品质的概念更加关注飞行员的操纵响应特性、包含飞控系统的飞机的操纵性和稳定性，更强调飞机的品质特性和飞行员操纵特性的联系，包括飞机的机动能力、操纵感觉、飞机响应特性等。所以，目前我们所说的飞行品质是指飞机和飞控系统构成的闭环系统特性，实质上取决于“人-飞控系统-飞机”的品质，着重反映了人-机系统特性评估。飞行品质可理解为与飞行安全有关的，涉及飞行员感受在定常或机动飞行过程中是否容易驾驶的飞机特性。主要指飞机“动则灵、静则稳”的稳定性和操纵性，如杆舵的操纵力、位移，以及失速和螺旋特性，同时还包括无忧虑操纵、握杆或松杆低负担飞行等。通常，好的飞行品质使飞行员的主观感受是“有效、安全、好飞”。有效是指飞机在飞行员的操纵下，灵活快速地完成各种机动动作，精确跟踪和控制飞行轨迹。安全是指飞机主动限制并告警飞行员危及飞行安全的极限操纵，飞控系统主动设计安全控制策略预防或者处理故障和危险飞行状态。好飞是指飞行员操纵飞机时省心省力，如中性速度控制律具有自动配平功能，可以减轻飞行员工作负担等。综上所述，飞行品质代表了飞机的稳定性和操纵性，体现飞机本体自身系统特性。而操纵品质更多的是飞行员和飞机共同完成某项任务时的飞机整体系统特性，除了飞行品质外还与人机接口、人机功效、座舱仪表等紧密相关。本章重点讨论与飞控系统紧密相关的飞行品质。

对于常规的非增稳经典飞机,其模态特性和机动能力即它的基本飞行品质,是由飞机的气动布局来保证的,机械操纵装置的设计主要影响与操纵感觉相关的品质指标。但对于现代高增稳飞机,飞机对控制输入的响应与常规飞机有很大不同,并通过拓宽飞机的指令和响应特性来提高飞机的任务执行能力。这就要求飞行控制系统设计人员,必须深刻理解掌握有关飞机飞行品质规范要求,同时熟悉有关飞行品质规范准则的测量评价方法,检验和评价飞控系统的性能。飞控系统设计者需要充分理解飞行品质的含义及飞控系统的结构对飞行品质的影响。事实上,以控制增稳为基础的具有主动控制功能飞机的飞行品质,不能仅靠评价常规飞机飞行品质的少数参数来考量,其原因是飞机对指令的响应形式与飞行任务紧密相关,而控制增稳飞机的响应特性取决于控制律结构形式,可以按任务剪裁设计控制规律,使其响应类型与飞行任务相适应,满足飞行品质规范要求。

有人驾驶飞机的飞行品质是指驾驶员方便地驾驶飞机,并顺利而准确地完成飞行任务的性能指标,飞行品质等级定义如图 8-1 所示。

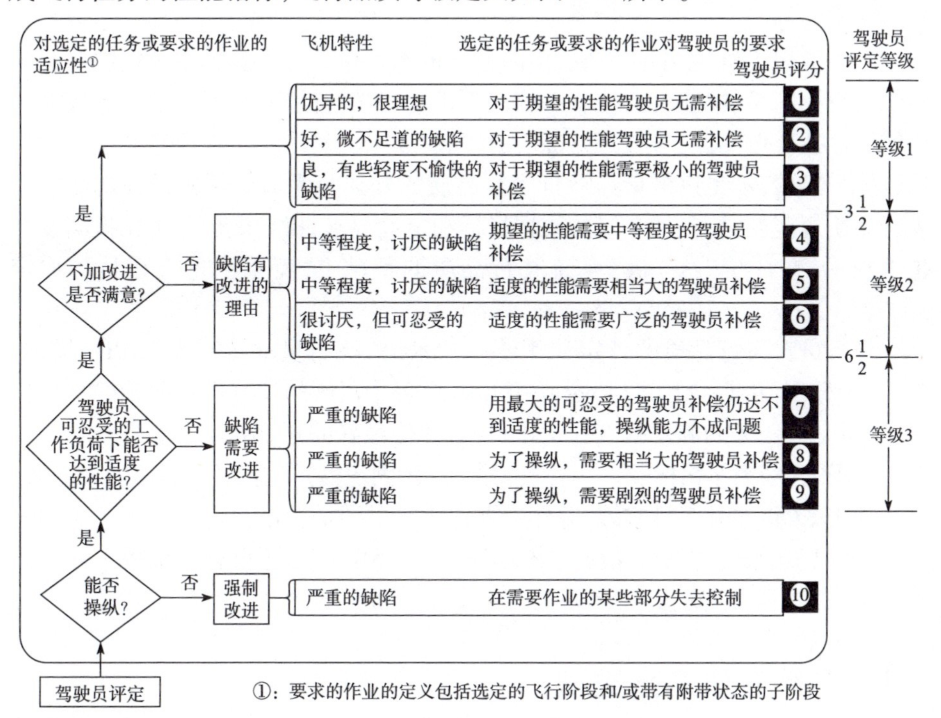

图 8-1 飞行品质等级定义

Ⅰ级:飞行员以最小的工作负荷取得期望的性能。

Ⅱ级:在增加飞行员工作负荷或性能降级的前提下完成任务。

Ⅲ级:飞机可控,但已不能成功地执行任务。

飞行品质评价,只有驾驶员的评估,才能评价人-机系统性能与执行任务工作负担之间的关系,这需要使驾驶员评估有一个共同的衡量尺度。现在世界上通用的评价尺度是美国国家航空航天局 Cooper 和 Calspan 公司的 Harper 共同制定的 C-H 评价尺度,这个尺度从飞机操纵性和驾驶员完成各种飞行任务的工作负担两个主要方面,文字描述并给出了关于飞机特性和在选定任务作业中,对驾驶员要求的 10 个不同的评价尺度,文字简明扼要、排除模棱两可,等级划分允许驾驶员对飞行品质描述有足够大的范围。由于是驾驶员主观评价,受驾驶员技术熟练程度和心理状态影响,容易产生不同驾驶员评分结果的分散性,必要时对多个驾驶员评分,需要做稳健统计推断的平均处理。

采用库珀-哈珀准则作为飞机品质主观评价的依据,图 8-1 给出了库珀-哈珀驾驶员评分尺度与等级定义之间的等效关系。库珀-哈珀驾驶员评分为 1~3.5 定为等级 1,库珀-哈珀评分为 3.5~6.5 定为等级 2,库珀-哈珀评分为 6.5~9 定为等级 3。

对于常规飞机,主要研究纵、横向典型模态特性。对于具有主动控制功能的电传飞行控制系统的飞机,控制系统与飞机动力学特性构成高阶系统,其操纵响应特性往往会偏离经典模态形式。飞行品质要求仍然沿用对常规经典飞机积累的数据与经验,不足以测量与评价飞行品质的好坏。为适应新机设计就能依据飞行品质规范要求,包括定量的数据指标和定性要求,指导设计并优化提高设计技术水平,在评价“人-机”系统飞行品质的基础上,特别注重飞行员的评定意见。

飞行员对飞行品质的评定使用统一的术语“飞行员评价尺度”(PR)描述,常用“十分制”的评价尺度(Cooper-Harper),每个尺度的评分都有明确的文字描述,说明完成任务的满意程度和工作负担,评价最好的是 PR 为“1 级”。

我国的《国家军用标准——有人驾驶飞机(固定翼)飞行品质》(GJB 185—86)已经于 1987 年 6 月 1 日实施,并作为评定飞行品质的标准。该标准基于美国空军 20 世纪 70 年代的飞行品质要求 MIL-F-8785B,当时还没有明确提出高阶系统等效(曲线拟合)概念。

8.1 飞行品质规范类型

成文的飞行品质要求通常称为飞行品质规范或者标准,航空发达国家如美国、英国、瑞典和俄罗斯等都有一整套相当于国家级的规范。这些规范作为设计、使用和鉴定验收飞机的指南。我国也有相应的飞行品质规范。

飞行品质的发展历史悠久,内容广泛。美国、英国和俄罗斯等均有各自的国家标准或军用标准,对于固定翼飞机与旋翼机有不同的标准,对于空军和海军(舰载机)等不同部门有不同的标准,或者针对不同的技术领域(如驾驶员诱发振荡)问题又有专用的标准。

目前广泛使用的有关操纵品质与飞行品质的相关规范文件,一是美国国防部军用飞机文件 MIL-STD-1797A(B),MIL-STD-1797A 的修订版 MIL-STD-1797B 业已发布;二是 JAR 25 和 FAR 25,分别是欧洲和美国的民用大飞机规范要求;三是美军标 MIL-F-8785C,它是 MIL-STD-1797A 的前身,MIL-STD-8785C 经历多年试验、试飞和交付用户实际使用的完善,形成了 MIL-STD-1797A。

8.1.1 MIL-F-8785C

MIL-F-8785C 是美国最先发布的评价飞机飞行品质规范的美军标之一,后来许多国家的军用标准参照 MIL-F-8785 系列的基本内容,加上自己飞机特点形成了各自国家的标准规范;MIL-F-8785C 是 MIL-F-8785 的最新版本,于 1980 年出版,其基本内容如下。

(1) 限制了多周期模态阻尼比。

(2) 操纵期望参数(control anticipation parameter, CAP),限制了短周期频率。

(3) 限制了长周期模态特性。

(4) 限制了飞机响应时延。

(5) 限制了纵向控制力和位移特性。

(6) 限制了飞行轨迹和飞行速度的关系。

在 MIL-F-8785C 规范中,未考虑非经典飞机响应特性。

8.1.2 MIL-STD-1797A(B)

MIL-STD-1797A(B)是美国国防部军用飞机操纵和飞行品质的军用标准,其内容包含了许多准则,包含与低阶等效系统相结合的 CAP 控制期望参数,在多个对数频率等间隔点,把非线性高阶系统等效成经典的低阶系统,以幅频与相频误差平方和最小为适配度代价函数,通过数学寻优算法得到低阶系统的系统参数,在适配度限制约束条件下,使用 CAP 准则评价考量飞机的响应是否满足规范对 CAP 的要求。主要内容如下:

(1) 飞机等效时延的限制。

(2) ω_{sp}、T_{θ_2} 要求的限制。

(3) 限制了多模态阻尼比。

(4) 俯仰速率超调和初始时间延迟等俯仰速率时间响应参数限制。

(5) 飞机机动飞行时,单位过载杆力(杆力梯度 F_{sn})和单位杆力所产生的飞机初始俯仰角加速度(操纵灵敏度 M_{FS})的乘积就是操纵期望 CAP,最大频率响应的幅值不应超出 CAP 限制。

(6) 通过带宽准则对飞行轨迹和俯仰姿态带宽进行了限制。

(7) 考虑了修正的尼尔-史密斯准则,该准则着眼于可接受的飞行员补偿。

(8) 依据俯仰姿态回落和初始俯仰速率响应特性,考虑了时间响应特性的吉布森 Gibson 准则。

在 MIL-STD-1797B 中指出,“无论设计如何实现,怎样设计飞控系统,都要保证飞行品质能提供足够的任务性能和安全裕度”,这些基本要求是不变的。

8.1.3 JAR 25 和 FAR 25 规范

JAR 25 和 FAR 25 是大飞机品质规范,英文为 FAR's and JAR's—Part 25 (Federation Aviation Requirements in USA, FAR; Joint Aviation Requirements in Europe, JAR),这两个文件非常相似,相同的要求对应相应编号,它们都包含下面准则。

(1) 操纵力准则(25.143),限制用于任何轴的最大操纵力。

(2) 静态稳定性准则(25.173),设定了飞机空速特性的要求。

(3) 短周期阻尼准则(25.1181),规定该模态必须有很大的阻尼。

实际上,每个航空大国都根据自己的需求制定了本国的操纵和飞行品质规范与条例,参考西方国家飞机操纵品质与飞行品质规范,我国也编写了相应的国家标准。英国作为航空强国之一,也制定了一系列自己的规范标准,例如,英国军用标准 DEF STAN 00-970,该标准的内容要点如下:DEF STAN 00-970 是英国国防部军用飞机采购标准,包含了一系列的飞机设计需求说明,下面仅就操纵品质和飞行品质的相关内容列举说明。

(1) 对于不同等级和不同飞行条件,给出了操纵期望 CAP 准则。

(2) 单位过载杆力即杆力梯度的限制。

(3) 短周期和长周期模态阻尼要求的限制。

(4) 配平特性要求。

(5) 适用性要求(Suitability Requirements),强调响应特性必须适用于所要执行的任务。

到目前为止,美军标 MIL-STD 是最全面的文档,但有些要求过于宽松,根据实际使用情况反馈不断修订。JAR/FAR 要求非常有限,仅局限于经典响应类型的飞机,而 MIL-STD 可应用于经典响应类型和非经典响应类型。

8.1.4 品质规范的选择

由于指标要求的着眼点各有侧重,对于具有电传飞行控制系统的飞机飞行品质,既有一般要求,又有特殊性要求。对于同一架飞机,针对不同的任务、不同的功能和不同的控制律构型,特别是对于按任务剪裁的控制律设计,评定指标都是可以剪裁的。

定量给出的飞行品质指标一般都是针对线性系统的,这是继承历史发展的结果,对于实际非线性的、具有电传飞行控制系统的飞机,由于一般不再具有典型的主导模态特性,采用与经典低阶系统特性相近的等效系统方法,并利用规范给出的指标予以评定。

对于具有电传飞行控制系统的飞机与飞机本体的飞行品质要求是基本一致的。驾驶员所认识的是操纵性能优良的飞机,并不关心飞机获得优良操纵性能的手段(机械、增稳、控制增稳、电传等)。

1. 通用规范

通用规范规定了飞控系统性能、设计、研制和质量保证的通用要求。

MIL-F-9490D 军用有人驾驶飞机飞行控制系统设计、安装及试验通用规范

GJB 2191 有人驾驶飞机飞行控制系统通用规范

2. 飞行品质规范

飞行品质规范提供了保证完成任务和飞行安全的飞行品质,包括了大部分控制律设计依据的评判准则。

MIL-F-8785C 军用规范—有人驾驶飞机的飞行品质

MIL-STD-1797 军用标准—有人驾驶飞行器飞行品质

MIL-H-8501A 旋翼机的飞行品质

GJB 185—86 有人驾驶飞机(固定翼)飞行品质

3. 专用飞行品质规范

在某飞机研制任务中,针对具体飞机可提出专用飞行品质规范,指导飞机设计、制造、试验及验收等阶段中与飞行品质相关的各项工作。其大部分内容由标准规范裁剪而来,另外可添加特殊要求,或提高/放宽某些要求。

8.2 控制律飞行品质评价

获得满意的飞行品质是控制律设计的目标,无论采用哪种设计方法设计控

制律,实际都是围绕飞行品质的要求展开的。飞机对指令的响应形状必须与飞行任务相匹配,高增稳飞机的响应特性取决于数字飞控系统控制律设计所采用的反馈和前馈特性,可以按任务剪裁设计飞行控制律,使其响应类型与飞行任务相适应,获得满足规范要求的飞行品质。控制律评估流程如图 8-2 所示。

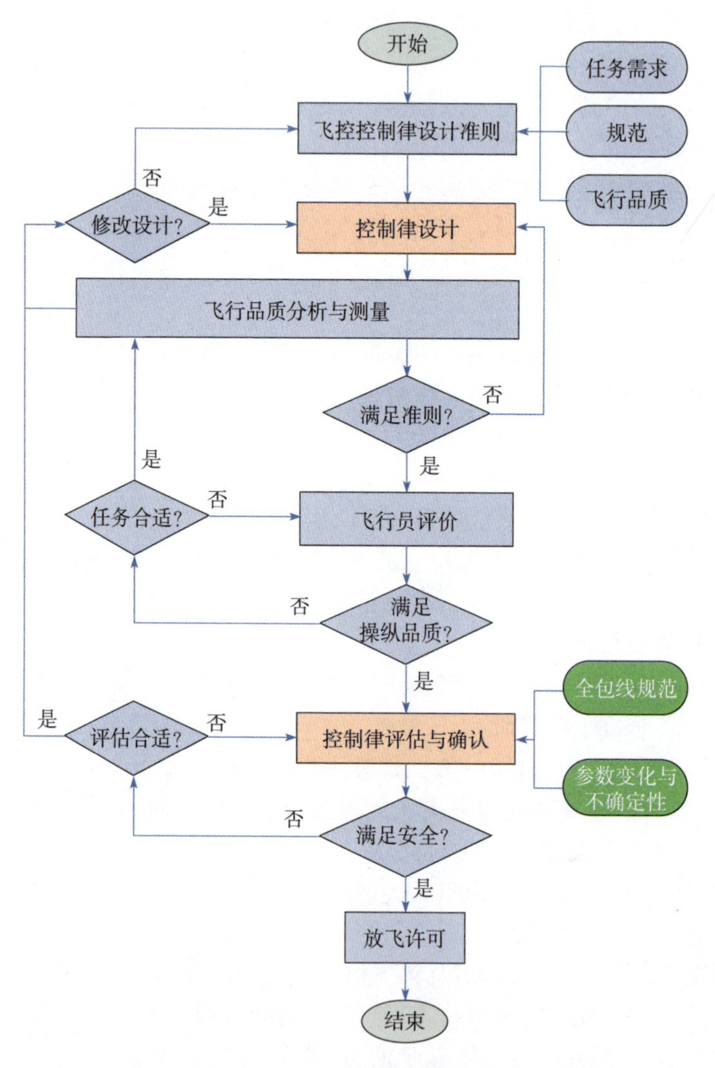

图 8-2 控制律评估流程

控制律设计过程是一个面向飞行品质的迭代优化过程。首先,把飞行品质设计要求映射到控制律设计要求中;其次,根据设计要求进行控制律设计;最后,用飞行品质指标检查控制律。面向飞行品质的控制律开发过程如图 8-3 所示。

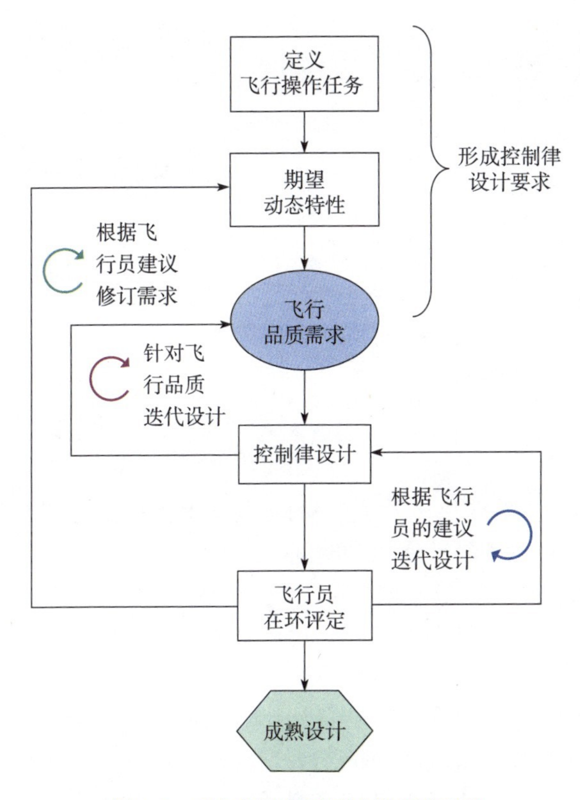

图8-3 面向飞行品质的控制律开发过程

8.3 飞行品质评价方法与主要评价准则

8.3.1 飞行品质评价方法

1. 时域

经典控制理论的时间响应评定，动态过程响应如图8-4所示，这里给出了标“1”的时间响应历程。

指标说明：

(1) 上升时间：有不同的规定。图中的上升时间定义为稳态值的“10%～90%”所用的时间。

(2) 调节时间：达到稳态值的“95%”所用的时间，稳态误差定义为±5%。

(3) 延迟时间：达到稳态值的“50%”所用的时间，或者上升段的斜率在 t 轴交点的时间。

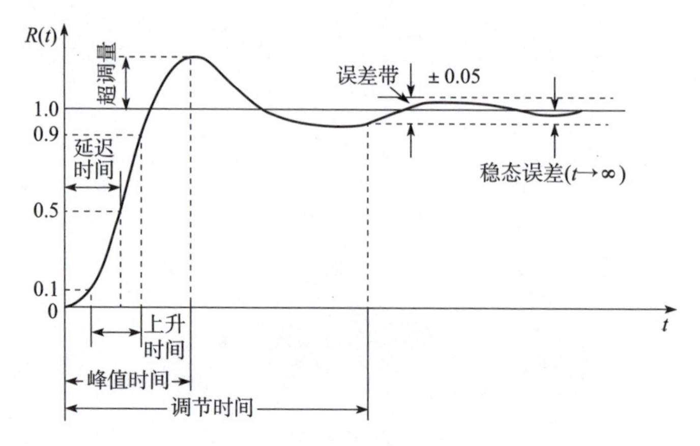

图 8-4　动态过程响应

上述 3 项指标主要取决于系统频率，下列 3 项指标主要取决于系统阻尼比。

(4) 峰值时间：达到峰值所用的时间。

(5) 超调量：[(峰值-稳态值)/稳态值]×100%。

(6) 振荡次数：达到稳态值“95%”过程中的“峰-谷”的次数。

2. 频域

飞行试验数据表明：对于传统布局的飞机来说，尽管其动态响应高达几十阶，但其响应过程近似于经典飞机的动力学特性，所以尽管飞行控制系统是高阶系统，可以找到一个低阶系统的动态模型，仍使它与要研究的高阶飞控系统具有相同的飞行品质评价。高阶控制增稳系统(CAS)的低阶等效系统是指在相同初始条件下，受同样的外界激励，在一定频域范围或时段区间，在某个确定的指标意义下，这个高阶与低阶系统的输出差值最小。一般采用低阶等效系统进行响应特性拟合，根据规定的等效系统形式、拟配频率范围及拟配点数、代价函数、失配度等要求，进行等效系统的品质评定。

在 MIL-F-8785C 中，给出了俯仰角速率信号对杆力的带时延的二阶系统传递函数：

$$\frac{\omega_z}{F_e}=\frac{K(S+1/T_e)}{S^2+2\xi_e\omega_e S+\omega_e^2}e^{-\tau_e s}$$

把一个高阶飞控系统拟合成上述低阶系统，则可以利用 MIL-F-8785C 中给出的这些参数的等级范围，确定飞控系统的飞行品质。MIL-F-8785C 背景材料指出：就飞机纵向短周期运动而言，任何一个高阶非线性飞控系统，如果不能用一个低阶线性的二阶系统去等效，就说明这个飞控系统的设计是不好的。所以，在讨论飞机纵向运动时，工程上常用二阶系统等效拟配实际的高阶非线性飞控系统，并用其参数评价飞控系统的飞行品质。

在 MIL-F-8785C 中规定，代价函数是两条幅频曲线与两条相频曲线之间所包含的面积大小的量度，即在频率的对数等间隔点上，以其幅值误差平方和加上相角误差平方加权之和为代价函数：

$$J=\frac{20}{n}\sum_{i=1}^{n}\{[G_{\mathrm{HOS}}(\omega_i)-G_{\mathrm{LOS}}(\omega_i)]^2+\lambda\cdot[\Phi_{\mathrm{HOS}}(\omega_i)-\Phi_{\mathrm{LOS}}(\omega_i)]^2\}$$

经验表明，每 10 倍频程取 10 个点为宜，对(0.1~10)rad/s 范围的拟合取 20 个点，即 $n=20$，并且是对数等间隔的，“λ”加权值，一般以 7~8°的相位差等价 1dB 的幅值为原则，故选取 0.016~0.02。

失配度作为等效拟配计算寻优的代价函数。低阶等效系统要求是否适用于飞机，需要根据等效拟配失配情况确定，在满足失配要求的情况下，可使用上述要求评价飞机特性，等效系统方法流程如图 8-5 所示，等效系统失配度包络线如图 8-6 所示。

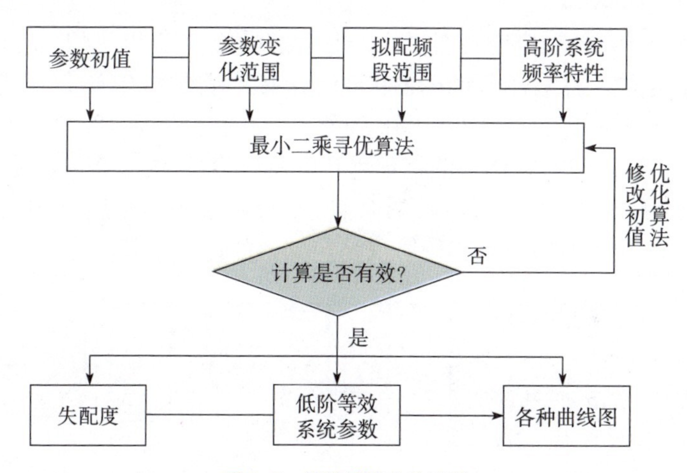

图 8-5 等效系统方法流程

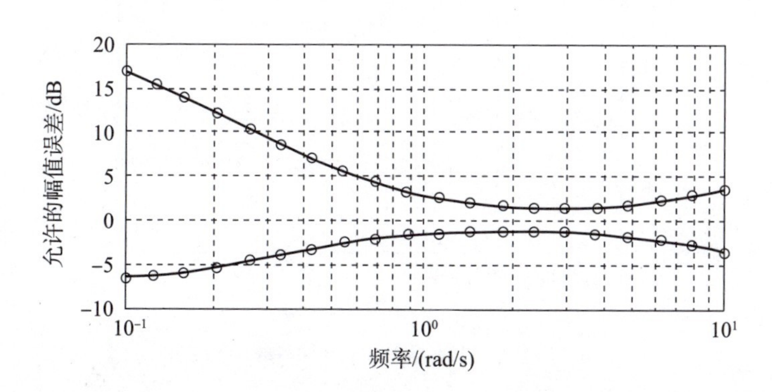

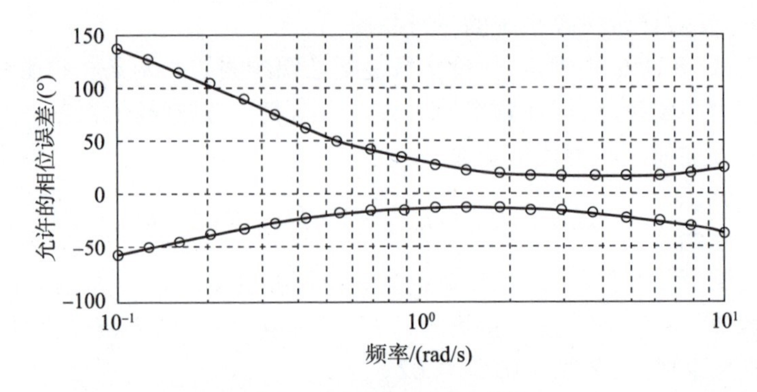

图 8-6 等效系统失配包络线

8.3.2 主要评价准则

8.3.2.1 稳定储备

稳定储备是系统稳定程度的指标,用系统的幅值和相位相对于输入频率的幅值衰减相位滞后来评价的,控制律设计必须满足稳定储备要求,应满足 GJB 2191 关于稳定储备大于 45°、6dB 的要求。在相位滞后 180°时,幅值衰减与 0dB 线距离应大于 6dB,在幅值曲线穿越 0dB 的频率处,相位衰减应小于 135°。

在桌面设计阶段,为预留足够的余量,一般要求幅值裕度 10dB,相位裕度 60°。图 8-7 给出了某型飞机起落阶段稳定储备的评价结果。

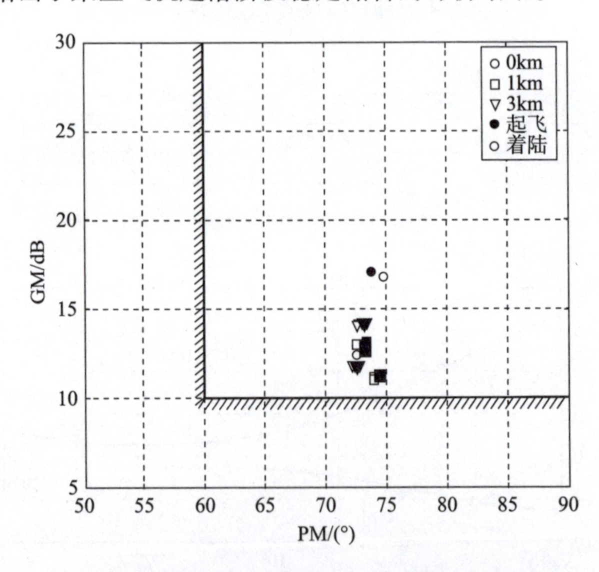

图 8-7 某型飞机起落阶段稳定储备的评价结果

8.3.2.2　纵向飞行品质

飞机纵向扰动的典型模态由飞机气动外形、质量和惯性矩决定,通常由两个快慢相差较大的振荡组成,按振荡周期长、短分别称为短周期模态和长周期模态(也称沉浮模态)。短周期模态主要反映迎角、俯仰角速率的高频和大阻尼的快速振荡。而长周期模态主要反映空速、俯仰角及高度随飞机迎角基本不变的缓慢振荡,振荡周期长、阻尼小是长周期模态的特点。通常,短周期模态振荡是稳定、收敛的;而长周期模态振荡可能是不稳定、发散的,但由于其发散是缓慢的,通常被飞行员不知不觉地纠正了。纵向短周期模态发生和发展迅速,飞行员很难控制,因此,研究纵向飞行品质时,重点是短周期模态。

1. 短周期频率和阻尼

飞机俯仰短周期运动模态可由一个二阶模型描述:

$$\frac{\omega_z(S)}{D_Z(S)}=\frac{K_{sp}(S+1/T_{\vartheta_2})}{S^2+2\zeta_{sp}\omega_{sp}S+\omega_{sp}^2}\mathrm{e}^{-\tau_{sp}s}$$

式中:ζ_{sp} 为短周期阻尼,是描述飞机阻尼特性的重要参数,当 ζ_{sp} 过大时,飞机响应迟钝,当 ζ_{sp} 过小时,飞机受扰后出现振荡和过调;ω_{sp} 为短周期频率,是描述飞机响应快速性的重要参数,当 ω_{sp} 过大时,对操纵和扰动响应激烈,飞机太灵,当 ω_{sp} 过小时,飞机响应迟钝。

图 8-8 给出了某型飞机起落阶段短周期响应要求评价结果。

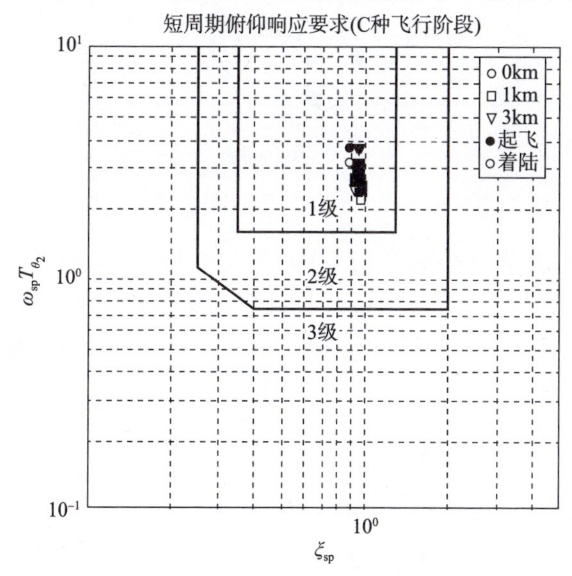

图 8-8　某型飞机起降飞行阶段短周期响应要求

2. 操纵期望参数 CAP

CAP 的数学描述如下：

$$\mathrm{CAP}=\frac{(\ddot{\vartheta}/\delta_z)\mid_{t=0}}{(n_y/\delta_z)\mid_{t=\infty}}=\frac{\ddot{\vartheta}_0}{n_{y_{ss}}}\left(\frac{1/s^2}{g}\right)=\frac{\ddot{\vartheta}\mid_{t=0}}{F_s}\frac{F_s}{n_y\mid_{t=\infty}}=M_{\mathrm{FS}}\cdot F_{\mathrm{sn}}\approx\frac{\omega_{\mathrm{sp}}^2}{n/\alpha} \quad (8-1)$$

由式(8-1)可知，CAP 是飞机初始俯仰角加速度 $\ddot{\vartheta}\mid_{t=0}$ 与稳态法向过载之比 $n_y\mid_{t=\infty}$，反映飞行轨迹是否易于控制。

操纵期望参数 CAP 是固定翼飞机俯仰轴重要的飞行品质指标，它反映了杆力梯度与杆力灵敏度之间的折中。

图 8-9 给出了某型飞机起落阶段 CAP 评价结果。

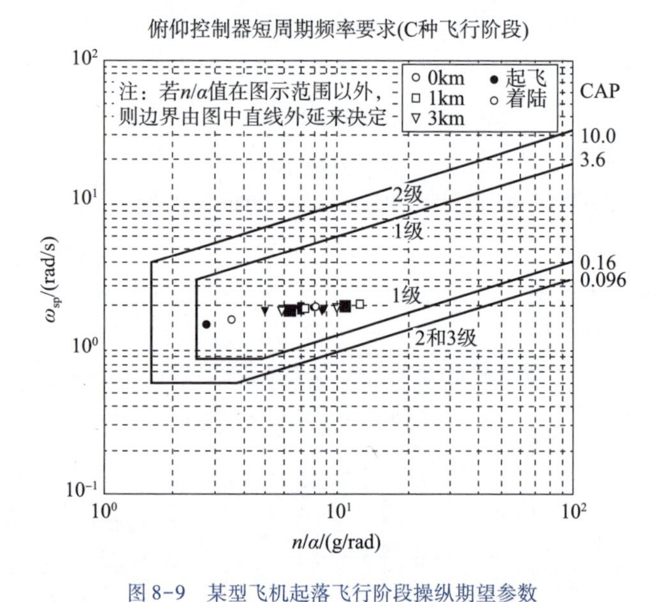

图 8-9　某型飞机起落飞行阶段操纵期望参数

在机动飞行中，要获得满意的 CAP，总是在每 g 杆力（F_{sn}）和杆力灵敏度（M_{FS}）之间寻求折中。通过数字电传控制增稳系统控制律设计，可以首先得到满意的 CAP，从而在获得足够高的操纵灵敏度的同时，保证满意的每 g 杆力特性。

对 CAP 的进一步推导可得

$$\frac{\left.\dfrac{\ddot{\vartheta}}{\delta_z}\right|_{t=0^+}}{\left.\dfrac{n}{\delta_z}\right|_{ss}}\approx\frac{\omega_{n_{\mathrm{sp}}}^2}{n/\alpha} \quad (8-2)$$

式中：$\left.\frac{\ddot{\vartheta}}{\delta_z}\right|_{t=0^+}$为阶跃操纵时飞机的初始俯仰角加速度响应；$\left.\frac{n}{\delta_z}\right|_{ss}$为阶跃操纵时飞机的稳态法向加速度响应；$\delta_z$ 为升降舵偏度。

式(8-2)表明，在飞行员做机动飞行(阶跃操纵输入)时所关心的是飞机初始俯仰角加速度动态响应特性和稳态响应所获得的法向过载。这再次说明，控制增稳控制律设计应当首先得到满意 CAP 的重要性，某型飞机起落飞行阶段操纵期望参数如图 8-9 所示。

3. 俯仰杆力梯度

俯仰操纵时，获得单位法向过载所需的杆力，称为杆力梯度，也称为“每 g 杆力”。某型飞机起落阶段俯仰杆力梯度如图 8-10 所示。

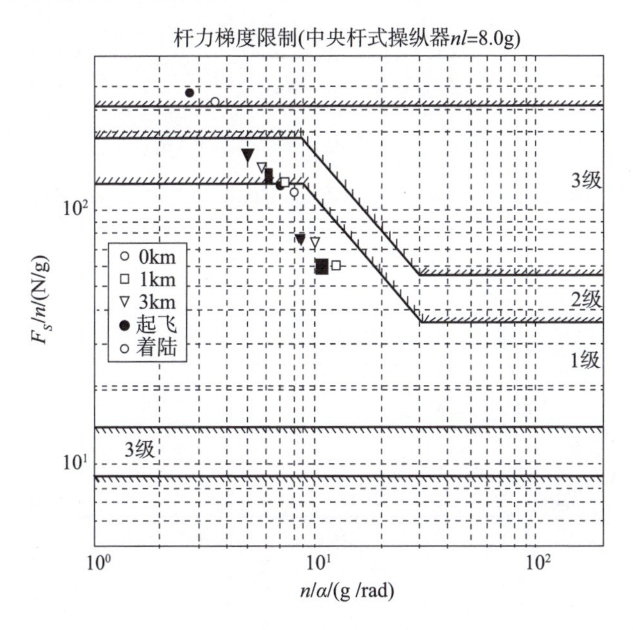

图 8-10 某型飞机起落阶段俯仰杆力梯度

杆力梯度低，表明较小的杆力就可以得到较大的法向过载，操纵灵。当以较大(或最大)的杆力操纵时，飞机的法向过载响应有可能超出飞机结构限制而导致飞机解体。

杆力梯度较高，则必须以较大的杆力获得所要求的法向过载，在机动飞行中会导致飞行员疲劳。

4. 回落准则(用于精确跟踪)

当驾驶杆以矩形波输入时，通过对飞机俯仰角速度和姿态角响应特性来评定精确跟踪性能，俯仰速率、姿态角响应实例如图 8-11 所示。

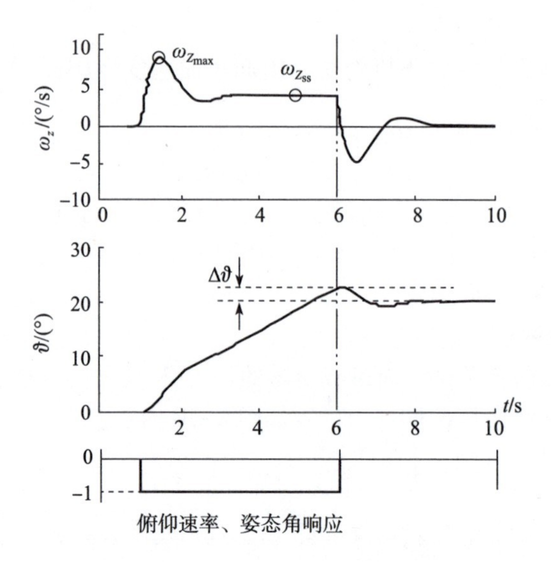

图 8-11　俯仰速率、姿态角响应实例

俯仰姿态角回落值和俯仰角速度稳态值的姿态回落准则飞行品质评价如图 8-12 所示。

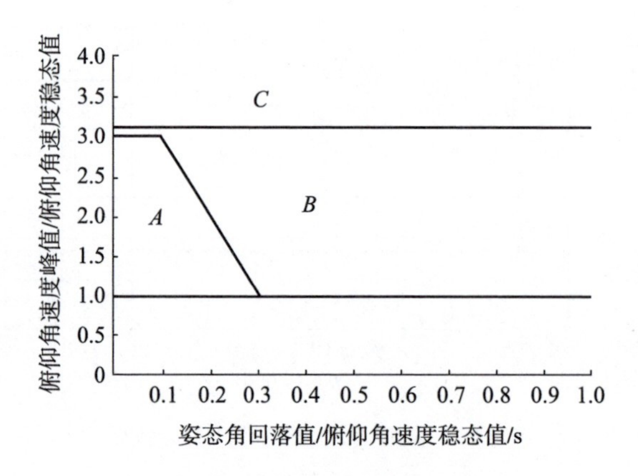

图 8-12　姿态回落准则

俯仰角速度最大值($\omega_{z_{max}}$)/俯仰角速度稳态值($\omega_{z_{ss}}$)

俯仰姿态角回落值($\Delta\theta$)/俯仰角速度稳态值($\omega_{z_{ss}}$)

其中:A 为满意;B 为突变,有跳跃趋势;C 为连续跳跃。

5. 俄罗斯时域响应评定

(1) 非端点(空中)飞行。

①表速 V>最小机动表速 1.5 倍,按达到法向过载稳态值的 95% 的时间

评定。

②最小机动表速≤表速 V≤最小机动表速 1.5 倍,按达到迎角稳态值的 95%的时间评定。

(2) 端点(起落)飞行。

①按达到迎角稳态值的 95%的时间评定,且超调量小于 2°。

②在达到稳态值的 95%过程中,振荡次数不得超过两次。

表 8-1 给出了俄时域准则的评价等级指标要求。

表 8-1 俄时域准则的评价等级指标要求

指标要求		等级		
		1	2	3
非端点	上升时间/s	1.5	2	2.5
	超调量/%	10	20	30
端点	上升时间/s	2	2.5	3

6. C^* 时域响应评定

C^* 定义:驾驶员位置处的法向加速度和绕飞机重心的俯仰角速度的混合。

低速飞行时,如进场着陆,驾驶员主要感受俯仰角速度;高速飞行时,驾驶员主要感受法向加速度。假定在一定的速度下,驾驶员对法向加速度和俯仰角速度的感觉相当,则此速度定义为交叉速度 V_{co}(对于歼击机,交叉速度一般取 120m/s),推导可得

$$C^* = n_y + \frac{V_{co}}{g}\omega_z + \frac{l}{g}\omega_z \tag{8-3}$$

式中:n_y 为飞机重心位置处的法向加速度(m/s^2);ω_z 为绕飞机重心的俯仰角加速度(rad/s^2);l 为飞机重心到驾驶员位置的距离(m)。

如图 8-13 所示,C^* 准则包络给出了标准化边界,使用注意事项如下。

(1) 应与飞行任务和控制律设计构型相协调,适用于指令法向加速度和俯仰角速度混合的控制律构型,对于指令俯仰角速度、迎角控制律应慎用。

(2) 不能仅考虑实际响应是否落在边界内,还应以驾驶员评定为主。

(3) 交叉速度不是唯一的,其选取与混合比有关,混合比影响每 g 杆力。

8.3.2.3 横航向飞行品质

1. 荷兰滚频率和阻尼

飞机侧向运动(荷兰滚)模态可由一个二阶模型描述:

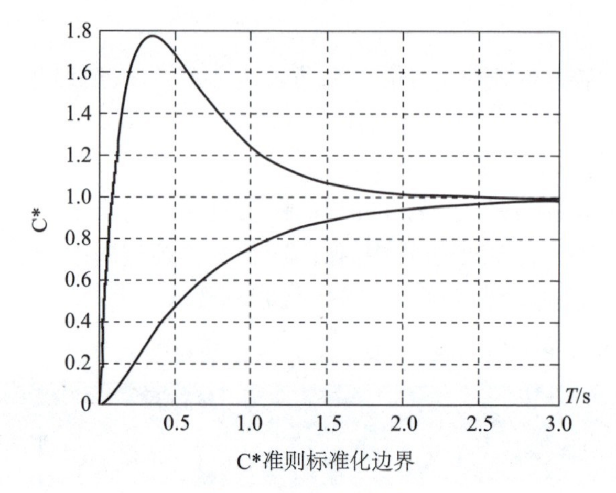

图 8-13　C* 准则包络

$$\frac{\beta(S)}{D_Y(S)}=\frac{K_\beta}{(S^2+2\zeta_d\omega_{nd}S+\omega_{nd}{}^2)}e^{-\tau_\beta S} \tag{8-4}$$

合适的荷兰滚阻尼和频率(ζ_d 和 ω_{nd})保证在偏航操纵下横侧向振荡(荷兰滚)响应是充分安定的并有良好的阻尼。

图 8-14 给出了某型飞机起落阶段荷兰滚阻尼和频率的评价结果。

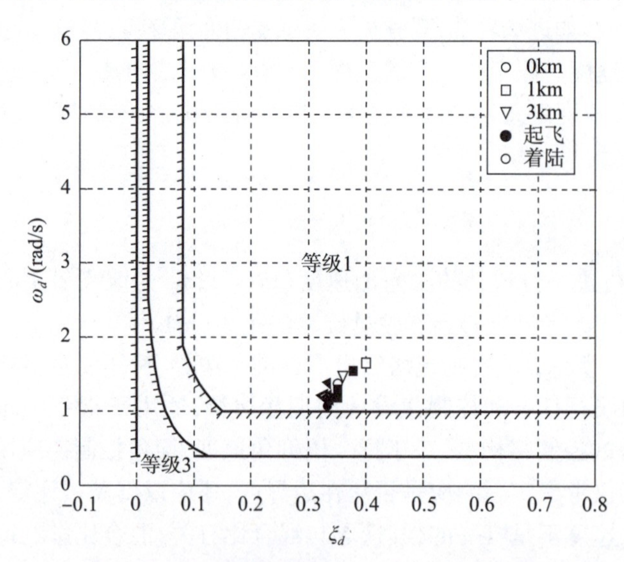

图 8-14　某型飞机起落飞行阶段荷兰滚阻尼和频率的评价结果

2. 滚转时间常数和螺旋模态倍幅时间

飞机横向运动模态可由一个四阶模型描述:

$$\frac{\omega_x(S)}{D_x(S)}=\frac{K_p S(S^2+2\zeta_\phi\omega_\phi S+\omega_\phi^2)}{(S+1/T_r)(S+1/T_s)(S^2+2\zeta_d\omega_{nd}S+\omega_{nd}^2)}\mathrm{e}^{-\tau_x S}$$

T_r 滚转时间常数描述了飞机的滚转运动阻尼特性，飞行员评分是滚转阻尼的函数，$\mathrm{e}^{-\tau_x S}$ 对滚转模态时间延迟规定最大值（表 8-2）。

表 8-2　允许的等效延迟的规定值

等级	允许延迟/s
1	0. 10
2	0. 20
3	0. 25

螺旋模态是缓慢收敛或发散的过程，对飞行性能影响小，螺旋模态倍幅时间是不稳定的螺旋模态倍幅时间，只要求最小值，保证不会发散过快。

图 8-15 给出了某型飞机起落阶段滚转时间常数的评价结果。

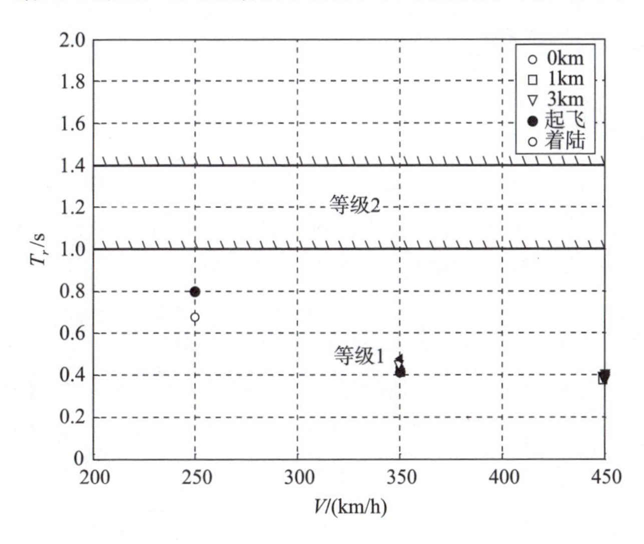

图 8-15　某型飞机起落飞行阶段滚转时间常数的评价结果

3. 侧滑偏离

在滚转操纵中，侧滑越小越好，可减小飞机的偏离。

在滚转过程中，右滚产生右侧滑，左滚产生左侧滑，减小飞机的滚转速率，称为不利侧滑，不会加剧飞机的滚转，实际上这是飞行员期望的；右滚产生左侧滑，左滚产生右侧滑，为有利侧滑，会加速飞机的滚转，这是飞行员不期望的。

在航向操纵松浮，由横向阶跃滚转操纵指令产生的侧滑角的变化与参数 K

（期望的滚转角与实际滚转角的比值）之比，如表 8-3 所示。

表 8-3　侧滑偏离

等级	飞行阶段	不利侧滑	有利侧滑
1	A	6	2
	B 和 C	10	3
2	全部	15	4

8.3.2.4　三轴组合及故障情况的飞行品质

俯仰、滚转和偏航各轴组合时的飞行品质要求，大气扰动中的飞行品质要求，传感器、计算机和伺服作动系统等各种故障模式的飞行品质要求，驾驶员诱发振荡、剩余振荡，模拟备份、数字备份等不同控制律结构的飞行品质要求，情况比较复杂，具体情况需具体处理。

8.4　品质评定实例

8.4.1　稳定储备

8.4.1.1　计算方法

应用开环频率特性曲线判断闭环系统稳定性。开环频率特性曲线如图 8-16 所示，稳定储备的计算方法步骤如下。

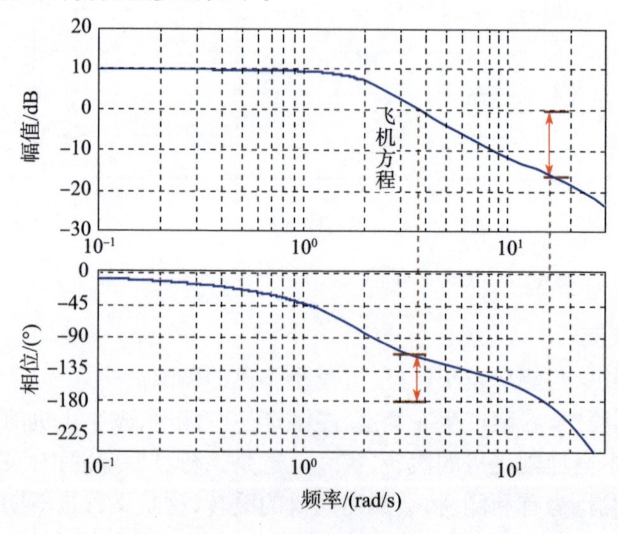

图 8-16　开环频率特性曲线

(1) 找到幅频曲线穿越 0dB 线频率点 W_0。

(2) 找到相频曲线上频率点 W_0 对应的值 P_0。

(3) 计算 P_0 与-180°的差,即相位裕度 GM=P_0-(-180°)。

(4) 找到穿越-180°线频率点 W_{180}。

(5) 找到幅频曲线上频率点 W_{180} 对应的值 G_0。

(6) 计算 G_0 与 0dB 的差,即为幅值裕度 PM=0-G_0。

8.4.1.2　仿真框图

计算纵向开环频率特性曲线对应的仿真框图如图 8-17 所示,在闭环控制回路中选择单点断开,形成开环控制系统。注意,因为飞机输入、输出定义符号,计算开环频率响应,根据情况有可能需要做反号处理。

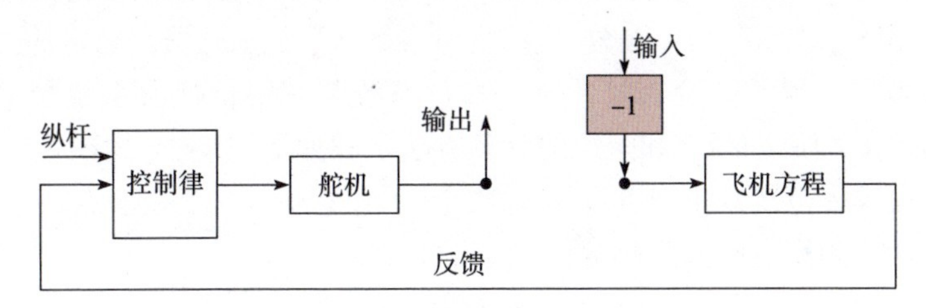

图 8-17　纵向开环频率特性仿真框图

计算横向、航向开环频率特性仿真框图分别如图 8-18、图 8-19 所示,计算横向稳定储备时,只断开横向通道,航向保持闭环控制。同样,计算航向稳定储备时,只断开航向通道,横向保持闭环控制。

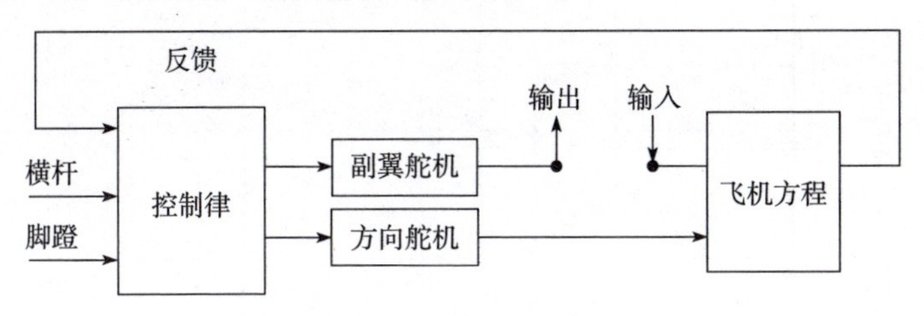

图 8-18　横向开环频率特性仿真框图

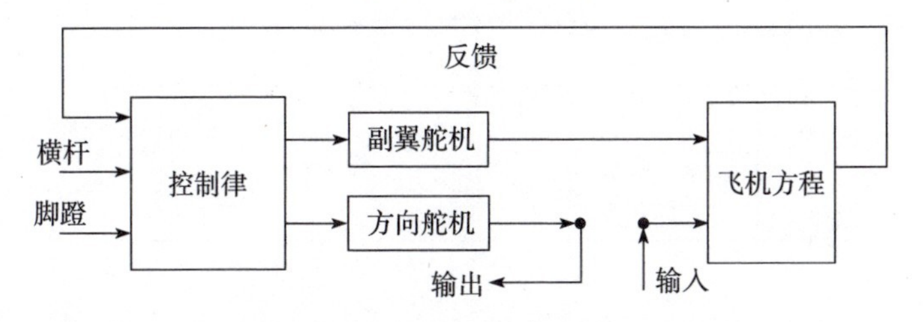

图 8-19　航向开环频率特性仿真框图

8.4.1.3 指标要求

在桌面设计阶段,一般要求幅值裕度 10dB,相位裕度 60°。

8.4.2 短周期频率和阻尼

8.4.2.1 计算方法

计算短周期频率和阻尼需要先得到高阶的飞机纵向控制系统频率响应,具体方法参见 8.3.1 节,以 20 个对数等间隔频率点的实际高阶飞控系统幅值和相位实测值,求对应频率点低阶等效的二阶系统含有变量 K_{sp}、ζ_{sp}、ω_{sp}、τ_{sp} 的幅值的差值和相位的差值,把幅值差值平方和加上加权的相位差值平方和,作为高阶系统等效拟配成低阶系统的代价函数,采用数学寻优算法拟配出适配度最小所对应的变量 K_{sp}、ζ_{sp}、ω_{sp}、τ_{sp} 参数,这些变量参数 K_{sp}、ζ_{sp}、ω_{sp}、τ_{sp} 确定的二阶系统就是等效拟配得到的低阶等效系统。高阶系统与其等价低阶系统频率曲线如图 8-20 所示,短周期频率和阻尼的计算方法步骤如下。

(1) 在频率范围 0.1~10rad/s,对数坐标等间隔取 20 个频率点。

(2) 计算频率点的频率响应值。

(3) 在拟配模型 $\dfrac{\omega_z(S)}{D_Z(S)}=\dfrac{K_{sp}(S+1/T_{\vartheta_2})}{S^2+2\zeta_{sp}\omega_{sp}S+\omega_{sp}^2}e^{-\tau_{sp}s}$ 中取 $1/T_{\vartheta_2}=Y^{\alpha}$,以 K_{sp}、ζ_{sp}、ω_{sp}、τ_{sp} 为变量,以失配度为代价函数,进行拟配。

(4) 拟配得到 ω_{sp}、ζ_{sp} 短周期频率和阻尼。

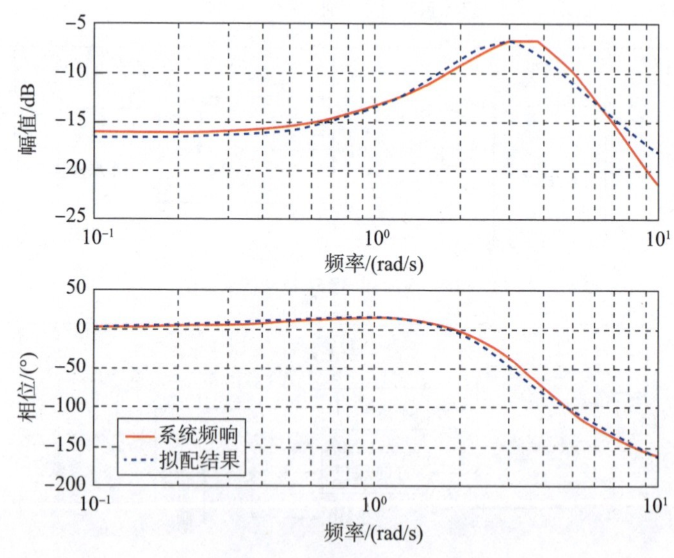

图 8-20 闭环频率响应曲线

8.4.2.2 仿真框图

纵向控制回路中选择闭环仿真,计算闭环控制系统的频率响应如图 8-21 所示。

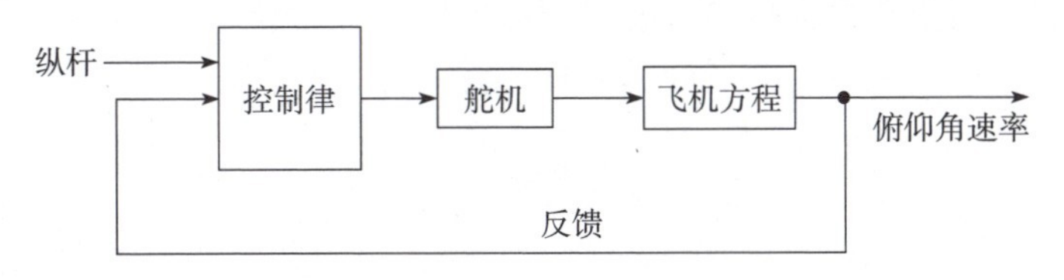

图 8-21 计算短周期频率和阻尼仿真框图

8.4.2.3 指标要求

短周期频率和阻尼要求如表 8-4 所示。

表 8-4 短周期阻尼比要求

等级	飞行阶段			
	航行		起落	
	ζ_{sp} 最大	ζ_{sp} 最小	ζ_{sp} 最大	ζ_{sp} 最小
1	2.0	0.30	1.3	0.35
2	2.0	0.2	2.0	0.25
3	—	0.15	—	0.15

征得订货方同意,高空飞行的最小阻尼比可以适当减小,其要求如表 8-5 所示。

表 8-5 短周期频率要求

品质等级	飞行阶段	飞机类别	ω_{sp}(最小)
1	A	全部	1.0
	C	QX、JQ	0.87
		HY	0.7
2	A	全部	0.6
	C	QX、JQ	0.6
		HY	0.4

8.4.3 操纵期望参数 CAP

8.4.3.1 计算方法

计算操纵期望参数也是先拟配系统的低阶等效系统(参见 8.4.2 节),得到低阶等效系统的频率 ω_{sp},然后计算 CAP 值。

$$\mathrm{CAP}=\frac{\omega_{sp}^2}{n/\alpha}$$

8.4.3.2 仿真框图

纵向控制回路中选择闭环仿真,计算闭环控制系统的频率响应如图 8-22 所示。

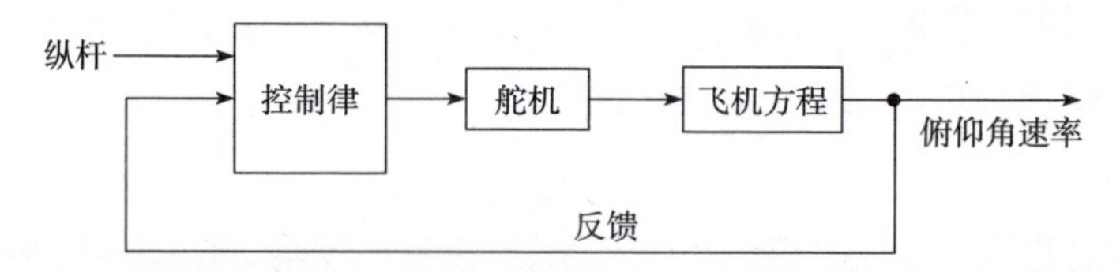

图 8-22 计算短 CAP 仿真框图

8.4.3.3 指标要求

在操纵期望参数评定图 8-23 中,经常会遇到评定状态点横坐标超出等级范围左边界的情况,这是由于飞机本体特性参数 n/α 本身过小,通过调整控制律不能得到改变。另外,CAP 值标注在评定图右侧,评定图本身纵坐标是短周期频率 ω_{sp}。

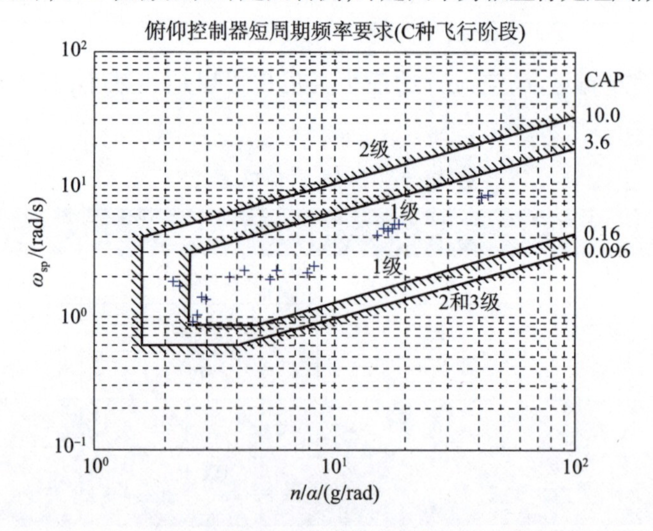

图 8-23 操纵期望参数

注:若 n/α 值在图示范围以外,则边界由图中直线外延来决定。

8.4.4 俯仰杆力梯度

8.4.4.1 计算方法

俯仰杆力梯度是采用时域仿真的方法计算的。计算步骤如下。

(1) 采用纵杆阶跃输入的形式进行闭环仿真。

(2) 计算稳态法向过载值 n_{yss} 与杆力变化量 Fs。

(3) 计算比值 Fs/n_{yss}(N/g)。

8.4.4.2 仿真框图

纵向控制回路中选择以纵向杆力为输入、以法向过载为输出,经闭环仿真,计算单位过载与杆力的对应关系如图 8-24 所示。

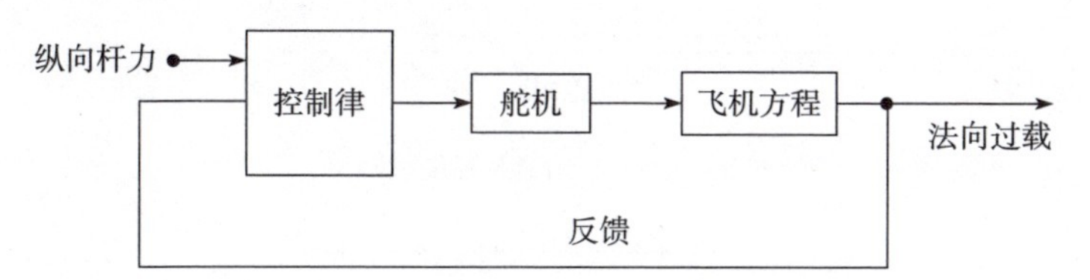

图 8-24 计算俯仰杆力梯度仿真框图

8.4.4.3 指标要求

中央杆操纵时,俯仰机动杆力梯度限制值如表 8-6 所示,杆力过载梯度限制如图 8-25 所示。

表 8-6 俯仰机动杆力梯度限制值(中央杆式操纵器)

等级	最大梯度 $(F_z/n_y)_{max}$/(N/g)	最小梯度 $(F_z/n_y)_{min}$/(N/g)
1	$1090/n_y^\alpha$ 但不大于 125 也不小于 $250/(n_L-1)$	$100/(n_L-1)$ 和 14 中取较大者
2	$1630/n_y^\alpha$ 但不大于 190 也不小于 $385/(n_L-1)$	$80/(n_L-1)$ 和 14 中取较大者
3	250	$50/(n_L-1)$ 和 9 中取较大者

8.4.5 回落准则

8.4.5.1 计算方法

姿态回落是采用时域仿真的方法计算的,计算姿态回落仿真结果示意图如图 8-26 所示,计算步骤如下。

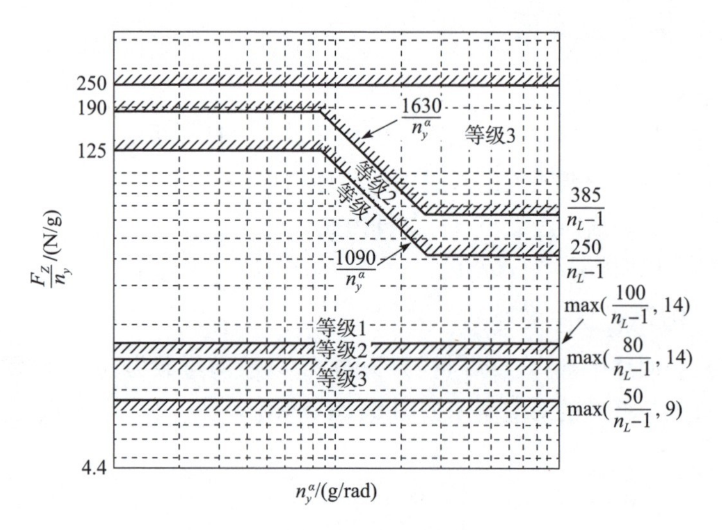

图 8-25　杆力过载梯度限制

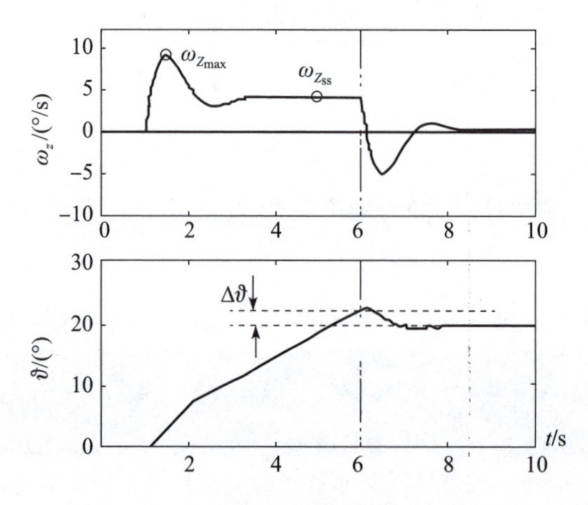

图 8-26　计算姿态回落仿真结果示意图

(1) 采用纵杆方波输入的形式进行闭环仿真;

(2) 计算拉杆操纵过程中俯仰角速率峰值($\omega_{z_{\max}}$)与稳态值 $\omega_{z_{ss}}$;

(3) 计算回杆后姿态角回落值 $\Delta\vartheta$;

(4) 计算 $\omega_{z_{\max}}/\omega_{z_{ss}}$ 与 $\Delta\vartheta/\omega_{z_{ss}}$。

8.4.5.2　仿真框图

纵向控制回路中选择以纵向杆为输入,以俯仰角速度和姿态角为输出,经闭环仿真,如图 8-27 所示,计算姿态回落计算结果。

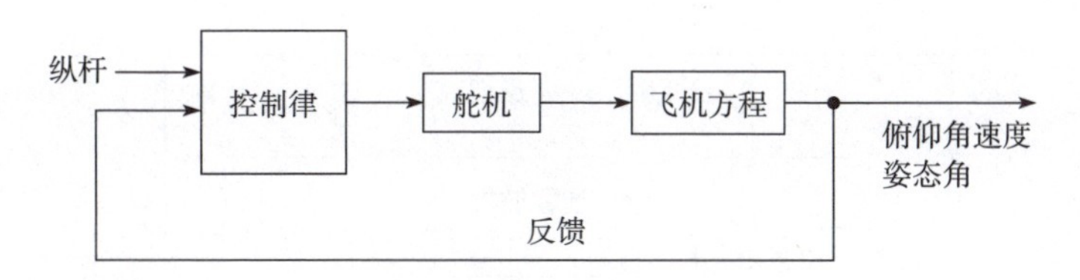

图8-27　计算姿态回落仿真框图

8.4.5.3　指标要求

姿态回落的要求如图8-28所示，评价结果在A区为满意结果，在B、C区域均表示不满意。

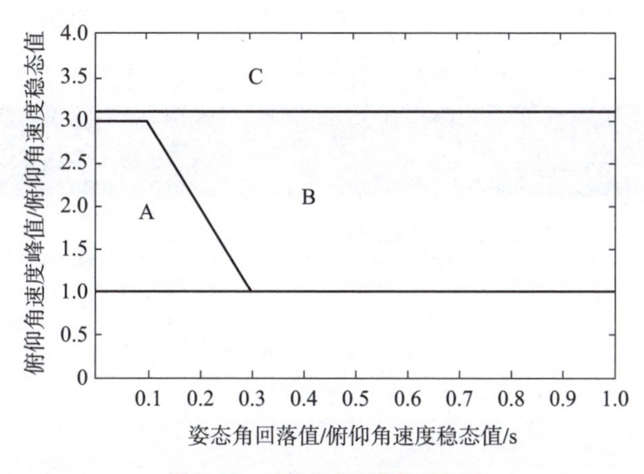

图8-28　计算姿态回落仿真框图

8.4.6　荷兰滚频率和阻尼

8.4.6.1　计算方法

计算荷兰滚频率和阻尼需要先得到高阶的飞机航向控制系统频率响应，按8.3.1节的方法得到低阶等效系统，荷兰滚频率和阻尼的计算方法步骤如下。

（1）在频率范围0.1~10rad/s，对数坐标等间隔取20个频率点。

（2）计算频率点的频率响应值。

（3）在拟配模型$\dfrac{\beta(S)}{D_Y(S)}=\dfrac{K_\beta}{(S^2+2\zeta_d\omega_{nd}S+\omega_{nd}{}^2)}e^{-\tau_\beta S}$中，以$K_\beta$、$\zeta_d$、$\omega_{nd}$、$\tau_\beta$为变量，以失配度为代价函数，进行拟配。

（4）拟配得到ω_{nd}、ζ_d即荷兰滚频率和阻尼。

8.4.6.2　仿真框图

航向拟配时选择闭环仿真方法，选择以侧滑角为输出，如图8-29所示。

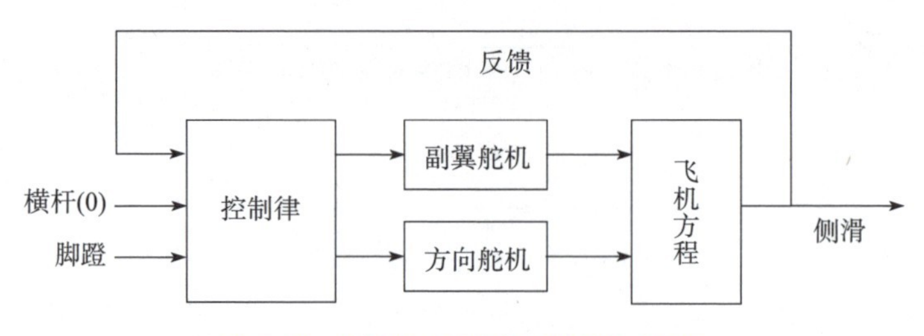

图 8-29　计算荷兰滚频率和阻尼仿真框图

8.4.6.3　指标要求

荷兰滚模态的最小无阻尼自振频率和阻尼比如表 8-7 所示。

表 8-7　荷兰滚模态的最小无阻尼自振频率和阻尼比

飞行品质标准	飞行阶段	飞机类别	ξ_d * 最小值/(rad/s)	$\xi_d\omega_{nd}$ * 最小值/(rad/s)	ω_{nd} 最小值/(rad/s)
标准 1	A	QX,JQ	0.19	0.35	1
		HY	0.19	0.35	0.4 **
	B	HY	0.08	0.15	0.4 **
	C	QX,JQ	0.08	0.15	1
		HY	0.08	0.1	0.4 **
标准 2	全部	全部	0.02	0.05	0.4 **
标准 3	全部	全部	0		0.4 **

(1) * 除轰运类飞机要求 ξ_d 的最大值为 0.7 外,起决定作用的阻尼要求是给出较大的 ξ_d。

(2) ** 对于轰运类飞机,如果满足 GJB 185—85 第 5.2 节到第 5.2.4.1 节、第 5.7 节和第 5.12 节的要求,并经订货方同意,则 ω_{nd} 最小值的要求可以除外。

(3) 当 $\omega_{nd}^2 \left|\gamma/\beta\right|_d$ 大于 $20(\mathrm{rad/s})^2$,$\xi_d\omega_{nd}$ 最小值应该在上表列出的 $\xi_d\omega_{nd}$ 最小值基础上增加下列值:

标准 1——$\Delta\xi_d\omega_{nd}=0.014(\omega_{nd}^2\left|\gamma/\beta\right|_d-20)$;

标准 2——$\Delta\xi_d\omega_{nd}=0.006(\omega_{nd}^2\left|\gamma/\beta\right|_d-20)$;

标准 3——$\Delta\xi_d\omega_{nd}=0.005(\omega_{nd}^2\left|\gamma/\beta\right|_d-20)$。

式中:ω_{nd} 的单位取 rad/s。

8.4.7　滚转时间常数和螺旋模态倍幅时间

8.4.7.1　计算方法

计算滚转时间常数和螺旋模态倍幅时间需要先得到高阶的飞机横向控制系

统频率响应,按 8.3.1 节的方法得到低阶等效系统,滚转时间常数和螺旋模态倍幅时间的计算方法步骤如下。

(1) 在频率范围 0.1~10rad/s,对数坐标等间隔取 20 个频率点。

(2) 计算频率点的频率响应值。

(3) 在拟配模型中,$\dfrac{\omega_x(S)}{D_x(S)}=\dfrac{K_pS(S^2+2\zeta_\phi\omega_\phi S+\omega_\phi^2)}{(S+1/T_r)(S+1/T_s)(S^2+2\zeta_d\omega_{nd}S+\omega_{nd}^2)}\mathrm{e}^{-\tau_x S}$

式中:K_p、ζ_ϕ、ω_ϕ、T_r、T_s、τ_x 为变量,以失配度为代价函数,进行拟配。

(4) 拟配得到的 T_r、T_s,即滚转时间常数和螺旋模态倍幅时间。

8.4.7.2 仿真框图

横向拟配时选择闭环仿真方法,以滚转角速率为输出,如图 8-30 所示。

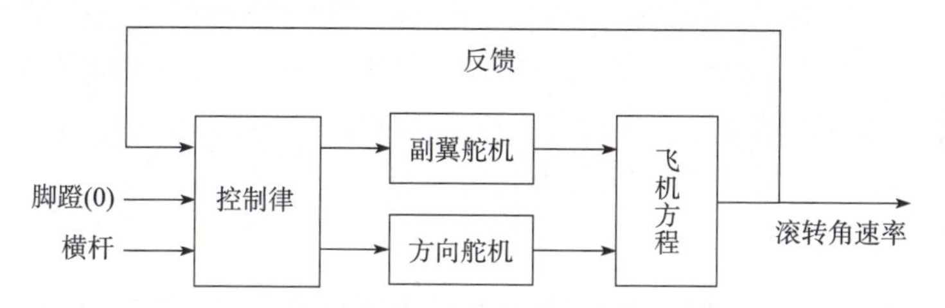

图 8-30 计算滚转时间常数和螺旋模态倍幅时间仿真框图

8.4.7.3 指标要求

最大滚转模态时间常数评价标准如表 8-8 所示。

表 8-8 最大滚转模态时间常数评价标准(s)

飞行阶段种类	类别	标准		
		1	2	3
A 和 C	QX、JQ	1.0	1.4	10
	HY	1.4	3.0	
B	全部	1.4	3.0	

最小螺旋模态倍幅时间评价标准如表 8-9 所示。

表 8-9 最小螺旋模态倍幅时间评价标准

飞行阶段	标准 1	标准 2	标准 3
A 种和 C 种	12s	8s	4s
B 种	20s	8s	4s

8.5 飞行模拟试验中的品质评定

以上介绍的都是理论分析的方法,评价客观且容易实现。当人—机闭环分析时,采用飞行模拟试验的方法。飞行模拟分为地面飞行模拟和空中飞行模拟,通常分别使用地面飞行模拟器和变稳飞机来实现,以下介绍地面飞行模拟的相关内容。

地面飞行模拟通过飞行模拟器仿真技术,实现飞行员对控制律的主观评价。将飞模座舱的飞行员操纵(驾驶杆、脚蹬)指令、油门信号和相关的模态控制信号传送给飞机动力学仿真机,动力学仿真机根据主控机的信号进行控制律及飞机方程的解算,并将解算结果(飞机运动参数)传输给三通道视景、仪表仿真机和主控机,主控机再将飞机运动参数信息传输给座舱控制仿真机,由它控制飞模座舱的运动。评价方法与飞行员真实空中飞行评价方法相同,按照库伯-哈伯相关规定动作及其评分标准进行评分。全数学仿真飞行模拟试验环境如图 8-31 所示。

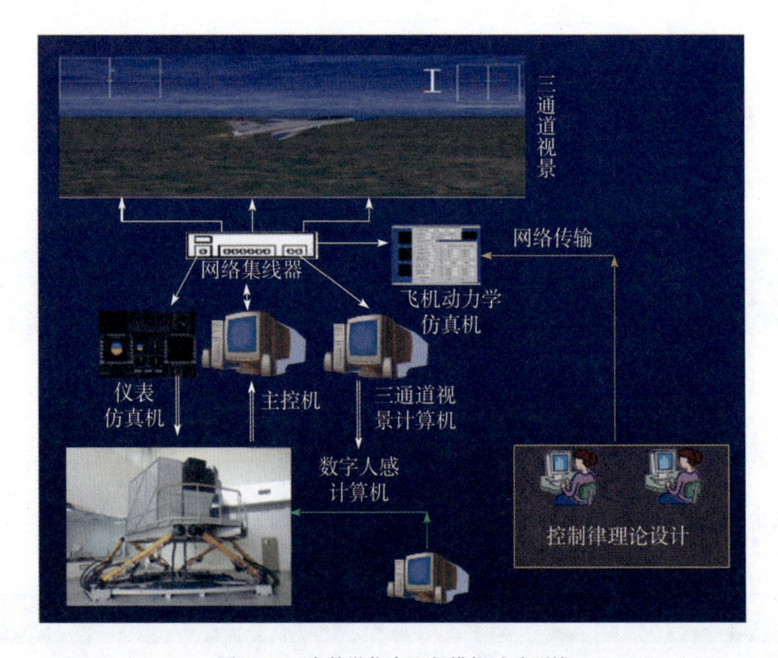

图 8-31 全数学仿真飞行模拟试验环境

飞行员检查常用的标准动作如表 8-10 所示。

表 8-10 常用标准动作

序号	操纵动作	操纵要领	考察性能
1	推、拉俯仰角	以一定的速度推或拉驾驶杆,使飞机尽快稳定在给定的俯仰角	检查飞机的纵向跟随响应及预测性
2	快速转弯进入	飞机在平飞状态,尽可能快压杆,使飞机形成一定坡度,并尽快建立起给定过载	检查飞机的水平机动能力,特别是由平飞状态向盘旋状态转换时飞机操纵的协调性、水平方向建立过载的能力
3	收敛转弯	保持 M 为常值,可损失高度,先压杆使飞机形成一定坡度,然后回杆,以 8~10s 均匀拉杆,或使 α、n_y 达到给定值	检查 α、n_y 随杆力(或杆位移)的变化情况,杆力(或杆位移)梯度、最大操纵力,也可检查 α、n_y 的限制器工作情况
4	协调侧滑	蹬舵和压杆组合操作,保持航向不变,一个方向至少飞 3 个侧滑角	检查横航向静稳定性,横航向杆舵操纵的协调性
5	BTB	保持飞机姿态角不变,从左坡度到右坡度(两边值相等),或从右到左尽可能快	检查横向操纵协调性,动态过程中纵、横向是否有耦合,或舵面是否有干扰
6	BTBG	压大坡度后,迅速拉杆,保持过载不变	检查过载响应稳态保持特性
7	精确跟踪	设定活动目标,跟踪目标完成特定任务	检查精确跟踪轨迹的能力
8	起飞着陆	协调操纵油门及推或拉驾驶杆,控制飞机在跑道上起飞及定点着陆	检查起飞离地姿态及检查着陆阶段轨迹跟踪性能
9	自由飞	飞行员自由选择操纵形式	检查各种操纵感觉,检查起落转换、各故障模态切换、主备控制切换等性能

8.6 台架试验中的品质评定

控制律设计完成之后,将由机载软件在飞控计算机中实现,为了在更接近真实的环境下进一步验证控制律,需要在台架试验环境下检查飞行品质。

台架试验中品质评定的目的在于,考察由软件(算法、代码)、硬件(计算机、传感器、舵机)带来的时延、噪声、误差等非线性因素,对飞行品质的影响,检验在仿真阶段满足飞行品质要求的控制律,在实际使用条件下是否仍然能满足要求。

地面半物理台架试验,除了飞机用数学飞机运动方程代替,飞控系统的软件、传感器、计算机和伺服作动系统等,都是实际装机的机载产品;角速率陀螺、加速度计、迎角和侧滑角安装在相应的转台上,舵机安装在有油源系统的液压台架上,动/静压模拟器模拟大气数据系统,这些都可以仿真模拟空中不同飞行状态(高度、速度)下,数字飞控系统的实际工作情况。地面半物理台架试验分为开环试验与闭环试验,飞行品质的检查评定属于闭环试验内容。

第9章　典型飞机飞控特征

飞机气动结构布局、操纵面控制分配及飞行任务需求，决定了飞控系统体系架构。战斗机强调的是机动性、敏捷性和安全可靠性，飞控系统装机产品必须满足飞机飞控系统总体要求，适应气动布局特点，按照研制规范及研制总要求，设计制造相应的传感器、计算机、舵机等飞控系统产品，开发研制飞控系统余度管理、控制律、机内自检测等机载功能软件。大飞机、舰载机、新一代战斗机、直升机、无人机等，由于其任务使命、应用环境和功能需求不同，飞控系统的设计侧重也不尽相同，具有各自的典型特征。

9.1　大飞机

一般而言，大飞机的俯仰操纵配置了升降舵、水平安定面，滚转操纵配置了副翼、多功能扰流板，减速控制配置了地面扰流板和多功能扰流板。例如，B777为了增加低速时升力以进行起飞着陆，机翼上除了外侧副翼和襟副翼，还安装了增升装置：每侧有外侧后缘襟翼、内侧后缘襟翼和克鲁格襟翼各一块以及7块前缘缝翼7块。每侧机翼上还有7块扰流片，帮助空中操纵和着陆减速。从安全角度出发大飞机的操纵面往往采用气动冗余的配置方式，从电传控制律设计的角度来看，可以通过控制分配相关方法和算法实现对操纵面控制的分配，以及操纵面故障情况下的重构分配，从而在操纵面本身或其控制通道出现故障时，还能够实现或尽可能实现既定的控制功能和性能指标。

综合考虑飞行控制功能、操纵面的操纵效能、操纵面的使用约束条件，设计合理的多操纵面使用策略，基于自动功能与人工操纵功能的平稳过渡和转换的思路原则，设计水平安定面与升降舵协调控制、多功能扰流板与副翼协调控制，以及扰流板地面增阻破升控制的控制逻辑与控制参数算法。解决水平安定面自动配平与升降舵卸载平稳交接、水平安定面作动系统故障检测、复杂工况下多功能扰流板辅助滚转优先与增阻破升权限分配、多操纵面舵机混合工作模式下操纵一致性的难题，设计满足飞行控制系统要求特点的水平安定面配平启动与终止的逻辑条件和配平持续时间、多功能扰流板多种功能和模式的启动门限、工作时长、最大使用范围等参数及相关控制逻辑，既能充分发挥各操纵面的操纵效能,又能利用气动冗余保障飞行控制的安全性。

9.1.1 非相似体系架构设计技术

为了满足大飞机飞控系统高可靠性高安全性的要求,在传统四余度飞控系统体系架构设计的基础上,通常采用“非相似余度数字控制+模拟备份控制”的体系架构设计,如图 9-1 所示,包括非相似系统架构、非相似冗余监控技术等。

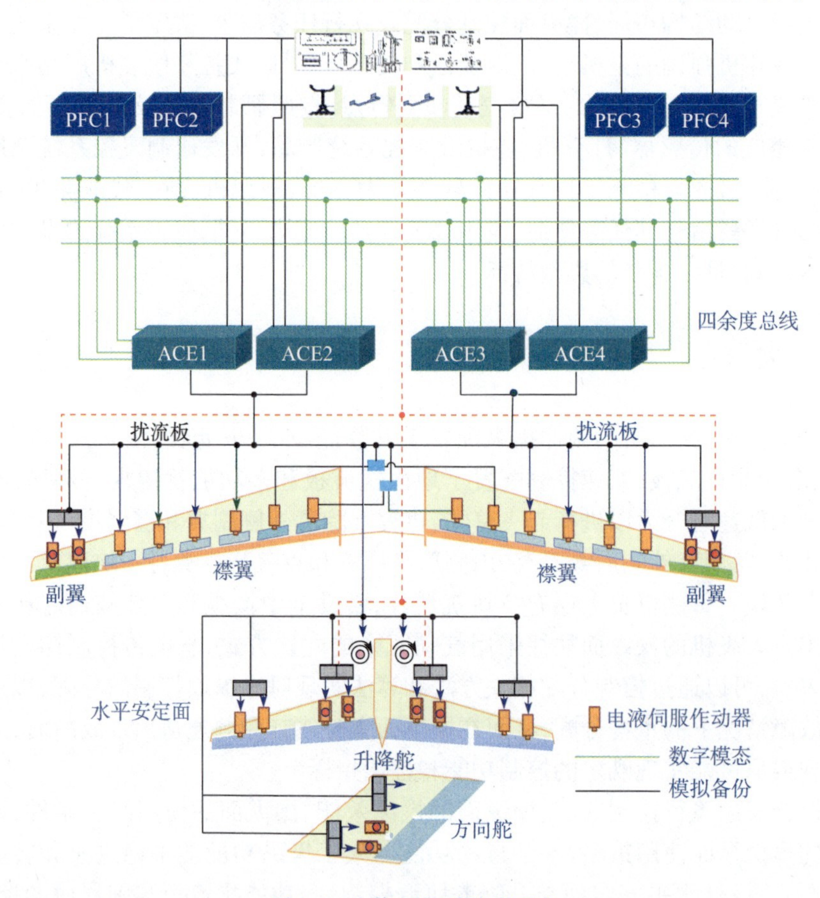

图 9-1 电传飞控系统架构示意

1. 非相似体系架构

电传飞控系统设有正常模态/降级模态和模拟备份模态。正常模态/降级模态由 PFC 进行控制律计算,通过 ACE 控制飞机操纵面作动器;模拟备份模态由 ACE 直接进行模拟备份控制律计算生成作动器控制指令,控制作动器运动;可实现飞机三轴操纵和俯仰配平操纵,确保飞机安全返航和着陆。

2. 非相似冗余监控技术

为了识别共模故障并及时消除共模故障影响,在主飞控计算机每个通道内设有工作支路与监控支路,指令支路和监控支路通道采用了独立的硬件和不同的软件。例如,指令支路 CPU 采用 SM486 处理器,监控支路 CPU 采用 ATMEL PowerPC755 处理器,2 个支路通过背板的 ARINC 659 总线进行通信,如图 9-2 所示。

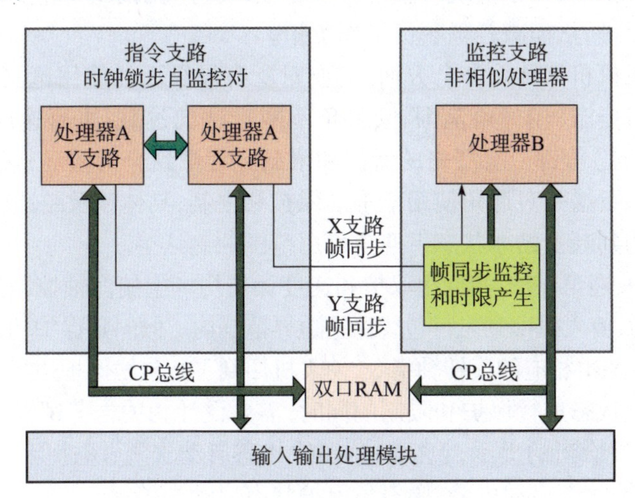

图 9-2 非相似主飞控计算机架构

非相似处理器协同工作涉及包括数据交换、同步、故障监控,以及余度通道间信号监控表决、故障隔离、通道的切换与系统重构等一系列技术。

通过采用非相似的架构及通道内的非相似监控技术,降低了共模故障的影响,提升了电传飞控系统的安全性,保证了飞控系统的安全性等级。

9.1.2 多操纵面协调控制技术

B777 飞机配置了 2 个升降舵和 1 个活动的水平安定面实现俯仰控制;2 个襟副翼、2 个副翼和 14 块扰流板实现横滚控制;方向舵控制偏航,方向舵下段有一活动部分,其转动速度是主舵面的 2 倍,提供了附加的偏航控制能力。电传飞控系统通过对多个舵面的协调控制,完成对大飞机的飞行控制。

在电传飞控系统多操纵面协同控制技术方面,基于三轴全权限控制增稳、包线保护功能需求,充分利用多操纵面气动冗余配置特性,设计按功能分组使用、按操纵效能链式分配、按飞行阶段确定优先级的多操纵面使用策略;设计满足飞控系统要求特点的水平安定面配平启动与终止的逻辑条件、多功能扰流板多种功能和模式的启动门限、时间延迟、最大偏角,以及扰流板地面增阻破升控制逻辑与联锁条件,多操纵面舵机混合工作逻辑。

9.1.3 安全性设计与评估技术

1. 安全边界保护技术

从安全性角度考虑，飞机在其气动特性、结构强度等的限制决定的包线边界以内飞行是安全的，为了实现安全飞行和驾驶，飞行控制系统应能自动进行飞行包线的边界保护，从而减轻驾驶员工作负担。

对于大飞机机体结构安全方面，需要对所有操纵面的使用范围进行严格限制。对于飞机姿态（俯仰角范围、倾斜角范围）、法向过载、飞行速度（高速和低速）、迎角（失速）等都应有严格的保护和限制。考虑到全天候运行使用条件，需要在结冰状态下增强对迎角使用范围的保护和限制，具体涉及结冰状态的判断、防除冰状态的判断及结冰状态下迎角可用范围的确认等。

过载保护、迎角保护、俯仰角保护和速度保护均产生俯仰轴控制指令，控制飞机俯仰轴运动，使飞机回到飞行包线保护边界范围内。倾斜角保护功能，在倾斜角超过限制值后产生相应的滚转轴指令，使飞机回到飞行包线保护边界范围内。

在对飞行状态进行保护和限制的同时，需要设计相关告警逻辑，及时启动告警，给机组人员恰当的提示，包括迎角保护状态启动告警、超速保护状态启动告警、俯仰角保护状态启动告警、倾斜角保护状态启动告警等。

2. 安全性分析与评估

面对大飞机对电传飞控系统高安全性要求，通过对全系统持续迭代开展FHA、PSSA、FTA、FMEA、CMA、SSA 等系列安全性分析和评估过程，用安全性分析约束并指导系统架构设计，使系统架构设计满足高安全性目标，从而实现安全性与功能性能需求相结合的系统设计，如图 9-3 所示。

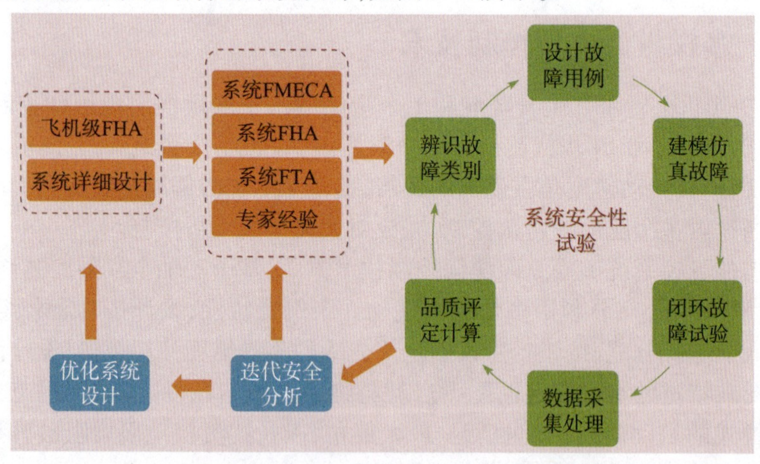

图 9-3 以安全性为核心的系统综合验证流程

9.2　舰载机

舰载机是在航空母舰上起降的战斗机，舰载机起飞如图9-4所示，航空母舰甲板长度一般为200m左右，飞机的起飞降落对飞控系统要求高，飞控系统为适应舰载起降要求有如下特点。

(1) 滑跃/弹射起飞、拦阻着舰。

(2) 甲板运动补偿、舰尾流抑制、雷达噪声抑制、菲涅尔光学助降、自动着舰导引。

(3) 机翼变弯度控制，扩大失速迎角，改善横航向稳定性，提高升阻比。

(4) 人工着舰：看灯、对中、保角。

(5) 全自动着舰：迎角保持、进场功率补偿、升降速率控制。

图9-4　舰载机起飞

9.2.1　起飞技术

从起飞机理上分析，借助甲板风，在较短滑跑距离内起飞离舰。一种是借助外力助推，增加离板速度，先建立速度后建立迎角，即弹射起飞；另一种是借助特殊的甲板形式，增加起飞离板迎角，先建立迎角后建立速度，即滑跑起飞。其核心都是满足离板后飞机的重心下沉不大于3m，旋转角速度不大于12°/s等起飞安全准则。

9.2.2　着舰技术

由于航空母舰甲板长度与常规跑道相比极为有限，要求飞机具有良好的操纵性、稳定性和控制精度。另外，航空母舰作为海上作战武器，受到海浪的影响，会产生六自由度的偏摆及垂直起伏，使飞机的预期着舰点成为三维空间活动点。

同时飞机着舰时，除受海洋、大气紊流随机扰动外，还受到舰尾流的影响。这些因素使舰载机的准确着舰变得非常复杂。为了使飞机能够在各种情况下实现全天候着舰，必须依靠优良的着舰导引与控制系统。

早期的着舰方式完全是人工着舰。随着航空技术的发展，新的高性能飞机不断出现，在完全人工着舰的基础上，给飞机加上了飞行指引仪来辅助飞行员对飞机进行控制，从而形成半自动着舰方式。随着计算机等高技术的进一步发展，出现了包括姿态控制和进场动力补偿系统的自动着舰控制系统。它可提高着舰的准确性，减轻驾驶员负担，减少着舰事故，适应全天候着舰的要求。

舰载机着舰受航空母舰运动、雷达噪声、舰尾流等诸多因素影响，人-机-舰三方密切协同，才能完成着舰任务。舰载机着舰可分为人工着舰、半自动着舰和全自动着舰 3 种方式。人工着舰的流程包括对中、看灯、保角。横向操纵驾驶杆会导致飞机高度损失，使飞机偏离下滑道，对中就是消除着舰侧偏；前后推拉杆调整下滑道高低会导致飞机迎角发生变化，看灯就是修正下滑道高度偏差；保角就是通过飞行员操纵保持着舰迎角。

一个有充分控制能力的飞行员，可以非常精确地控制 1 个动态变量，精确地控制 2 个变量，勉强控制 3 个变量，但同时控制 3 个以上的变量就力不从心了。据统计，国外飞行员在触舰前 18s，需要协调操纵驾驶杆和油门杆双杆 200~300 次，着舰工作强度堪比空战，甚至比空战还大。为减轻人工着舰飞行员工作负荷，提高着舰精度，英美联合开发了“舰载机精确进近与着舰增强控制技术”，称为魔毯着舰。

魔毯着舰主要是基于直接力控制的飞行航迹与姿态解耦控制，在不改变飞行姿态条件下，通过操纵面直接提供附加升力或侧力，使飞机做垂直方向或侧向的平移运动来改变飞机的航迹。通过平尾偏转与襟翼或鸭翼对称偏转的组合，各自产生的纵向力矩互相抵消，生成航迹控制必需的直接升力，飞机的迎角与速度由飞控系统自动保持，在良好着舰态势辅助下，飞行员只关注“看灯、对中”两个操纵动作，即可完成着舰任务，减少飞行操纵变量，有效降低着舰的操纵难度和负荷，魔毯着舰示意图如图 9-5 所示。

半自动着舰，飞控系统依据引导系统测量的着舰航迹偏差，生成着舰操纵指令，驱动座舱仪表的指令杆偏转，飞行员通过操纵驾驶杆和油门杆，追随指令杆操纵，消除侧偏、高度差和航向差等着舰偏差，完成着舰。

全自动着舰，飞控系统依据航迹偏差生成飞控指令，驱动舵机和自动油门机构，消除着舰偏差，提高着舰精度，使飞机沿着理想下滑轨迹飞行，直至触舰着舰。

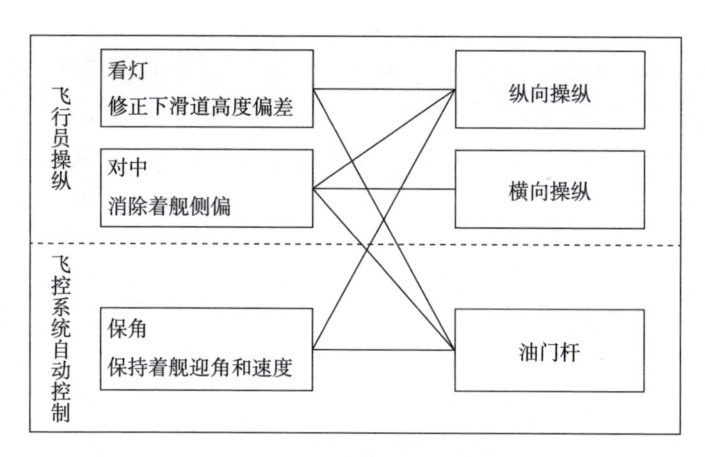

图9-5　魔毯着舰示意图

9.3　新一代战斗机

9.3.1　发展概述

继四代机F-22、F-35之后，美国空军提出第五代（俄罗斯称第六代）战斗机概念，波音、洛克希德·马丁等航空巨头先后提出过一些概念机方案；未来第五代战斗机可能采用变体结构，并针对第五代战斗机、变体飞机、低成本隐身战斗机等四代后战斗机的气动结构、发动机、飞行控制、航电武器等系统的关键技术展开深入研究；衍生出了变体飞行器、智能蒙皮分布式传感/运动/控制、多模态控制切换、分布式控制、远航程/长寿命的主动控制、高精度远程自主导航等一系列新的GNC研究方向，新一代战斗机气动布局如图9-6所示。

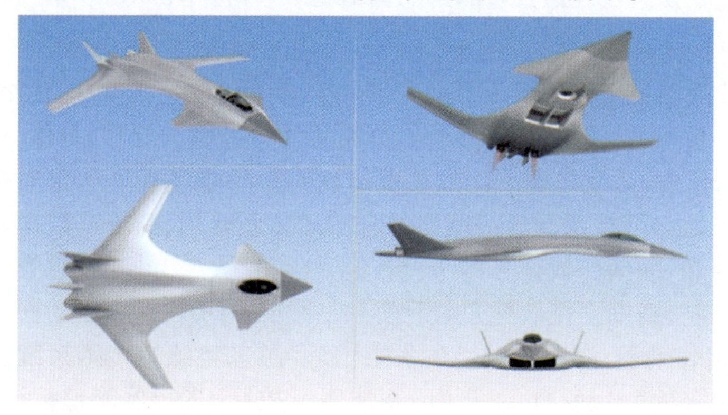

图9-6　新一代战斗机气动布局

日本于 2012 年也提出了“五代机标准”，强调“I3”，即信息化云射击（信息共享、整体攻击）、智能化群控制（上接预警平台，下控无人机群）、高机动敏捷性（突破生理极限，超机动飞行），并给出了 7 项支撑性基础技术，“群控制、云打击、光传”等先进 GNC 技术列入其中，具体到适应飞机平台要求，飞控系统至少要考虑以下方面的技术支撑。

（1）隐身、超声速巡航、过失速机动、多目标打击。

（2）总线分布式体系架构、数字备份系统重构、多节点资源重构。

（3）多节点协同控制。

（4）高带宽数据链通信技术。

（5）LRM 模块化背板总线计算机。

（6）智能态势感知与数据传感技术。

（7）DDV 直接驱动阀作动器、ART 作动器控制器。

（8）健康管理。

9.3.2 新一代战斗机的特征

具有什么特征的战斗机才是新一代战斗机？新一代战斗机与以前的战斗机应用场景和功能上有哪些不同？气动布局、结构强度、发动机、飞行控制、航电系统、机电系统和武器系统等，都有哪些标志性特征技术匹配新一代战斗机完成其使命需求，目前，世界各国都在深入研究，没有统一定论。但一般来说新一代战斗机应具有：非常规气动布局、翼身融合、全频全向隐身，超大功重比推力矢量发动机、持续超声速巡航、远航久航，飞/推/火综合控制、面向任务的大机动飞行控制、过失速大机动飞行，多源态势感知与大数据融合、多目标跟踪打击，有人/无人/智能自主的多模控制、人/机/站/链/网的全域协同，以及平台系统飞机层、分系统区域层和核心部件成员层的故障预测和寿命预测的健康管理等创新性功能特征。

新一代战斗机全机各系统带来了革命性、颠覆性的巨大变化，传统的飞控系统转变成了基于飞行器管理的多节点分布式飞行控制与管理，具体分解到飞行控制系统的任务，必须与新一代战斗机作战使命和非常规气动布局相适应，飞控系统标志性特征技术有总线网络的分布式体系架构、高带宽数据链通信、多节点协同控制、面向作战任务的飞行控制、飞/推/火综合控制、过失速机动、变结构飞行控制、高安全模块化总线计算机、高可靠 DDV 直接驱动阀式作动器/EHA 电静液作动器、多节点数字备份重构、多源态势感知传感系统、基于大数据及数据融合的“自动/自主/自由”智能飞行控制、飞行器管理系统的健康管理等。

9.4 直升机

直升机旋翼复杂弹性、旋翼挥舞与摆振特性、桨毂布局操纵滞后、前后行桨叶气流不对称、旋翼下洗流、桨尖涡环,以及气动特性复杂、建模不准等是飞控系统设计面临的最大挑战。旋翼陀螺效应的气动延迟、倾斜器结构的操纵延迟和飞控系统自身延迟等,导致直升机综合时延远大于固定翼飞机,这就是世界各国电传飞控技术的发展,直升机滞后于固定翼飞机的主要原因。

针对直升机气动特性风洞试验数据误差大、直升机建模不准的问题,工程上常常设计专项试飞科目,充分利用试飞数据、挖掘试飞数据、修正气动导数,解决直升机模型不准带来的控制难题。与固定翼飞机相比,直升机具有垂直起降、低空悬停等优势,但俯仰、横滚、偏航及总距四轴耦合严重,操纵负荷大,即使看似简单的悬停,也需要飞行员不断地操纵周期杆、总距杆。飞控系统设计需采用相应的控制算法抑制气动耦合干扰、提前预控解耦,实现直升机小速度、小机动的精确控制和大速度、大机动的敏捷性控制功能。

9.4.1 直升机及其控制特点

直升机外形结构如图 9-7 所示,其主要特点如下。

(1) 主旋翼既是升力/推力面,又是操纵/控制面。

(2) 电磁环境恶劣、振动噪声大。

(3) 主桨、尾桨操纵面没有气动冗余。

(4) 四轴耦合强,设计总距、俯仰、滚转、偏航四轴解耦控制律。

(5) “操纵-响应”控制律,AC 姿态响应、RC 速率响应等。

(6) 飞行边界保护、无忧虑操纵。

图 9-7 直升机外形结构

旋翼、传动、发动机是直升机的三大动部件,倾斜器动环通过变距拉杆与主旋翼桨叶连接,倾斜器不动环与前主桨、左主桨和右主桨舵机相连。前、左、右主桨舵机控制倾斜器垂直上下移动,同时同等改变各片桨叶桨距,实现直升机总距控制。驾驶员操纵周期杆,通过前、左、右主桨舵机控制倾斜器,带动不动环倾斜,实现桨叶的周期变距;倾斜器前/后倾、左/右倾,通过传动部件的减速器带动主旋翼旋转,产生直升机升降、前/后飞、左/右侧移所需要的升力和力矩。

9.4.2 重型直升机

重型直升机重心变化范围大,投放方式形式多样,吊挂影响操稳特性。因此,重型直升机的强鲁棒性飞行控制律设计、吊挂飞行自动边界限制、重装投放瞬态抑制及轴间解耦、吊挂物振荡拟制及改出等,是重型直升机必须解决的技术问题。

1. 直升机吊挂飞行控制技术

直升机吊挂飞行,是直升机有别于其他种类飞行器的一种特殊任务场景。直升机吊挂飞行状态与无吊挂飞行状态相比,在吊挂飞行状态,吊挂物与直升机自身构成了一个多体动力学耦合系统,导致系统的操稳特性发生变化。大量试飞数据表明,当吊挂物与直升机本体的重量比(吊挂载荷与直升机重量比值)超过 0.3 时,直升机的操纵性和稳定性将会发生显著变化,飞行员对直升机的操纵会引起吊挂物的摆动,从而导致直升机产生剩余振荡,若操纵不当则极易诱发直升机吊挂物组合动力学系统的耦合振荡,会给飞行安全带来极大风险。

为了保证吊挂飞行状态的直升机飞行安全,传统飞行中采用由飞行员手动限制飞行状态、吊挂物上增加气动稳定装置等措施。随着电传飞行控制技术的发展,基于吊挂构型的包线保护、基于吊挂物运动状态反馈的稳定控制等技术将逐步替代上述被动措施,在确保飞行安全的同时,大幅降低吊挂飞行状态飞行员的操纵负荷。

基于吊挂构型的包线保护技术,是通过建立直升机吊挂物耦合动力学模型,根据吊挂物重量、吊索长度等特性实时计算出直升机吊挂飞行状态限制包线,结合电传飞控系统包线保护功能实现直升机吊挂飞行状态的自动包线保护功能。

基于吊挂物运动状态反馈的稳定控制技术,是通过将吊挂物运动状态(摆动角及角速率等)作为反馈引入飞行控制回路,以改善直升机吊挂物耦合动力学系统的操纵性和稳定性。

2. 直升机重载投放控制技术

重型直升机内载运输时,正常飞行状态载荷物对直升机的扰动较小,但在实施重载空中投放任务时，由于载荷物在舱内运动（由舱内滑动至舱外）引起直升机重心变化，导致的纵向干扰力矩变化较大，对直升机的配平状态及操稳特性产生显著影响。此外，无论是吊挂（舱外）运输还是舱内运输，在货物投放时，直升机与载荷物脱离瞬间均会对直升机飞行状态产生较大扰动。

直升机重载投放控制技术，是为了降低载荷物舱内运动期间，以及载荷物投放瞬间（舱内载荷物脱离载机和吊挂物投放时刻）直升机飞行状态的扰动，通过将载荷物运动参数（重心变化参数）及投放指令（载荷物与载机脱离指令）等参数和指令引入飞控系统，控制律根据相关状态自动进行控制参数与逻辑的切换，实现重载投放任务时直升机飞行状态稳定，并降低飞行员操纵负荷。

9.4.3 高速直升机

高速直升机填补了固定翼飞机与传统构型直升机之间的速度空白，满足了军用直升机快速反应、远距离纵深突防等任务需求，其刚性共轴旋翼、推力桨、气动特性复杂、旋翼转速变化大、控制舵面复杂和振动量级大的特点，决定了飞行控制必须适应高速直升机的任务需求，在高精度飞行控制技术、多控制舵面协调控制技术、飞行/发动机综合控制技术、变转速飞行控制技术和振动主动控制技术等方面有相应的控制策略设计，以满足高速直升机任务需求。

共轴刚性旋翼高速直升机突破了传统构型直升机的飞行速度限制，能够适应未来对高速度、大机动旋翼类飞行器的使用需求。与传统单旋翼带尾桨构型直升机相比，共轴刚性旋翼高速直升机具有完全不同的操纵面（双旋翼、推力桨及类固定翼操纵面等）及飞行动力学特性，不仅气动干扰强烈，各控制通道耦合严重，其飞行控制系统从理论方法到系统结构都复杂得多，并且需通过基于飞行状态的多操纵面动态权限分配与解耦控制技术，解决共轴刚性旋翼构型高速直升机旋翼到固定翼过渡段动态分权飞行控制、低速飞行的直升机模式及高速飞行的固定翼模式，不同飞行状态不同操纵面功效变化大耦合严重及转换瞬态的抑制等问题。

飞行中振动量级大是直升机区别于固定翼飞机的主要特点之一，随着直升机速度的提高，其振动也更加剧烈，在高速直升机上振动主动控制不再是可有可无、锦上添花的选项，而是不可缺少的标准配置。国内外均在直升机振动主动控制技术方面展开了大量研究工作，提出了诸如高阶谐波控制、独立桨叶控制及结构响应主动控制等方法。结构响应主动控制是利用振动作动器的同频率、同幅值、反相位来抵消直升机机体振动。目前，基于结构响应主动控制技术的电磁式、离心式伺服作动系统货架产品，在新一代直升机型号中推广应用。

9.4.4 显模型跟随控制律设计

直升机旋翼既是升力面也是控制面,其俯仰、横滚、偏航和总距四轴强耦合及风洞试验的复杂性,使直升机气动建模的准确性很难保证,一直以来是影响直升机模型的准确性的主要因素,是制约飞控系统控制律设计的瓶颈,工程上常常在直升机上加装气动数据测量传感器,通过试飞来修正校核直升机模型,为飞控系统设计提供准确的气动数据。

直升机数学模型的动态响应与实际试飞数据存在较大差异,建模不准确问题给电传飞行控制系统控制律设计带来了很大的困难。此外,有些直升机采用倾斜尾桨布局,直升机偏航与俯仰通道之间存在很强耦合,直升机的操稳特性很差,飞行员的操纵负荷繁重。由于在悬停低速飞行阶段,平尾的仰角很大,直升机没有采用常规直升机固定平尾仰角的控制方式,而是采用全动平尾控制。平尾转角与空速紧密相关,通过计算和吹风试验都难以得到准确的平尾转角与空速的关系曲线,使全动平尾控制律的设计具有更大的难度。

数字电传飞行控制系统采用基于显模型跟踪法的控制律设计方法,以使飞控系统在整个飞行范围内响应较为一致,且具有较强的鲁棒性。其中,指令模型环节用于实现所希望的响应,直升机逆模型环节用于完全抵消直升机平台的固有飞行动力学特性。考虑到直升机飞行动力学模型的不准确性和外部干扰两方面因素,增加反馈通道,增强希望的响应与直升机的实际响应之间的误差信号稳定性或操纵性控制。

9.5 无人作战飞机

9.5.1 无人作战飞机的特点

无人作战飞机是一种全新的空中武器系统,可以执行空中侦察、战场监视、压制敌防空系统、对地攻击等任务,无人作战飞机模型如图 9-8 所示。具体特点如下。

(1) 非常规机体结构和飞翼气动布局。

(2) 大飞行包线。

(3) 长航时精确导航与飞行控制。

(4) 智能自主控制策略。

(5) 互联、互通、互操作(共同的硬件接口、共同的信息格式、共同的通信协议)。

图9-8　无人作战飞机模型

9.5.2　自主高机动控制技术

无人机自主高机动控制技术在承接决策系统提供的机动指令信息后，要求无人机能够自主通过在线环境感知和信息处理，生成优化的控制策略，完成所需高机动战术任务。其核心是在无人机受到大气环境、气动偏差、自身机动性和响应带宽等因素的制约时，如何安全、平滑且准确地跟踪高动态轨迹指令，解决轨迹切换中的非线性及跟踪误差等问题。

无人机在高机动飞行过程具有以下3个显著特点：一是其自身状态变化剧烈，基于小扰动设计的经典控制律技术难以符合高机动控制要求；二是大气紊流、风扰动、气动偏差等严重影响高机动动态和静态控制性能；三是高机动过程中，控制参数涉及过载、姿态、速度和位置等多个参数，单一控制模态很难满足高机动精确控制要求，这为研究无人机高机动轨迹库设计、轨迹平滑及精确跟踪控制带来了巨大挑战。

构建典型高机动动作库，研究高机动精确控制方法，并面向任务设计多机动动作间的组合逻辑与轨迹平滑策略，采用针对性的评估方法确定轨迹库和控制方法的效果和指标满足情况，是实现空中自主高机动控制的有效手段。

9.5.3　无人机性能管理技术

无人机性能管理是其飞行控制与管理系统的核心技术，能够完成对无人机飞行轨迹的优化，即根据最优指标下的飞行性能处理模型与算法提供从起飞到着陆全过程的性能管理，包括飞行各阶段的速度、高度、加速度、推力等参数的计算，进而使无人机能够达到最优的飞行性能。性能管理无论对降低民用无人机的成本，还是对提高军用无人机的作战效能都有重大意义。

无人机性能管理能够计算控制需要的参数，并预测飞机飞行进程中的性能和飞行数据，如计算最优速度、推力参数，监控飞机的燃油消耗、飞机的重量等。在各飞行阶段，无人机性能管理能根据一种或几种指标的要求，计算出飞行剖面,并提供控制与制导输出。

9.5.4 四维制导技术

四维制导是在原来的三维精确制导系统的基础上考虑时间的因素,使之成为“三维+时间”的四维精确制导。在无人机协同攻击、空中加油、编队集结等军事场景中,四维制导能力显得尤为重要。基于时间的导航定位、制导、轨迹优化等功能,使具备四维制导能力的无人机飞行控制与管理系统可以很好地吸收空中延误时间,以节省大量的燃油消耗和按照任务规定的时间精确地到达指定地点。飞机四维制导功能主要包括四维轨迹预测与四维轨迹跟踪两部分。

四维轨迹预测是在规划出水平剖面、垂直剖面的基础上,进一步规划速度剖面,形成四维轨迹。四维轨迹预测技术产生的连续精确的导引轨迹是进行四维制导的前提。四维轨迹预测要根据飞机的飞行计划、达到时间和高度等要求,飞行规则,飞机自身的性能,飞行过程中的导航数据、大气数据等,来实时地为飞机生成最优飞行轨迹。飞机控制系统以此航迹飞行,并实时进行四维控制,按规定的时间,以要求的飞行状态(高度、速度、方向角等)到达目的点。四维轨迹预测的核心问题是最优飞行剖面的生成和实现,它将轨迹优化问题用性能指标泛函和状态方程来描述,利用庞特里亚金(Pontriagin)最小值原理及能量状态法等加以求解,解决全局优化问题,即整个飞行剖面的优化问题。

四维轨迹跟踪依据规划好的四维轨迹剖面,完成附加时间制导功能的自动导航飞行,可以使飞机准时到达预定航路点。对速度剖面的精确跟踪需要制导算法能够克服包括风在内的多种因素的干扰。在航迹控制过程中,导航解算部分根据应飞航段(航段起点和航段终点)信息计算出领航信息作为制导部分生成控制信号的依据。领航信息包括航线真航向、侧偏距、侧偏变化率和待飞距等。

四维轨迹预测出的速度剖面是难以实现准确按指定时间到达的,而必须跟踪时间剖面。或者说,规划的速度或时间等以各航路点的规划到达时间为时间“子节点”,飞机尽力实现这些“子节点”,完成对最终航路点的按时到达。通过时间“子节点”,就可以解算出当前的速度指令,即针对当前航段进行一个航段内部速度规划,这个规划要比较精细,应考虑速度的加减过程,在得到航段内部速度规划剖面之后,就可以从此速度剖面得到速度指令。

9.5.5 航路规划技术

航路规划是考虑地形、气象等环境因素及平台自身的飞行性能,为无人机制定出从初始位置到目标位置的最优飞行路径。在航线规划中,飞行路径由多个航线点顺序连接所形成的航段序列表示,平台的飞行性能主要通过航段速度及航段间的夹角限制体现,一般适用于较大范围内飞行路径的搜索及求解,其规划结果对飞行过程仅具有引导作用。与之不同的是,轨迹规划直接从飞行器的飞行性能模型出发,再充分考虑速度、过载变化等微分约束,以及航向、俯仰角、坡度等姿态约束的条件下生成飞行轨迹的控制指令序列,其规划结果是具有可飞性,能够被飞行器跟踪,且始终处于飞行包线和操控能力范围内,缺点是计算量大、求解复杂,一般用于需要进行精确轨迹控制和姿态控制的场合。

在无人飞行器执行任务的过程中,当预设目标及外部环境发生改变时,进行实时航迹规划对提高飞行安全及任务成功率具有重要意义。

9.6 多机协同控制

9.6.1 异构协同特点

(1) 有人机、无人机混合协同。

(2) 异构飞行器机群协同。

(3) 基于信息的网络协同。

不同数量的 DUAVs“V”形编队方式如图 9-9 所示,不同机型的飞行器编队飞行如图 9-10 所示。

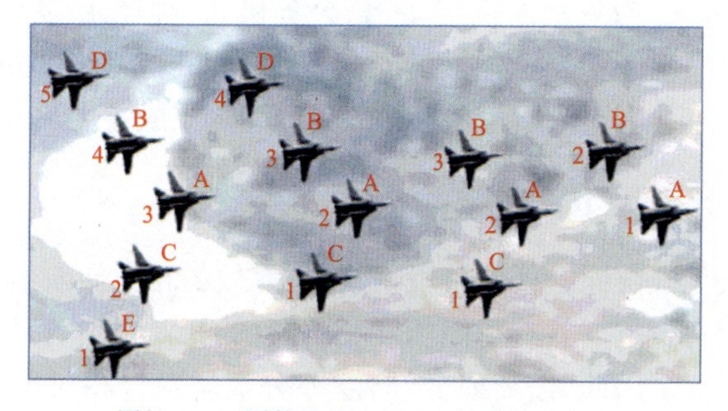

图 9-9 不同数量的 DUAVs“V”形编队方式

图 9-10 不同机型的飞行器编队飞行

9.6.2 多机编队精确控制技术

多机编队精确控制技术,旨在解决多机紧密编队飞行中的编队控制问题。多机编队在执行任务的过程中,需要僚机能够快速跟踪长机指定的航迹以保持队形,还需要根据不同的任务需求变换不同的编队队形。因此,编队控制器需要能够快速跟踪队形指令的变化,保持高动态情况下的高精度控制。由于实际编队系统通常还会受到诸如气动干扰、个体故障、通信延时等因素的影响,编队控制器需要具有较强的抗干扰能力,保持鲁棒控制性能,以及在典型通信时延情况下保证编队控制稳定性。另外,在紧密编队飞行中机间距较近,在队形动态调整或因战损飞机性能降级时,易出现机间碰撞,因此多机精确编队控制技术还需要解决机间碰撞检测和规避问题。

该项技术主要解决多机协同作战中的编队控制问题,是多机编队飞行控制的核心关键技术之一,可推广应用于无人机自主空中加/受油。在多机编队飞行控制方面,美国、英国、法国等均已先后开展了相关研究工作,近年来取得了长足进展,开展了一系列的飞行演示验证工作。2004 年,波音公司和麻省理工学院的研究人员通过 F-15E 战斗机和 T-33 教练机改无人作战验证机,验证了实时防止空中相撞能力、自主规避机动能力、自主改变航线等功能。2014 年 3 月,达索公司开展了“阵风”双发战斗机、“猎鹰”公务机和“神经元”无人作战飞机之间的编队飞行试验。验证了安全空域的有人机/无人机精密编队协同飞行与碰撞规避能力。2015 年 4 月,X-47B 与 KC-707 加油机完成自主加油飞行验证。

9.6.3 相对导航定位技术

为实现有人无人协同全任务阶段下精确、有效的相对导航信息输出,首先需要通过不同的相对定位方式获得高精度、高可靠的相对量测,特别是强对抗环境下的相对导航手段。因此,需要研究惯性/差分卫星组合相对导航技术,实现卫星可用条件下的高精度相对定位,同时研究惯性/数据链组合相对定位技术和基于视觉高精度测量的相对导航技术,形成卫星拒止条件下的相对定位能力,满足不同任务和作战环境下的相对导航定位、测量需求。

同时,为提高相对导航的精度、完好性、连续性和可用性,提供任务所需的导航性能,需对多导航源信息进行时空配准,并对传感器数据异常进行检测、隔离和恢复,进而在多余度惯性导航系统的基础上,对惯性、卫星、视觉、数据链等多体制导航信息源进行滤波和融合。通过多源相对导航信息融合与余度管理技术的研究,为有人/无人编队提供协同探测、协同打击等任务所需的相对导航能力。

9.6.4　协同任务指令集设计技术

在有人机、无人机执行协同任务时，飞行员需要在复杂条件下指挥和协调无人机完成作战任务。在上述过程中，有人机和无人机之间的实时交互是完成各类任务的关键。因此，必须定义一套完善的指令集，以便交互信息在无人机端的识别、理解、执行及在机间数据链中的传输。

指令集设计应遵从完备性、简约性、可扩展性原则。通过协同指令集，在不增加飞行员过多额外负担的前提下，实现有人机在无人机任务执行过程中对其飞行、通信、载荷和任务等多个层面的有效监管、指挥和控制，提升有人机、无人机交互效率，保证协同任务的执行。

有人机任务命令集设计应当从有人机操作员的角度出发，结合已有的飞行员标准用语，构造出完善的任务命令集合。该命令集既要实现有人机对无人机的控制，保证协同任务的执行，又不能过于复杂，给有人机操作员增加过多额外的负担。借鉴有人机在编队过程中指挥员和飞行员之间的语音指令体系，协同机间指令集主要应包括驾驶动作类指令、队形变换类指令、战术行动类指令、航路规划类指令、作战任务类指令和信息交互类指令六大类指令。

无人机指令集的设计是从无人机控制、管理的角度定义无人机可以识别、理解和执行的指令集合。一般而言，无人机具有多种不同的任务模式以适应不同类型的任务。相应地，在无人机平台的控制计算机中也设定了各种任务模式特定的数据结构，以表达相关的任务信息。这就要求无人机端接收到的任务指令与其本身的任务模式之间必须具备一定的对应关系，以实现命令的理解和执行。

致　谢

作者本科计算数学和研究生航空电子工程的专业出身背景，嵌入式机载飞控软件设计开发的工作经历，思维习惯总想把物理的控制对象与数学算法模型建立联系，用数学的方法分析问题、解决问题。30 多年的科研实践历程中，每当在飞控系统的余度管理、控制律设计、飞行品质评定、软件工程化开发等方面取得阶段性进展时，就撰写论文记录总结，发表于《飞控与惯导技术》《航空科技文献》《系统仿真学报》《飞行力学》《交通与计算机》《航空计算技术》《航空工程进展》等学术期刊；在解决工程问题实践的思考中，从系统需求定义出发推导论证，在预研课题中仿真试验验证，不断优化完善总结提炼、建立系统模型定义、发现创新算法，申请国家专利。与此同时，积极参与国防工业出版社国防科技图书出版基金资助出版编写工作，先后参与了《电传飞行控制系统》《飞行控制系统的分系统》等分册“飞机飞行控制技术丛书”的编写，这些都是本书的编写基础。

飞行控制系统是多学科专业，它涵盖了余度管理、控制律、BIT 检测、软件开发、传感器测量、计算机电子和伺服作动等专业和部组件技术。本书在编写过程中得到了航空工业 618 所许多同事的帮助支持，其中朱蓉芳、王敏文、王跃萍、张翔伦、夏立群、周蕾、纪多红、谢奕胜、苏罗辉、黄罗军、包艳、薛涛等分别提供了控制律、伺服作动（DDA、EHA）、飞控计算机、位移传感器和导航系统方面的部分参考资料。在惯性传感器、迎角/侧滑角和大气数据系统等方面，航空工业青云（232 厂）张新明、孙明，航空工业武仪（181 厂）王学锋和太航（221 厂）方嘉民、岳俊等总师/副总师提供了部分参考资料。协同控制章节的部分内容，参考了西北工业大学刘小雄副教授和航空工业 618 所李立、唐强提供的相关材料；硅摆挠性加速度计和硅谐振加速度计章节，参考了航空工业 618 所张习文、副总工程师党进提供的参考资料；在惯性器件的陀螺、加计方面，航空工业 618 所副总师张立峰，为这些章节的选材取舍给予了支持帮助。还要感谢那些未曾谋面的同志，通过这些部分参考资料间接参考了原作者的文献材料。

30 多年来，与飞控同人一起在科研一线工作的日日夜夜，每次面对所内的设计开发、系统试验，主机的铁鸟试验、科研试飞，外场试飞等出现问题时，与相关战斗机、直升机、无人机的飞控系统主管周成、徐艳玲、解庄、戴宁、王琳、朱雪耀、何战斌、白云、李强等副总师和主任设计师深入研讨分析，确定系统解决方案，验证改进方案的有效性，全周期、全流程闭环解决问题。每次的过程经历都深受启发、印象深刻并收获良多；本书叙述的一些设计思想、理念和方法在工程实践中得到了应用。本书中图、表和公式的设计处理，崔玉伟博士/主任设计师做了许多认真、细致的工作。

感谢航空工业 601 所、602 所等主机所的研发设计团队，需求牵引与技术推动并举，带领我们完成了一项项任务，取得了一项项科研成果，这些都是本书成形的积累。特别感谢航空工业 618 所（以下简称 618 所）领导集体，618 所是一个“做事有平台、做人有感情、实干能成长、打磨能闪光”的地方。本书的所有工作都是在 618 所大环境中完成的，可以说没有 618 所的支持，就没有本书的编写和出版。在参考文献[78]《飞机设计大师顾诵芬》第 451 页写道：1978 年，年过 64 岁的徐昌裕担任航空工业部副部长兼六院院长，引用徐昌裕《为祖国航空拼搏一生》一段话，当时对国外正在搞的某些技术，知道的人很少。如“主动控制技术”，当时只有很少一些人知道，是 618 所的人提出来的，说这项技术很好，当时只知道英文名字，连中文都还没有一个准确的译名，他们拿来的外文资料大家都没见过。所以，618 所是一个“创新、开拓、有为”的地方，在这里择一事、做一生，心甘情愿；感谢时代给予的机遇，有幸经历并见证了 30 多年来 618 所的跨越式发展，欣喜今天跨过百亿大关。

本书编写过程中遇到数学概念及理论问题，多次请教西安电子科技大学冯象初教授和西安交通大学张讲社教授，两位教授及时答疑解惑，指导本书数学概念运用的准确性。多年来很少操持家务，妻子任劳任怨，始终给予无微不至的关怀和照顾；还有女儿、女婿的贴心关照和支持，所有这些都是我满怀信心、持续学习的不竭动力。最后，对所有亲人和朋友的鼎力相助，激励我心无旁骛、全力以赴完成本书的编写工作，在此表示崇高的敬意和真诚的感谢！

2023 年 6 月 9 日于西安

参考文献

[1] 范彦铭. 飞行控制[M]. 北京:航空工业出版社,2021.
[2] 杨朝旭. 启发式算法与飞行控制系统优化设计[M]. 北京:航空工业出版社,2014.
[3] 李志信,王敏文. 飞行控制系统分析与设计[M]. 西安:西北工业大学出版社,2019.
[4] 鲁道夫·布罗克豪斯. 飞行控制[M]. 金长江,译. 北京:国防工业出版社,1999.
[5] Malcolm J,Larrabee A E. 飞机稳定性与控制[M]. 杜永良,等译. 北京:航空工业出版社,2018.
[6] 文传源. 现代飞行控制[M]. 北京:北京航空航天大学出版社,2004.
[7] 吴森堂,费玉华. 飞行控制系统[M]. 北京:北京航空航天大学出版社,2005.
[8] 吴森堂. 结构随机跳变系统理论及其应用[M]. 北京:科学出版社,2007.
[9] 吴森堂. 飞航导弹制导控制系统随机鲁棒分析与设计[M]. 北京:国防工业出版社,2010.
[10] 方振平. 飞机飞行力学[M]. 北京:北京航空航天大学出版社,2005.
[11] 宋翔贵,张新国. 电传飞行控制系统[M]. 北京:国防工业出版社,2003.
[12] 刘林,郭恩友. 飞行控制系统的分系统[M]. 北京:国防工业出版社,2003.
[13] 申安玉,申学仁,李云保. 自动飞行控制系统[M]. 北京:国防工业出版社,2003.
[14] 施继增,王永熙,郭恩友. 飞行操纵与增强系统[M]. 北京:国防工业出版社,2003.
[15] 郭锁凤,申功璋,吴成富. 先进飞行控制系统[M]. 北京:国防工业出版社,2003.
[16] 李尚志. 线性代数[M]. 北京:高等教育出版社,2006.
[17] 闫晓红. 高等代数[M]. 北京:中国时代经济出版社,2006.
[18] 程云鹏. 矩阵论[M]. 西安:西北工业大学出版社,1994.
[19] 李岳生,黄友谦. 数值逼近[M]. 北京:人民教育出版社,1978.
[20] 张永孝. 基于标准件的重构式容错飞控软件技术研究[D]. 西安:西北工业大学,2000.
[21] 张永孝. 电传飞控余度管理的矩阵理论及其工程实现[J]. 系统仿真学报,2008,20(s2):263-268.
[22] 张永孝,李强. 直升机结构响应主动控制技术工程化应用研究[J]. 飞行力学,2015,33(4):371-375.
[23] 王划一,杨西侠. 自动控制原理[M]. 北京:国防工业出版社,2001.
[24] 梅晓榕. 自动控制原理[M]. 北京:科学出版社,2002.
[25] 于长官. 现代控制理论及应用[M]. 哈尔滨:哈尔滨工业大学出版社,2005.
[26] 易继锴,侯媛彬. 智能控制技术[M]. 北京:北京工业大学出版社,1999.
[27] 王小平,曹立明. 遗传算法——理论、应用与软件实现[M]. 西安:西安交通大学出版社,2002.
[28] 王凌,刘波. 微粒群优化与调度算法[M]. 北京:清华大学出版社,2008.
[29] 张云勇,张智江. 中间件技术原理与应用[M]. 北京:清华大学出版社,2004.
[30] 曹义华. 直升机飞行力学[M]. 北京:北京航空航天大学出版社,2005.
[31] 李为吉. 飞机总体设计[M]. 西安:西北工业大学出版社,2005.
[32] 栗琳. 直升机发展历程[M]. 北京:航空工业出版社,2007.

[33] 丁明跃,郑昌文,周成平,等. 无人飞行器航迹规划[M]. 北京:电子工业出版社,2009.
[34] 申功璋,高金源,张津. 飞机综合控制与飞行管理[M]. 北京:北京航空航天大学出版社,2008.
[35] 史忠科,吴方向,王蓓,等. 鲁棒控制理论[M]. 北京:国防工业出版社,2003.
[36] 法斯多姆·格利森. 无人机系统导论[M]. 吴汉平,等译. 北京:电子工业出版社,2003.
[37] 徐丽娜. 神经网络控制[M]. 哈尔滨:哈尔滨工业大学出版社,1999.
[38] 杨华保. 飞机原理与构造[M]. 西安:西北工业大学出版社,2002.
[39] 胡兆丰. 人机系统和飞行品质[M]. 北京:北京航空航天大学出版社,1994.
[40] 张耀,曹传钧,李贺春. 航空科学技术的发展[M]. 北京:航空工业出版社,2007.
[41] 谢军,张宗麟,刘惠聪,等. 航空控制工程新装备与新技术[M]. 北京:航空工业出版社,2002.
[42] 中国科学技术协会,中国航空学会. 航空科学技术学科发展报告[M]. 北京:中国科学技术出版社,2014.
[43] 周雪琴,安锦文. 计算机控制系统[M]. 西安:西北工业大学出版社,1998.
[44] 杨一栋. 直升机飞行控制[M]. 北京:国防工业出版社,2007.
[45] 杨海成,乔永强,许胜,等. 航天型号软件工程[M]. 北京:中国宇航出版社,2011.
[46] 周自全. 飞行试验工程[M]. 北京:航空工业出版社,2010.
[47] 陆志东. 非共面激光陀螺[M]. 北京:航空工业出版社,2014.
[48] 史蒂夫·佩斯. F-22"猛禽"美国下一代优势战斗机[M]. 熊峻江,董长虹,黄俊,译. 北京:国防工业出版社,2002.
[49] 丹尼斯·R. 简金斯. F/A-18"大黄蜂"先进舰载战斗迎角机[M]. 熊峻江,黄俊,凌云霞,译. 北京:国防工业出版社,2002.
[50] 伊恩·莫伊尔,阿伦·西布里奇. 飞机系统机械、电气和航空电子分系统综合[M]. 凌和生,译. 北京:航空工业出版社,2011.
[51] 高金源,李陆豫,冯亚昌. 飞机飞行品质[M]. 北京:国防工业出版社,2003.
[52] 刘孝辉,徐新喜,白松,等. 军用直升机振动与噪声控制技术[J]. 直升机技术,2013(1):67-72.
[53] 陆洋,顾仲权,凌爱民,等. 直升机结构响应主动控制飞行试验[J]. 振动工程学报,2012,25(1):24-29.
[54] KONSTANZER P,ENENKL B,AUBOURG P A,et al. Recent Advances in Eurocopter's Passive and Active Vibration Control[C] //The American Helicopter Society 64th Annual Forum. Montreal:the American Helicopter Society,2008.
[55] PULLUM L L. Templates for software Fault Tolerant Voting on Results of Floating Point Arithmetic[C] //Proceeding of the 1993 AIAA Computing in Aerospace Conference. USA:AIAA,1993:522-530.
[56] 朱文强,杨卫莉,库硕,等. 基于 SPEA2 算法的无人机多目标机动轨迹规划[J]. 无人系统技术,2019,2(6):23-33.
[57] 白文彬. 固定翼无人飞行器航迹规划方法[D]. 哈尔滨:哈尔滨工程大学,2019.
[58] 陈慧杰. 基于稀疏 A*算法的无人机航路规划方法[J]. 电子测试,2017(02):30-31,38.
[59] 尹高扬,周绍磊,吴青坡. 无人机快速三维航迹规划算法[J]. 西北工业大学学报,2016,34(04):564-570.
[60] 孟中杰,黄攀峰,闫杰. 基于改进稀疏 A*算法的高超声速飞行器航迹规划技术[J]. 西北工业大学学报,2010,28(2):182-186.
[61] 周成平,陈前洋,秦筱槭. 基于稀疏 A*算法的三维航迹并行规划算法[J]. 华中科技大学学报(自然科学版),2005(5):42-45.

[62] 郑昌文,丁明跃,周成平,等. 一种飞行器在线航迹重规划算法[J]. 华中科技大学学报(自然科学版),2003(2):90-92,113.
[63] 张顺燕. 数学的美与理[M]. 北京:北京大学出版社,2004.
[64] 彭冬亮,文成林,薛安克. 多传感器多源信息融合理论及应用[M]. 北京:科学出版社,2010.
[65] 秦永元. 惯性导航[M]. 北京:科学出版社,2006.
[66] 纪震,廖惠连,吴青华. 粒子群算法及应用[M]. 北京:科学出版社,2009.
[67] 周洲. 话说无人飞行器[M]. 西安:西北工业大学出版社,2021.
[68] 张聚恩,万志强,高静. 空天工程通识[M]. 北京:北京航空航天大学出版社,2020.
[69]《飞机飞行控制系统手册》编委会. 飞机飞行控制系统手册[M]. 北京:国防工业出版社,1994.
[70] 程卫国,冯峰,姚东,等. MATLAB53 应用指南[M]. 北京:人民邮电出版社,1999.
[71] 古乐,史九林. 软件测试技术概论[M]. 北京:清华大学出版社,2004.
[72] 金波. 软件编档导论[M]. 北京:清华大学出版社,2008.
[73] 周明德,白晓笛. 微型计算机从 8086 到 80386[M]. 北京:清华大学出版社,1989.
[74] 张怀莲,朱家维. IBM PC(INTEL 8086/8088)宏汇编语言程序设计[M]. 北京:电子工业出版社,1987.
[75] 高金源,焦宗夏,张平. 飞机电传操纵系统与主动控制技术[M]. 北京:北京航空航天大学出版社,2005.
[76]《新航空概论》编写组. 新航空概论[M]. 北京:航空工业出版社,2010.
[77] 袁新立. 一路前行:飞机设计专家李明[M]. 北京:航空工业出版社,2012.
[78]《飞机设计大师顾诵芬》编写组. 飞机设计大师顾诵芬[M]. 北京:航空工业出版社,2011.
[79] 张永孝. 飞控系统余度信号奇异故障处理策略研究[J]. 航空工程进展,2023, 14(6):1-13.